Gestaltungsmodell für den vernetzten und synchronisierten Serienanlauf von Werkzeugen

Design Model for the Networked and Synchronized Ramp-Up of Series Production Tools

Von der Fakultät für Maschinenwesen
der Rheinisch-Westfälischen Technischen Hochschule Aachen
zur Erlangung des akademischen Grades eines
Doktors der Ingenieurwissenschaften
genehmigte Dissertation

vorgelegt von

Felix Konstantin Stracke

Berichter:

Univ.-Prof. Dr.-Ing. Dipl.-Wirt. Ing. Günther Schuh
apl. Prof. Dr.-Ing. Wolfgang Boos

Tag der mündlichen Prüfung: 06. November 2020

ERGEBNISSE AUS DER PRODUKTIONSTECHNIK

Felix Stracke

Gestaltungsmodell für den vernetzten und synchronisierten Serienanlauf von Werkzeugen

Herausgeber:
Prof. Dr.-Ing. T. Bergs
Prof. Dr.-Ing. Dipl.-Wirt. Ing. G. Schuh
Prof. Dr.-Ing. C. Brecher
Prof. Dr.-Ing. R. H. Schmitt

Band 5/2021

WZL | RWTH AACHEN UNIVERSITY

Fraunhofer IPT

Bibliografische Information der Deutschen Nationalbibliothek
Die Deutsche Nationalbibliothek verzeichnet diese Publikation in der Deutschen Nationalbibliografie; detaillierte bibliografische Daten sind im Internet über https://portal.dnb.de abrufbar.

Felix Stracke:

Gestaltungsmodell für den vernetzten und synchronisierten Serienanlauf von Werkzeugen

1. Auflage, 2021

Gedruckt auf holz- und säurefreiem Papier, 100% chlorfrei gebleicht.

Apprimus Verlag, Aachen, 2021
Wissenschaftsverlag des Instituts für Industriekommunikation und Fachmedien an der RWTH Aachen
Steinbachstr. 25, 52074 Aachen
Internet: www.apprimus-verlag.de, E-Mail: info@apprimus-verlag.de

Druck: KN Digital Printforce GmbH, Stuttgart

ISBN 978-3-86359-941-6

D 82 (Diss. RWTH Aachen University, 2020)

Vorwort

Die vorliegende Dissertation entstand während meiner Arbeit als wissenschaftlicher Mitarbeiter am Lehrstuhl für Produktionssystematik des Werkzeugmaschinenlabors WZL der Rheinisch-Westfälischen Technischen Hochschule (RWTH) Aachen. Mein besonderer Dank gilt Herrn Professor Günther Schuh, Inhaber des Lehrstuhls für Produktionssystematik, für die Betreuung meiner Dissertation. Meine fachliche und persönliche Weiterentwicklung während meiner Promotionszeit ist maßgeblich auf das von Ihm geschaffene, gleichermaßen innovative, inspirierende sowie herausfordernde Umfeld zurückzuführen. Mein weiterer Dank gilt Herrn Professor Wolfgang Boos für die Übernahme des Koreferats. Ebenso bedanke ich mich bei Herrn Professor Wolfgang Schröder als Vorsitzendem der Prüfungskommission sowie Herrn Professor Kai-Uwe Schröder für die Übernahme des Beisitzes.

Basis dieser Arbeit bilden zahlreiche Industrie- und Konsortialprojekte in der Branche Werkzeugbau, welche ich zusammen mit Kolleginnen und Kollegen der WBA Aachener Werkzeugbau Akademie GmbH bearbeiten durfte. Für das Schaffen dieses Unternehmensnetzwerks sowie die mir übertragene Verantwortung möchte ich Herrn Professor Wolfgang Boos sowie Herrn Dr. Tobias Hensen herzlich danken. Spezieller Dank geht darüber hinaus an Herrn Uwe Born, ehem. Geschäftsführer der Werkzeugbau Laichingen GmbH, Herrn Ralf Hesener von der GEDIA Gebrüder Dingerkus GmbH sowie Herrn Alexander Schotte von der Welser Profile GmbH für den intensiven Austausch und die konstruktive Zusammenarbeit bei gemeinsamen Projekten und der Validierung der Dissertation.

Ein ganz besonderer Dank gilt meinen ehemaligen Kollegen am WZL, vor allem aus der Abteilung Unternehmensentwicklung, die mich während der Zeit begleitet haben und von denen viele zu Freunden wurden. Dr. Martin Pitsch danke ich für die frühe fachliche und methodische Prägung. Dr. Michael Salmen und Dr. Thomas Kuhlmann danke ich für die intensive Diskussion erster Ideen meiner Arbeit sowie das Vertrauen bei der Übernahme anspruchsvoller Themen und Projekte. Dr. Christoph Kelzenberg danke ich für umfangreiche Gestaltungsfreiheiten sowie den zielführenden Austausch in der Abschlussphase dieser Arbeit. Für seinen ansteckenden Tatendrang, viele kreative Denkanstöße sowie seine allzeit wertvolle Unterstützung danke ich besonders Dr. Thilo Schultes. Vielen Dank außerdem an Dr. Advan Begovic, Maximilian Stark, Dr. Johan de Lange, Jan Wiese, David Görtz, Jens Helbig, Max Busch und Tim Graberg für spannende Diskussionen, Anregungen und Ideen sowie die vielen großartigen Stunden bei und neben der Arbeit. Auch bei meinem ehemaligen Team studentischer Mitarbeiter und Abschlussarbeiter um u. a. Fabian Lensing, Jonas Böcherer, Maximilian Motz, Arthur Keller, Patrick Schwitalla, Julian Trisjono, Frederik Jakob, Michael Wink und Yannick Grimm möchte ich mich für die wertvolle Unterstützung herzlich bedanken.

Der wichtigste und abschließende Dank gilt meiner Familie, insbesondere meiner Mutter, meinem Vater und meinem Bruder sowie den vielen Freunden, die während der Zeit zahlreiche Entbehrungen hinnehmen mussten und mich fortlaufend mit Rat, Rückhalt und Rücksichtnahme unterstützt haben. Ihr habt mir die Erstellung dieser Arbeit ermöglicht.

Düsseldorf, im Dezember 2020 Felix Stracke

Kurzzusammenfassung

Die produzierende Industrie trägt in Deutschland maßgeblich zur Bruttowertschöpfung bei und hat in der Vergangenheit insbesondere im Premium- und Hochtechnologiesegment von der Globalisierung profitiert. Durch die stetige Verbesserung technologischer und organisatorischer Leistungsfähigkeit konnten Wettbewerber in Schwellenländern allerdings sukzessive aufschließen. Um in diesem veränderten Wettbewerbsumfeld langfristig erfolgreich zu bestehen, sind Unternehmen heute mehr denn je gefordert, innovative Produkte kosteneffizient zu produzieren. Gleichzeitig bedarf es kurzer und änderungsflexibler Entwicklungsprozesse. Einen der maßgeblichen Akteure stellt in diesem Zusammenhang der Werkzeugbau dar, der durch Bereitstellung von Werkzeugen und Know-how Güter von der Produktentwicklung in die Serienproduktion überführt. Dabei bildet insbesondere der durch einen hochgradig interdisziplinären Charakter, starke Interdependenzen sowie umfangreichen Wissensbedarf geprägte Serienanlauf der Werkzeuge einen kritischen Prozessschritt und bietet umfangreiche wertschöpfungsseitige Optimierungspotenziale.

Neben der „klassischen" Optimierung von Abläufen, der Reduktion von Schnittstellenverlusten sowie der systematischen Erfassung und Weitergabe von Wissen schafft der Einsatz neuer technologischer Befähiger im Kontext von Digitalisierung und Industrie 4.0 weitreichende Möglichkeiten. Durch die stärkere interne und externe Vernetzung der Wertschöpfung sowie intensivere Synchronisierung und Nutzung von Daten besteht die Chance, die steigende Komplexität der Unikatfertigung besser beherrschen und gleichzeitig Effizienzvorteile realisieren zu können.

Zur strukturierten und systematischen Gestaltung der Wertschöpfung des Serienanlaufs von Werkzeugen unter Berücksichtigung neuer technologischer Befähiger wurde im Rahmen dieser Arbeit ein Gestaltungsmodell entwickelt. Dieses umfasst sechs Gestaltungselemente und soll dem Anwender als Zielbild und Handlungsleitfaden dienen. Drei Aktivitätselemente beschreiben die optimale Konfiguration der an der Wertschöpfung beteiligten Elemente und bilden den Kern des Modells. Die Aktivitätselemente sind von einem Verhaltenselement umrahmt, das die systematische Erfassung, Analyse und Bereitstellung von Wissen zur kontinuierlichen Verbesserung der Anlaufaktivitäten darstellt. Strukturelemente beinhalten die notwendige digitale Infrastruktur sowie relevante Anlaufkompetenzen und fungieren somit als immanente Voraussetzung für die Aktivitätselemente und das Verhaltenselement.

Die Verifizierung des Gestaltungsmodells erfolgte anhand von drei Fallbeispielen bei der GEDIA Gebrüder Dingerkus GmbH, der Werkzeugbau Laichingen-Gruppe sowie der Welser Profile GmbH. Der wissenschaftliche Beitrag der vorliegenden Arbeit besteht in der Entwicklung eines ganzheitlichen Lösungsansatzes zur Gestaltung der Wertschöpfung im vernetzten und synchronisierten Serienanlauf von Werkzeugen unter Berücksichtigung der sich aus dem Anwendungsfall ergebenden spezifischen Anforderungen. Unternehmen der Branche Werkzeugbau sind nun gefordert, das Gestaltungsmodell betriebsspezifisch und unter Berücksichtigung individueller Rahmenbedingungen umzusetzen.

Abstract

The manufacturing industry makes a significant contribution to gross value added in Germany and has benefitted from globalization, particularly in the premium and high-tech segment. Nevertheless, the steady improvement in technological and organizational performance has enabled competitors in emerging markets to gradually catch up. To maintain long-term success in this changed competitive environment, companies today are more than ever required to produce innovative products cost-efficiently. At the same time, short and flexible development processes are necessary. One of the key players in this context is the toolmaking industry, which transfers goods from product development to series production by providing tools and know-how. Especially the ramp-up of series production tools, which is characterized by high interdisciplinarity, strong interdependencies and extensive knowledge requirements, represents a critical process step and offers extensive optimization potential in terms of value creation.

In addition to the "classical" optimization of processes, the reduction of interface losses as well as the systematic acquisition and transfer of knowledge, the use of new technological enablers in the context of digitization and Industry 4.0 creates far-reaching possibilities. Via the stronger internal and external networking of value creation, as well as more intensive synchronisation and use of data, there is a chance to better control the increasing complexity of unique production and at the same time to realize efficiency advantages.

For the structured and systematic design of added value of the ramp-up of series production tools, a design model was developed under consideration of new technological enablers. It comprises six design elements and is intended to serve as a target image and guideline for its users. Three activity elements describe the optimal configuration of the elements involved in value creation and thus form the core of the model. The activity elements are framed by a behavioral element, which represents the systematic collection, analysis and provision of knowledge for the continuous improvement of ramp-up activities. Structural elements contain the necessary digital infrastructure as well as relevant ramp-up competences and thus function as an immanent prerequisite for the activity elements as well as the behavioural element.

The verification of the design model was carried out by means of three case studies at GEDIA Gebrüder Dingerkus GmbH, Werkzeugbau Laichingen-Gruppe and Welser Profile GmbH. The scientific contribution of the research bears on the development of a holistic approach for design of a networked and synchronized ramp-up of series production tools under consideration of the specific requirements resulting from the application case. Companies in the toolmaking industry are now required to implement the design model in a company-specific manner, taking into account individual conditions.

I Inhaltsübersicht

I Inhaltsübersicht i

II Inhaltsverzeichnis iii

III Abkürzungsverzeichnis ix

IV Abbildungsverzeichnis xiii

1 Einleitung und Zielsetzung 1

1.1 Ausgangssituation 1

1.2 Problemstellung 3

1.3 Zielsetzung und übergeordnete Forschungsfrage 5

1.4 Forschungskonzeption 6

1.5 Aufbau der Arbeit 10

2 Grundlagen des Betrachtungs- und Gestaltungsbereichs 13

2.1 Serienanlauf 13

2.2 Werkzeugbau 28

2.3 Wertschöpfungsgestaltung 61

2.4 Handlungsbedarf aus der Praxis 76

3 Bewertung bestehender Ansätze 79

3.1 Grundlagen und Systematik der Analyse 79

3.2 Vorstellung bestehender Ansätze 84

3.3 Synthese der bewerteten Ansätze 105

3.4 Handlungsbedarf aus der Theorie 107

3.5 Detaillierung der Forschungsfrage 108

4 Konzeption eines Gestaltungsmodells 111

4.1 Grundlagen wissenschaftlicher Konzeption 111

4.2 Merkmale des Gestaltungsmodells 116

4.3 Herleitung und Konzeptionierung des Gestaltungsmodells 118

4.4 Synthese der Elemente zum Gestaltungsmodell 131

4.5 Kritische Reflexion 133

5 Detaillierung des Gestaltungsmodells 137

5.1 Aktivitätselemente 137

5.2 Verhaltenselement 184

5.3 Strukturelemente 199

5.4 Wechselwirkungen der Gestaltungselemente 226

6 Fallbeispiele und kritische Reflexion 229

6.1 Fallbeispiel 1: GEDIA Gebrüder Dingerkus GmbH 229

6.2 Fallbeispiel 2: Werkzeugbau Laichingen-Gruppe 233

6.3 Fallbeispiel 3: Welser Profile GmbH 237

6.4 Kritische Reflexion 241

7 Zusammenfassung und Ausblick 245

8 Literaturverzeichnis 249

Lebenslauf 275

II Inhaltsverzeichnis

I Inhaltsübersicht ... i

II Inhaltsverzeichnis ... iii

III Abkürzungsverzeichnis ... ix

IV Abbildungsverzeichnis ... xiii

1 Einleitung und Zielsetzung ... 1

1.1 Ausgangssituation ... 1

1.2 Problemstellung ... 3

1.3 Zielsetzung und übergeordnete Forschungsfrage ... 5

1.4 Forschungskonzeption ... 6

1.4.1 Wissenschaftstheoretische Einordnung ... 7

1.4.2 Forschungsmethodisches Vorgehen ... 8

1.5 Aufbau der Arbeit ... 10

2 Grundlagen des Betrachtungs- und Gestaltungsbereichs ... 13

2.1 Serienanlauf ... 13

2.1.1 Begriffsverständnis und Einordnung ... 13

2.1.1.1 Serienanlauf ... 14

2.1.1.2 Anlaufmanagement ... 15

2.1.2 Anlaufklassifizierung ... 16

2.1.3 Anlaufstrategien und Anlaufkurventopologien ... 18

2.1.3.1 Produktwechsel ... 19

2.1.3.2 Varianteneinführung ... 19

2.1.4 Phasen des Serienanlaufs ... 20

2.1.4.1 Vorserie ... 21

2.1.4.2 Nullserie ... 22

2.1.4.3 Produktionshochlauf ... 23

2.1.5 Zielsystem und Zielkonflikte des Serienanlaufs ... 24

2.1.6 Herausforderungen ... 27

2.2 Werkzeugbau ... 28

2.2.1 Begriffsverständnis und Einordnung ... 29

2.2.1.1 Werkzeug ... 29

2.2.1.2 Werkzeugbau ... 30

2.2.2 Marktzugang und Organisationsformen ... 30

2.2.3 Branchenstruktur und internationale Stellung ... 32

2.2.4 Leistungsspektrum ... 34

2.2.4.1 Industrielle Sachleistungen ... 35

2.2.4.2 Industrielle Dienstleistungen ... 39

2.2.5 Wertschöpfung und Auftragsabwicklung ... 41

2.2.5.1 Prozesse ... 42

2.2.5.2 Ressourcen ... 45

2.2.6 Serienanlauf im Werkzeugbau ... 47

2.2.6.1 Notwendigkeit und Zweiphasigkeit des Serienanlaufs ... 48

2.2.6.2 Werkzeugspezifische Unterschiede hinsichtlich Aufwand des Serienanlaufs ... 50

2.2.6.3 Relevante Fehlerbilder am Beispiel von Karosseriebauteilen ... 51

2.2.6.4 Prozessablauf am Beispiel mehrstufiger Blechumformwerkzeugsätze ... 52

2.2.6.5 Prozessablauf anderer Werkzeugtypen ... 57

2.2.7 Herausforderungen ... 59

2.3 Wertschöpfungsgestaltung ... 61

2.3.1 Begriffsverständnis und Einordnung von Wertschöpfung ... 62

2.3.2 Bestandteile und Befähiger der Wertschöpfung ... 63

2.3.2.1 Prozesse ... 63

2.3.2.2 Ressourcen ... 65

2.3.2.3 Kompetenzen ... 66

2.3.2.4 Organisation ... 67

2.3.3 Aufbau und Gestaltung der Wertschöpfung ... 68

2.3.3.1 Wertschöpfungsstruktur und -architektur ... 69

2.3.3.2 Kooperation und Wertschöpfungsvernetzung ... 71

2.3.4 Wandel der industriellen Wertschöpfung ... 72

2.3.5 Chancen und Herausforderungen ... 75

2.4 Handlungsbedarf aus der Praxis ... 76

3 Bewertung bestehender Ansätze 79

3.1 Grundlagen und Systematik der Analyse 79

3.1.1 Bewertungssystem 79

3.1.2 Anforderungssystem 80

3.1.2.1 Allgemeine Anforderungen 80

3.1.2.2 Werkzeugbauspezifische Anforderungen 81

3.1.2.3 Anlaufbezogene Anforderungen 82

3.2 Vorstellung bestehender Ansätze 84

3.2.1 Lösungsansätze des Serienanlaufs 86

3.2.1.1 Aachener Modell zum interdisziplinären Anlaufmanagement nach SCHMITT ET AL. 86

3.2.1.2 High Performance Ramp-up nach MÜLLER 88

3.2.1.3 Anlaufmanagement in interorganisationalen Netzwerken nach FITZEK 89

3.2.1.4 Agiles Modell zum Management komplexer Produktionsanläufe nach BOROWSKI 91

3.2.1.5 Ansatz zur Anwendung von Lean Prinzipien im Anlaufprozess nach CHRISTENSEN & RYMASZEWSKA 93

3.2.2 Lösungsansätze des Werkzeugbaus 95

3.2.2.1 Kollaborative Wertschöpfung im industriellen Werkzeugbau nach KOMOREK 95

3.2.2.2 Methodik zur Prozesssynchronisierung im industriellen Werkzeugbau nach RITTSTIEG 97

3.2.2.3 Prozessmodell für einen Lean Try-out nach ABELE ET AL. 98

3.2.3 Lösungsansätze zur Wertschöpfungsgestaltung 100

3.2.3.1 Wertschöpfung durch vernetzte Kompetenz nach WIRTH & BAUMANN 100

3.2.3.2 Strategisches Wertschöpfungsdesign nach KRAUS 102

3.2.3.3 Virtuelle Fabrik nach SCHUH ET AL. 104

3.3 Synthese der bewerteten Ansätze 105

3.4 Handlungsbedarf aus der Theorie 107

3.5 Detaillierung der Forschungsfrage 108

4 Konzeption eines Gestaltungsmodells 111

4.1 Grundlagen wissenschaftlicher Konzeption 111

4.1.1 Systemtheorie und Systemtechnik 112
4.1.2 Modellierung 113
4.2 Merkmale des Gestaltungsmodells 116
4.2.1 Reales System 116
4.2.2 Zielsetzung 117
4.2.3 Nutzer 117
4.2.4 Nutzungszeitraum 118
4.3 Herleitung und Konzeptionierung des Gestaltungsmodells 118
4.3.1 Aktivitätselemente 121
4.3.1.1 Datenbasierte Anlaufstrategie 122
4.3.1.2 Vernetzte Wertschöpfung 123
4.3.1.3 Adaptive Anlauforganisation 125
4.3.2 Verhaltenselement 126
4.3.2.1 Vernetztes Lernen 127
4.3.3 Strukturelemente 128
4.3.3.1 Digitale Infrastruktur 129
4.3.3.2 Anforderungsgerechte Anlaufkompetenzen 130
4.4 Synthese der Elemente zum Gestaltungsmodell 131
4.5 Kritische Reflexion 133
5 Detaillierung des Gestaltungsmodells 137
5.1 Aktivitätselemente 137
5.1.1 Datenbasierte Anlaufstrategie 137
5.1.1.1 Grundlagen 138
5.1.1.2 Anlaufspezifisches Zielsystem 139
5.1.1.3 Langfristige Netzwerkstrategie 145
5.1.1.4 Kurzfristige Wertschöpfungsstrategie 151
5.1.2 Vernetzte Wertschöpfung 154
5.1.2.1 Grundlagen 155
5.1.2.2 Interorganisationale Prozessgestaltung 157
5.1.2.3 Digitale Änderungsworkflows 162
5.1.2.4 Intelligente Anlaufplanung 165

5.1.3 Adaptive Anlauforganisation 170
5.1.3.1 Grundlagen 170
5.1.3.2 Duale Organisationsarchitektur 172
5.1.3.3 Kompetenzbasierte Anlaufkonfiguration 176
5.1.3.4 Dynamische Anlaufsteuerung 180
5.2 Verhaltenselement 184
5.2.1 Vernetztes Lernen 185
5.2.1.1 Grundlagen 186
5.2.1.2 Digitale Wissensplattform 188
5.2.1.3 Digitale Wissenskultur 193
5.3 Strukturelemente 199
5.3.1 Digitale Infrastruktur 199
5.3.1.1 Grundlagen 200
5.3.1.2 Multimodale Datenquellenebene 202
5.3.1.3 Hybride Integrationsebene 209
5.3.2 Anforderungsgerechte Anlaufkompetenzen 215
5.3.2.1 Grundlagen 215
5.3.2.2 Ganzheitliche Kompetenzerfassung 217
5.3.2.3 Mitarbeiterspezifische Qualifizierung 222
5.4 Wechselwirkungen der Gestaltungselemente 226
6 Fallbeispiele und kritische Reflexion 229
6.1 Fallbeispiel 1: GEDIA Gebrüder Dingerkus GmbH 229
6.1.1 Ausgangssituation 230
6.1.2 Anwendung 231
6.1.3 Fazit 232
6.2 Fallbeispiel 2: Werkzeugbau Laichingen-Gruppe 233
6.2.1 Ausgangssituation 234
6.2.2 Anwendung 234
6.2.3 Fazit 236
6.3 Fallbeispiel 3: Welser Profile GmbH 237
6.3.1 Ausgangssituation 237

6.3.2 Anwendung 238

6.3.3 Fazit 240

6.4 Kritische Reflexion 241

7 Zusammenfassung und Ausblick 245

8 Literaturverzeichnis 249

Lebenslauf 275

III Abkürzungsverzeichnis

Abkürzung	Beschreibung
(A)	Arbeitsplatzbezogene Qualifikation
(K)	Qualifizierung durch Kommunikationsprozesse
(S)	Formale Qualifizierung
Abb.	Abbildung
AG	Aktiengesellschaft
AM	Anlaufmanager
API	Application Programming Interface
AR	Anlagenrealisierung
Aufl.	Auflage
AV	Arbeitsvorbereitung
BDE	Betriebsdatenerfassung
BMBF	Bundesministerium für Bildung und Forschung
bzgl.	bezüglich
bzw.	beziehungsweise
ca.	circa
CAD	Computer-Aided Design
CAM	Computer-Aided Manufacturing
CAQ	Computer-Aided Quality
CAx	Computer-Aided x
CNC	Computerized Numerical Control
CPS	Cyber-Physical-Systems
d. h.	das heißt
DFG	Deutsche Forschungsgemeinschaft
DIN	Deutsches Institut für Normung
EiP	Excellence in Production
engl.	Englisch
ERP	Enterprise-Resource-Planning
ESB	Enterprise Service Bus
et al.	et alii
etc.	et cetera
ETL	Extract, Transform, Load
f.	folgend

F+E	Forschung und Entwicklung
Fa.	Firma
FEM	Finite-Elemente-Methode
ff.	fortfolgend
ggf.	gegebenenfalls
GmbH	Gesellschaft mit beschränkter Haftung
h	Stunde(n)
HF	Handlungsfeld
HMI	Human Machine Interfaces
Hrsg.	Herausgeber
i. A. a.	in Anlehnung an
i. O.	in Ordnung
IATF	International Automotive Task Force
ID	Identifikationsnummer
IKT	Informations- und Kommunikationstechnologie
IN	Intern
ind.	indirekt
inkl.	inklusive
Interorg.	Interorganisationale
Interpret.	Interpretation
IoP	Internet of Production
IPT	Fraunhofer-Institut für Produktionstechnologie
IT	Informationstechnik
ital.	Italienisch
Jg.	Jahrgang
Jhdt.	Jahrhundert
Job #1	Job Number One
Kap.	Kapitel
KMU	Kleine und mittlere Unternehmen
Komm.-dienste	Kommunikationsdienste
Korr.	Korrekte
KW	Kalenderwoche
L	Groß
Leistungsl.	Leistungslauf
LM	Linienmanager

M	Mittel
MA	Mitarbeiter
MAG	Metall-Aktivgasschweißen
Maßnahmendurchf.	Maßnahmendurchführung
MDE	Maschinendatenerfassung
Mech.	Mechanische
MES	Manufacturing Execution System
Messtechn.	Messtechnik
MF	Mechanische Fertigung
MHP	Machine Hammer Peening
MIG	Metall-Inertgasschweißen
Mio.	Millionen
MLR	multinominale logistische Regression
mm	Millimeter
MO	Montage
MQTT	Message Queuing Telemetry Transport
Mrd.	Milliarden
MSB	Manufacturing Service Bus
n. a.	nicht verfügbar
NC	Numerical Control
Nr.	Nummer
Oberfl.	Oberfläche
OEM	Original Equipment Manufacturer
OP	Operation
OPC-UA	Open Platform Communications Unified Architecture
opt.	optimale
PC	Personal Computer
PLM	Product-Lifecycle-Management
PPS	Produktionsplanung und -steuerung
Projektnachbespr.	Projektnachbesprechung
RWTH	Rheinisch-Westfälische Technische Hochschule
S	Klein
S.	Seite
SOP	Start of Production
SPS	Speicherprogrammierbare Steuerung

TO	Try-out
u. a.	unter anderem / und andere
USA	Vereinigte Staaten von Amerika
VDI	Verein Deutscher Ingenieure
VDMA	Verband Deutscher Maschinen- und Anlagenbau
Vgl./vgl.	Vergleiche/vergleiche
VSM	Viable System Model
VW	Volkswagen
W1	Wertschöpfungspartner 1
W2	Wertschöpfungspartner 2
WBA	WBA Aachener Werkzeugbau Akademie
WE	Werkzeugentwicklung
Wirksamkeitsbewert.	Wirksamkeitsbewertung
WOT	World of Tooling
WP	Wissensplattform
WZL	Werkzeugmaschinenlabor WZL der RWTH Aachen
z. B.	zum Beispiel

IV Abbildungsverzeichnis

Abbildung 1: Entwicklung von Lebenszyklen und Absatzzahlen am Beispiel des VW Golf ... 2

Abbildung 2: Analyse der Zeit- und Kostenanteile der Werkzeugerstellung am Beispiel eines Seitenwandrahmens im Automobilbau ... 4

Abbildung 3: Wissenschaftssystematik nach ULRICH & HILL ... 7

Abbildung 4: Forschungsmethodisches Vorgehen ... 9

Abbildung 5: Heuristischer Bezugsrahmen ... 10

Abbildung 6: Aufbau der Arbeit gemäß den Phasen der angewandten Forschung nach ULRICH ... 11

Abbildung 7: Zeitliche Einordnung des Serienanlaufs ... 14

Abbildung 8: Zusammenhang der relevanten Begriffe zum Serienanlauf ... 16

Abbildung 9: Darstellung der branchenspezifischen Anlaufklassifizierung ... 17

Abbildung 10: Typologisierung von Anlaufstrategien ... 18

Abbildung 11: Phasen des Serienanlaufs ... 21

Abbildung 12: Eigenschaften der Phasen des Serienanlaufs ... 24

Abbildung 13: Individuelle Zielsysteme im Anlauf ... 26

Abbildung 14: Herausforderungen des Serienanlaufs ... 28

Abbildung 15: Einordnung von Werkzeugen nach VDI-Norm 2815 ... 29

Abbildung 16: Verteilung des Marktzugangs von Werkzeugbaubetrieben ... 32

Abbildung 17: Umsatzentwicklung der Branche Präzisionswerkzeugbau ... 33

Abbildung 18: Position des deutschen Werkzeugbaus im internationalen Vergleich ... 34

Abbildung 19: Industrielle Sachleistungen nach EVERSHEIM & KLOCKE ... 35

Abbildung 20: Entwicklung und Aufteilung der Werkzeugproduktion in Deutschland ... 36

Abbildung 21: Umsatzanteil weiterer Sachleistungen der Branche Werkzeugbau 38

Abbildung 22: Verteilung von Auftragsarten nach Umsatzanteil 39

Abbildung 23: Dienstleistungen in der Branche Werkzeugbau 41

Abbildung 24: Generische Prozesskette des Werkzeugbaus 43

Abbildung 25: Mitarbeiterverteilung entlang der Wertschöpfungskette des Werkzeugbaus 46

Abbildung 26: Serienanlauf des Werkzeugs als Schnittstelle zwischen Werkzeugbau und Serienproduktion 48

Abbildung 27: Maßabweichung und Toleranzerfüllung im Verlauf des Serienanlaufs 50

Abbildung 28: Vergleich werkzeugspezifischer Unterschiede im Anlauf 51

Abbildung 29: Kostenanteile im Werkzeugentstehungsprozess eines Seitenwandrahmens 51

Abbildung 30: Auftretende Qualitätsmängel an Karosseriebauteilen 52

Abbildung 31: Darstellung des Home-Try-outs für einen Blechwerkzeugsatz 53

Abbildung 32: Klassifizierungskriterien für Abweichungen 55

Abbildung 33: Herausforderungen im Serienanlauf von Werkzeugen 61

Abbildung 34: Wertkette nach PORTER 63

Abbildung 35: Konstituierende Merkmale von Prozessen 64

Abbildung 36: Einteilung der Unternehmensressourcen nach MÜLLER-STEWENS & LECHNER 65

Abbildung 37: Unternehmensübergreifende Wertschöpfungsstrukturen nach KNECHT 69

Abbildung 38: Wertschöpfungsmanöver nach MÜLLER-STEWENS & FONTIN 70

Abbildung 39: Entwicklung der Wertschöpfung 74

Abbildung 40: Nutzenpotenziale von Industrie 4.0 75

Abbildung 41: Synthese der Herausforderungen und Chancen 77

Abbildung 42: Harvey Balls und die Ausprägungen zur Bewertung von bestehenden Ansätzen 80

Abbildung 43: Anforderungen an ein Modell zur Gestaltung des Serienanlaufs von Werkzeugen 84

Abbildung 44: Bewertung der Relevanz wissenschaftlicher Ansätze 85

Abbildung 45: Aachener Modell zum interdisziplinären Anlaufmanagement nach SCHMITT ET AL. 87

Abbildung 46: Handlungsfelder im Rahmen des High Performance Ramp-up nach MÜLLER 88

Abbildung 47: St. Galler Anlaufmanagement-Modell nach FITZEK 90

Abbildung 48: Agiles Vorgehensmodell zum Management komplexer Produktionsanläufe nach BOROWSKI 92

Abbildung 49: Ansatz zur Anwendung von Lean Prinzipien im Serienanlauf nach CHRISTENSEN & RYMASZEWSKA 94

Abbildung 50: Kollaborative Wertschöpfung im Werkzeugbau nach KOMOREK 95

Abbildung 51: Methodik zur Prozesssynchronisierung in der Auftragsabwicklung des industriellen Werkzeugbaus nach RITTSTIEG 97

Abbildung 52: Prozessmodell und Prozessmatrix zur Darstellung und Steuerung der Abhängigkeiten nach ABELE ET AL. 99

Abbildung 53: Kooperative Auftragsabwicklung durch Kompetenzkombination im Wertschöpfungsnetz nach WIRTH & BAUMANN 101

Abbildung 54: Vorgehen zum strategischen Wertschöpfungsdesign nach KRAUS 103

Abbildung 55: Konzept und Rollenverständnis der virtuellen Fabrik nach SCHUH ET AL. 104

Abbildung 56: Aggregierte Bewertung untersuchter Forschungsansätze 106

Abbildung 57: Aufbau und Struktur eines Systems 113

Abbildung 58: Grundlegende Klassifizierung von Modellen 114

Abbildung 59: Ordnungsrahmen des Gestaltungsmodells in Anlehnung an BLEICHER 120

Abbildung 60: Aspekte und Ergebnis des Gestaltungselements Datenbasierte Anlaufstrategie 123

Abbildung 61: Aspekte und Ergebnis des Gestaltungselements Vernetzte Wertschöpfung 124

Abbildung 62: Aspekte und Ergebnis des Gestaltungselements Adaptive Anlauforganisation 126

Abbildung 63: Aspekte und Ergebnis des Gestaltungselements Vernetztes Lernen 128

Abbildung 64: Aspekte und Ergebnis des Gestaltungselements Digitale Infrastruktur 130

Abbildung 65: Aspekte und Ergebnis des Gestaltungselements Anforderungsgerechte Anlaufkompetenzen 131

Abbildung 66: Gestaltungsmodell für den vernetzten und synchronisierten Serienanlauf von Werkzeugen 131

Abbildung 67: Anforderungen an ein Modell zur Gestaltung des Serienanlaufs von Werkzeugen 133

Abbildung 68: Grundverständnis des strategischen Managements nach HUNGENBERG 139

Abbildung 69: Generische Zieldimensionen und -kriterien des Serienanlaufs von Werkzeugen 141

Abbildung 70: Vorgehen beim paarweisen Vergleich der Zielkriterien 144

Abbildung 71: Gestaltungsfaktoren in den Dimensionen der Wertschöpfungsbefähigung 146

Abbildung 72: Mögliche Ausprägungen der Strategieelemente zur Differenzierung 149

Abbildung 73: Quantifizierter Stunden- und Mitarbeiterbedarf im Werkzeugbau 150

Abbildung 74: Dimensionierung der notwendigen technologischen Ressourcen 151

Abbildung 75: Vorgehen zur Ermittlung externer Wertschöpfungspartner 152

Abbildung 76: Beispielhafter Kompetenzabgleich eines Wertschöpfungsmoduls 153

Abbildung 77: Beispielhafter Abgleich mit internem und externem Kapazitätsangebot 154

Abbildung 78: Horizontale Wertschöpfungsvernetzung 157

Abbildung 79: Vereinfachter Auftragsabwicklungsprozess im Serienanlauf von Werkzeugen 158

Abbildung 80: Beispielhafte Meilensteine, Phasen und Inhalte des Serienanlaufs für Blechumformwerkzeuge 160

Abbildung 81: Schematischer digitaler Änderungsworkflow 163

Abbildung 82: Beispielhafte Informationsmodellierung für Blechumformwerkzeuge (Auszug) 165

Abbildung 83: Vorgehen zur Ermittlung anlaufrelevanter Planungsgrößen 166

Abbildung 84: Beispielhafte Kapazitätsplanung und Durchlaufterminierung 168

Abbildung 85: Grundtypen und Varianten von Anlauforganisationen 172

Abbildung 86: Duale Organisationsarchitektur im Werkzeugbau 174

Abbildung 87: Rollen und Aufgabenverteilung in Anlaufteams 175

Abbildung 88: Beispielhafte Kompetenzanforderungen unterschiedlicher Werkzeugtypen von Blechumformwerkzeugen 178

Abbildung 89: Beispielhafte Bewertung mitarbeiterspezifischer Kompetenzen 179

Abbildung 90: Projektspezifische Mitarbeiterzuordnung 180

Abbildung 91: Beispielhafte Struktur von Product und Sprint Backlog für Blechumformwerkzeuge 182

Abbildung 92: Beispielhafte Ausarbeitung der einzelnen Sprints für Blechumformwerkzeuge 183

Abbildung 93: Digitales Qualifizierungsboard 184

Abbildung 94: Hierarchie von Zeichen, Daten, Information und Wissen 186

Abbildung 95: Verkürzung der Anlaufdauer durch Lerneffekte 187

Abbildung 96: Systemarchitektur der digitalen Wissensplattform 188

Abbildung 97: Funktionsweise der Datenverarbeitungsschicht 190

Abbildung 98: Beispielhaftes Frontend der digitalen Wissensplattform für Blechumformwerkzeuge ... 193

Abbildung 99: Erfolgskritische Aspekte des Wissensmanagements ... 194

Abbildung 100: Faktoren zur erfolgreichen Gestaltung des Wandels ... 196

Abbildung 101: Einbeziehung der Mitarbeiter bei der Plattformeinführung ... 197

Abbildung 102: Anreizsystem zur Nutzung der digitalen Wissensplattform ... 199

Abbildung 103: Migrationspfad zum digitalen Schatten ... 201

Abbildung 104: Relevante Anwendungssoftwaresysteme und Beispieldaten im Serienanlauf von Blechumformwerkzeugen ... 203

Abbildung 105: Relevante Parameter im Umformprozess ... 206

Abbildung 106: Vorgehen zur Umsetzung des digitalen Anlaufschattens ... 208

Abbildung 107: Beispielhafte Darstellung der Middleware sowie angebundener Datenquellen für Blechumformwerkzeuge ... 211

Abbildung 108: Extract, Transform, Load über die Middleware in das Data Warehouse ... 213

Abbildung 109: Beispielhafte Modellierung des digitalen Anlaufschattens für Blechumformwerkzeuge ... 214

Abbildung 110: Elemente der Kompetenz sowie Möglichkeiten der Einflussnahme ... 216

Abbildung 111: Beispielhafte Kompetenzen im Serienanlauf von Blechumformwerkzeugen ... 218

Abbildung 112: Beispielhaftes Kompetenzprofil für den Serienanlauf von Blechumformwerkzeugen ... 221

Abbildung 113: Vorgehen zur Bestimmung des Qualifikationsbedarfs ... 223

Abbildung 114: Bewertete Methoden zur Qualifizierung ... 225

Abbildung 115: Kompetenzabgleich sowie individuell festgelegte Qualifizierungsmaßnahmen ... 226

Abbildung 116: Gestaltungsmodell für den vernetzten und synchronisierten Serienanlauf von Werkzeugen ... 246

1 Einleitung und Zielsetzung

1.1 Ausgangssituation

Die produzierende Industrie stellt das Rückgrat der deutschen Wirtschaft dar. Mit über 25% der Bruttowertschöpfung weist sie im Gegensatz zu vergleichbar entwickelten Volkswirtschaften (immer noch) einen signifikanten Anteil der Wirtschaftsleistung auf.[1] Dort beträgt der Anteil lediglich ca. 14%, im weltweiten Durchschnitt ungefähr 18%.[2] Insbesondere im Premium- und Hochtechnologiesegment hat sich die deutsche Wirtschaft im internationalen Wettbewerb erfolgreich positioniert und konnte durch weltweite Präsenz in den vergangenen Jahren von der Globalisierung profitieren.[3] Durch umfangreiche Investitionen in Forschung und Entwicklung im Hinblick auf Produkt und Produktionsprozess konnten Schwellenländer den technologischen Vorsprung allerdings sukzessive verkürzen.[4]

Zur langfristigen Sicherung internationaler Wettbewerbsfähigkeit stehen produzierende Unternehmen am Wirtschaftsstandort Deutschland vor der Herausforderung, innovative Produkte kosteneffizient produzieren zu müssen. Zusätzlich erfordert ein intensiver werdendes Wettbewerbsumfeld eine Verkürzung der Time-to-Market bei gleichzeitiger Verbesserung der Änderungsflexibilität im Produktentstehungsprozess.[5] Innerhalb von drei Jahrzehnten hat eine Verkürzung des Produktlebenszyklus in der Automobilindustrie um fast 60% stattgefunden. Die Verkürzung wird begleitet von einer gleichzeitig signifikanten Abnahme abgesetzter Stückzahlen. Am Beispiel des Volkswagen Golf kann die Entwicklung der Lebenszyklen und Absatzzahlen nachvollzogen werden (vgl. Abbildung 1).

Dies hat zur Folge, dass Produkte im globalen Marktumfeld nicht nur in kürzerer Zeit entwickelt, sondern auch schneller in die Serienproduktion überführt werden müssen. Im Ergebnis resultiert dies in einer starken Zunahme der Komplexität von Produkteinführungen sowie deren Anzahl bezogen auf einen fixierten Zeitraum.[6] Eine vergleichbare Entwicklung ist z. B. in der Elektronikindustrie zu verzeichnen.[7]

Die Relevanz effizienter Produkteinführungen wird im Rahmen von Untersuchungen deutlich. Ein verspäteter Markteintritt um sechs Monate kann zu einem entgangenen kumulierten Gewinn von bis zu einem Drittel des potenziellen Gesamtgewinnes über den Produktlebenszyklus führen.[8] Unternehmen, denen es gelingt, innovative Produkte vor den Wettbewerbern in den

[1] Vgl. Statistisches Bundesamt (Statistisches Jahrbuch), 2018, S. 334; Bauernhansl (Vierte industrielle Revolution), 2017, S. 3f.

[2] Vgl. Leinweber (Industrielle Wertschöpfung), 2017, S. 1

[3] Vgl. Federowski; Pflanz (Hochtechnologie und Handwerkskunst), 2017, S. 11f.

[4] Vgl. Lisowski (Das asiatische Jahrhundert), 2019, S. 35ff.

[5] Vgl. Boos et al. (Intelligente Werkzeuge), 2018, S. 4

[6] Vgl. Letmanthe; Rößler (Learning for Production Ramp-ups), 2016, S. 111; Tücks (Ramp-Up Management), 2010, S. 1f.

[7] Vgl. Scheimann (Immer schneller neuer), 2011

[8] Vgl. Risse (Time-to-Market-Management), 2003, S. 53 mit Verweis auf Seifert; Steiner (F+E: Schneller, schneller, schneller), 1995, S. 22

Markt einzuführen, können sogenannte Monopolrenten abschöpfen und damit höhere Margen erzielen.[9] Kürzere Entwicklungszyklen ermöglichen zusätzlich, Einmalkosten aufgrund von Erfahrungskurveneffekten auf eine größere Absatzmenge umzulegen und somit Kostenvorteile realisieren zu können.[10]

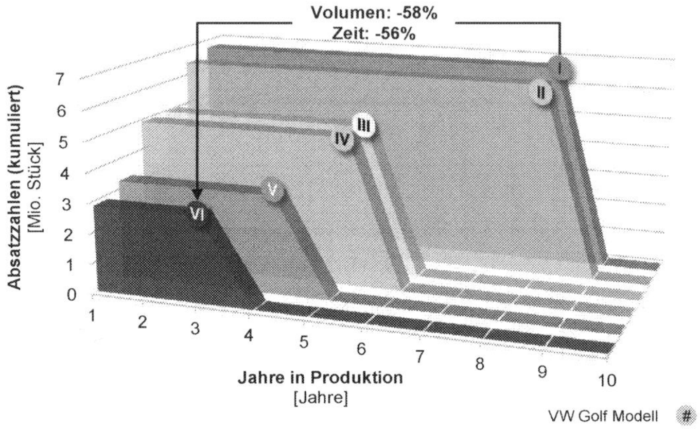

Abbildung 1: Entwicklung von Lebenszyklen und Absatzzahlen am Beispiel des VW Golf[11]

Darüber hinaus ist durch die zunehmende Angleichung von Produkten hinsichtlich Preis, Zuverlässigkeit und Qualität die Relevanz einer leistungsfähigen Produktion in den letzten Jahren gestiegen.[12] Aus diesem Grund hat die ressourcenbasierte Sichtweise (Resource-based View) zur Erklärung und Definition erfolgreicher Unternehmensstrategien in den vergangenen Jahren zunehmende Bedeutung erlangt. Anhand des Resource-based View wird der Erfolg eines Unternehmens zu einem signifikanten Anteil aus dem Besitz interner, unternehmensspezifischer Ressourcen determiniert.[13] Eine wachsende Anzahl von Unternehmen begreift den Produktionsbereich dementsprechend heute als einen wesentlichen Wettbewerbsfaktor, um eine wirksame Differenzierung gegenüber Wettbewerbern zu erzielen.[14] Die Bedeutung des Produktionsbereichs wird zudem insbesondere bei Produkteinführungen hervorgehoben, um als Schnittstelle zum Innovationsmanagement neue Produkte schnell und kosteneffizient in den Markt einzuführen.[15]

[9] Vgl. Peters; Hofstetter (Anlaufstrategien in Netzwerken), 2008, S. 10

[10] Vgl. Tücks (Ramp-Up Management), 2010, S. 1ff.

[11] Eigene Abbildung i. A. a. Deutscher Bundestag, 2016, S. 10; Frank; Patrizi (Marketing-Mix), 2014, S. 50

[12] Vgl. Jürging (Systemdynamische Analyse des Serienanlaufs), 2008, S. 25; Angerbauer; König (Chinas Innovationsstrategie), 2017, S. 50ff.

[13] Vgl. Enders (Management Competence), 2004, S. 1ff.

[14] Vgl. Korge (Erfolgsfaktoren in der Produktion), 2017, S. 505ff.; Jürging (Systemdynamische Analyse des Serienanlaufs), 2008, S. 28

[15] Vgl. Jürging (Systemdynamische Analyse des Serienanlaufs), 2008, S. 34ff.

Eine Schlüsselbranche für die Realisierung effizienter Produkteinführungen stellt der Werkzeugbau dar. Dieser entwickelt und fertigt Werkzeuge, mit denen industrielle Güter kosteneffizient in Großserie hergestellt werden können.[16] Als Hersteller von z. B. Spritzgieß- oder Blechumformwerkzeugen bildet der Werkzeugbau das Bindeglied zwischen Produktentwicklung und Serienproduktion. In der industriellen Wertschöpfungskette gilt er somit als Produktionsbefähiger.[17]

Durch die Stellung in der industriellen Wertschöpfungskette sind die Innovationsfähigkeit und Time-to-Market der Serienproduzenten entscheidend von der Effizienz und Leistungsfähigkeit der Werkzeugbaubetriebe abhängig.[18] Analysen sogenannter Anlaufhemmnisse[19] zeigen, dass 31% der Verzögerungen bei der Einführung neuer Produkte dem Werkzeug- oder übergeordnet dem Betriebsmittelbau[20] zugeordnet werden können. Vor allem die nicht fristgerechte Bereitstellung von Werkzeugen stellt eine häufige Ursache verspäteter Produkteinführungen dar.[21] Als eine Möglichkeit zur nachhaltigen Steigerung der Geschwindigkeit und Kosteneffizienz von Produkteinführungen gilt es somit, die (Prozess-)Leistungsfähigkeit des Werkzeugbaus zu erhöhen.

1.2 Problemstellung

Die interne Wertschöpfung eines Werkzeugbaubetriebs besteht typischerweise aus den Prozessschritten Werkzeugentwicklung, Arbeitsvorbereitung, mechanische Fertigung, Montage sowie dem sogenannten Try-out.[22] Vor- und nachgelagert überschneiden sich die Produktentwicklung sowie die Serienfertigung des Kunden mit der Auftragsabwicklung des Werkzeugbaus, sodass ein umfangreicher Austausch von Informationen und Know-how stattfindet.[23] Die Auftragsabwicklung des Werkzeugbaus erfolgt größtenteils sequenziell, da nachfolgende Prozessschritte erst mit Abschluss und vollständiger Informationsbereitstellung des Vorgängerprozesses starten können.

Nach einer Analyse von SCHUH ET AL. hinsichtlich wertschöpfungsseitiger Potenziale zur Beschleunigung oder kostenseitigen Optimierung der Auftragsabwicklung ergibt sich, dass ein hoher Zeit- und Kostenaufwand im sogenannten Serienanlauf anfällt. Dieser erfolgt nach Abschluss von mechanischer Fertigung und Montage des Werkzeugs und umfasst dessen Erprobung und Korrektur im Rahmen sogenannter Try-outs. Die Try-outs erfolgen in der Regel

[16] Vgl. Eversheim; Klocke (Werkzeugbau mit Zukunft), 1998, S. 1f.

[17] Vgl. Boos et al. (Intelligente Werkzeuge), 2018, S. 4f.

[18] Vgl. Schuh et al. (Operative Exzellenz), 2010, S. 13

[19] Als Anlaufhemmnisse sind Einflussfaktoren zu verstehen, die das Hochlaufen der Stückzahlen von Serienprodukten dämpfen und somit Stückzahlverluste verursachen.

[20] Als Betriebsmittel werden alle Güter eines Unternehmens bezeichnet, die für die Produktion eines Produktes benötigt werden, allerdings nicht als Verbrauchsstoff in das zu produzierende Produkt eingehen, sondern lediglich als Gebrauchsgegenstand fungieren, der wiederholt im Produktionsprozess eingesetzt werden kann. Neben technischen Anlagen, Einrichtungen und Vorrichtungen umfassen die Betriebsmittel ebenfalls Werkzeuge, vgl. Kampker et al. (Unternehmensstruktur), 2011, S. 171

[21] Vgl. Abele et al. (Anlaufmanagement in der Serienproduktion), 2003, S. 174

[22] Vgl. Schuh et al. (Operative Exzellenz), 2010, S. 12

[23] Vgl. Begovic (Datenbasiertes Wissensmanagement), 2018, S. 74f.

zunächst auf Anlagen des Werkzeugbaubetriebs, nach Überschreiten eines vom Serienproduzenten festgelegten Reifegrads auf dessen Anlagen.[24] Am Beispiel blechverarbeitender Werkzeuge zur Herstellung von Außenhautteilen wie einem Seitenwandrahmen für Kraftfahrzeuge nimmt der Serienanlauf bis zu 44% der gesamten Herstellungszeit und 32% der aggregierten Werkzeugkosten ein. Dieser Sachverhalt ist in Abbildung 2 dargestellt.

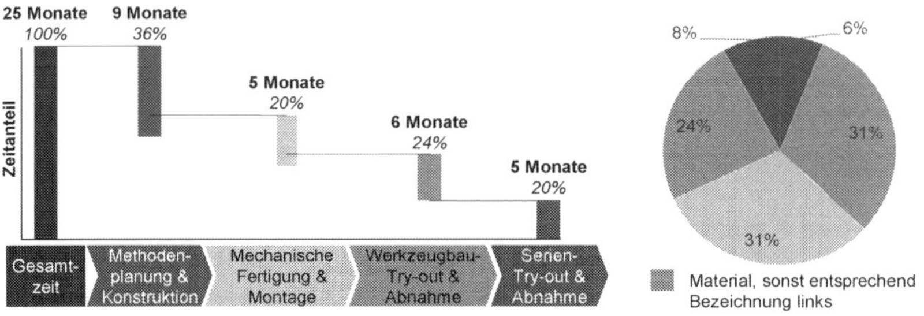

Abbildung 2: Analyse der Zeit- und Kostenanteile der Werkzeugerstellung am Beispiel eines Seitenwandrahmens im Automobilbau[25]

Die Notwendigkeit der Durchführung des Serienanlaufs ergibt sich aufgrund des komplexen Zusammenspiels von Werkzeug, Anlage und Material, welches sich auch mittels Produkt- und Prozesssimulationen bisher nicht ausreichend vorhersagen lässt.[26] Daraus resultieren häufig Abweichungen der produzierten Bauteile, sodass diese initial nicht der vom Kunden geforderten Qualität hinsichtlich bspw. Maßhaltigkeit oder Oberflächenqualität entsprechen.[27] Nach Durchführung notwendiger Nacharbeiten gilt der Anlauf als abgeschlossen, wenn die mittels des Werkzeugs hergestellten Bauteile zuverlässig in Serienqualität produziert werden können und der Kunde eine entsprechende Serienfreigabe erteilt.[28]

Als zentrale Herausforderungen im Hinblick auf die effektive und effiziente Durchführung des Serienanlaufs werden Interdisziplinarität, eine hohe Komplexität der Auftragsabwicklung sowie die Notwendigkeit umfangreichen Erfahrungswissens genannt. SCHUH ET AL. geben zudem an, dass steigende Automatisierungsgrade die damit einhergehenden Herausforderungen weiter intensivieren.[29] Ziel muss es dementsprechend sein, die Herausforderungen durch einen ganzheitlichen Lösungsansatz zu adressieren. Zur effizienten Abbildung von Interdisziplinarität und Komplexität der Auftragsabwicklung muss dieser durch **Vernetzung** am Anlauf beteiligter Entitäten und Prozesse den verlust- sowie latenzfreien Übergang von Daten und Informationen sicherstellen. Zudem bedarf es darauf aufbauend einer zeitlichen und inhaltlichen

---

[24] Vgl. Schuh et al. (Serienanlauf von Werkzeugen), 2018, S. 796f.

[25] Eigene Abbildung i. A. a. Birkert et al. (Herstellung komplexer Karosserieteile), 2013, S. 364 und S. 427, Zeitangaben beziehen sich jeweils auf die Durchlaufzeit bis zum Beginn des nächsten Prozessschritts.

[26] Vgl. Braedel (Optimierung des Werkzeugeinarbeitsprozesses), 2009, S. 5; Birkert et al. (Herstellung komplexer Karosserieteile), 2013, S. 363 und S. 425

[27] Vgl. Schuh et al. (Serienanlauf von Werkzeugen), 2018, S. 797

[28] Vgl. Boos (Modulare Werkzeuge), 2008, S. 55

[29] Vgl. Schuh et al. (Serienanlauf von Werkzeugen), 2018, S. 797

Synchronisierung entsprechender Entitäten und Prozesse, um Informationen bedarfsgerecht und echtzeitnah bereitzustellen. Dadurch soll insbesondere dem umfangreichen Wissensbedarf Rechnung getragen werden.

In Theorie und Praxis existieren unterschiedliche Ansätze und Modelle, die jeweils Teilaspekte der Problemstellung adressieren und entsprechende Lösungen präsentieren. Insbesondere vor dem Hintergrund neuer technologischer Befähiger im Kontext von Industrie 4.0 gehen diese allerdings nicht weit genug, eine ganzheitliche Optimierung des Serienanlaufs von Werkzeugen zu ermöglichen. Ein Ansatz, der für die beschriebene Problemstellung eine vollständige Lösung darstellt, soll im Rahmen der vorliegenden Arbeit entwickelt werden.

1.3 Zielsetzung und übergeordnete Forschungsfrage

Auf Basis der dargestellten Ausgangssituation und der spezifischen Problemstellung wird im Folgenden die Zielsetzung und darauf basierend die Forschungsfrage hergeleitet. Unternehmen der produzierenden Industrie stehen im heutigen Marktumfeld vor der Herausforderung, innovative Produkte kosteneffizient und in kurzen Zeiträumen einführen zu müssen, um international wettbewerbsfähig zu bleiben. Aufgrund seiner Stellung in der industriellen Wertschöpfungskette wird dem Werkzeugbau eine zentrale Rolle bei der Realisierung zeit- und kostenoptimaler Produkteinführungen zuteil. Bisher ist allerdings kein Ansatz vorhanden, der eine anforderungsgerechte Gestaltung des Serienanlaufs von Werkzeugen in der Schnittstelle zwischen Produktentwicklung und Serienproduktion zulässt.

Die **übergeordnete Zielsetzung** der vorliegenden Arbeit stellt entsprechend die Entwicklung eines Lösungsansatzes dar, der die Gestaltung des Serienanlaufs neuer Produkte zur Realisierung von Zeit- und Kostenpotenzialen ermöglicht. Es soll aufgezeigt werden, wie die Wertschöpfung in der Schnittstelle zwischen Werkzeugbau und Serienproduktion gestaltet werden muss, da eine zeit- und kostenoptimale Wertschöpfungsgestaltung als zentrale Voraussetzung für den Unternehmenserfolg gilt.[30]

Die **konkrete Zielsetzung** dieser Arbeit ist die Entwicklung eines Modells zur Gestaltung eines vernetzten und synchronisierten Serienanlaufs von Werkzeugen. Dieses soll Werkzeugbaubetriebe und im erweiterten Sinne die produzierende Industrie befähigen, Werkzeuge beschleunigt und kosteneffizienter zur Serienreife zu führen. Dafür bedarf es einer verbesserten informationstechnischen Vernetzung sowie einer entsprechenden zeitlichen und inhaltlichen Synchronisierung am Anlauf beteiligter Entitäten, um relevante Informationen im Anlaufprozess zeit- und anforderungsgerecht zur Verfügung zu stellen. Vor dem Hintergrund der beschriebenen Herausforderungen sollen Unternehmen mit dem Lösungsansatz in die Lage versetzt werden, die Wertschöpfung im Serienanlauf von Werkzeugen systematisch zu gestalten.

In Anlehnung an KUBICEK wird nachfolgend die grundlegende Forschungsfrage definiert, um den Betrachtungsbereich der vorliegenden Arbeit einzugrenzen und dem Forschungsprozess

30 Vgl. Dietl et al. (Value Creation Architectures), 2009, S. 44

eine handlungsleitende Richtung vorzugeben.[31] Die Forschungsfrage dieser Arbeit lautet zusammenfassend:

Wie muss der vernetzte und synchronisierte Serienanlauf von Werkzeugen gestaltet sein?

Eine Konkretisierung der handlungsleitenden Forschungsfrage durch weitere grundlegende Forschungsfragen erfolgt in Kapitel 3.5.

1.4 Forschungskonzeption

Der Forschungsansatz der vorliegenden Arbeit folgt dem allgemeinen Forschungsverständnis des Lehrstuhls für Produktionssystematik am Werkzeugmaschinenlabor WZL der RWTH Aachen. Dieses findet sich ebenfalls in den Arbeiten von HENSEN, SALMEN und KUHLMANN.[32] Das Forschungsverständnis baut auf dem wissenstheoretischen Ansatz nach ULRICH (vgl. Kapitel 1.4.1) sowie dem forschungsmethodischen Vorgehen nach KUBICEK (vgl. Kapitel 1.4.2) auf.

BINDER & KANTOWSKY erklären die wissenschaftliche Forschung als einen Prozess, in dessen Ablauf der Forschende eine neue Wirklichkeit für sich und die „scientific community“ erschließt.[33] DEUTSKENS weist in diesem Zusammenhang darauf hin, dass der wissenschaftliche Erkenntnisprozess aufgrund eines nicht näher begründbaren Wertesystems des Forschers subjektiven Charakter aufweist.[34] Um die Erkenntnisse des Forschungsprozesses für andere intersubjektiv (be-)greifbar zu machen, bedarf es zunächst einer Darstellung der Erkenntnisperspektive sowie der methodologischen Vorgehensweise.[35]

Bei der Erkenntnisperspektive handelt es sich um ein sogenanntes „belief system“, welches nicht detailliert nachgewiesen werden muss, sondern als grundlegende Überzeugung zu akzeptieren ist.[36] Dies ist insbesondere für die vorliegende Arbeit relevant, für die neben dem ingenieurstechnischen Fokus für die Beantwortung soziotechnischer Fragestellungen im Unternehmenskontext auf Ansätze der Betriebswirtschaftslehre zurückgegriffen werden muss. Durch die methodologische Vorgehensweise ist festgelegt, nach welchen Regeln der Forschungsprozess erfolgt.

Durch Darstellung der wissenstheoretischen Einordnung soll nachfolgend festgelegt werden, für welche Wissenschaften die Ergebnisse dieser Arbeit einen Lösungsansatz darstellen. Zudem soll gezeigt werden, wie eine entsprechende Forschungsmethodologie zur Gewinnung dieser Ergebnisse gestaltet ist.

[31] Vgl. Kubicek (Forschungsdesign), 1977, S. 24ff.

[32] Vgl. Hensen (Strategische Auslegung), 2017; Salmen (Vernetzter Shopfloor), 2016; Kuhlmann (Corporate Tooling), 2017

[33] Vgl. Binder; Kantowsky (Technologiepotenziale), 1996, S. 3

[34] Vgl. Deutskens (Wertschöpfungskonfiguration), 2014, S. 7

[35] Vgl. Binder; Kantowsky (Technologiepotenziale), 1996, S. 3f.

[36] Vgl. Guba; Lincoln (Qualitative Research), 1994, S. 107

1.4.1 Wissenschaftstheoretische Einordnung

Zur Beschreibung der grundlegenden Erkenntnisperspektive wird die Arbeit zunächst in das Spektrum der Wissenschaft eingeordnet. ULRICH & HILL unterscheiden grundlegend zwischen Formal- und Realwissenschaften (vgl. Abbildung 3).[37]

Den **Formalwissenschaften** sind unter anderem Disziplinen wie die Mathematik und die Philosophie zugeordnet. Entsprechend wird das Ziel verfolgt, Zeichensysteme zu konstruieren sowie entsprechende Regeln zu deren Verwendung zu implementieren. Da es sich beim Forschungsgegenstand um keine physisch existierenden Objekte handelt, erfolgt die Beweisführung zur Validierung aufgestellter Hypothesen und erzielter Forschungsergebnisse mittels Überprüfung von logischen und theoretischen Widersprüchen.[38]

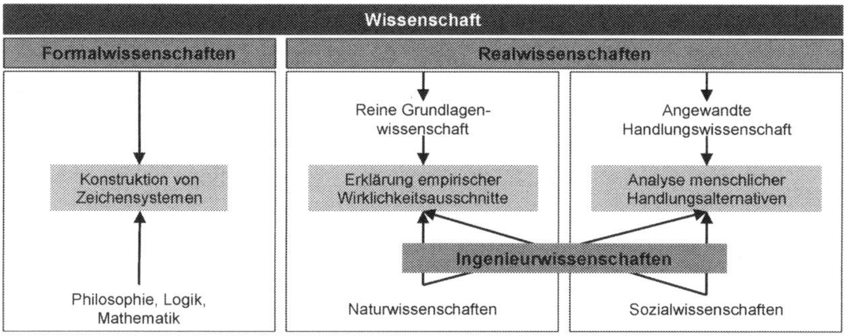

Abbildung 3: Wissenschaftssystematik nach ULRICH & HILL[39]

Ziel der **Realwissenschaften** hingegen ist die empirische Beschreibung, Erklärung und Gestaltung real existierender und sinnlich wahrnehmbarer Wirklichkeitsausschnitte. Die Argumentationslogik ist dementsprechend nicht rein analytisch, sondern synthetisch orientiert und erfordert zur Validierung der Richtigkeit eine zusätzliche Faktenanalyse.[40] Weiter lassen sich Realwissenschaften in reine Grundlagenwissenschaften und angewandte Handlungswissenschaften differenzieren. Während die Grundlagenwissenschaften theoretische Modelle zur Beschreibung der Wirklichkeit formulieren, analysieren Handlungswissenschaften menschliche Handlungsalternativen zwecks Gestaltung sozialer und technischer Systeme. Die Grundlagenwissenschaften werden daher den Naturwissenschaften zugeordnet, die Handlungswissenschaften finden hauptsächlich im Rahmen der Sozialwissenschaften Anwendung.[41]

Ingenieurwissenschaftliche Arbeiten sind den Realwissenschaften zugeordnet, allerdings lässt sich keine klare Trennung zwischen den reinen Grundlagenwissenschaften und den Handlungswissenschaften vornehmen.[42] ULRICH wird über den Unterschied zwischen Grundlagen-

[37] Vgl. Ulrich; Hill (Wissenschaftstheorie), 1976, S. 305
[38] Vgl. Schanz (Führungsforschung), 1987, S. 2039
[39] i. A. a. Ulrich; Hill (Wissenschaftstheorie), 1976, S. 305
[40] Vgl. Schanz (Führungsforschung), 1987, S. 2039
[41] Vgl. Ulrich; Hill (Wissenschaftstheorie), 1976, S. 305
[42] Vgl. Salmen (Vernetzter Shopfloor), 2016, S. 6

forschung und angewandter Forschung folgendermaßen zitiert: „Die empirische Grundlagenforschung will eine bestehende Wirklichkeit beobachten und mithilfe von allgemeinen Theorien erklären, die angewandte Forschung zielt auf den Entwurf einer neuen Wirklichkeit. [...] Nicht die Wahrheit wissenschaftlicher Aussagen ist das Regulativ des Prozesses angewandter Forschung, sondern der Nutzen der zu schaffenden Entwürfe für die Praxis".[43] Aufgrund ihres hohen Bezugs zur unternehmerischen Praxis und der methodischen Unterstützung des menschlichen Handelns kann die vorliegende Arbeit den angewandten Handlungswissenschaften zugeordnet werden.

Weiter bedarf es der konkreten Erläuterung der Erkenntnisperspektive. Dazu ist das zugrundeliegende Verständnis im Sinne einer Leitidee oder eines Paradigmas darzustellen. In der Wissenschaftstheorie erfolgt die Darstellung einer solchen Leitidee anhand des faktorentheoretischen Ansatzes nach GUTTENBERG, des systemtheoretischen Ansatzes nach ULRICH oder des entscheidungstheoretischen Ansatzes nach HEINEN.[44] Ziel der Arbeit stellt weniger die zunehmende Erkenntnissicherung als vielmehr die Entwicklung eines Verständnisses für den Aufbau von Modellen für eine zu gestaltende Realität dar. Aufgrund seiner hohen Praxisnähe sowie des interdisziplinären Ansatzes zur Analyse von Unternehmen als „produktive soziale Systeme" weist der systemtheoretische Ansatz nach ULRICH eine große Nähe zu den Ingenieurwissenschaften auf.[45] Dies qualifiziert ihn in besonderem Maße für den Einsatz im Rahmen dieser Arbeit.

1.4.2 Forschungsmethodisches Vorgehen

Die Forschungsmethodologie beschreibt die Art und Weise der Gewinnung von Erkenntnissen im Rahmen des Forschungsprozesses. Nach POPPER beginnt jeder Erkenntnisprozess nicht mit Beobachtungen oder dem Sammeln von Daten und Tatsachen, sondern mit Problemen.[46] In den reinen Grundlagenwissenschaften bestehen diese Probleme aus erklärungsbedürftigen Phänomenen, die zwar einen Praxisbezug aufweisen, dieser für die Relevanz des Problems allerdings nicht ausschlaggebend ist. In den angewandten Handlungswissenschaften dagegen steht die Lösung von Problemen praktisch handelnder Menschen im Fokus, für die noch kein ausreichendes Wissen hinsichtlich einer möglichen Lösung besteht.[47] Nach ULRICH entstehen die Probleme der Grundlagenwissenschaften in Verbindung zur Theorie, während sich jene der Handlungswissenschaften im Kontext der unternehmerischen Praxis ergeben.[48] Im Gegensatz zur reinen Validierung oder Widerlegung von Hypothesen im Rahmen der Grundlagenwissenschaften steht somit die Konstruktion und Entwicklung wissenschaftlicher Aussagesysteme zur Beherrschung der Realität im Vordergrund.[49]

[43] Binder; Kantowsky (Technologiepotenziale), 1996, S. 9
[44] Vgl. Ulrich; Hill (Wissenschaftstheorie), 1976, S. 307ff.
[45] Vgl. Ulrich; Hill (Wissenschaftstheorie), 1976, S. 308f.
[46] Vgl. Popper (Logik der Sozialwissenschaften), 1975, S. 104
[47] Vgl. Ulrich (Management), 1984, S. 172f.
[48] Vgl. Ulrich (Management), 1984, S. 173
[49] Vgl. Kromrey (Empirische Sozialforschung), 2002, S. 19ff.

Auf Basis des formulierten Forschungsziels und zur Realisierung der Fortschrittspotenziale ist nach KUBICEK eine geeignete Forschungsstrategie zu definieren. Aufgrund ihrer formalverfahrenstechnischen Orientierung sind Strategien der empirischen Forschung für das Forschungsziel dieser Arbeit hinderlich.[50] Diese Problematik hat in den Handlungswissenschaften zur Entwicklung einer eigenen Forschungsmethodik geführt, die als explorative Forschung bezeichnet wird. Diese ist dadurch gekennzeichnet, dass systematisches Erfahrungswissen bei der Formulierung theoretischer Aussagen und wissenschaftlicher Aussagesysteme einbezogen werden kann.[51]

Die vorliegende Arbeit orientiert sich gemäß ihrer bisherigen Einordnung zu den angewandten Handlungswissenschaften und der Wahl des systemtheoretischen Ansatzes nach ULRICH an dem forschungsmethodischen Ansatz der explorativen Forschung. Der Forschungszyklus nach TOMCZAK (vgl. Abbildung 4) illustriert das forschungsmethodische Vorgehen.

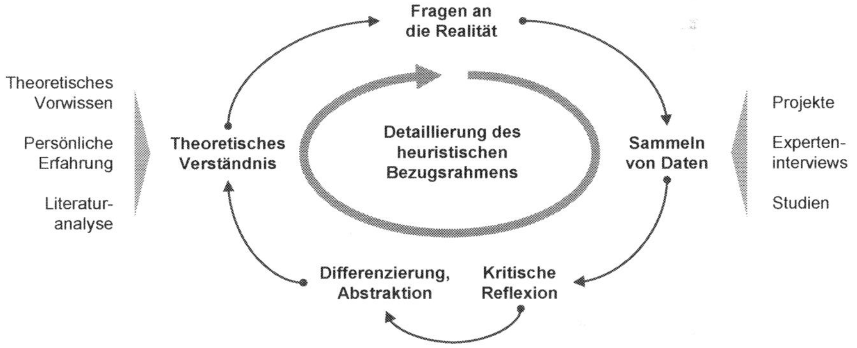

Abbildung 4: Forschungsmethodisches Vorgehen[52]

Wissenschaftliche Ergebnisse werden beim explorativen Forschungsvorgehen in einem iterativen Prozess entwickelt. Dieser baut auf einem systematischen Erfahrungswissen auf. Durch die Verarbeitung gewonnener Erkenntnisse sowie die Rückführung der Erkenntnisse in die Fragestellung werden neue Erkenntnisse der Realität generiert. Es entsteht somit ein Regelkreis, der Abfrage und Überprüfung zwischen Theorie und Erfahrungswissen ermöglicht.[53]

Mittelpunkt des Forschungsprozesses bildet der heuristische Bezugsrahmen, der den Forschungsprozess anhand praxisrelevanter Problemstellungen lenkt.[54] Dieser umfasst nach TOMCZAK ein „Problem bzw. ein generelles Phänomen, das nicht genügend verstanden bzw. unzureichend beherrscht wird".[55] Dazu ist der heuristische Bezugsrahmen aus den relevanten

[50] Vgl. Kubicek (Forschungsdesign), 1977, S. 7
[51] Vgl. Kubicek (Forschungsdesign), 1977, S. 13
[52] i. A. a. Tomczak (Forschungsmethoden), 1992, S. 84; Kubicek (Forschungsdesign), 1977, S. 14
[53] Vgl. Kubicek (Forschungsdesign), 1977, S. 13f.
[54] Vgl. Tomczak (Forschungsmethoden), 1992, S. 84
[55] Tomczak (Forschungsmethoden), 1992, S. 84

Analyseelementen sowie deren Beziehungen aufgebaut.[56] Aufgrund der bereits dargestellten Subjektivität bildet der heuristische Bezugsrahmen die Problemstellung entsprechend des Vorverständnisses des Autors ab.

Werkzeugbau und Serienanlauf stellen den Betrachtungsbereich der vorliegenden Arbeit dar, die Wertschöpfung das zentrale Gestaltungselement (vgl. Abbildung 5). Zur Optimierung der Wertschöpfung muss diese vernetzt und synchronisiert ablaufen. Die Forderung nach einer vernetzten und synchronisierten Wertschöpfung zur Gestaltung des Serienanlaufs von Werkzeugen mündet in ein entsprechendes Gestaltungsmodell.

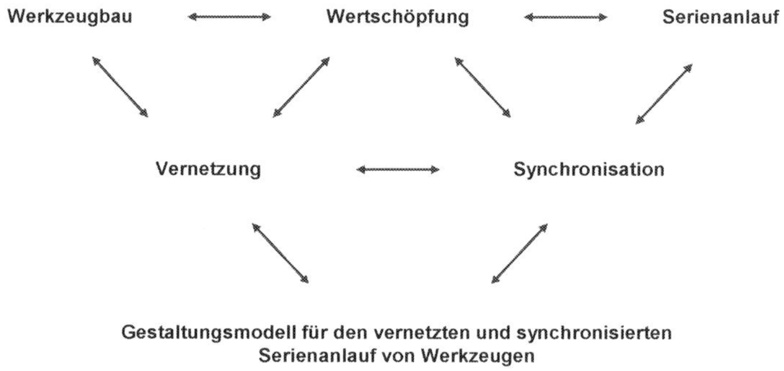

Abbildung 5: Heuristischer Bezugsrahmen

Neben dem theoretischen Verständnis bildet das praktische Erfahrungswissen des Autors eine maßgebliche Grundlage für die vorliegende Arbeit. Dieses Erfahrungswissen konnte im Rahmen der Tätigkeit als wissenschaftlicher Mitarbeiter am Werkzeugmaschinenlabor WZL der RWTH Aachen durch die Leitung zahlreicher Industrie- und Forschungsprojekte sowie Lehr- und Weiterbildungsveranstaltungen erworben werden. Im Rahmen eines Konsortialprojekts mit sechzehn Werkzeugbaubetrieben im Netzwerk der WBA Aachener Werkzeugbau Akademie zur Optimierung des Serienanlaufs von Blechumformwerkzeugen konnte die Praxisrelevanz bestätigt und die Gestaltung der Wertschöpfung vertiefend diskutiert werden.[57] Darüber hinaus wurde ein umfangreicher Erfahrungsaustausch betrieben, sodass weitere praxisrelevante Anforderungen in die Konkretisierung des Forschungsdefizits aufgenommen wurden. Durch intensive Diskussionen im Zuge weiterer Arbeitskreise, Seminare und Netzwerkveranstaltungen konnten die Forschungsergebnisse kontinuierlich evaluiert und weiterentwickelt werden. Die abschließende Validierung der Ergebnisse anhand repräsentativer Betriebe der Branche ermöglicht die erfolgreiche Bestätigung dargestellter Forschungsergebnisse.

1.5 Aufbau der Arbeit

Basierend auf einer Einordnung der vorliegenden Arbeit in die explorative Forschung orientiert sich die Strukturierung am Vorgehen für angewandte Forschung nach ULRICH. Ausgangspunkt

[56] Vgl. Tomczak (Forschungsmethoden), 1992, S. 84
[57] Vgl. WBA (Prozess- und Ergebnisoptimierung im Try-out), 2018

der Forschungsmethodik stellt die Identifikation eines praxisrelevanten Problems dar. Dieses wird anschließend wissenschaftstheoretisch und im Anwendungszusammenhang untersucht, um Beurteilungskriterien sowie Gestaltungsregeln und -modelle abzuleiten. Gestaltungsregeln und -modelle werden abschließend im Anwendungszusammenhang geprüft, um sie bei positiver Prüfung in die Praxis zu überführen. Abbildung 6 zeigt die unterschiedlichen Phasen der angewandten Forschung sowie deren Übertragung auf die vorliegende Arbeit. Diese ist in sieben Kapitel gegliedert.

Abbildung 6: Aufbau der Arbeit gemäß den Phasen der angewandten Forschung nach ULRICH[58]

Anhand der Ausgangssituation sowie der beschriebenen Problemstellung wird im **ersten Kapitel** die Motivation der Arbeit dargelegt. Dies resultiert in der Definition der Zielsetzung sowie der Formulierung der übergeordneten Forschungsfrage. Anschließend wird der zugrundeliegende Forschungsansatz als wissenschaftlich begründbares und systematisches Vorgehen vorgestellt. Abschließend wird der Aufbau der Arbeit dargestellt.

Im **zweiten Kapitel** werden die theoretischen Grundlagen des Betrachtungs- und des Gestaltungsbereichs eingeführt und definiert. Zunächst erfolgt dazu die Vorstellung des Serienanlaufs der produzierenden Industrie als übergeordneter Betrachtungsbereich. Anschließend wird dieser anhand der Branche Werkzeugbau und damit einhergehend der Sicht des Werkzeugbaus auf den Serienanlauf spezifiziert. Zuletzt erfolgt die Darstellung der Wertschöpfungsgestaltung als zentraler Gestaltungsbereich dieser Arbeit. Das Kapitel schließt mit der Ableitung des Handlungsbedarfs aus der Praxis durch Synthese der vorgestellten Grundlagen.

Entsprechend der vorgestellten Forschungsmethodik werden im **dritten Kapitel** bestehende wissenschaftliche Ansätze in Bezug zur Forschungsfrage und dem abgeleiteten Praxisdefizit

[58] i. A. a. Ulrich (Management), 1984, S. 193

untersucht. Dies bedingt die initiale Definition eines Bewertungs- und Anforderungssystems, mithilfe dessen relevante Ansätze bezüglich ihrer Eignung zur Gestaltung des Serienanlaufs von Werkzeugen untersucht werden. Die ganzheitliche Untersuchung der Ansätze führt zur Identifikation des Handlungsbedarfs aus der Theorie und ermöglicht die Detaillierung der Forschungsfrage.

Nach Ableitung des Handlungsbedarfs aus Praxis und Theorie wird im **vierten Kapitel** ein Lösungsansatz entworfen. Dazu werden zunächst theoretische Grundlagen zur Systemtheorie und Modellierung dargestellt. Darauf aufbauend erfolgt die Herleitung eines Ordnungsrahmens als Grundgerüst des Gestaltungsmodells. In diesem werden basierend auf den im zweiten Kapitel dargestellten Grundlagen und den im dritten Kapitel dargestellten Anforderungen Gestaltungselemente entwickelt und eingeordnet. Abschließend wird das konzeptionierte Gestaltungsmodell mit den definierten Anforderungen und den daraus resultierenden Forschungsfragen abgeglichen.

Im **fünften Kapitel** erfolgt die Detaillierung des im vierten Kapitel entwickelten Gestaltungsmodells. Dazu werden für die einzelnen Gestaltungselemente zunächst die inhaltlichen Grundlagen erläutert. Anschließend erfolgt die Beschreibung der untergeordneten Gestaltungsaspekte. Abschließend werden Wechselwirkungen der einzelnen Elemente beschrieben. Das Kapitel endet mit einem Zwischenfazit.

Im Rahmen des **sechsten Kapitels** wird das Gestaltungsmodell anhand dreier Fallbeispiele validiert. Dazu werden initial das jeweilige Unternehmen sowie die spezifische Ausgangssituation beschrieben. Anschließend erfolgen die Anwendung des Gestaltungsmodells sowie eine Darstellung der Ergebnisse der Anwendung. Durch die erzielten Resultate lässt sich das Gestaltungsmodell abschließend hinsichtlich des Erfüllungsgrads der definierten Anforderungen im praktischen Kontext evaluieren.

Im abschließenden **siebten Kapitel** werden zunächst die Ergebnisse der vorliegenden Arbeit zusammengefasst. Anschließend wird ein Ausblick hinsichtlich des weitergehenden Forschungsbedarfs im vorliegenden Betrachtungsbereich gegeben

2 Grundlagen des Betrachtungs- und Gestaltungsbereichs

Das zweite Kapitel dient der Einführung relevanter Grundlagen des Betrachtungs- und Gestaltungsbereichs. Dies deckt die ersten beiden Phasen der angewandten Forschung nach ULRICH ab. Eine Problemstellung aus der Praxis wird identifiziert und eingeordnet, ebenso werden die damit zusammenhängenden Theorien aus der Wissenschaft erfasst und interpretiert (vgl. Kapitel 1.4).

Zunächst wird dazu in Kapitel 2.1 der Serienanlauf als übergeordneter Betrachtungsbereich dieser Arbeit eingeführt und in den Produktentstehungsprozess eingeordnet. Anhand Kapitel 2.2 wird der Serienanlauf aus Sicht des Werkzeugbaus konkretisiert. Dazu erfolgen zunächst eine Darstellung der Branche Werkzeugbau sowie eine anschließende Beschreibung des Serienanlaufs von Werkzeugen. Als übergreifender Gestaltungsbereich wird die Wertschöpfungsgestaltung in Kapitel 2.3 vorgestellt. Neben der Detaillierung der relevanten Elemente der Wertschöpfung wird auf Gestaltungsmöglichkeiten von betrieblicher Wertschöpfung sowie deren zeithistorische Veränderung eingegangen. Aus der Synthese der dargelegten Grundlagen leitet sich in Kapitel 2.4 der Handlungsbedarf aus der Praxis ab.

2.1 Serienanlauf

Zur Schaffung eines einheitlichen Begriffsverständnisses erfolgen im Rahmen dieses Kapitels zunächst die Definition sowie die zeitliche und inhaltliche Einordnung des Serienanlaufs. Anschließend werden Anläufe entsprechend ihrer spezifischen Eigenschaften klassifiziert, um unterschiedliche Anlaufstrategien und Anlaufkurventopologien zu beschreiben. Zur Detaillierung des Ablaufs werden übergeordnete Phasen des Serienanlaufs dargestellt. Die Vorstellung relevanter Zielkonflikte am Serienanlauf beteiligter Entitäten sowie aktueller Herausforderungen schließt das Kapitel inhaltlich ab.

2.1.1 Begriffsverständnis und Einordnung

Der Serienanlauf beschreibt den Zeitraum zwischen abgeschlossener Produkt- und Prozessentwicklung im Übergang zur Serienproduktion und stellt eine erfolgskritische Phase im Produktentstehungsprozess dar.[59] Der Serienanlauf endet mit Erreichen der sogenannten Kammlinie, die die angestrebte Produktionskapazität abbildet.[60] Abbildung 7 zeigt die zeitliche Einordnung der Phasen (vgl. Kapitel 2.1.4) des Serienanlaufs in den Produktentstehungsprozess zwischen Konzept- und Produktentwicklung sowie der nachfolgenden Serienproduktion.

Während in den 1980er Jahren der Fokus auf der technischen Inbetriebnahme von Anlagen lag, existiert heute eine differenziertere Sichtweise. Diese umfasst neben technischen Aspekten auch personelle sowie aufbau- und ablauforganisatorische Rahmenbedingungen.[61] Auf-

[59] Vgl. Gartzen (Diskrete Migration), 2012, S. 15

[60] Vgl. Ender (Personalbedarfe im Produktionsanlauf), 2009, S. 10f.

[61] Vgl. Nagel (Risikoorientiertes Anlaufmanagement), 2011, S. 4

grund vielfältiger sowie teilweise nicht eindeutiger Begrifflichkeiten erscheint die initiale Definition und Einordnung des Begriffs notwendig.[62] Ebenso hilft die Einordnung, die in der Arbeit abgehandelten Perspektiven auf den Serienanlauf nachvollziehen zu können.

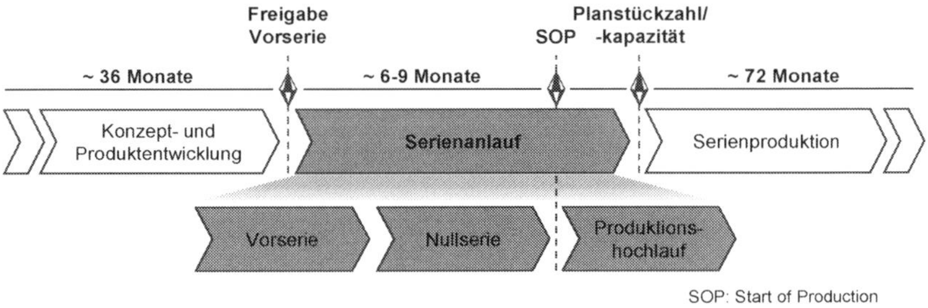

Abbildung 7: Zeitliche Einordnung des Serienanlaufs[63]

Nachfolgend werden Serienanlauf und Anlaufmanagement beschrieben und voneinander abgegrenzt.

2.1.1.1 Serienanlauf

Der Begriff Serienanlauf (engl. Ramp-up oder Production Ramp-up)[64] setzt sich aus den beiden Wörtern Serie und Anlauf zusammen. Als Serie wird eine bestimmte Produktreihe, -klasse oder ein Produktmodell beschrieben.[65] Den Anlauf definiert WEBER als „erstmalige Durchführung eines Prozesses unter bestimmten Bedingungen, der später unter eben diesen Bedingungen regelmäßig durchgeführt werden soll".[66] Entsprechend wird der Serienanlauf übergeordnet als ein „Prozess zur Ertüchtigung des Produktionssystems bei der Einführung von Neuerungen in die industrielle Produktion" verstanden.[67] Die Begriffe Anlauf, Serienanlauf und Produktionsanlauf werden in der Literatur teilweise synonym verwendet.[68] Nach NAGEL kann der Serienanlauf in eine phasenorientierte Perspektive und eine betriebsmittelorientierte Perspektive unterschieden werden.[69]

Aus *phasenorientierter* Sichtweise wird mit dem Serienanlauf das Ziel verfolgt, „ein Produkt aus der Phase der Produktentwicklung in die Phase der stabilen Serienproduktion zu überführen."[70] Eine ähnliche Ansicht vertreten WANGENHEIM und FITZEK, die den Serienanlauf als den

[62] Vgl. Nagel (Risikoorientiertes Anlaufmanagement), 2011, S. 4.
[63] i. A. a. Schuh et al. (Grundlagen des Anlaufmanagements), 2008, S. 2
[64] Vgl. Ulrich (Störungen im Produktionsanlauf), 2016, S. 15
[65] Vgl. Stich (Produktionsplanung), 2007, S. 5
[66] Vgl. Stich (Produktionsplanung), 2007, S. 5
[67] Vgl. Dyckhoff et al. (Produktionstheorie des Serienanlaufs), 2012, S. 1428
[68] Vgl. Gartzen (Diskrete Migration), 2012, S. 15
[69] Vgl. Nagel (Risikoorientiertes Anlaufmanagement), 2011, S. 4
[70] Ender (Personalbedarfe im Produktionsanlauf), 2009, S. 10

Transfer eines Produkts aus den Laborbedingungen der Entwicklung in ein stabil produzierbares Serienprodukt beschreiben.[71] Aufgrund der hohen Komplexität wird der Serienanlauf bei anspruchsvollen Produkten daher schrittweise vollzogen.[72] Als Beginn der Anlaufphase wird der Zeitpunkt definiert, „wenn die Integration der entwickelten Komponenten in einem Prototypen abgeschlossen ist.“[73] Der Serienanlauf endet, „wenn eine abgesicherte Produktion möglich ist.“[74]

Aus *betriebsmittelorientierter* Perspektive, dem auch der Werkzeugbau (vgl. Kapitel 2.2) zuzuordnen ist, definiert FRITSCHE den Anlaufprozess als einen Veränderungsprozess, der in einem bestimmten Intervall einen stabilen Prozess in einen anderen stabilen Prozess überführt.[75] Entsprechende Tätigkeiten umfassen die Planung, Konstruktion, Inbetriebnahme sowie den Anlagenhochlauf. Der Anlaufprozess wird durch eine Endabnahme des Kunden, deren Anforderungen im Pflichtenheft dokumentiert sind, beendet.[76] Entsprechend kann der Anlauf von Fertigungssystemen als integraler Bestandteil und elementare Voraussetzung des Produktentstehungsprozesses und des Serienanlaufs beschrieben werden.[77]

Auf Basis der dargestellten Definitionen wird der Serienanlauf für den Kontext der Arbeit als initiale Durchführung von Prozessen in der Übergangsphase von der Produktentwicklung zur Serienproduktion verstanden. Ziel des Serienanlaufs ist es, ein Produkt durch sukzessive Erhöhung der Ausbringungsqualität und -menge auf Soll-Kapazität zu überführen. Dem in der Literatur verwendeten synonymen Einsatz von Anlauf, Produktionsanlauf und Serienanlauf wird in dieser Arbeit gefolgt.

2.1.1.2 Anlaufmanagement

Die Gestaltung und Lenkung des Serienanlaufs sind Aufgabe des Anlaufmanagements.[78] Nach ROMBERG & HAAS ist das Anlaufmanagement ein interdisziplinärer Geschäftsprozess, um Risiken des Serienanlaufs frühzeitig zu antizipieren, zu identifizieren und zu minimieren. Dies schließt die Planung, Koordination, Steuerung und Überwachung aller Projektphasen einer Neuprojektierung mit ein.[79] Das Anlaufmanagement umfasst dazu die Phasen von der Freigabe der Vorserie (vgl. Kapitel 2.1.4) bis zum Erreichen der geplanten Produktionsmenge. Vor- und nachgelagerte Prozesse werden zur Identifikation von Produkt- und Prozessreife einbezogen.[80]

---

[71] Vgl. Wangenheim (Planung und Steuerung des Serienanlaufs), 1998, S. 24f.; Fitzek (Anlaufmanagement in Netzwerken), 2005, S. 2

[72] Vgl. Bruns (Organisation Anlaufmanagement), 2010, S. 15

[73] Pfohl; Gareis (Anlauflogistik), 2000, S. 1191

[74] Pfohl; Gareis (Anlauflogistik), 2000, S. 1191

[75] Vgl. Fritsche (Verkürzung von Anlaufprozessen), 1998, S. 11

[76] Vgl. Fritsche (Verkürzung von Anlaufprozessen), 1998, S. 13f.

[77] Vgl. Nagel (Risikoorientiertes Anlaufmanagement), 2011, S. 7

[78] Vgl. Bruns (Organisation Anlaufmanagement), 2010, S. 17f.

[79] Vgl. Romberg; Haas (Anlaufmanager), 2005, S. 14

[80] Vgl. Kuhn et al. (Fast Ramp-Up), 2002, S. 8

Aufgrund des fließenden Übergangs von Produktentwicklung und Serienproduktion und der sich dadurch ergebenden Interdisziplinarität bei der Fehlerbehebung hat das Anlaufmanagement einen hohen Stellenwert.[81] Auf Managementprozessebene wird das Anlaufmanagement von Produktentwicklungs- und Produktionsmanagement flankiert.[82] Insgesamt wird das Ziel verfolgt, Zeit-, Kosten- und Qualitätsvorgaben durch Schaffung von Transparenz und einer Harmonisierung von Produkt, Prozess und Fabrik zu erreichen.[83] Abbildung 8 veranschaulicht den Zusammenhang der genannten Begriffe.

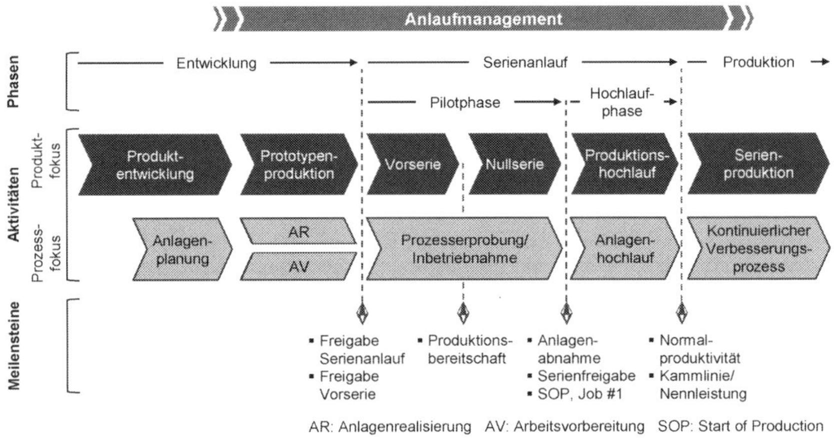

Abbildung 8: Zusammenhang der relevanten Begriffe zum Serienanlauf[84]

Die Abbildung zeigt den Serienanlauf als Phase zwischen Entwicklungs- und Produktionsphase. Hierbei hat sich die Definition durchgesetzt, dass der Serienanlauf mit dem Start der Vorserie (produktspezifisch) bzw. mit der Inbetriebnahme der Anlage (anlagenspezifisch) beginnt und mit Erreichen der Kammlinie endet. Die Unterteilung des Serienanlaufs in Pilot- und Hochlaufphase wird durch den Meilenstein des ersten kundenfähigen Produkts, den Job Number One, vorgenommen. Zudem erfolgt eine Unterteilung der Aktivitäten anhand eines Produkt- (Erzeugnisbereitstellung) und Prozessfokus (Ressourcenertüchtigung). Die zeitliche Parallelität wird durch die vertikale Verknüpfung mittels der wesentlichen Projektmeilensteine verdeutlicht.[85]

2.1.2 Anlaufklassifizierung

Serienanläufe unterschiedlicher Produkte und Branchen unterscheiden sich insbesondere hinsichtlich Komplexität sowie deren wirtschaftlicher und technologischer Auswirkungen, sodass

[81] Vgl. Clark; Fujimoto (Product Development Performance), 1991, S. 126f.

[82] Vgl. Bruns (Organisation Anlaufmanagement), 2010, S. 18

[83] Vgl. Nagel (Risikoorientiertes Anlaufmanagement), 2011, S. 10 mit Verweis auf Risse (Time-to-Market-Management), 2003, S. 139

[84] i. A. a. Winkler (Wirkbeziehungen im Produktionsanlauf), 2007, S. 13; Gartzen (Diskrete Migration), 2012, S. 18

[85] Vgl. Winkler (Wirkbeziehungen im Produktionsanlauf), 2007, S. 12

eine Klassifizierung der Anläufe sinnvoll erscheint. Es ist zu beobachten, dass Anlaufcharakteristika innerhalb einer Branche relativ homogen sind, sich zwischen unterschiedlichen Branchen aber umfangreich unterscheiden.[86]

Zur Bewertung der mit dem Serienanlauf einhergehenden Komplexität differenzieren KUHN ET AL. und LAICK Serienanläufe hinsichtlich der beim Anlauf auftretenden Änderungen an Produkt und Prozess. Eine Produktänderung wird durch die Neuartigkeit des Produkts, eine Prozessänderung durch die Neuartigkeit der Produktionsanlage determiniert.[87] Der Neuheitsgrad ist hierbei der zentrale Einflussfaktor, da dieser erheblichen Einfluss auf notwendige Aufwendungen im Anlauf hat.[88] Ebenfalls ziehen bereits kleine Änderungen in den höheren Ebenen der Zuliefererpyramide tendenziell größere Änderungen an Produkten und Prozessen der Zulieferer nach sich.

Nach KUHN ET AL. kann in Bezug auf die Neuartigkeit des Produkts zwischen keiner Produktänderung, einer Anpassung des Produkts sowie einem vollständigen Neuprodukt unterschieden werden. Hinsichtlich der Prozesse können keine Änderungen, ein Umbau der Produktionsanlage oder die völlige Neugestaltung notwendig sein.[89] Eine ähnliche Klassifizierung ist in LAICK sowie SCHNEIDER zu finden.[90] Zur Darstellung der Unterschiede des Serienanlaufs in unterschiedlichen Branchen haben KUHN ET AL. die Branchen Automobilbau, Maschinen- und Anlagenbau sowie die Elektroindustrie beispielhaft bewertet (vgl. Abbildung 9).

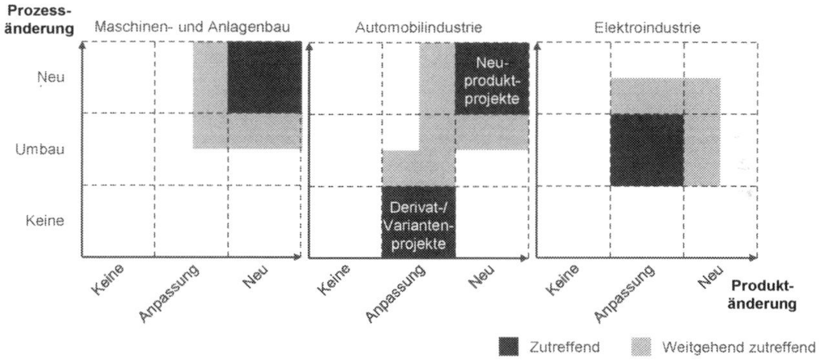

Abbildung 9: Darstellung der branchenspezifischen Anlaufklassifizierung[91]

Durch die Bewertung wird deutlich, dass sich die oben genannten Dimensionen branchenspezifisch unterscheiden, innerhalb einer Branche aber größtenteils homogen sind. Auffällig hierbei ist, dass der Maschinen- und Anlagenbau durch eine hohe Produkt- und Prozessänderung

[86] Vgl. Kuhn et al. (Fast Ramp-Up), 2002, S. 9f.
[87] Vgl. Kuhn et al. (Fast Ramp-Up), 2002, S. 9; Laick (Hochlaufmanagement), 2003, S. 14
[88] Vgl. Gustmann et al. (Produktionsanlauf), 1989, S. 40f.
[89] Vgl. Kuhn et al. (Fast Ramp-Up), 2002, S. 9f.
[90] Vgl. Laick (Hochlaufmanagement), 2003, S. 14; Schneider (Strategiefestlegung Anlaufplanung), 2006, S. 19f.
[91] i. A. a. Kuhn et al. (Fast Ramp-Up), 2002, S. 10

in Anlaufprojekten geprägt ist.[92] Dies ist unter anderem darauf zurückzuführen, dass diese Branche schwerpunktmäßig kundenindividuell produziert und dementsprechend weniger Synergieeffekte als in der Automobil- oder Elektroindustrie genutzt werden können. Entsprechend seiner Zugehörigkeit zum Maschinen- und Anlagenbau weist der Werkzeugbau (vgl. Kapitel 2.2) aufgrund umfangreicher Produkt- und Prozessänderungen zwischen einzelnen Anläufen eine hohe Anlaufkomplexität auf.

2.1.3 Anlaufstrategien und Anlaufkurventopologien

Bei der Realisierung eines Serienanlaufs können unterschiedliche Strategien verfolgt werden, die sich in der Ausprägung der jeweiligen Anlaufkurven widerspiegeln. Da den meisten Serienanläufen ein Vorgängerprodukt vorausgeht, wird in der Literatur auch von Produktionsumstellung gesprochen.[93] Die geläufigen Anlaufprinzipien wurden von CLARK & FUJIMOTO geprägt[94] und gelten bis heute als generische Anlaufstrategien.

Hinsichtlich relevanter Anlaufstrategien kann eine Differenzierung zwischen einem Produktwechsel und der Einführung einer neuen Variante erfolgen.[95] Innerhalb der jeweiligen Kategorien wiederum können unterschiedliche Methoden zur Produktumstellung verfolgt werden, die nachfolgend kurz vorgestellt werden. Abbildung 10 zeigt die unterschiedlichen Anlaufstrategien mit der jeweiligen Anlaufkurventopologie in der Übersicht.

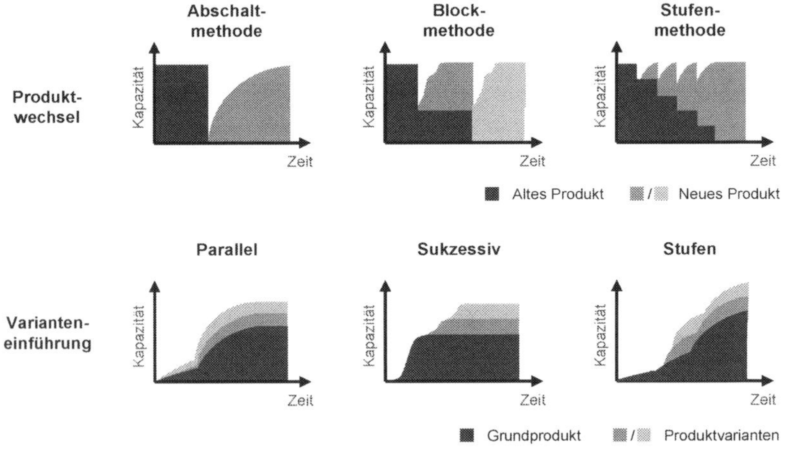

Abbildung 10: Typologisierung von Anlaufstrategien[96]

[92] Vgl. Schneider (Strategiefestlegung Anlaufplanung), 2006, S. 20; Kuhn et al. (Fast Ramp-Up), 2002, S. 9

[93] Vgl. Wangenheim (Planung und Steuerung des Serienanlaufs), 1998, S. 29

[94] Vgl. Clark; Fujimoto (Automobilentwicklung), 1992, S. 192ff.

[95] Vgl. Schneider (Strategiefestlegung Anlaufplanung), 2006, S. 66ff.

[96] i. A. a. Gartzen (Diskrete Migration), 2012, S. 37; Clark; Fujimoto (Automobilentwicklung), 1992, S. 194; Schneider (Strategiefestlegung Anlaufplanung), 2006, S. 66ff.

2.1.3.1 Produktwechsel

Beim Produktwechsel erfolgt die Unterscheidung zwischen der Abschalt-, Block- oder Stufenmethode.[97] Im Gegensatz zur Abschaltmethode stellen Block- und Stufenmethode einen gleitenden Übergang dar, da zeitweise eine parallele Produktion beider Produktgenerationen erfolgt.[98] Während die Mitarbeiteranzahl bei der Abschaltmethode übergangsweise reduziert werden kann, muss die Belegschaft bei der Stufenmethode aufgrund der zunächst geringen Arbeitsproduktivität zwischenzeitlich erhöht werden. Die Blockumstellung hat keine Auswirkung auf die Anzahl der benötigten Mitarbeiter.[99]

Ziel der *Abschaltmethode* ist es, die parallele Produktion von Alt- und Neuprodukt zu vermeiden, um die Komplexität für die Produktions- und Logistiksteuerung sowie die Beanspruchung der Belegschaft möglichst gering zu halten. Dementsprechend erfolgt der Anlauf des neuen Produkts erst nach Beendigung der Produktion des Vorgängerprodukts, womit allerdings das Risiko von Produktions- und Absatzverlusten einhergeht.[100]

Die *Blockmethode* wird vor allem angewendet, wenn ein gleiches Produkt auf mehreren Linien gefertigt wird. Hierbei wird zunächst lediglich eine Linie auf das neue Produkt umgestellt und die Produktion hochgefahren. Sobald eine stabile Produktion erreicht ist, erfolgt sukzessive die Umrüstung und Umstellung der anderen Linien.[101] Durch die Anwendung der Blockmethode können Absatzverluste vermieden werden. Es gilt allerdings zu beachten, dass dies mit einer hohen Logistik- und Planungskomplexität einhergeht.[102]

Die *Stufenmethode* weist äquivalente Vor- und Nachteile wie die Blockmethode auf, allerdings werden Alt- und Neuprodukt gleichzeitig auf einer Produktionslinie gefertigt. Der Übergang erfolgt durch allmähliches Zurückfahren der Produktion des Altprodukts, während parallel die Ausbringungsmenge des Neuprodukts gesteigert wird.[103]

2.1.3.2 Varianteneinführung

Die Varianteneinführung unterscheidet sich von der Produkteinführung insofern, als dass sie ein bestehendes Grundprodukt auf einer oder mehreren Produktionslinien um weitere Varianten ergänzt. Die Einführung neuer Varianten kann parallel, sukzessiv oder gestuft erfolgen.[104] Aufgrund der steigenden Variantenzahl vieler Hersteller hat diese Art des Anlaufs an Bedeutung gewonnen.[105]

---

[97] Vgl. Clark; Fujimoto (Automobilentwicklung), 1992, S. 194

[98] Vgl. Nagel (Risikoorientiertes Anlaufmanagement), 2011, S. 20; Jürging (Systemdynamische Analyse des Serienanlaufs), 2008, S. 17; Wangenheim (Planung und Steuerung des Serienanlaufs), 1998, S. 29

[99] Vgl. Schneider (Strategiefestlegung Anlaufplanung), 2006, S. 67f. mit Verweis auf Clark; Fujimoto (Automobilentwicklung), 1992, S. 193ff.

[100] Vgl. Gartzen (Diskrete Migration), 2012, S. 37

[101] Vgl. Schneider (Strategiefestlegung Anlaufplanung), 2006, S. 67

[102] Vgl. Clark; Fujimoto (Automobilentwicklung), 1992, S. 193

[103] Vgl. Wangenheim (Planung und Steuerung des Serienanlaufs), 1998, S. 29; Gartzen (Diskrete Migration), 2012, S. 37f.

[104] Vgl. Gartzen (Diskrete Migration), 2012, S. 36

[105] Vgl. Schneider (Strategiefestlegung Anlaufplanung), 2006, S. 68

Der *parallele* Variantenanlauf hat zum Ziel, durch eine schnelle Steigerung der Produktionsmenge die Anlaufdauer möglichst kurz zu halten. Dafür laufen neben dem Grundprodukt sämtliche Produktvarianten gleichzeitig an. Neben hohen Anforderungen an die Mitarbeiter erschwert diese Art des Anlaufs die Zuordnung von Anlaufproblemen zu den einzelnen Varianten.[106]

Beim *sukzessiven* Variantenanlauf erfolgt die Einführung von Varianten erst nach erfolgreichem Abschluss der Einführung des Grundprodukts. Erst danach beginnt der Anlauf der Produktvarianten. Es werden somit mehrere Anläufe durchgeführt. Während dies die Zuordnung von Anlaufproblemen zu einem Produkt vereinfacht, ist als Nachteil die tendenziell längere Anlaufdauer zu nennen.[107]

Die *stufenweise* Varianteneinführung kombiniert das Vorgehen des parallelen und sukzessiven Variantenanlaufs. Die Einführung neuer Varianten erfolgt nacheinander, allerdings während des noch nicht abgeschlossenen Anlaufs des Grundprodukts. Dies spart gegenüber der sukzessiven Varianteneinführung zwar Zeit ein, allerdings gestaltet sich eine klare Zuordnung von Anlaufproblemen häufig schwierig.[108]

2.1.4 Phasen des Serienanlaufs

Wie bereits in Kapitel 2.1.1 beschrieben, ist die Abgrenzung des Serienanlaufs vom Produktentstehungsprozess in der Literatur nicht immer eindeutig definiert.[109] WANGENHEIM hat einen Ansatz für eine Phasengliederung des Serienanlaufs entwickelt, der in der Literatur weite Verbreitung findet.[110] Übergeordnet wird der Serienanlauf darin in die zwei Phasen Pilotphase und Hochlaufphase untergliedert, auf die nach Abschluss des Serienanlaufs die Serienproduktion folgt.[111] Die Pilotphase wird in Vor- und Nullserie unterteilt. Beide Phasen dienen der Zusammenführung von Produkt- und Prozessentwicklung.[112] Konkret sollen folgende Ziele adressiert werden:[113]

- Erhöhung der Stückzahlen bei der Reproduktion von Entwicklungsergebnissen
- Sicherstellen der Reproduzierbarkeit des Entwicklungsergebnisses durch Serienwerkzeuge und Serienanlagen
- Schulung der Mitarbeiter
- Bereitstellung einer größeren Anzahl seriennah produzierter Bauteile für Testzwecke

---

[106] Vgl. Schneider (Strategiefestlegung Anlaufplanung), 2006, S. 68; Gartzen (Diskrete Migration), 2012, S. 36

[107] Vgl. Schmahls (Effizienzsteigerung Produktionsanläufe), 2001, 16f.

[108] Vgl. Gartzen (Diskrete Migration), 2012, S. 37; Schmahls (Effizienzsteigerung Produktionsanläufe), 2001, S. 17

[109] Vgl. Tücks (Ramp-Up Management), 2010, S. 26f.

[110] Vgl. u. a. Laick (Hochlaufmanagement), 2003, S. 8ff.; Bruns (Organisation Anlaufmanagement), 2010, S. 15ff.; Risse (Time-to-Market-Management), 2003, S. 98ff.; Fitzek (Anlaufmanagement in Netzwerken), 2005, S. 50ff.

[111] Vgl. Wangenheim (Planung und Steuerung des Serienanlaufs), 1998, S. 24f.

[112] Vgl. Nagel (Risikoorientiertes Anlaufmanagement), 2011, S. 16

[113] Vgl. Wangenheim (Planung und Steuerung des Serienanlaufs), 1998, S. 24f.

Über den Verlauf des Serienanlaufs verschiebt sich der Fokus von der Erreichung der Produktreife zur Prozessreife. Während in der Vorserie noch die Produktreife im Vordergrund steht, rückt die Prozessreife bis zum sogenannten Start of Production (SOP) immer weiter in den Vordergrund.[114] Im Rahmen der Hochlaufphase werden in der Regel letzte Anpassungen an Produkt und Prozess vorgenommen, bis die Kammlinie erreicht wird.

Abbildung 11 zeigt eine Übersicht der Phasen in Verbindung mit produzierten Stückzahlen. Die einzelnen Phasen werden nachfolgend beschrieben und anhand relevanter Charakteristika voneinander abgegrenzt.

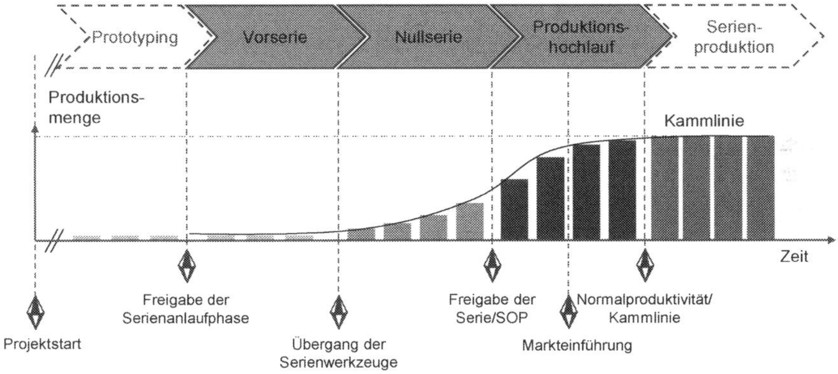

Abbildung 11: Phasen des Serienanlaufs[115]

2.1.4.1 Vorserie

Die Vorserie stellt die erste Phase des Serienanlaufs dar und folgt dem vorgelagerten Prototyping, im Rahmen dessen Grundfunktions- und Zuverlässigkeitsprüfungen sowie eine Evaluierung der Produzierbarkeit anhand von Prototypen vorgenommen wird.[116] Neben Untersuchungen von Aspekten wie Reparatur- und Recyclingfähigkeit wird ebenfalls Kundenfeedback eingeholt, sodass die Prototypen häufig umfangreichen Änderungen unterliegen und produkt- und prozessseitig nicht dem Endprodukt entsprechen.[117] Im Gegensatz dazu werden in der Vorserie Prototypen erstmals unter seriennahen Bedingungen in größeren Stückzahlen gefertigt, weswegen dieser Phase eine hohe Bedeutung zugemessen wird.[118] Anschließend werden die hergestellten Prototypen für Produkttests verwendet. Die im Rahmen der Vorserie eingesetzten Werkzeuge (vgl. Kapitel 2.2) gehen häufig nicht über den Status von Versuchswerkzeugen hinaus, während es sich bei den eingesetzten Materialien bereits in den allermeisten

[114] Vgl. Schuh et al. (Anlaufmanagement), 2005, S. 407f.

[115] Eigene Abbildung i. A. a. Baumgarten; Risse (Management des Produktentstehungsprozesses), 2001, S. 151; Schmitt (Anlaufmanagement), 2015, S. 13; Laick (Hochlaufmanagement), 2003, S. 8

[116] Vgl. Baumgarten; Risse (Management des Produktentstehungsprozesses), 2001, S. 152; Bruns (Organisation Anlaufmanagement), 2010, S. 14

[117] Vgl. Bruns (Organisation Anlaufmanagement), 2010, S. 14

[118] Vgl. Wangenheim (Integrationsbedarf im Serienanlauf), 1998, S. 63 mit Verweis auf Yamanouchi (Breakthrough), 1989, S. 15 sowie Clark; Fujimoto (Product Development Performance), 1991, S. 120

Fällen um Serienmaterialien handelt. Je näher Werkzeuge, Materialien, Anlagen und Prozesse in diesem Stadium bereits den späteren Serienbedingungen entsprechen, desto präziser sind die Aussagen, die über die zu erwartenden Produktionsergebnisse und notwendige Anpassungen getroffen werden können. [119] Notwendige Änderungen können auf diese Weise frühzeitig erkannt werden, damit möglichst wenige Anpassungen an den späteren Serienwerkzeugen notwendig sind.[120] Ebenfalls können Prüfmittel einer ersten Genauigkeitsprüfung unterzogen werden.[121] Der Übergang in die Nullserie erfolgt, wenn die Werkzeuge nachweislich die Serienreife erreicht haben und die hergestellten Produkte dem definierten Reifegrad entsprechen.[122]

Eine hohe Bedeutung wird auch dem frühen Kontakt der Mitarbeiter mit dem einzuführenden Produkt beigemessen. Neben der Schaffung von Akzeptanz können diese Erfahrungen sammeln und durch Rückmeldung von Problemstellungen zu einer robusten Gestaltung der Produktionsprozesse beitragen.[123] Durch die frühzeitige Mitarbeitereinbindung wird ein iterativer Lernprozess an Produkt und Prozess ermöglicht.

2.1.4.2 Nullserie

Nach Abschluss der modellhaften Produktion der Vorserie folgt die Nullserie. Mit dem Übergang von der Vor- in die Nullserie werden vormals verwendete Versuchswerkzeuge durch Serienwerkzeuge ersetzt. Dies ist vor allem deshalb von großer Bedeutung, da sich Bauteile durch den Übergang vom Versuchs- auf das Serienwerkzeug in ihren Eigenschaften (z. B. Form, Maße oder Oberflächen) verändern können, was wiederum die Funktion des Bauteils im Gesamtprodukt beeinflusst.[124] Ebenso werden fremdbezogene Bauteile von Zulieferern ab der Nullserie in Serienqualität bereitgestellt. Auf diese Weise kann eine endgültige Integration der Produkt- und Prozessentwicklung stattfinden und diese somit abgeschlossen werden.[125] Oft kommt es während der abschließenden Tests noch zu größeren Änderungen an Produkt oder Produktionsprozess, sodass diese bis zum SOP nicht mehr vollständig umgesetzt werden können. Verbleibende Änderungen werden daher teilweise erst nach Serienstart umgesetzt.[126]

Mit der Nullserie wird neben der Sicherstellung der Serienqualität eine Verbesserung der Produktionsleistung im Vergleich zur Vorserie angestrebt.[127] Die Nullserie dient außerdem dazu,

[119] Vgl. Nagel (Risikoorientiertes Anlaufmanagement), 2011, S. 16f.; Wangenheim (Planung und Steuerung des Serienanlaufs), 1998, S. 25f.; Fitzek (Anlaufmanagement in Netzwerken), 2005, S. 51

[120] Vgl. Baumgarten; Risse (Management des Produktentstehungsprozesses), 2001, S. 152

[121] Vgl. Wangenheim (Planung und Steuerung des Serienanlaufs), 1998, S. 25 mit Verweis auf Wheelwright; Clark (Revolution der Produktentwicklung), 1994, S. 358

[122] Vgl. Pfohl; Gareis (Anlauflogistik), 2000, S. 1198

[123] Vgl. Scherer (Gestaltung des Serienanlaufs), 1998, S. 99; Wangenheim (Planung und Steuerung des Serienanlaufs), 1998, S. 26 mit Verweis auf Bungard; Hofmann (Innovationsmanagement), 1995, 14; Laick (Hochlaufmanagement), 2003, S. 10; Nagel (Risikoorientiertes Anlaufmanagement), 2011, S. 17

[124] Vgl. Wangenheim (Planung und Steuerung des Serienanlaufs), 1998, S. 26f.

[125] Vgl. Möller (Lebenszyklusorientierte Planung), 2002, S. 447; Laick (Hochlaufmanagement), 2003, S. 11f.; Wangenheim (Planung und Steuerung des Serienanlaufs), 1998, S. 26

[126] Vgl. Wangenheim (Planung und Steuerung des Serienanlaufs), 1998, S. 27

[127] Vgl. Nagel (Risikoorientiertes Anlaufmanagement), 2011, S. 17

besonders leistungsfähige Mitarbeiter als Produkt- und Prozesseigner zu unterweisen, damit diese später im Produktionshochlauf als Trainer und Multiplikator fungieren können.[128] Für die Durchführung der Nullserie bieten sich unterschiedliche Alternativen an:[129]

- Separates Pilotwerk
- Dedizierte Pilotlinie innerhalb des Hauptwerks
- Pilotserie auf Serienproduktionslinie

Das separate Pilotwerk stellt eine von der späteren Produktionsstätte losgelöste Erprobungsstätte zur Simulation und Erprobung von Produkten und Prozessen auf Pilotanlagen unter Einsatz von Serienwerkzeugen dar.[130] Die dedizierte Pilotlinie innerhalb des Hauptwerks befindet sich zwar nah an der späteren Produktionsstätte, dennoch sind Erprobung und Serienbetrieb örtlich voneinander getrennt. Es besteht der Vorteil eines schnellen Wissenstransfers durch die einfache Mitarbeiterrotation zwischen Pilot- und Serienlinie, ohne die laufende Produktion zu beeinträchtigen.[131] Für die Pilotserie auf der Serienproduktionslinie wird vorübergehend die Serienproduktion unterbrochen, um eine Nullserie zu erproben. Zwar bietet diese Option die realistischste Produktionsumgebung, bedingt jedoch einen in der Regel kostenintensiven Ausfall der laufenden Serienproduktion.[132]

Die Nullserie gilt als abgeschlossen, sobald überprüfte und serienreife Produkte vorliegen, die reproduzierbar gefertigt werden können. Der Übergang in den Produktionshochlauf erfolgt durch die Freigabe der Serie.[133]

2.1.4.3 Produktionshochlauf

In der Phase des Produktionshochlaufs wird das erste kundenfähige Produkt hergestellt. Die Ausbringungsmenge wird kontinuierlich erhöht. Zusätzlich liegt der Fokus auf einer Beibehaltung bzw. Steigerung der Qualität und der Wiederholgenauigkeit der Prozesse.[134]

Idealerweise erfolgt der Produktionshochlauf vor dem offiziellen Marktstart, um die Distributionskanäle zu füllen. Nach dem abgeschlossenen SOP werden ausschließlich Serienmaterial, -werkzeuge und -anlagen verwendet. Ziel ist es, die Kammlinie durch eine sukzessive Steigerung der hergestellten Stückzahlen des Produktes zu erreichen.[135] Die Produktionshochlaufphase ist im Vergleich zur Serienproduktion durch einen erhöhten Arbeits-

[128] Vgl. Nagel (Risikoorientiertes Anlaufmanagement), 2011, S. 17; Wangenheim (Planung und Steuerung des Serienanlaufs), 1998, S. 28

[129] Vgl. Wangenheim (Planung und Steuerung des Serienanlaufs), 1998, S. 27f.; Clark; Fujimoto (Product Development Performance), 1991, 174f.

[130] Vgl. Laick (Hochlaufmanagement), 2003, S. 11

[131] Vgl. Risse (Time-to-Market-Management), 2003, S. 175

[132] Vgl. Clark; Fujimoto (Automobilentwicklung), 1992, S. 192

[133] Vgl. Nagel (Risikoorientiertes Anlaufmanagement), 2011, S. 18

[134] Vgl. Pfohl; Gareis (Anlauflogistik), 2000, S. 1198; Laick (Hochlaufmanagement), 2003, S. 11f.

[135] Vgl. Nagel (Risikoorientiertes Anlaufmanagement), 2011, S. 19; Clark; Fujimoto (Product Development Performance), 1991, S. 175f.; Pfohl; Gareis (Anlauflogistik), 2000, S. 1198

kräfte- und Materialbedarf sowie durch eine geringere Qualität und Ausbringungsmenge charakterisiert.[136] Der Produktionshochlauf geht in die Serienproduktion über, wenn die Kammlinie erreicht wird und die erforderliche Prozessstabilität gegeben ist.[137] Diese kann anhand folgender Kriterien charakterisiert werden:[138]

- Erzielen der Normalproduktitvität (fehlerfreie Einheiten pro bestimmter Periode)
- Erreichen der Qualitätsziele der Produktionsprozesse
- Realisierung der geplanten Durchlaufzeit
- Herstellung zu festgelegten Stückkosten je Einheit eines Produkts
- Erreichen des geplanten Zeitziels

Die wesentlichen Eigenschaften der einzelnen Phasen sind in Abbildung 12 zusammengefasst.

	Vorserie	Nullserie	Produktionshochlauf
Produktionsmenge	klein	klein	groß
Produktions-bedingungen	Versuchs- oder Laborbedingungen	Annähernde Serienbedingungen	Serienbedingungen
Inhaltliche Fokussierung	Material, Werkzeug, Arbeitsgänge	Produktionsabläufe, Ausgestaltung und Erweiterung des Produktionssystems	Serienproduktion
Werkzeugeinsatz	Prototypen- oder seriennahe Werkzeuge	Serienwerkzeuge	Serienwerkzeuge
Komplexität des Anlaufsystems	Gering	Mittel	Hoch
Auswirkungen von Störungen	Geringes Schadenspotenzial	Mittleres Schadenspotenzial	Hohes Schadenspotenzial
Zielstellung der Phase	Zeit der Anlaufteilphase, Produktqualität	Zeit der Anlaufteilphase, Produktqualität, Prozessqualität	Zeit der Anlaufteilphase, Produktqualität und -kosten, Prozessqualität, Produktionsmenge

Abbildung 12: Eigenschaften der Phasen des Serienanlaufs[139]

2.1.5 Zielsystem und Zielkonflikte des Serienanlaufs

Das übergeordnete Ziel des Serienanlaufs besteht darin, die Produkt- und Prozessqualität sukzessive zur Erreichung der Kammlinie zu erhöhen (vgl. Kapitel 2.1.4). Um den Fortschritt der Zielerreichung sowie das Gesamtziel transparent und nachvollziehbar zu machen, bedarf es konkreter Ziel- und Messfaktoren. Trotz der hohen wirtschaftlichen Bedeutung des Serienanlaufs liegt in der Literatur bisher jedoch kein einheitliches Zielsystem vor. Als Ursache hierfür

[136] Vgl. Pfohl; Gareis (Anlauflogistik), 2000, S. 1198

[137] Vgl. Wangenheim (Planung und Steuerung des Serienanlaufs), 1998, S. 30

[138] Vgl. Laick (Hochlaufmanagement), 2003, S. 13

[139] i. A. a. Nagel (Risikoorientiertes Anlaufmanagement), 2011, S. 22

wird die Betrachtung des Serienanlaufs als Rand- oder Teilproblem der vor- sowie nachgelagerten Prozesse und Disziplinen angeführt.[140]

Obwohl bisher keine einheitliche Definition eines Zielsystems vorliegt, bestehen zahlreiche Arbeiten, die Zielkriterien für den Serienanlauf definieren.[141] Aufgrund des Projektcharakters von Serienanläufen wird in der Literatur häufig auf das klassische produktionstechnische Zieldreieck aus Zeit, Kosten und Qualität als Referenzmodell verwiesen.[142] KUHN ET AL. definieren z. B. als übergeordnete Ziele die Reduktion der Anlaufdauer, die Reduktion der Anlaufkosten sowie das Erreichen der geforderten Qualität des Endprodukts.[143] FRITSCHE untersucht Schwachstellen im Produktionsanlauf, die in den Dimensionen Zeit, Kosten und Qualität einen Mehraufwand hervorrufen.[144] ROMBERG & HAAS stellen heraus, dass es ein nachhaltiges Ziel des Serienanlaufs sein sollte, „bei möglichst hoher Qualität mit möglichst geringer Zeit und möglichst niedrigen Kosten auszukommen."[145] WINKLER schlägt ein Zielsystem vor, das aus Effektivitäts-, Effizienz- und Terminzielen aufgebaut ist. Durch das Effektivitätsziel soll ein maximaler Output generiert werden, im Rahmen des Effizienzziels ein minimaler Aufwand getätigt und im Zuge des Terminziels eine minimale Anlaufdauer erreicht werden.[146]

Die Schwierigkeit der Erreichung übergeordneter Ziele wird durch teilweise konträre Unterziele erschwert. Diese sind vor allem auf unterschiedliche Rahmenbedingungen am Anlauf beteiligter Entscheidungsträger und Unternehmensfunktionen zurückzuführen.[147] Während manche Entitäten eine schnelle Steigerung der Stückzahl auf den Zielzustand anstreben, bevorzugen andere Entitäten die Produktionsabsicherung durch Qualifizierungsmaßnahmen und umfangreiche Tests.[148] Abbildung 13 fasst die Ziele der am Anlauf beteiligten Entitäten beispielhaft zusammen. Diese werden nachfolgend beschrieben.

Produktentwicklung und Qualitätsmanagement verfolgen das Ziel, möglichst früh im Serienanlauf Informationen über die Herstellbarkeit und die Qualität des Produkts zu erhalten. Nach deren Erhalt wird ein verzögerter Produktionshochlauf angestrebt, um späte Änderungen und Kundenwünsche am Produkt realisieren zu können und die Produktqualität umfassend über Bemusterungs- und Qualifizierungsprozesse sicherzustellen.[149]

Der *Werkzeug- und Betriebsmittelbau* strebt ebenfalls an, notwendige Änderungen an Produkt und Prozess möglichst früh zu identifizieren, um Werkzeuge und Vorrichtungen entsprechend

[140] Vgl. Jürging (Systemdynamische Analyse des Serienanlaufs), 2008, S. 18; Fitzek (Anlaufmanagement in Netzwerken), 2005, S. 56

[141] Vgl. u. a. Fitzek (Anlaufmanagement in Netzwerken), 2005, S. 56f.; Schneider (Strategiefestlegung Anlaufplanung), 2006, S. 122ff.; Kuhn et al. (Fast Ramp-Up), 2002, S. 4; Jürging (Systemdynamische Analyse des Serienanlaufs), 2008, S. 18 mit Verweis auf Terwiesch; Bohn (Production Ramp-Up), 2001, S. 5

[142] Vgl. Borowski (Agile Produktionsanläufe), 2011, S. 29

[143] Vgl. Kuhn et al. (Fast Ramp-Up), 2002, S. 3f.

[144] Vgl. Fritsche (Verkürzung von Anlaufprozessen), 1998, S. 55

[145] Vgl. Romberg; Haas (Anlaufmanager), 2005, S. 36

[146] Vgl. Winkler (Wirkbeziehungen im Produktionsanlauf), 2007, S. 7ff.

[147] Vgl. Schmitt et al. (Interdisziplinäres Anlaufmanagement), 2010, S. 318f.

[148] Vgl. Schneider (Strategiefestlegung Anlaufplanung), 2006, S. 65; Tücks (Ramp-Up Management), 2010, S. 33

[149] Vgl. Gartzen (Diskrete Migration), 2012, S. 30

anpassen zu können. Neben Bemusterungs- und Qualifizierungsprozessen ist dafür jedoch meist eine anfängliche Testproduktion unter Last notwendig, um die Serienbedingungen realitätsnah abbilden zu können (Detaillierung vgl. Kapitel 2.2).[150]

Im Gegensatz dazu besteht das Ziel des *Vertriebs* darin, marktfähige Produkte frühzeitig und in hoher Stückzahl zu produzieren. Durch die schnelle Bedienung von Kundennachfrage und einer damit verbundenen hohen Durchdringung des Marktes ist die Realisierung von Wettbewerbsvorteilen möglich.[151]

Produktionsplanung und Logistik verfolgen das Ziel, eine konstante Auslastung der Produktion und somit regelmäßige und konstante Bedarfsnachfragen zu erreichen. Hierfür sind neben konstanten Bestellungen vor allem vorgegebene Stückzahlen notwendig, sodass Kapazitäten optimal für den Anlauf eingeplant werden können.[152]

Die *Produktion* strebt an, Prozesse in der Fertigung und Montage kontinuierlich zu verbessern und eine umfassende Qualifizierung der Mitarbeiter sicherzustellen. Zu diesem Zweck wird ein moderater Anstieg der Produktionsleistung verfolgt, um parallel zur laufenden Produktion Möglichkeiten zur Mitarbeiterschulung wahrnehmen zu können.[153]

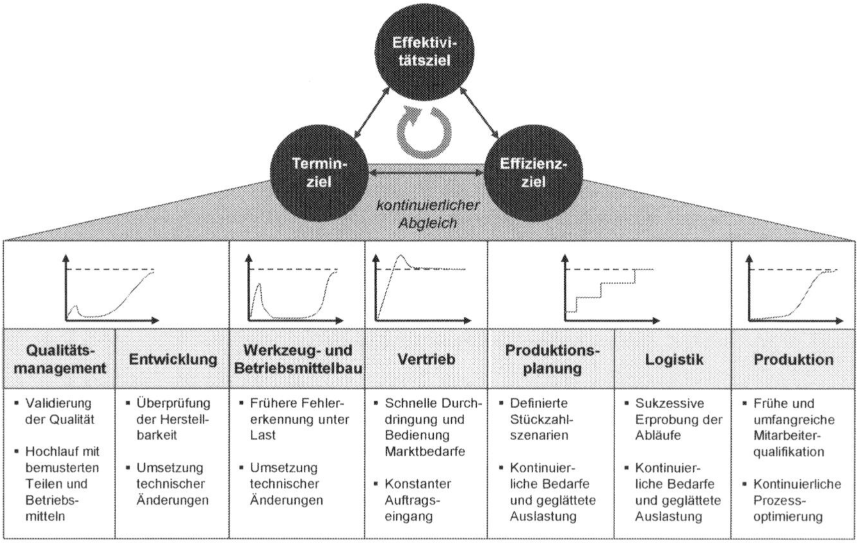

Abbildung 13: Individuelle Zielsysteme im Anlauf[154]

[150] Vgl. Gartzen (Diskrete Migration), 2012, 30f. mit Verweis auf Tücks (Ramp-Up Management), 2010, S. 33; Risse (Time-to-Market-Management), 2003, S. 187f.

[151] Vgl. Gartzen (Diskrete Migration), 2012, S. 31; Schneider (Strategiefestlegung Anlaufplanung), 2006, S. 65

[152] Vgl. Gartzen (Diskrete Migration), 2012, S. 31

[153] Vgl. Gartzen (Diskrete Migration), 2012, S. 31; Schneider (Strategiefestlegung Anlaufplanung), 2006, S. 65; Risse (Time-to-Market-Management), 2003, S. 188

[154] i. A. a. Gartzen (Diskrete Migration), 2012, S. 31

Übergeordnet hat das Anlaufmanagement in diesem Spannungsfeld die Aufgabe, Einzelinteressen abzugleichen und zwischen den einzelnen Entitäten zu vermitteln. Dafür ist nicht zuletzt eine hohe Transparenz und Kommunikation notwendig, sodass Einzelziele erkannt und im Sinne des Gesamtziels aufeinander abgestimmt werden können.[155]

2.1.6 Herausforderungen

Die produzierende Industrie ist durch eine kontinuierliche Veränderung geprägt (vgl. Kapitel 1.1). Diese stellt Unternehmen vor entsprechende Herausforderungen, birgt gleichzeitig aber auch die Chance, sich bei erfolgreicher Adressierung vom Wettbewerb differenzieren zu können. Für das effektive Management von Serienanläufen leiten sich daraus drei zentrale Handlungsfelder ab, die nachfolgend beschrieben werden.

Die initial beschriebene Reduktion von Produktlebenszyklen führt dazu, dass Produkte in kürzerer Zeit entwickelt und auf den Markt gebracht werden müssen. Am Beispiel der Automobilindustrie ist in den vergangenen Jahren eine Verkürzung von durchschnittlich sechs auf ca. vier Jahre zu verzeichnen. Eine weitere Verkürzung wird seitens der Hersteller angestrebt.[156] Gleichzeitig nimmt die Anzahl angebotener Produktderivate stark zu. Beide Trends führen dazu, dass die Anzahl und Komplexität der Serienanläufe pro Zeiteinheit signifikant zugenommen hat.[157] Da die Derivateanzahl schneller als der Gesamtabsatz steigt, führt dies zusätzlich zu einem Kostendruck auf die Hersteller. Um dies zumindest teilweise zu kompensieren, ist eine zeit- und kosteneffiziente Produkteinführung heute von hoher Wichtigkeit. Da die Kosteneffizienz mit der Anlaufdauer korreliert, muss insbesondere die *Schnelligkeit* des Serienanlaufs weiter gesteigert werden. Diese ermöglicht bei Einführung neuer Produkte vor der Konkurrenz zudem die Realisierung sogenannter Monopolrenten.

Zusätzlich bilden technische Änderungen seit jeher einen festen Bestandteil nahezu aller Produktentwicklungsprozesse. Sie resultieren aus der Tatsache, dass die Produktentwicklung nicht rein linear erfolgt, sondern einen iterativen Prozess darstellt.[158] Neuere Entwicklungsmethoden wie das Simultaneous Engineering oder die agile Produktentwicklung verstärken den iterativen Charakter eines Entwicklungsprojekts. Sie wurden entwickelt, um Entwicklungszeiten zu verkürzen und Kundenwünsche oder Kostenpotenziale noch spät im Produktdesign abbilden zu können. Insbesondere späte technische Änderungen stellen heute eine große Herausforderung dar, da sie teilweise nachfolgende Aktivitäten entwerten und kosten- sowie zeitintensive Änderungsschleifen nach sich ziehen.[159] Dies führt dazu, dass die Hälfte aller konstruktiven Produktänderungen erst in der Pilot- und Hochlaufphase sowie der nachfolgenden

[155] Schmitt et al. (Interdisziplinäres Anlaufmanagement), 2010, S. 319ff.; Gartzen (Diskrete Migration), 2012, S. 31f. mit Verweis auf Gottschalk; Hoeschen (Produktionsmanagement im Anlauf), 2008, S. 181ff.

[156] Vgl. Bischoff (Anlaufmanagement.), 2007, S. 2

[157] Vgl. Tücks (Ramp-Up Management), 2010, S. 1f.

[158] Vgl. Terwiesch; Loch (Engineering Change Orders), 1999, S. 160

[159] Vgl. Jürging (Systemdynamische Analyse des Serienanlaufs), 2008, S. 59f.; Rösch et al. (Änderungsmanagement im Anlauf), 2008, S. 215f.

Serie erfolgen.[160] Neben der Schnelligkeit stellt die *Flexibilität* somit eine weitere Herausforderung dar.

Ferner hat die Globalisierung dazu geführt, dass Wertschöpfungsnetzwerke durch die Fragmentierung von Lieferketten eine zunehmende Komplexität aufweisen.[161] Einerseits wird dies durch die steigende Anzahl an internationalen Produktionsstandorten hervorgerufen, andererseits ist in vielen Industrien eine Senkung der Wertschöpfungstiefe zu beobachten.[162] Insbesondere in der Automobilindustrie wird dieser Trend zur Senkung interner Komplexität und Kosten intensiv verfolgt.[163] In der Folge steigen Koordinations-, Planungs- und Steuerungsaufwände mit Wertschöpfungspartnern und Zulieferern. Dies betrifft insbesondere den Serienanlauf, in dessen Rahmen eine steigende Anzahl extern entwickelter und produzierter Bauteile erstmalig zusammengeführt und aufeinander abgestimmt werden müssen. Die internationale Verteilung von Wertschöpfungspartnern und -umfängen kann dabei zu zeitlichen, sprachlichen und kulturellen Abstimmungsschwierigkeiten führen. Die Herausforderung liegt entsprechend in dem effizienten Management *kollaborativer Auftragsabwicklung*. Abbildung 14 fasst die genannten Herausforderungen zusammen.

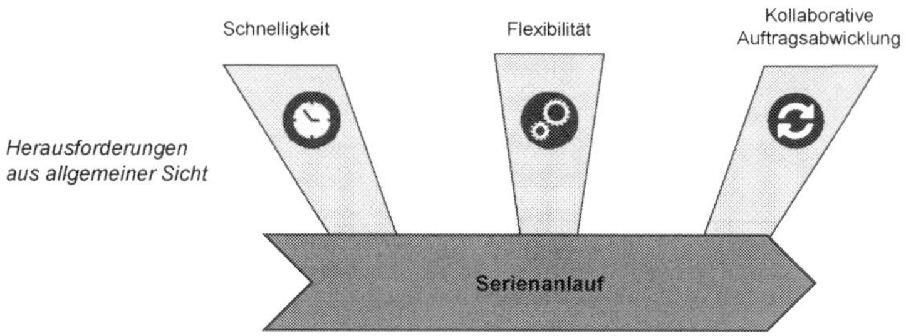

Abbildung 14: Herausforderungen des Serienanlaufs

2.2 Werkzeugbau

Im folgenden Kapitel werden der Grundlagen des zweiten Betrachtungsbereichs Werkzeugbau sowie des dort verorteten Serienanlaufs von Werkzeugen dargestellt. Zunächst werden Werkzeugbau und damit verbundene Begriffe eingeführt und definiert. Anschließend wird ein Überblick über die Branchenstruktur sowie das Leistungsspektrum gegeben. Danach erfolgt die Einordnung des Werkzeugbaus in die Wertkette produzierender Unternehmen sowie die Beschreibung des industriellen Auftragsabwicklungsprozesses im Werkzeugbau. Abschließend werden der Serienanlauf von Werkzeugen sowie die sich daraus ergebenden Herausforderungen beschrieben.

[160] Vgl. Wildemann (Anlaufmanagement), 2006, S. 162; Tücks (Ramp-Up Management), 2010, S. 28

[161] Vgl. Schuh et al. (Prozessmanagement), 2011, S. 353f.

[162] Vgl. Wildemann (Leitfaden Anlaufmanagement), 2015, S. 16ff.; Karas; Rotter (FAST 2025), 2012, S. 2ff., Darstellung des Sachverhalts am Beispiel der Automobilindustrie

[163] Vgl. Dölle (Lieferantenmanagement), 2013, S. 20

Aufgrund der gemeinsam durchgeführten Industrie- und Forschungsarbeiten sowie des gleichen Betrachtungsbereichs greift dieses Kapitel teilweise auf die Strukturen vergangener Dissertationen des Lehrstuhls für Produktionssystematik am Werkzeugmaschinenlabor WZL der RWTH Aachen zurück. Als für diese Dissertation strukturell relevant sind in diesem Zusammenhang die Arbeiten von KOMOREK, SALMEN und KUHLMANN zu nennen.[164]

2.2.1 Begriffsverständnis und Einordnung

Zunächst werden die Begriffe Werkzeug und Werkzeugbau definiert und für den Kontext dieser Arbeit systematisiert.

2.2.1.1 Werkzeug

Die zur industriellen Serienfertigung notwendigen Hilfsmittel lassen sich grundsätzlich in zwei Gruppen gliedern:[165]

- Hilfsmittel, die nach dem Produktionsprozess Teil des Produkts sind, beispielsweise Werkstoffe oder Standardteile
- Hilfsmittel, die keinen Bestandteil des späteren Produktes darstellen

Letztere werden als Betriebsmittel bezeichnet. Gemäß VDI-Norm 2815 werden Betriebsmittel in Fertigungsmittel, Prüfmittel, Handhabungsmittel, Transportmittel und Lagermittel gegliedert (vgl. Abbildung 15).[166]

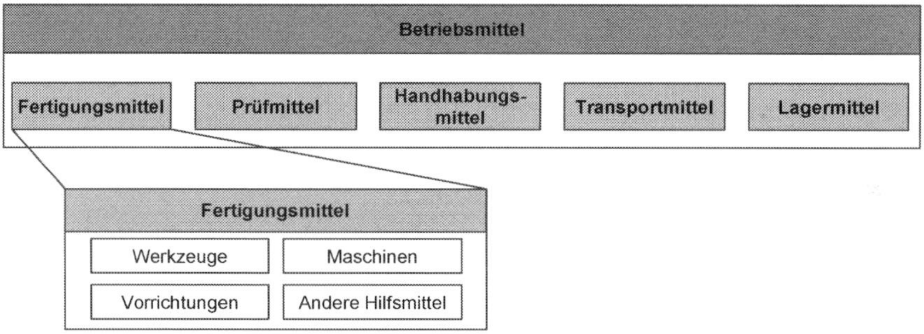

Abbildung 15: Einordnung von Werkzeugen nach VDI-Norm 2815[167]

Werkzeuge werden der Gruppe der Fertigungsmittel zugeordnet und wirken auf Material ein, um dieses physikalisch, chemisch oder mechanisch in dessen Form oder Substanz zu verändern.[168] Zu Werkzeugen zählen sowohl Hohlformwerkzeuge zur Produktion von Metall- oder

[164] Vgl. Komorek (Kollaborative Wertschöpfung), 2014, 37ff.; Salmen (Vernetzter Shopfloor), 2016, 36ff.; Kuhlmann (Corporate Tooling), 2017, 64ff.

[165] Vgl. Kuhlmann (Gestaltung von Geschäftsprozessen), 2011, S. 25

[166] Vgl. VDI (VDI-Richtlinie 2815), 1978. Diese Norm wurde 2001 zurückgezogen, wird jedoch in industrieller Praxis weiterhin genutzt; Kuhlmann (Corporate Tooling), 2017, S. 65; Boos (Modulare Werkzeuge), 2008, S. 28

[167] i. A. a. VDI (VDI-Richtlinie 2815), 1978

[168] Vgl. VDI (VDI-Richtlinie 2815), 1978

Kunststoffteilen als auch Bearbeitungswerkzeuge wie beispielsweise Bohrer, Fräsköpfe, Hammer, Meißel, Schleifscheiben oder Schneidplatten.[169] Der Betrachtungsbereich dieser Arbeit beschränkt sich auf Hohlformwerkzeuge, die nachfolgend unabhängig von ihrer spezifischen Unterart oder Ausprägung als Werkzeuge bezeichnet werden. Dementsprechend werden unter dem Begriff Werkzeug die verschiedenen Arten von Hohlformwerkzeugen verstanden, die hauptsächlich zur Aluminium-, Blech- und Kunststoffverarbeitung eingesetzt werden.[170] Diese wiederum können Spritzguss-, Druckguss-, Press-, Stanz- und Formwerkzeugen zugeordnet werden (vgl. Detaillierung in Kapitel 2.2.4).[171]

Werkzeuge werden stets in Verbindung mit Maschinen und Anlagen eingesetzt, innerhalb derer das Werkzeug ein Mittel zur Verrichtung von Arbeit ist. Durch die Notwendigkeit einer Maschine oder Anlage werden Werkzeuge auch als passive Betriebsmittel bezeichnet.[172] Je nach Werkzeugart werden diese auf z. B. Produktionspressen oder Spritzgussmaschinen betrieben.

Aufgrund der Ausrichtung der Leistung der Werkzeugbaubranche an einem spezifischen Kundenprodukt und einer darauf basierenden Formgebung wird für jedes Bauteil ein individuelles Werkzeug benötigt.[173] Aufgrund geringer Stückzahlen entsprechender Werkzeuge wird die Branche Werkzeugbau der Einzel- und Kleinserienfertigung zugeordnet.[174]

2.2.1.2 Werkzeugbau

Mit dem Begriff Werkzeugbau werden produzierende Unternehmen oder produzierende Abteilungen eines Unternehmens bezeichnet, denen die Herstellung der erläuterten Werkzeuge obliegt. Neben Werkzeugen werden häufig auch Betriebsmittel wie z. B. Vorrichtungen, Prüfmittel oder Anlagen durch den Werkzeugbau gefertigt, sodass der Werkzeugbau oftmals auch Betriebsmittelbau genannt wird.[175] Zentrales Erzeugnis des Werkzeugbaus sind jedoch Hohlformwerkzeuge, die durch zahlreiche werkzeugspezifische Dienstleistungen (vgl. Kapitel 2.2.4.2) ergänzt und aufgewertet werden. Aufgrund des heterogenen Leistungsspektrums werden die Begriffe Betriebsmittelbau, Formenbau, Werkzeug- und Formenbau oder Werkzeug- und Anlagenbau in der Literatur teilweise synonym für Werkzeugbaubetriebe sowie deren Branche verwendet.[176] Dem Verständnis von FRICK folgend dient der Begriff Werkzeugbau im Rahmen dieser Arbeit als Oberbegriff für die Begriffe Formenbau, Werkzeug- und Formenbau, Werkzeug- und Anlagenbau sowie für weitere analoge Bezeichnungen.

2.2.2 Marktzugang und Organisationsformen

Neben der Differenzierung über das Erzeugnis kann eine weitere Klassifizierung des Werkzeugbaus anhand des Marktzugangs vorgenommen werden. Diese lässt eine Abgrenzung

---

[169] Vgl. Eversheim; Klocke (Werkzeugbau mit Zukunft), 1998, S. 25

[170] Vgl. Eversheim; Klocke (Werkzeugbau mit Zukunft), 1998, S. 25f.

[171] Vgl. Schleyer (Kooperationsmanagement), 2006, S. 20

[172] Vgl. Bode (Betriebliche Produktion), 1993, S. 84; Kreis (Handbuch der Betriebswirtschaftslehre), 1993, S. 89

[173] Vgl. Komorek (Kollaborative Wertschöpfung), 2014, S. 38

[174] Vgl. Frick (Geschäftsmodelle im Werkzeugbau), 2006, S. 21f.

[175] Vgl. Brankamp (Werkzeug- und Betriebsmittelbau), 1991, S. 5

[176] Vgl. Frick (Geschäftsmodelle im Werkzeugbau), 2006, S. 20f.

zwischen internen und externen Werkzeugbaubetrieben zu. Die beiden Typen unterscheiden sich hinsichtlich zentraler Eigenschaften und Zielsetzungen.[177]

Interne Werkzeugbaubetriebe sind Teil eines übergeordneten Unternehmens und in dessen Aufbauorganisation integriert.[178] Das entsprechende Ziel liegt in erster Linie in der Versorgung des Mutterunternehmens mit Werkzeugen für die Serienproduktion sowie deren Wartung und Reparatur.[179] Neben der Gewährleistung von Effizienz, Verfügbarkeit und Zuverlässigkeit der Serienproduktion befähigen interne Werkzeugbaubetriebe auch zur Steigerung der Innovation in vor- und nachgelagerten Prozessen, um insgesamt die Produktivität des Unternehmens zu erhöhen. Zudem ermöglicht ein interner Werkzeugbaubetrieb den Schutz von wettbewerbsentscheidendem Know-how, die Unabhängigkeit von externen Anbietern sowie eine Reduzierung und Optimierung von internen Schnittstellen.[180]

Externe Werkzeugbaubetriebe sind rechtlich eigenständige Unternehmen, welche das Ziel der Gewinnmaximierung und die Sicherstellung der langfristigen Überlebensfähigkeit des Betriebs verfolgen. Dazu werden Werkzeuge im Auftrag unterschiedlicher Kunden hergestellt.[181] Externe Betriebe stehen im direkten Wettbewerb zu anderen Werkzeugbaubetrieben und bedienen in der Regel ein breites Kunden- und Branchenspektrum mit einem fokussierten Leistungsportfolio. Hierdurch kann Auslastungsschwankungen in einem spezifischen Segment entgegengewirkt und die Abhängigkeit von einem bestimmten Kunden oder Segment reduziert werden.[182] Darüber hinaus ermöglicht die Betreuung unterschiedlicher Kunden und Branchen den Aufbau eines umfassenden prozess- und fertigungstechnischen Wissens, das zur Differenzierung vom Wettbewerb am Markt angeboten werden kann.[183]

Eine Auswertung der gemeinsamen Datenbank des Werkzeugmaschinenlabors WZL der RWTH Aachen und des Fraunhofer-Instituts für Produktionstechnologie IPT zeigt, dass die Verteilung der Betriebe relativ homogen bei ca. 53% internen und 47% externen Werkzeugbaubetrieben liegt (vgl. Abbildung 16).[184] Eine Unterscheidung zwischen internen und externen Werkzeugbaubetrieben ist insbesondere hinsichtlich der Kundenbeziehung relevant. Die Unterschiede in Bezug auf die Wertschöpfung sowie die operativen Abläufe zur Erstellung eines Werkzeugs sind hingegen zu vernachlässigen.[185]

[177] Vgl. Pitsch (Kompetenzfeldbasierte Vernetzung), 2014, S. 34

[178] Vgl. Eversheim; Klocke (Werkzeugbau mit Zukunft), 1998, S. 74f.

[179] Vgl. Salmen (Vernetzter Shopfloor), 2016, S. 39

[180] Vgl. Zwicker (Kostenfaktor oder Erfolgsgeheimnis), 2009, S. 12f.; Kuhlmann (Gestaltung von Geschäftsprozessen), 2011, S. 27

[181] Vgl. Boos (Modulare Werkzeuge), 2008, S. 28; Schleyer (Kooperationsmanagement), 2006, S. 22

[182] Vgl. Salmen (Vernetzter Shopfloor), 2016, S. 40 mit Verweis auf Spennemann (Organisationsstrukturen im Werkzeugbau), 2001, S. 12

[183] Vgl. Schleyer (Kooperationsmanagement), 2006, S. 22

[184] Vgl. WZL/IPT (Datenbank Werkzeugbau), 2019

[185] Vgl. Komorek (Kollaborative Wertschöpfung), 2014, S. 40

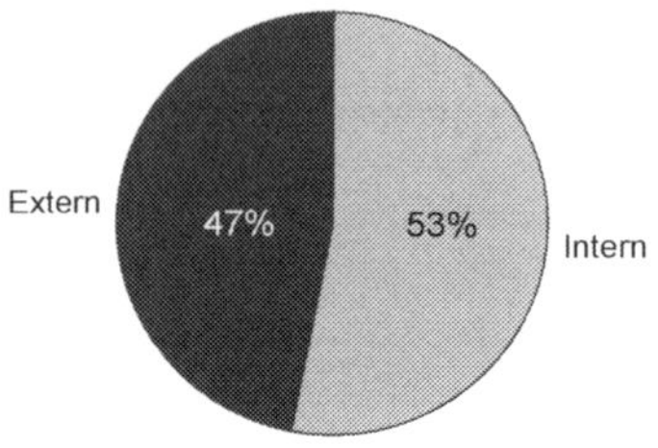

Abbildung 16: Verteilung des Marktzugangs von Werkzeugbaubetrieben[186]

2.2.3 Branchenstruktur und internationale Stellung

Nach Einführung des Werkzeugbaus und der relevanten Begrifflichkeiten erfolgt in diesem Kapitel die Darstellung der Branchenstruktur sowie eine Einordnung des deutschen Werkzeugbaus im internationalen Vergleich. Die Darstellung der Branchenstruktur erfolgt anhand von Zahlen der deutschen Werkzeugbaubranche, da diese weitestgehend für den weltweiten Werkzeugbau repräsentativ sind.[187]

Grundsätzlich ist die Branche Werkzeugbau mittelständisch geprägt und in ihrer Struktur stark fragmentiert und heterogen. Gegenwärtig arbeiten ca. 54.000 Mitarbeiter in 3.800 Werkzeugbaubetrieben in Deutschland. 72% der Betriebe bestehen aus weniger als 20 Mitarbeitern und lediglich 1% der Betriebe beschäftigt mehr als 100 Mitarbeiter.[188] Trotz der signifikanten Unterschiede in Produktspektrum und Marktzugang ist die Größenverteilung homogen.[189]

Entsprechend der Größe zählen Werkzeugbaubetriebe häufig zu den kleinen und mittleren Unternehmen (KMU). Einzelne Mitarbeiter erfüllen daher häufig mehrere Funktionen, die neben der eigentlichen Leistungserstellung auch unterstützende Tätigkeiten umfassen.[190] Zudem verfügen kleine und mittlere Unternehmen häufig über begrenzte Finanzmittel.[191] KOMOREK und SALMEN stellen fest, dass diese Restriktion wichtige Gestaltungsgrundlage bei der Entwicklung von wissenschaftlichen oder praktischen Lösungen darstellt.[192]

Nach einem signifikanten Umsatzwachstum der übergeordneten Branche Präzisionswerkzeuge[193] in den Jahren 2005 bis 2008 und des darauffolgenden starken Umsatzrückgangs mit Beginn der Finanzkrise konnte das Vorkrisenniveau erst 2012 wieder erreicht werden (vgl.

---

[186] Ebendort

[187] Vgl. Begovic (Datenbasiertes Wissensmanagement), 2018, S. 64 mit Verweis auf Frick (Geschäftsmodelle im Werkzeugbau), 2006, S. 24f.

[188] Vgl. Boos et al. (Tooling in Germany), 2018, S. 15

[189] Vgl. Frick (Geschäftsmodelle im Werkzeugbau), 2006, S. 23

[190] Vgl. Kuhlmann (Corporate Tooling), 2017, S. 67

[191] Vgl. Pichler et al. (Management in KMU), 2000, S. 11ff.

[192] Vgl. Komorek (Kollaborative Wertschöpfung), 2014, S. 43; Salmen (Vernetzter Shopfloor), 2016, S. 41

[193] Die Branche Präzisionswerkzeuge des Verbands Deutscher Maschinen- und Anlagenbau (VDMA) umfasst die Bereiche Zerspanwerkzeuge, Spannzeuge und Werkzeugbau. Von dem Gesamtumsatz der Branche Präzisionswerkzeuge entfallen ca. 50% auf den Werkzeugbau, vgl. VDMA (Jahrespressekonferenz), 2019, S. 4

Abbildung 17).[194] Aktuell liegt der Umsatz der Branche für Präzisionswerkzeuge bei ca. 11,6 Milliarden Euro und ist damit seit dem Tiefpunkt in 2009 durchschnittlich um ca. 7% pro Jahr gewachsen.[195] Für das Jahr 2019 wird ein Wachstum von ca. 1% erwartet.[196]

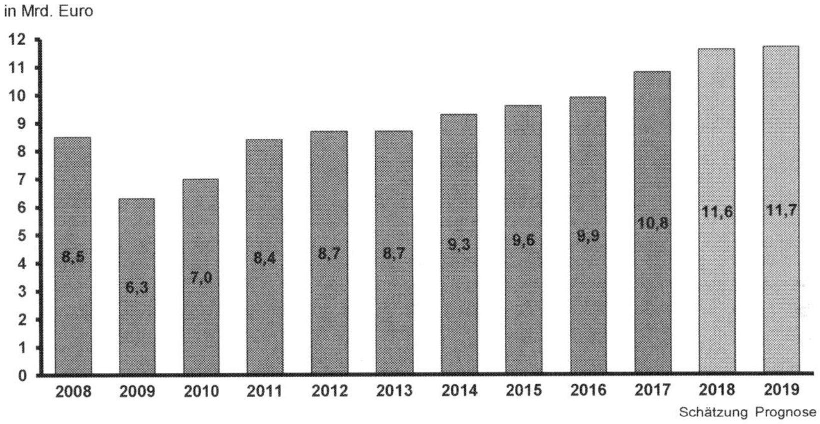

Abbildung 17: Umsatzentwicklung der Branche Präzisionswerkzeugbau[197]

In Bezug auf Marktgröße und Marktreife zählt der deutsche Werkzeugbau zu den führenden Märkten in der Welt. Am Standort Deutschland werden vor allem hochpreisige und hochkomplexe Werkzeuge beispielsweise für die Automobilindustrie gefertigt, zu der eine enge Verbindung besteht. Die Möglichkeit zur Realisierung hoher Komplexität bei sehr guter Qualität der Werkzeuge wird vor allem zuverlässigen und effizienten Prozessen zugesprochen, die durch sehr gute Personal- und Maschinenressourcen ergänzt werden.[198]

Zur Darstellung der Leistungsfähigkeit in Relation zu der jeweiligen Marktgröße wurde am Werkzeugmaschinenlabor WZL der RWTH Aachen ein Markt-Radar entwickelt. Die Dimensionen basieren sowohl auf quantitativ als auch qualitativ hergeleiteten Bewertungen frei verfügbarer Kennzahlen sowie Auswertungen der Datenbanken von WZL und IPT.[199] Der Marktvergleich der 21 bedeutendsten Märkte ist in Abbildung 18 dargestellt. Aufgrund der rückläufigen Bevölkerungszahl und der bereits sehr hohen Leistungsfähigkeit des deutschen Werkzeugbaus wird diesem nur ein mittleres Entwicklungspotenzial zugesprochen. Dennoch wird Deutschland auch zukünftig international prägend für die Branche Werkzeugbau sein.[200] Im Vergleich zu der Bewertung im Jahr 2015 sind die bedeutendsten Veränderungen in den Werkzeugbaumärkten China, Schweiz, Spanien, Österreich, Mexiko und Vietnam zu erkennen.

[194] Vgl. Boos et al. (World of Tooling), 2018, S. 33
[195] Eigene Berechnung auf Basis von VDMA (Jahrespressekonferenz), 2019, S. 3
[196] Vgl. VDMA (Jahrespressekonferenz), 2019, S. 2
[197] i. A. a. VDMA (Jahrespressekonferenz), 2019, S. 3
[198] Vgl. Boos et al. (World of Tooling), 2018, S. 33f.
[199] Vgl. Boos et al. (World of Tooling), 2018, S. 7
[200] Vgl. Boos et al. (World of Tooling), 2018, S. 34

Während die Werkzeugbaumärkte China, Spanien, Österreich, Vietnam und Mexiko hinsichtlich ihrer markt- oder kompetenzseitigen Bedeutung profitieren konnten, gilt die Schweiz als Verlierer der Verschiebung internationaler Gleichgewichte.[201]

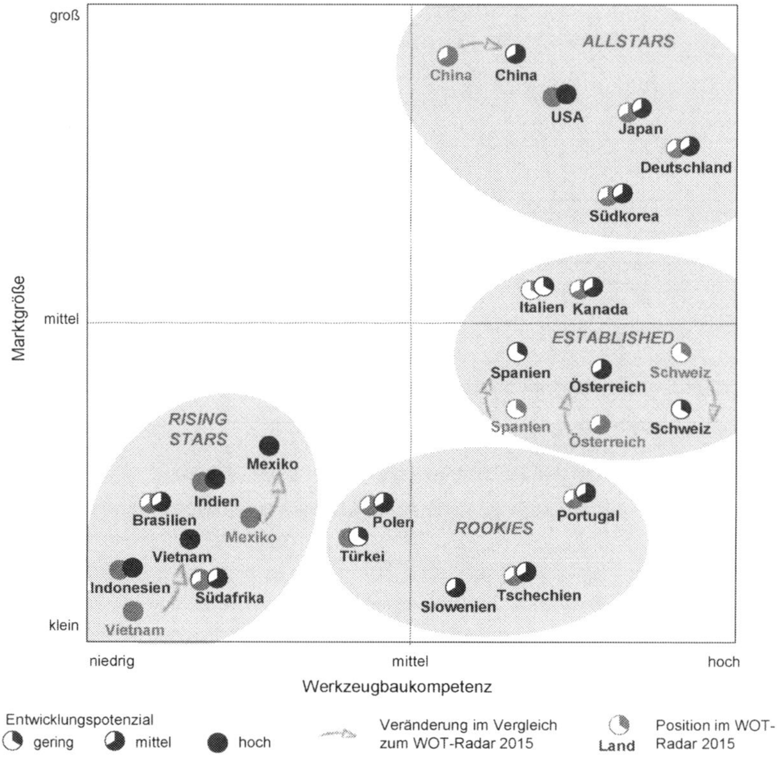

Abbildung 18: Position des deutschen Werkzeugbaus im internationalen Vergleich[202]

2.2.4 Leistungsspektrum

Der vom Kunden wahrgenommene Nutzen wird durch die Leistung eines Anbieters erzielt. Im industriellen Kontext vertriebene Leistungen sind heutzutage häufig hybrider Art. Das bedeutet, dass industrielle Sachleistungen oder -güter mit Dienstleistungen zu sogenannten hybriden Leistungsbündeln zusammengefasst werden.[203] Entsprechend setzt sich das Leistungsspektrum im Werkzeugbau aus „traditionellen“ Sachgütern wie z. B. Werkzeugen sowie nutzensteigernden Dienstleistungen zusammen. Dienstleistungen können sowohl in Richtung der

[201] Vgl. Boos et al. (World of Tooling), 2018, S. 15

[202] i. A. a. Boos et al. (World of Tooling), 2018, S. 15

[203] Vgl. Herfurth (Prozessorientierte Informationssysteme), 2014, 101ff.

Produktentwicklung als auch in Richtung der Serienproduktion angeboten werden und dienen vornehmlich der Optimierung der Leistungserbringung des Kunden.[204]

Nachfolgend werden zunächst die industriellen Sachleistungen dargestellt, um im weiteren Verlauf die industriellen Dienstleistungen zu detaillieren. Umsatzseitig teilen sich diese in ca. 85% Sach- und 15% Dienstleistungen mit wachsendem Dienstleistungsanteil auf.[205]

2.2.4.1 Industrielle Sachleistungen

Zentrales Produkt des Werkzeugbaus stellen die Werkzeuge dar. Diese werden durch Vorrichtungen und Prüfmittel ergänzt, in einigen Fällen werden ebenfalls Modelle und Prototypen durch den Werkzeugbau hergestellt.[206] Vornehmlich interne Betriebe ergänzen ihr Leistungsspektrum zudem teilweise durch das Angebot von systemischen Anwendungen. Abbildung 19 veranschaulicht die im Werkzeugbau angebotenen Sachleistungen nach EVERSHEIM & KLOCKE.

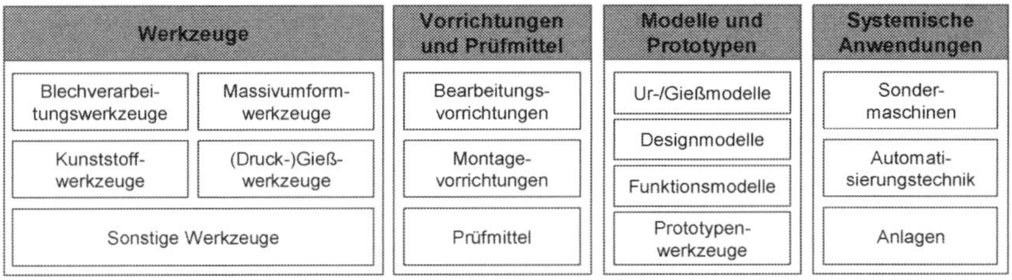

Abbildung 19: Industrielle Sachleistungen nach EVERSHEIM & KLOCKE[207]

Aufgrund der Breite der Kundenprodukte ist das Sachleistungsspektrum des Werkzeugbaus sehr heterogen. Es reicht von kleinen Werkzeugen mit einem Gewicht von unter 100 Kilogramm bis hin zu Werkzeugen mit einem Gesamtgewicht von 40 Tonnen. Neben dem Gewicht bestehen signifikante Unterschiede hinsichtlich des zu verarbeitenden Materials, der Werkzeugabmessungen, Fertigungstoleranzen sowie der zu erzielenden Oberflächengüte. Je nach Zusammenstellung dieser Parameter besteht ein Werkzeug aus mehreren 100 bis 1.000 Einzelteilen und weist einen entsprechenden Komplexitätsgrad auf, der ein umfangreiches prozess- und fertigungstechnisches Know-how erfordert.[208]

Die Komplexität wird durch die Kundenanforderungen festgelegt und spiegelt sich insbesondere in den formgebenden Elementen wider, die entsprechend ausgelegt werden müssen.[209] Zusätzlich ist die Sicherstellung eines funktions- und leistungsfähigen Gesamtsystems bestehend aus Werkzeug und Produktionsmaschine notwendig. Obwohl Werkzeugauslegung und

---

[204] Vgl. Schuh; Varnhagen (Digitale Wertschöpfungsnetzwerke), 2013, 24f.

[205] Vgl. Schuh et al. (Toolmaking for the Future), 2009, S. 30

[206] Vgl. Komorek (Kollaborative Wertschöpfung), 2014, S. 40

[207] i. A. a. Eversheim; Klocke (Werkzeugbau mit Zukunft), 1998, S. 25, überarbeitet u. a. von Kozielski (Integratives Kennzahlensystem), 2010, S. 14

[208] Vgl. Hensen (Strategische Auslegung), 2017, S. 36; Frick (Geschäftsmodelle im Werkzeugbau), 2006, S. 22; Haasler (Hochtechnologie und Handarbeit), 2004, S. 220ff.

[209] Vgl. Begovic (Datenbasiertes Wissensmanagement), 2018, S. 67

Abstimmung des Gesamtsystems durch Simulationen unterstützt werden können, so bedarf es weiterhin eines umfangreichen Prozess- und Erfahrungswissens der im Werkzeugbau tätigen Mitarbeiter.[210]

Branchenweit haben Spritzgießwerkzeuge den umsatzseitig höchsten Anteil an der Werkzeugproduktion, gefolgt von Blechverarbeitungs- und Massivumformwerkzeugen sowie Druckgusswerkzeugen.[211] Die nachfolgende Abbildung 20 zeigt die Entwicklung der deutschen Werkzeugproduktion anhand der umsatzstärksten Werkzeugtypen.

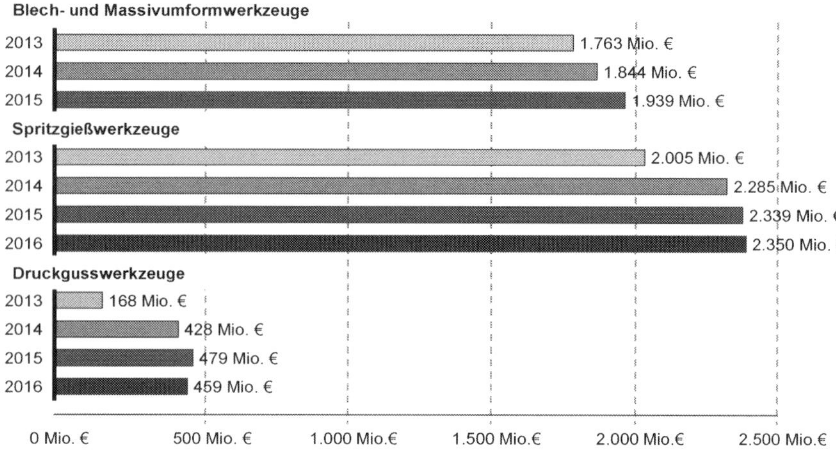

Abbildung 20: Entwicklung und Aufteilung der Werkzeugproduktion in Deutschland[212]

Zur Schaffung eines grundsätzlichen Verständnisses unterschiedlicher Werkzeugtypen werden diese nachfolgend anhand der Klassifizierung von EVERSHEIM & KLOCKE erläutert.

Blechverarbeitungswerkzeuge werden beispielsweise für die Produktion komplexer Außenhautteile in der Automobilindustrie eingesetzt und zählen zu den besonders großen und schweren Werkzeugen. Durch Krafteinwirkung wird flaches Blech mithilfe von Stanz-, Biege- und Tiefziehoperationen bearbeitet und in seine gewünschte Form gebracht. Die finale Geometrie des Bauteils wird üblicherweise nicht in einem Arbeitsgang erreicht, sondern erfolgt in mehreren Operationsstufen.[213] Diese Verkettung von Operationen wird häufig in Folgeverbund-, Transfer-, Stufen- oder Linienbauweise realisiert, die sich maßgeblich in der Materialführung, Bauteilgröße und Stückzahl unterscheiden.[214] Die richtige Beherrschung des Materialflusses, die Bestimmung des Rohteilzuschnitts, die Kenntnis der Umformgrenzen und der

[210] Vgl. Schuh et al. (Serienanlauf von Werkzeugen), 2018, S. 797

[211] Vgl. Boos et al. (World of Tooling), 2018, S. 35

[212] Vgl. Boos et al. (World of Tooling), 2018, S. 35

[213] Vgl. Schuler GmbH (Umformtechnik), 1996, S. 123ff.

[214] Vgl. Birkert et al. (Herstellung komplexer Karosserieteile), 2013, S. 317f.

Kraftwirkung sind wesentliche Voraussetzungen für die Erzielung optimaler Arbeitsergebnisse.[215] Durch mehrdimensionale Spannungszustände verursachte Rückfederungen insbesondere elastischer Materialien erfordern umfangreiches Know-how und Erfahrungswissen.[216]

Mit *Kunststoffwerkzeugen* können Kunststoffteile aus Elastomeren, Duroplasten und Thermoplasten industriell hergestellt werden.[217] Aufgrund der Form- und Verfahrensflexibilität, der Werkstoffvielfalt sowie der möglichen Bauteilgröße ist das Einsatzspektrum sehr breit.[218] Anders als bei Blechverarbeitungswerkzeugen findet keine Umformung, sondern eine Urformung durch Einbringen eines formlosen Materials in eine Hohlform statt.[219] Das Spritzgießen von aufgeschmolzenem Kunststoff stellt die häufigste Umsetzung von Kunststoffwerkzeugen dar. Die Herstellung von Kunststoffprodukten erfolgt hierbei in den drei aufeinanderfolgenden Phasen Einspritzung, Abkühlung und Entformung. Ein Durchlauf dieser drei Phasen wird als Spritzzyklus bezeichnet.[220] Die Komplexität der Werkzeuge wird vor allem durch die Bauteilgeometrie, die Kombination unterschiedlicher Materialien in einem Bauteil (Mehrkomponentenspritzguss) sowie die Anzahl der Kavitäten beeinflusst.

Mithilfe von *Massivumformwerkzeugen* können massive, metallische Werkstoffe zum Fertigteil umgeformt werden. Gemäß der DIN 8580 liegt Massivumformung vor, wenn ein Werkstück in allen drei Dimensionen umgeformt wird.[221] Zu den Verfahren der Massivumformung zählen Stauchen, Schmieden, Walzen, Fließpressen, Strangpressen, Biegen sowie Durchziehen.[222] Die Umformung erfolgt in einem oder mehreren aufeinanderfolgenden Kalt- oder Warmumformschritten. Diese unterscheiden sich hinsichtlich der notwendigen Temperaturen. Die Kaltumformung wird bei Raumtemperatur, die Warmumformung bei Temperaturen von 1000 – 1250°C und die sogenannte Halbwarmumformung bei 650 – 900°C durchgeführt.[223] Neben der räumlichen Umformung tritt beim Warmmassivumformen auch eine Gefügeveränderung ein. Im Gegensatz zu anderen Werkzeugarten ist die Anzahl der Einzelteile, aus denen Massivumformwerkzeuge bestehen, gering. Durch einen hohen Verschleiß der Werkzeuge ist meist die Herstellung von Kleinstserien erforderlich.[224]

Druckgusswerkzeuge sind dem Spritzguss durch die Produktion urgeformter Bauteile sehr ähnlich.[225] Im Unterschied ist die thermische Belastung beim Druckgießen von Metall jedoch höher als beim vergleichbaren Prozess mit Kunststoff, was sich entsprechend negativ auf die Lebensdauer der Werkzeuge auswirkt.[226] Flüssiges Metall wird unter hohem Druck in geteilte

[215] Vgl. Klocke (Umformen), 2017, S. 352

[216] Vgl. Birkert et al. (Herstellung komplexer Karosserieteile), 2013, S. 300ff.; Roll et al. (Simulationsgestützte Kompensation), 2004, S. 1

[217] Vgl. Johannaber; Michaeli (Handbuch Spritzgießen), 2004, S. 39

[218] Vgl. Menges et al. (Spritzgiesswerkzeuge), 2007, S. 560ff.

[219] Vgl. Böge; Böge (Handbuch Maschinenbau), 2017, S. 1202

[220] Vgl. Mennig (Kunststoffverarbeitung), 1995, S. 6ff.

[221] Vgl. Deutsches Institut für Normung (DIN 8580: Fertigungsverfahren), 2003

[222] Vgl. Doege; Behrens (Umformtechnik), 2010, S. 469ff.

[223] Vgl. Doege; Behrens (Umformtechnik), 2010, S. 5

[224] Vgl. Klotzbach (Industrieller Werkzeugbau), 2007, S. 57

[225] Vgl. Böge; Böge (Handbuch Maschinenbau), 2017, S. 1210

[226] Vgl. Bilsing (Technologische Leistungsfähigkeit), 2007, S. 5

Metallformen eingebracht, wobei während des Erstarrungsvorganges des eingebrachten Metalls der Druck aufrechterhalten bleibt. Dadurch können dünnwandige Werkstücke mit komplizierten Formen in engen Toleranzen bei gleichzeitig hoher Oberflächengüte hergestellt werden.[227]

Werkzeuge, die nicht den genannten Werkzeugtypen entsprechen, lassen sich den *sonstigen Werkzeugen* zuordnen. Hierzu zählen unter anderem Blas- sowie Sinter-Pressformen, die metallisch-pulverförmige Materialien unter hohem, homogenen Druck urformen.[228]

Das dargestellte heterogene Leistungsspektrum des Werkzeugbaus wird je nach Kundenwunsch durch weitere Leistungen ergänzt. Eine Analyse der gemeinsamen Datenbank von WZL und IPT zeigt, dass sich ca. 19% der angebotenen Sachleistungen aus weiteren Leistungen zusammensetzen.[229] Die Ergebnisse sind in Abbildung 21 dargestellt.

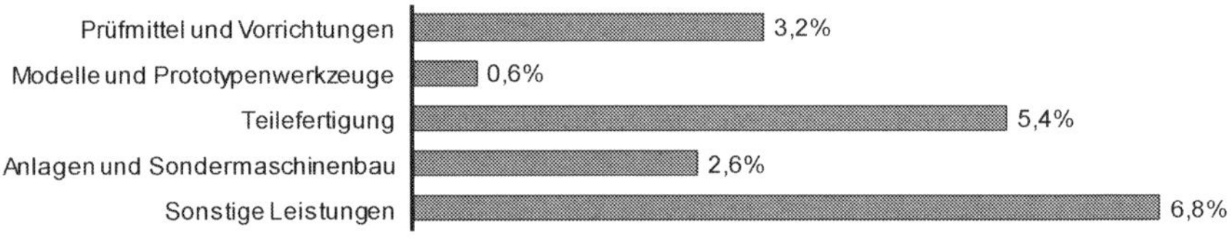

Abbildung 21: Umsatzanteil weiterer Sachleistungen der Branche Werkzeugbau[230]

Das beschriebene Sachleistungsspektrum eines Werkzeugbaubetriebs kann nach EVERSHEIM & KLOCKE in fünf unterschiedliche Auftragsarten unterteilt werden:[231]

- Neuaufträge
- Änderungsaufträge
- Reparaturaufträge
- Instandhaltungsaufträge
- Sonstige Aufträge

Die Auftragsarten unterscheiden sich nicht nur in Bezug auf die für die Leistungserstellung notwendigen Wertschöpfungsbestandteile und Kompetenzen, sondern auch hinsichtlich Umsatzverteilung zwischen internen und externen Werkzeugbaubetrieben. Während Neu- und Änderungsaufträge den gesamten Auftragsabwicklungsprozess (vgl. Kapitel 2.2.5) des Werkzeugbaus durchlaufen, werden Prozesse, Kompetenzen und Ressourcen für Reparatur- und Instandhaltungsaufträge lediglich auftragsspezifisch benötigt.[232] Der Schwerpunkt liegt hierbei

[227] Vgl. Böge; Böge (Handbuch Maschinenbau), 2017, S. 1210

[228] Vgl. Bilsing (Technologische Leistungsfähigkeit), 2007, S. 5

[229] Vgl. Pitsch (Kompetenzfeldbasierte Vernetzung), 2014, S. 38f.; Kuhlmann (Corporate Tooling), 2017, S. 82f., Daten wurden aktualisiert auf Basis von WZL/IPT (Datenbank Werkzeugbau), 2019

[230] Vgl. WZL/IPT (Datenbank Werkzeugbau), 2019

[231] i. A. a. Eversheim; Klocke (Werkzeugbau mit Zukunft), 1998, S. 20

[232] Vgl. Kuhlmann (Corporate Tooling), 2017, 83f.; Pitsch (Kompetenzfeldbasierte Vernetzung), 2014, S. 41f.; Fricker (Strategische Stringenz), 2005, S. 48

in der Regel auf der mechanischen Fertigung und Montage. Aufgrund mangelnder Erfahrungswerte stellen Neu- und Änderungsaufträge hohe Anforderungen an die Kompetenz der Mitarbeiter.[233] Reparaturaufträge bedürfen aufgrund der sehr eingeschränkten Planbarkeit einer hohen Flexibilität der Planung.

Neuaufträge weisen trotz des vergleichsweise geringen zahlenmäßigen Anteils insbesondere bei externen Betrieben mit ca. 78% einen hohen Umsatzanteil auf. Da der Fokus interner Betriebe im Vergleich stärker auf der Aufrechterhaltung einer effizienten Serienproduktion liegt, sind Neu-, Reparatur- und Instandhaltungsaufträge dort in Bezug auf deren Häufigkeit homogener verteilt.[234] Unter sonstige Aufträge fallen insbesondere Wiederholaufträge und Beratungsleistungen, die bei externen Betrieben einen zahlenmäßig und bei internen Betrieben einen umsatzmäßig vergleichsweise hohen Anteil ausmachen. Die Verteilung der Auftragshäufigkeit sowie deren Anteil am Umsatz ist in Abbildung 22 zusammengefasst.

	Externe Werkzeugbaubetriebe	Interne Werkzeugbaubetriebe
Neuaufträge	34,1% / 77,9%	31,4% / 64,7%
Änderungsaufträge	26,1% / 12,5%	15,0% / 7,4%
Reparaturaufträge	12,2% / 3,6%	22,6% / 10,2%
Instandhaltungsaufträge	9,9% / 1,5%	19,5% / 8,2%
Sonstige Aufträge	17,7% / 4,5%	11,5% / 9,5%

(% / ...) Anteil der Aufträge | (... / %) Umsatzanteil der Aufträge

Abbildung 22: Verteilung von Auftragsarten nach Umsatzanteil[235]

2.2.4.2 Industrielle Dienstleistungen

Industrielle Sachleistungen im Werkzeugbau werden häufig in Kombination mit industriellen Dienstleistungen angeboten, um den Kundennutzen zu steigern und sich vom Wettbewerb jenseits des physischen Produkts differenzieren zu können. Dementsprechend werden Dienstleistungen in der Regel nicht als eigenständige Leistung an den Kunden verkauft, sondern stellen eine Zusatzleistung zum Werkzeug dar.[236]

In den vergangenen Jahren hat sowohl das Angebot an Dienstleistungen als auch deren Verbreitung im Werkzeugbau zugenommen. Vor allem in den der Werkzeugherstellung vor- und nachgelagerten Bereichen und Prozessen ist das Angebot von Dienstleistungen verbreitet.[237]

[233] Vgl. Eversheim; Klocke (Werkzeugbau mit Zukunft), 1998, S. 24
[234] Vgl. WZL/IPT (Datenbank Werkzeugbau), 2019
[235] Vgl. WZL/IPT (Datenbank Werkzeugbau), 2019
[236] Vgl. Kühn (Lebenszyklusorientierte Leistungssysteme), 2016, S. 42
[237] Vgl. Hensen (Strategische Auslegung), 2017, S. 38f.

Diese lassen sich drei unterschiedlichen Arten zuordnen, die sich hinsichtlich Mehrwertgenerierung und Zahlungsbereitschaft des Kunden unterscheiden:[238]

- Standarddienstleistungen
- Wettbewerbsdifferenzierende Dienstleistungen
- Mehrwertgenerierende Dienstleistungen

Standarddienstleistungen werden vom Kunden vorausgesetzt und eignen sich daher nicht zu der Generierung von zusätzlichem Kundennutzen oder Umsatz. Wettbewerbsdifferenzierende Dienstleistungen lassen sich ebenso wenig eigenständig in Rechnung stellen, der Werkzeugbau kann sich durch deren Angebot allerdings vom Wettbewerb differenzieren und somit den Absatz seiner Werkzeuge steigern. Eigenständig und unabhängig vom Werkzeug in Rechnung gestellt werden können hingegen mehrwertgenerierende Dienstleistungen. Hierbei erkennt der Kunde einen klaren eigenständigen und kaufpreiswirksamen Mehrwert in dem Erwerb dieser Dienstleistung für den eigenen Leistungserstellungsprozess.[239]

Im Laufe der letzten Jahre hat die Erkenntnis der Bedeutung von mehrwertgenerierenden Dienstleistungen als eigenständiges Geschäftsfeld im Werkzeugbau zugenommen. Der Werkzeugbau entwickelt sich somit zunehmend von einem Produzenten zu einem produzierenden Dienstleister.[240] Während durch vorgelagerte Dienstleistungen vor allem Machbarkeit und Lebenszykluskosten der Produktion festgelegt werden, bestimmt die Integration in nachgelagerte Prozesse die verbundenen Anlaufkosten und -zeit, die Ausschussquote sowie die Effizienz des Werkzeugs im Serieneinsatz.[241]

Die Detailbetrachtung möglicher Dienstleistungen zeigt, dass zur Sicherstellung einer effizienten Produktion vorgelagert eine vollständige Übernahme der Bauteilkonstruktion sowie eine Bauteiloptimierung durch die Werkzeugkonstruktion vorgenommen werden kann. Ebenfalls sind viele Werkzeugbaubetriebe unterstützend tätig, indem sie vorhandenes fertigungstechnisches Know-how als Beratungsleistung anbieten. Nachgelagert wird vielfach die Durchführung von Werkzeugmusterungen auf Werkzeugbauanlagen angeboten. Durch werkzeugbauseitige Optimierungen kann sichergestellt werden, dass das Werkzeug beim Übergang in die Serienproduktion bereits eine bestimmte Reife aufweist. Die Begleitung des Serienanlaufs des Kunden ermöglicht es, Taktzeiten durch die Optimierung von Prozessparametern zu verbessern. Im Serienbetrieb sind insbesondere Dienstleistungen zur Absicherung der Produktion durch vorbeugende Instandhaltungen oder Reparaturen defekter Werkzeuge relevant.[242]

Abbildung 23 zeigt die im Branchendurchschnitt angebotenen vor- und nachgelagerten Dienstleistungen im Vergleich der Jahre 2010 und 2017. Es zeigt sich, dass sich das Dienstleistungs-

[238] Vgl. Begovic (Datenbasiertes Wissensmanagement), 2018, S. 69 mit Verweis auf Gaus; Ziskoven (Geschäftsmodelle für intelligente Werkzeuge), 2010, S. 3f.

[239] Vgl. Gaus; Ziskoven (Geschäftsmodelle für intelligente Werkzeuge), 2010, S. 3f.

[240] Vgl. Schuh et al. (Produzierender Dienstleister), 2007, S. 810

[241] Vgl. Begovic (Datenbasiertes Wissensmanagement), 2018, S. 74f.

[242] Vgl. Begovic (Datenbasiertes Wissensmanagement), 2018, S. 70; Kühn (Lebenszyklusorientierte Leistungssysteme), 2016, S. 41f.

angebot deutscher Werkzeugbaubetriebe im dargestellten Zeitraum verändert hat. Werkzeugbaubetriebe sind heute weniger beratend, dafür zunehmend operativ durch Übernahme von insbesondere nachgelagerten Wertschöpfungsprozessen des Kunden tätig.[243]

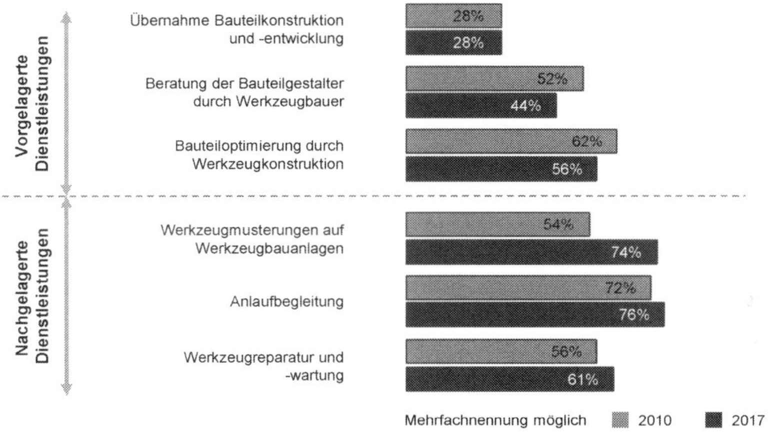

Abbildung 23: Dienstleistungen in der Branche Werkzeugbau[244]

Für den Betrachtungsbereich dieser Arbeit stellen die Durchführung von Musterungen sowie die Anlaufbegleitung zur Optimierung des Serienanlaufs der Werkzeuge (vgl. Kapitel 2.2.6) besonders relevante Dienstleistungen dar. Diese werden mit steigender Tendenz durchschnittlich von 74% bzw. 76% der Betriebe angeboten.

Durch Digitalisierung und Vernetzung heute hauptsächlich analoger Dienstleistungen werden neue Möglichkeiten eröffnet (vgl. Kapitel 2.3.5). Im Mittelpunkt dessen wird vor allem die Nutzung generierter Daten stehen, um die Wertschöpfungsprozesse des Kunden in technischer und betriebswirtschaftlicher Hinsicht weiter zu verbessern.[245]

2.2.5 Wertschöpfung und Auftragsabwicklung

Wertschöpfung beschreibt den Wertzuwachs einer Leistung durch Umformung und Umwandlung in einer wirtschaftlichen Einheit.[246] Dieser Wertzuwachs erstreckt sich in einer arbeitsteiligen Volkswirtschaft zumeist über mehrere Stufen, die sich auf unterschiedliche Wirtschaftseinheiten verteilen können. Jede Einheit übernimmt Leistungen von vorgelagerten Einheiten und gibt diese – durch den eigenen Leistungserstellungsprozess befähigt – zu einem höheren Wert an die nachgelagerte Stufe weiter (für eine weitere Detaillierung vgl. Kapitel 2.3.2).[247] Nach der Definition von MÜLLER-STEWENS & LECHNER sind für den Prozess der betrieblichen

[243] Vgl. Boos et al. (Tooling in Germany), 2018, S. 22
[244] i. A. a. Boos et al. (Tooling in Germany), 2018, S. 22
[245] Vgl. Begovic (Datenbasiertes Wissensmanagement), 2018, S. 72
[246] Vgl. Weber (Wertschöpfungsrechnung), 1980, S. 1
[247] Vgl. Haller (Wertschöpfungsrechnung), 1997, S. 30

Wertschöpfung Prozesse und Ressourcen erforderlich.[248] Diese werden nachfolgend für den Werkzeugbau beschrieben.

2.2.5.1 Prozesse

Den Darstellungen in Kapitel 1.1 entsprechend hat der Werkzeugbau durch seine Stellung in der industriellen Wertschöpfungskette entscheidenden Einfluss auf Kosten, Time-to-Market, Qualität und Innovation industriell gefertigter Güter.[249] Über die Entwicklung und Bereitstellung von Werkzeugen hinaus fungiert der Werkzeugbau als Wissensträger, der über die Beeinflussung der Leistungsfähigkeit der Produktentwicklung und anschließenden Serienproduktion einen hohen Anteil an der Wettbewerbsfähigkeit seiner Kunden hat.[250]

Um diesen Anforderungen gerecht zu werden, ist es die Aufgabe des Werkzeugbaus, Werkzeuge kosten- und zeiteffizient herzustellen.[251] Die Herstellung bedarf unterschiedlicher Prozessschritte, die in ihrer Komplexität vom jeweiligen Erzeugnis abhängen. Trotz der großen Unterschiede in Bezug auf Werkzeugart und der individuellen Ausführung kann die Prozesskette des Werkzeugbaus generisch abgebildet werden. Abbildung 24 zeigt den Auftragsabwicklungsprozess des Werkzeugbaus mit relevanten Schnittstellen zu externen Entitäten. Dieser besteht aus den sechs sequenziell ablaufenden Schritten Vertrieb, Werkzeugentwicklung, Arbeitsvorbereitung, mechanische Fertigung, Montage und Try-out sowie einem übergreifenden Projektmanagement.[252] Innerhalb der Prozessschritte können jeweils untergeordnete Subprozesse abgebildet werden.[253] Neben kompletten Prozessschritten können ebenfalls einzelne Subprozesse an externe Wertschöpfungspartner fremdvergeben werden.

Den ersten Prozessschritt der Auftragsabwicklung im Werkzeugbau stellt die Auftragsakquise durch den *Vertrieb* dar, die parallel zur Produktentwicklung des Kunden verläuft.[254] Durch den Vertrieb wird der Kontakt zum Kunden hergestellt und eine technische, wirtschaftliche und kapazitative Realisierbarkeit der Kundenanforderungen geprüft.[255] Können die Anforderungen realisiert werden, erfolgen die Kalkulation der Aufwände und die Abgabe eines verbindlichen Angebots. Aufgrund des Unikatcharakters basiert die Kalkulation häufig auf Erfahrungswerten oder Referenzprojekten, was sich negativ auf deren Genauigkeit auswirken kann.[256] Zur Absicherung der Kalkulation wird in dieser Phase gelegentlich ein erstes Grobkonzept des Werkzeugs entworfen.

---

[248] Vgl. Müller-Stewens; Lechner (Strategisches Management), 2011, S. 26

[249] Vgl. Kuhlmann (Corporate Tooling), 2017, S. 77 mit Verweis auf Eversheim; Klocke (Werkzeugbau mit Zukunft), 1998, S. 1f.

[250] Vgl. Begovic (Datenbasiertes Wissensmanagement), 2018, S. 74f.

[251] Vgl. Boos et al. (Wertschöpfung im Betriebsmittelbau), 2013, S. 123f.

[252] Vgl. Salmen (Vernetzter Shopfloor), 2016, S. 50f.

[253] Vgl. Begovic (Datenbasiertes Wissensmanagement), 2018, S. 73f.

[254] Vgl. Frick (Geschäftsmodelle im Werkzeugbau), 2006, S. 26

[255] Vgl. Klocke et al. (Zukunftsstudie Werkzeug- und Formenbau), 2005, S. 53; Ziskoven (Getaktete Fertigung), 2013, S. 46

[256] Vgl. Boos (Modulare Werkzeuge), 2008, S. 42

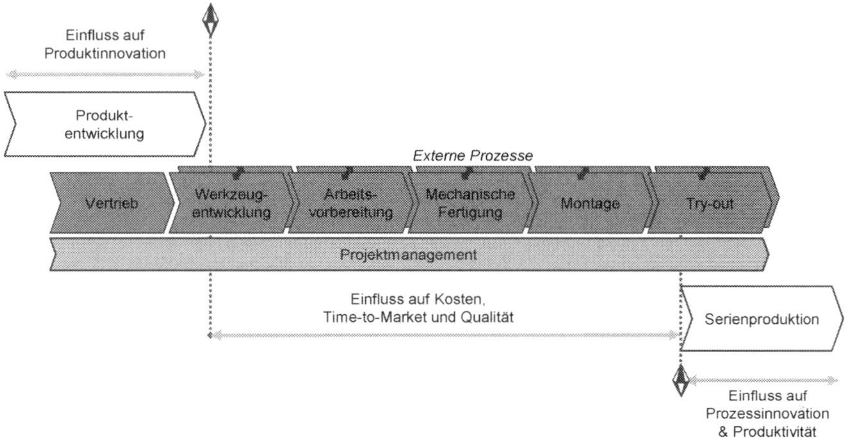

Abbildung 24: Generische Prozesskette des Werkzeugbaus[257]

Sobald der Kunde die Bestellung auslöst, wird der Auftrag an das *Projektmanagement* übergeben, dem übergeordnet eine zeit- und kostengerechte Bearbeitung des Auftrags obliegt.[258] Dazu werden eine Projektplanung vorgenommen, Termine und Meilensteine festgelegt sowie deren Einhaltung kontinuierlich geprüft. Die Terminierung wird als Grobplanung bezeichnet, die auf Werkzeugebene Kapazitäten in den relevanten Abteilungen und Technologien allokiert. Ebenfalls fällt die Koordination der internen und externen Funktionen sowie die Steuerung der Kommunikation in den Aufgabenbereich des Projektmanagements.[259] Anhand wirtschaftlicher und kapazitativer Kriterien sowie interner Kompetenzen wird entschieden, welche Wertschöpfungsumfänge des Werkzeugs intern gefertigt und welche extern vergeben werden.[260]

Nach Auftragserteilung und Projektplanung wird mit der *Werkzeugentwicklung* begonnen. Die Werkzeugentwicklung umfasst die Methodenplanung, Simulation und Konstruktion. Im Zuge der Methodenplanung wird das Werkzeugkonzept festgelegt und mithilfe von Prozesssimulationen abgesichert.[261] Dabei werden unter anderem die Anzahl notwendiger Umformstufen eines Blechwerkzeugs oder die Anzahl der Kavitäten eines Spritzgießwerkzeugs festgelegt, das Material ausgewählt und konstruktive Elemente wie Stempel, Schneidmatrizen, Schieber oder Heißkanäle im Werkzeug positioniert.[262] Das Werkzeugkonzept wird anschließend iterativ zur Erreichung geforderter Bauteileigenschaften und zur Sicherstellung der Prozesssicherheit des Werkzeugs auf Basis von Simulationsergebnissen und Erfahrungswerten optimiert.[263] Darauf

[257] Eigene Abbildung i. A. a. Schuh et al. (Operative Exzellenz), 2010, S. 12; Salmen (Vernetzter Shopfloor), 2016, S. 50

[258] Vgl. Kuhlmann (Corporate Tooling), 2017, S. 78

[259] Vgl. Giehler (Planungsproduktivität), 2010, S. 33

[260] Vgl. Klotzbach (Industrieller Werkzeugbau), 2007, S. 50

[261] Vgl. Ziskoven (Getaktete Fertigung), 2013, S. 46

[262] Vgl. Hensen (Strategische Auslegung), 2017, S. 49 mit Verweis auf Boos (Modulare Werkzeuge), 2008, S. 42f.

[263] Vgl. Hoffmann et al. (Umformen), 2012, S. 741f.

aufbauend erfolgt die Werkzeugkonstruktion, in der das Werkzeug entsprechend der notwendigen Funktionen konstruiert und Zeichnungen sowie Stücklisten erstellt werden.[264] In der Methodenplanung erzeugte Flächendaten werden diesbezüglich vollständig im CAD-Volumenmodell umgesetzt, sodass neben den Wirkflächen sämtliche Strukturelemente definiert sind.[265]

Auf Basis der Konstruktionsdaten und der ausgeleiteten Stückliste erfolgt die *Arbeitsvorbereitung*. Im Rahmen der Arbeitsvorbereitung werden Fertigungsfolgen und dazugehörige Termine auf Maschinen(gruppen-)ebene festlegt. Dies wird auch als Feinplanung bezeichnet.[266] Dazu orientiert sich die Arbeitsvorbereitung aus organisatorischer Sichtweise an den Vorgaben des Projektmanagements, aus technischer Sichtweise an entsprechenden konstruktiven Vorgaben.[267] Die Aggregation der Arbeitsplanung aller laufenden Werkzeugprojekte ergibt die Kapazitätsauslastung der einzelnen Fertigungsressourcen, die wiederum die Einlastung und Terminierung von zu planenden Arbeitsschritten determiniert. Anschließend kann die Erstellung mit der zugehörigen NC-Programmierung begonnen werden.[268] NC-Programme enthalten Steuerungsbefehle, die durch die Werkzeugmaschine in Bewegungsabläufe umgesetzt werden und der mechanischen Bearbeitung der Werkstücke dienen.[269]

Mit Bereitstellung erster NC-Programme kann die *mechanische Fertigung* beginnen. Im Rahmen der mechanischen Fertigung werden aus mehr oder weniger vorbearbeiteten Rohlingen einzelne Komponenten des Werkzeugs erzeugt. Dabei werden im Wesentlichen die fünf mechanischen Bearbeitungsverfahren Fräsen, Drehen, Senk- und Drahterodieren sowie das Schleifen (vgl. auch Kapitel 2.2.5.2) eingesetzt.[270] Zusätzlich können viele Betriebe das Härten von Einzelkomponenten intern abbilden. Bei Bedarf können weitere Bearbeitungsschritte von externen Lieferanten zugekauft werden.[271] Fertig bearbeitete Komponenten werden zusammen mit analogen oder digitalen Arbeitsdokumenten in die Montage überführt.

Im Rahmen der *Montage* werden sowohl intern gefertigte als auch fremdbezogene Komponenten zusammengesetzt, sodass das Werkzeug physisch entsteht.[272] Teilweise müssen montierte Bauteile noch gemeinsam nachbearbeitet werden, um zum Beispiel Stufen in der Oberfläche gefertigter Kundenbauteile zu vermeiden.[273] Je nach Festlegung der Verantwortungsbereiche wird in der Montage bereits eine erste Funktionsprüfung durchgeführt, bevor das Werkzeug an den Try-out übergeben wird.[274]

---

[264] Vgl. Giehler (Planungsproduktivität), 2010, S. 33

[265] Vgl. Birkert et al. (Herstellung komplexer Karosserieteile), 2013, S. 367

[266] Vgl. Ziskoven (Getaktete Fertigung), 2013, S. 46f.

[267] Vgl. Giehler (Planungsproduktivität), 2010, S. 33

[268] Vgl. Kuhlmann (Corporate Tooling), 2017, S. 79

[269] Vgl. Hoffmann et al. (Umformen), 2012, S. 747

[270] Vgl. Hensen (Strategische Auslegung), 2017, S. 50

[271] Vgl. Ziskoven (Getaktete Fertigung), 2013, S. 47

[272] Vgl. Gebeshuber (Formen- und Werkzeugbau), 2008, S. 26

[273] Vgl. Ziskoven (Getaktete Fertigung), 2013, S. 47

[274] Vgl. Giehler (Planungsproduktivität), 2010, S. 35

Im letzten Prozessschritt vor dem Übergang in die kundenseitige Serienproduktion erfolgt die Werkzeugerprobung bzw. der *Try-out*. Hauptziel des Try-outs ist die Gewährleistung der prozesssicheren Herstellbarkeit der Bauteile.[275] Nach erfolgter Funktionsprüfung der beweglichen Teile werden auf einer Versuchspresse bzw. -spritzgießmaschine erste Musterteile hergestellt. Dies ist notwendig, da die vom Werkzeug im Rahmen der Erstbemusterung produzierten Bauteile häufig noch nicht der geforderten Qualität entsprechen.[276] Ebenfalls wird eine hohe Prozessstabilität im Sinne der langfristigen Reproduzierbarkeit des Herstellungsprozesses verlangt.[277] Mittels messtechnischer Analysen und sogenannter Optimierungsschleifen werden Form- und Lageungenauigkeiten sowie Oberflächendefekte so lange iterativ verbessert, bis alle festgelegten Anforderungen reproduzierbar eingehalten werden und der Kunde die Freigabe erteilt.[278] Anschließend wird das Werkzeug in die Serienproduktion des Kunden überführt. Aufgrund unterschiedlicher Produktionsumgebungen ist dort wiederum eine in der Regel weniger umfangreiche Einarbeitung notwendig.[279] Die Einarbeitung beim Kunden wird mit der Serienfreigabe abgeschlossen. Der Try-out stellt somit die werkzeugbauseitige Schnittstelle zur Serienproduktion dar und wird dementsprechend in Zusammenhang mit der kundenseitigen Optimierung als Serienanlauf bezeichnet.[280] Als zentraler Gegenstand der Optimierung wird der Serienanlauf von Werkzeugen in Kapitel 2.2.6 detailliert untersucht.

2.2.5.2 Ressourcen

Für den Werkzeugbau definiert Frick Ressourcen als Finanzmittel, Mitarbeiter, Maschinen und IT-Systeme.[281] Diese vier Kategorien sollen nachfolgend jeweils kurz erklärt werden.

Finanzmittel werden benötigt, um den Kapitalbedarf eines Werkzeugbaubetriebs decken zu können. Dieser ergibt sich zum einen aus kurz-, mittel- und langfristigen Verbindlichkeiten sowie laufenden Projektausgaben, um die Existenz des Betriebs sicherzustellen. Zum anderen werden Finanzmittel benötigt, um durch kontinuierliche Investitionen eine nachhaltige Differenzierung vom Wettbewerb zu erlangen und aufrechtzuerhalten.[282] Im Vergleich zu anderen Branchen ist der Kapitalbedarf vergleichsweise hoch, da nicht nur Maschinen und Anlagen, sondern ebenfalls Werkzeugprojekte in gewissem Umfang vorfinanziert werden müssen.[283]

Neben einem hohen Kapitelbedarf ist die Werkzeugherstellung stark abhängig von den *Mitarbeitern*, da viele Tätigkeiten weiterhin sehr personalintensiv sind.[284] Dies liegt vor allem in der

---

[275] Vgl. Braedel (Optimierung des Werkzeugeinarbeitsprozesses), 2009, S. 5

[276] Vgl. Boos (Modulare Werkzeuge), 2008, S. 44

[277] Vgl. Birkert et al. (Herstellung komplexer Karosserieteile), 2013, S. 386f.; Frick (Geschäftsmodelle im Werkzeugbau), 2006, S. 28

[278] Vgl. Schuh et al. (Serienanlauf von Werkzeugen), 2018, S. 797; Frick (Geschäftsmodelle im Werkzeugbau), 2006, S. 28

[279] Vgl. Birkert et al. (Herstellung komplexer Karosserieteile), 2013, S. 426ff.

[280] Vgl. Schuh et al. (Serienanlauf von Werkzeugen), 2018, S. 796f.

[281] Vgl. Frick (Geschäftsmodelle im Werkzeugbau), 2006, S. 51

[282] Vgl. Komorek (Kollaborative Wertschöpfung), 2014, S. 52f.

[283] Vgl. Boos et al. (Erfolgreich Finanzieren im Werkzeugbau), 2016, S. 22ff.

[284] Vgl. Kuhlmann (Corporate Tooling), 2017, S. 74

Tatsache begründet, dass sich Tätigkeiten und Prozesse aufgrund des Einzel- und Kleinseriencharakters nur schwer automatisieren lassen.[285] Abbildung 25 zeigt die durchschnittliche Mitarbeiterverteilung in einem deutschen Werkzeugbaubetrieb. Es wird deutlich, dass aktuell der größte Anteil der Mitarbeiter in mechanischer Fertigung und Montage beschäftigt ist. In den letzten Jahren ist allerdings zu beobachten, dass der Anteil der Mitarbeiter in diesen Funktionen zugunsten von Tätigkeiten entlang der Schnittstellen zum Kunden abnimmt.[286] Neben einem steigenden Automatisierungsgrad in der maschinellen Fertigung ist dies unter anderem der Ausweitung des Dienstleistungsangebots und dem zunehmenden Frontloading (intensivere Absicherung der Werkzeugfunktionalität durch Simulation) geschuldet.

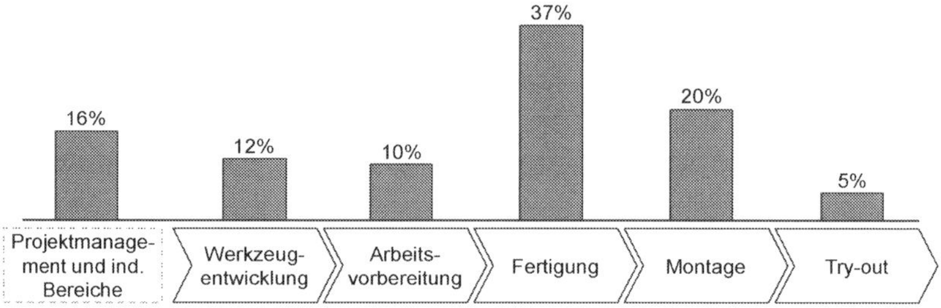

Abbildung 25: Mitarbeiterverteilung entlang der Wertschöpfungskette des Werkzeugbaus[287]

Die Mitarbeiter im Werkzeugbau weisen eine durchgängig hohe Qualifikation auf.[288] Lediglich 1,4% der Mitarbeiter verfügen über keinen Schulabschluss.[289] Aufgrund des hohen Durchschnittsalters mit aktuell 40,7 Jahren[290] sowie der hohen Anforderungen an Theorie- und vor allem Erfahrungswissen folgt die Notwendigkeit, im Betrieb vorhandenes Wissen zu explizieren und systematisch zu verteilen. Dies kann unter anderem durch den gezielten Einsatz von IT-Systemen unterstützt werden.[291]

Die Heterogenität des Produktspektrums spiegelt sich auch in den notwendigen *Maschinen* und dahinterliegenden Fertigungstechnologien wider, da Produkt und Fertigungsprozess zur kostenoptimalen Herstellung der einzelnen Werkzeugkomponenten aufeinander abgestimmt werden müssen. Die Fräsbearbeitung ist trotz werkzeugtypspezifischer Unterschiede insgesamt die mit Abstand bedeutendste Fertigungstechnologie im Werkzeugbau, gefolgt von Senk- und Drahterodieren sowie Schleifen und Drehen.[292] Bei Blechverarbeitungswerkzeugen bildet nach dem Fräsen die Drahterosion die wichtigste Fertigungstechnologie, bei Kunststoffwerkzeugen die Senkerosion. Massivumformwerkzeuge bedingen als Haupttechnologien primär

[285] Vgl. Boos et al. (Automatisieren im Werkzeugbau), 2017, S. 18

[286] Vgl. Schuh et al. (Operative Exzellenz), 2010, S. 51

[287] Vgl. WZL/IPT (Datenbank Werkzeugbau), 2019

[288] Vgl. Komorek (Kollaborative Wertschöpfung), 2014, S. 53

[289] Vgl. WZL/IPT (Datenbank Werkzeugbau), 2019

[290] Vgl. Ebendort

[291] Vgl. Komorek et al. (Wissensrückführung), 2013, S. 75ff.; Pitsch; Schippers (Wissensmanagement), 2013, S. 65ff.; Komorek (Kollaborative Wertschöpfung), 2014, S. 53

[292] Vgl. Kuhlmann (Corporate Tooling), 2017, S. 75

das Drehen (Warmmassivumformung) bzw. das Fräsen und Schleifen (Kaltmassivumformung).[293] Ergänzend können bei allen Werkzeugtypen Ressourcen zum Härten oder zur Oberflächenbearbeitung sowie zur additiven Fertigung einzelner Komponenten hinzukommen.

Im Rahmen des Try-outs bzw. Serienanlaufs werden neben den beschriebenen Fertigungstechnologien Anlagen zum Betrieb der Werkzeuge eingesetzt. Sowohl im Blech- als auch im Spritzgusswerkzeugbereich werden zur Abstimmung der Werkzeughälften sogenannte Tuschierpressen benötigt. Im Blechwerkzeugbereich wird zur Produktion von Musterteilen zusätzlich auf hydraulische, mechanische oder Servopressen zurückgegriffen.[294] Im Spritzgussbereich kommen zur Musterung Spritzgießmaschinen zum Einsatz.[295]

Die Auftragsabwicklung wird durch den Einsatz von *IT-Systemen* unterstützt. ERP-Systeme verwalten ressourcen- und auftragsspezifische Daten entlang der gesamten Wertschöpfungskette. Diese sind häufig mit PPS-Systemen vernetzt, in denen Planungs- und Steuerungsaufgaben auf Arbeitsplatzebene realisiert werden. Anhand von ERP-/PPS-Systemen kann der Vertrieb die Ressourcenauslastung der nächsten Monate einsehen und dementsprechend Angebote kalkulieren und abgeben. Engineering und Konstruktion greifen auf CAD- und Simulationsprogramme zurück, um Werkzeuge bauteilgerecht auszulegen und die Serienfähigkeit sicherzustellen. CAD-Daten werden von der Arbeitsvorbereitung mithilfe von CAM-Systemen zur Erstellung von Maschinenprogrammen genutzt. Ebenso werden BDE-Systeme zur Betriebsdatenerfassung sowie PLM-Systeme zur Produktdatenverwaltung eingesetzt.[296] Insbesondere kleinere Betriebe greifen häufig alternativ oder ergänzend auf selbst entwickelte Excel- oder Access-Lösungen zurück.[297]

2.2.6 Serienanlauf im Werkzeugbau

In Kapitel 2.1 wurde der Serienanlauf als unternehmerischer Prozess zum Erreichen der Soll-Produktionsmenge (Kammlinie) beschrieben. In diesem Zusammenhang wurde der Werkzeugbau als wichtiger Stakeholder zur Erreichung von Zeit- und Kostenzielen von Anlaufprojekten genannt. Basierend auf den zuvor erläuterten Rahmenbedingungen der Branche wird im Folgenden die Perspektive des Werkzeugbaus auf den Serienanlauf erläutert, um daraus das relevante Spannungsfeld und den resultierenden Handlungsbedarf in Kapitel 2.4 abzuleiten. Dazu wird der in Kapitel 2.2.5.1 beschriebene Try-out im Werkzeugbau weiter detailliert und um kundenseitige Abläufe erweitert, um ein umfassendes Verständnis des Gesamtprozesses sowie entsprechender Herausforderungen zu erlangen.

Im Folgenden wird zunächst eine übergeordnete Beschreibung der Zweiphasigkeit vorgenommen. Anschließend erfolgt eine Darstellung der Nacharbeitungsaufwände für unterschiedliche Werkzeugtypen. Darauffolgend wird der Ablauf des Serienanlaufs für Blechumformwerkzeuge

---

[293] Vgl. Heeschen (Fertigungstechnologien), 2015, S. 19

[294] Vgl. Hoffmann et al. (Umformen), 2012, S. 518ff.

[295] Vgl. Schötz (Abmusterung von Spritzgießwerkzeugen), 2016, S. 4ff.

[296] Vgl. Boos et al. (Digital Vernetzen im Werkzeugbau), 2016, 10

[297] Vgl. Salmen (Vernetzter Shopfloor), 2016, S. 53

aufgrund des anteilsmäßig größten Nacharbeitsaufwands und sich daraus ergebender Potenziale (vgl. Kapitel 2.2.6.2) beschrieben. Zuletzt werden werkzeugtypenspezifische Unterschiede im Serienanlauf weiterer relevanter Werkzeugtypen erläutert. Abbildung 26 zeigt die zeitliche Einordnung des Kapitels in der Auftragsabwicklung zwischen Werkzeugbau und Kunde sowie die vorgestellten Phasen des Serienanlaufs aus Kapitel 2.1.

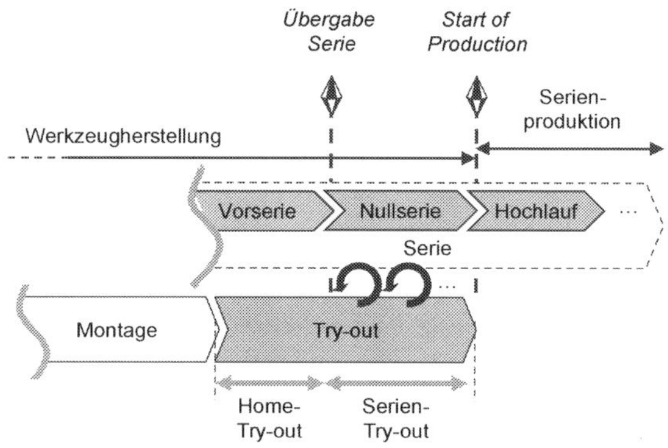

Abbildung 26: Serienanlauf des Werkzeugs als Schnittstelle zwischen Werkzeugbau und Serienproduktion[298]

In der Regel findet der Serienanlauf des Werkzeugs im Rahmen bzw. parallel zur Vor- und Nullserie statt, da in der Hochlaufphase bereits vollständig eingearbeitete Serienwerkzeuge benötigt werden (vgl. Kapitel 2.1.4). In Abstimmung mit dem Kunden kann der zeitliche Rahmen allerdings vorgezogen oder verschoben werden.

2.2.6.1 Notwendigkeit und Zweiphasigkeit des Serienanlaufs

Der Serienanlauf aus Perspektive des Werkzeugbaus bildet den letzten Schritt in der Prozesskette des Werkzeugbaus und stellt damit neben der Produktentwicklung des Kunden die zweite direkte Schnittstelle mit diesem dar. Nach Abschluss der mechanischen Fertigung und Montage des Werkzeugs erfolgt der sogenannte Serienanlauf eines Werkzeugs, der aufgrund des Schnittstellencharakters mit dem Begriff Try-out synonym verwendet wird.[299] Die Notwendigkeit der Durchführung ergibt sich aus der Tatsache, dass sich durch das Zusammenspiel aus Werkzeug, Anlage und Material ein komplexes System ergibt,[300] das sich auch durch Simulation bisher nicht ausreichend vorhersagen lässt.[301] Zur Durchführung werden je nach In-

---

[298] Eigene Abbildung i. A. a. Schuler GmbH (Umformtechnik), 1996, S. 130

[299] Vgl. Schuh et al. (Serienanlauf von Werkzeugen), 2018, S. 796f.

[300] Vgl. Braedel (Optimierung des Werkzeugeinarbeitsprozesses), 2009, S. 5

[301] Vgl. Birkert et al. (Herstellung komplexer Karosserieteile), 2013, S. 420ff., insbesondere hinsichtlich der Simulation von Oberflächendefekten

tensität der notwendigen Anpassungen Konstruktion, Arbeitsvorbereitung, mechanische Fertigung und Montage eingebunden. Der Serienanlauf gilt als abgeschlossen, wenn die vom Werkzeug herzustellenden Bauteile zuverlässig in Serienqualität produziert werden können.[302]

Zur Sicherstellung von sowohl Bauteilqualität als auch Prozessfähigkeit findet der Serienanlauf in zwei Phasen statt. Nach abgeschlossener Montage wird das Werkzeug im Werkzeugbau erstmalig in Betrieb genommen. Dieser Schritt wird in der Fachterminologie häufig als Home-Try-out[303] oder Primary-Try-out[304] bezeichnet. In einem iterativen Prozess bestehend aus Ausprobe, Einarbeitung und Korrektur werden Abweichungen in Bauteil- oder Prozessqualität des Werkzeugs verbessert und so schrittweise den im Lastenheft vereinbarten Zielgrößen angenähert. Nach erster Abnahme des Werkzeugs durch den Kunden erfolgt der sogenannte Serien-Try-out[305], Secondary-Try-out[306] oder Homeline-Try-out[307]. Im Rahmen dessen werden die Werkzeuge auf den Serienanlagen des Kunden in Betrieb genommen und bei Bedarf ebenfalls iterativ korrigiert.[308]

Während die Gesamtzahl mit durchschnittlich vier bis sechs Korrekturschleifen[309] in den letzten Jahren konstant geblieben ist, hat sich die durchschnittliche Anzahl durchgeführter Korrektuschleifen auf Anlagen des Werkzeugbaus von 2,1 in 2004 auf 3,6 in 2017 erhöht.[310] Dies ist unter anderem darauf zurückzuführen, dass sich die Anforderungen zur Überführung eines Werkzeugs in die Serie des Kunden vielfach erhöht haben und somit umfangreichere Nacharbeiten im Werkzeugbau erfordern. Durch Belegung der Produktionsmaschinen und eine entsprechende Einschränkung der Teileproduktion stellen Korrekturschleifen zudem einen entscheidenden Kostentreiber dar.[311] Zur Optimierung interner Kosten fordern Kunden daher zunehmend einen fortgeschrittenen Reifegrad vor Übergang auf Serienanlagen.

Abbildung 27 zeigt die Entwicklung der Werkzeugreife vom ersten werkzeugfallenden Bauteil über die unterschiedlichen Korrekturschleifen am Beispiel eines Seitenwandrahmens im Automobilbau. Die kumulierte Maßabweichung im linken Teil der Abbildung gibt die Maßhaltigkeit funktionskritischer Bereiche wieder. Diese dargestellten Maßabweichungen wurden dazu über den gesamten Betrachtungsbereich gemittelt. Die Abbildung verdeutlicht, dass die Maßabweichungen zunächst sehr markant ausfallen, mit fortschreitendem Prozess allerdings sukzessive

[302] Vgl. Hensen (Strategische Auslegung), 2017, S. 50; Frick (Geschäftsmodelle im Werkzeugbau), 2006, S. 28

[303] Vgl. Schuler GmbH (Umformtechnik), 1996, S. 130; Haasler (Hochtechnologie und Handarbeit), 2004, S. 115

[304] Vgl. Abele et al. (Lean Try-out), 2017, S. 191

[305] Vgl. Haasler (Hochtechnologie und Handarbeit), 2004, S. 115; Schuler GmbH (Umformtechnik), 1996, S. 130

[306] Vgl. Abele et al. (Lean Try-out), 2017, S. 191

[307] Vgl. Birkert et al. (Herstellung komplexer Karosserieteile), 2013, S. 418

[308] Vgl. Haasler (Hochtechnologie und Handarbeit), 2004, S. 115; Birkert et al. (Herstellung komplexer Karosserieteile), 2013, S 363ff.

[309] Vgl. Schuh (Agiler Werkzeugbau), 2016, S. 10, dargestellte Werte wurden exemplarisch für Blechumformwerkzeuge erfasst

[310] Vgl. Boos et al. (Tooling in Germany), 2018, S. 35

[311] Vgl. Frick (Geschäftsmodelle im Werkzeugbau), 2006, S. 28

reduziert werden können. Der Anstieg der Maßabweichung beim Pressenwechsel ist insbesondere auf unterschiedliche Steifigkeiten, Geschwindigkeitsprofile und Genauigkeiten der eingesetzten Pressen zurückzuführen.[312]

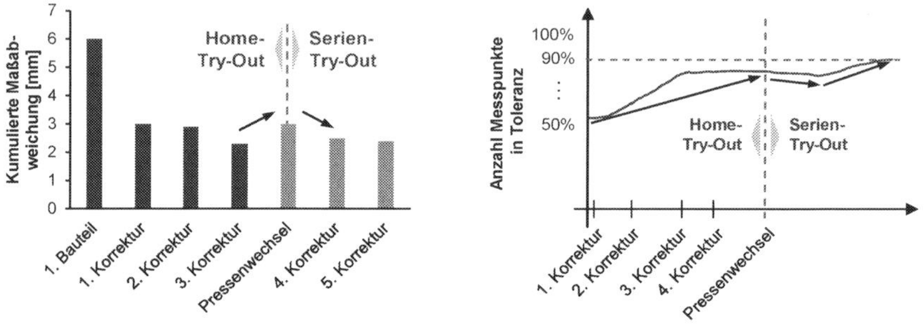

Abbildung 27: Maßabweichung und Toleranzerfüllung im Verlauf des Serienanlaufs[313]

Der rechte Teil der Grafik illustriert, wie viele Messpunkte in Abhängigkeit des Einarbeitungsfortschritts innerhalb der zulässigen Toleranz liegen. Mit Umsetzen unterschiedlicher Korrekturmaßnahmen werden die Messergebnisse iterativ verbessert. In der Praxis ist es üblich, dass Werkzeuge vom Werkzeugbau an die Serie übergeben werden, ohne dass alle Messpunkte in der ursprünglich vorgegebenen Toleranz liegen. Je nach Zeitplan, Bauteilkomplexität und Qualitätsphilosophie des Kunden liegt dieser Wert zwischen 85 und 90%. Eine hundertprozentige Zielerreichung ist aufgrund der Komplexität der Einflussgrößen praktisch nicht möglich.[314]

2.2.6.2 Werkzeugspezifische Unterschiede hinsichtlich Aufwand des Serienanlaufs

Obwohl der grundsätzliche Ablauf mit zwei aufeinanderfolgenden Phasen bei allen Werkzeugtypen (vgl. Kapitel 2.2.4) analog erfolgt, unterscheiden sich Komplexität und zeitlicher Aufwand für die Durchführung des Serienanlaufs signifikant. Abbildung 28 zeigt die werkzeugspezifischen Unterschiede. Eine Auswertung der gemeinsamen Datenbank des WZL und IPT ergibt, dass Blechumformwerkzeuge gegenüber anderen Werkzeugtypen einen stark erhöhten Prozesskettenanteil von ca. 15% für Musterungen und manuelle Nacharbeit aufweisen. Spritzgusswerkzeuge kommen lediglich auf einen Anteil von ca. 3%. Anhand eines technologischen Benchmarks führt BILSING dies insbesondere auf das Zusammenspiel sehr hoher Oberflächenanforderungen mit der insgesamt hohen Gesamtkomplexität zurück. Zwar liegt die Gesamtkomplexität von Druckgusswerkzeugen höher als bei Blechumformwerkzeugen, jedoch weisen diese deutlich geringere Anforderungen hinsichtlich Oberflächenqualität auf.[315]

[312] Vgl. Birkert et al. (Herstellung komplexer Karosserieteile), 2013, S. 417f.

[313] Eigene Abbildung i. A. a. Birkert et al. (Herstellung komplexer Karosserieteile), 2013, S. 417ff.

[314] Vgl. Birkert et al. (Herstellung komplexer Karosserieteile), 2013, S. 419

[315] Vgl. Bilsing (Technologische Leistungsfähigkeit), 2007, S. 110f.

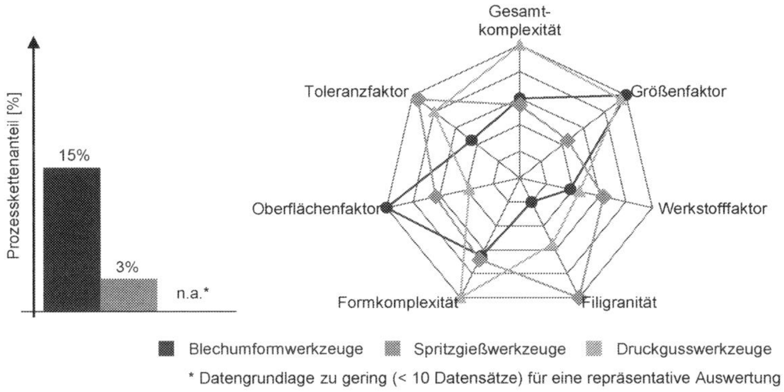

Abbildung 28: Vergleich werkzeugspezifischer Unterschiede im Anlauf[316]

Am Beispiel des bereits in Kapitel 1.2 referenzierten Seitenwandrahmens lassen sich die Anlaufkosten für ein Blechumformwerkzeug konkretisieren (vgl. Abbildung 29). Es wird deutlich, dass die Kosten im dargestellten Fall ca. ein Drittel der Gesamtkosten der Werkzeugentstehung ausmachen. Vielen Unternehmen ist die tatsächliche Höhe der Kosten nicht bewusst, da lediglich die im Try-out direkt anfallenden Kosten berücksichtigt werden. Konstruktive Änderungen oder Aufwände in der mechanischen Fertigung werden in diesen Fällen nicht oder nur unzureichend dem Serienanlauf zugeordnet.

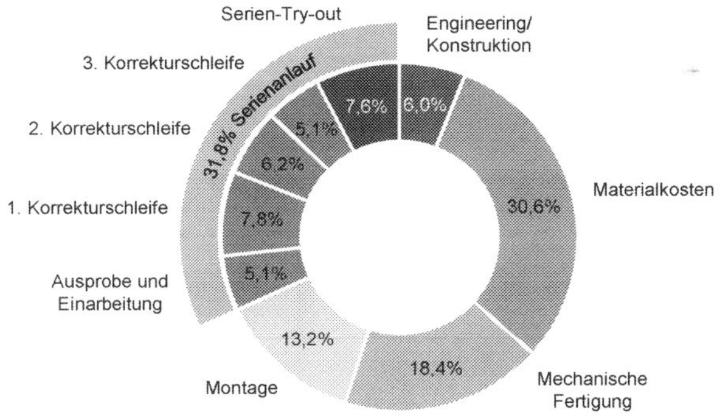

Abbildung 29: Kostenanteile im Werkzeugentstehungsprozess eines Seitenwandrahmens[317]

2.2.6.3 Relevante Fehlerbilder am Beispiel von Karosseriebauteilen

Potenzielle Abweichungen im produzierten Bauteil hängen vom jeweiligen Werkzeugtyp ab und unterscheiden sich sowohl im Fehlerbild als auch in der zugrundeliegenden Ursache. Bei

---

[316] Eigene Abbildung i. A. a. Bilsing (Technologische Leistungsfähigkeit), 2007, S. 110f. sowie WZL/IPT (Datenbank Werkzeugbau), 2019; Auswertung auf Basis der Prozesskettenanteile für Musterung und manuelle Nacharbeit, Nacharbeitsanteile vorgelagerter Prozessschritte sind in der Auswertung nicht inbegriffen.

[317] Eigene Abbildung i. A. a. Birkert et al. (Herstellung komplexer Karosserieteile), 2013, S. 427

Blechumformwerkzeugen werden viele der später auftretenden Abweichungen bereits in der Werkzeugentwicklung, z. B. durch unzureichende Berücksichtigung materialspezifischer Rückfederungseffekte, hervorgerufen. Außerdem können Ungenauigkeiten im Fräsprozess Nacharbeiten verursachen. Hohen Einfluss auf die Qualität des Bauteils hat zudem das Zusammenspiel von Werkzeug und Presse, sodass die elastische Verformung der beiden Komponenten im Umformprozess Nacharbeit erfordert.[318] Zusätzlich können Prozessparameter der Presse falsch eingestellt werden. Entsprechen die Parameter nicht denen des Simulationsmodells, führt dies häufig zu einem fehlerhaften Materialfluss, der zu einer suboptimalen Spannungs- und Formänderungsverteilung führt. Diese wiederum bedingt die am Werkstück auftretenden Fehler.[319]

FAAß gliedert auftretende Qualitätsmängel in die Kategorien Oberfläche, Form und Dimension.[320] Diese sowie mögliche Fehlerbilder sind in Abbildung 30 dargestellt. Insbesondere hochfeste Stähle oder elastische Werkstoffe wie Aluminium rufen ausgeprägte Rückfederungseffekte hervor, die häufig umfangreiche Nacharbeiten zur Einhaltung der Maßhaltigkeit bedingen.[321] Bei Sichtteilen ist ebenfalls die Qualität der Oberfläche von Relevanz.

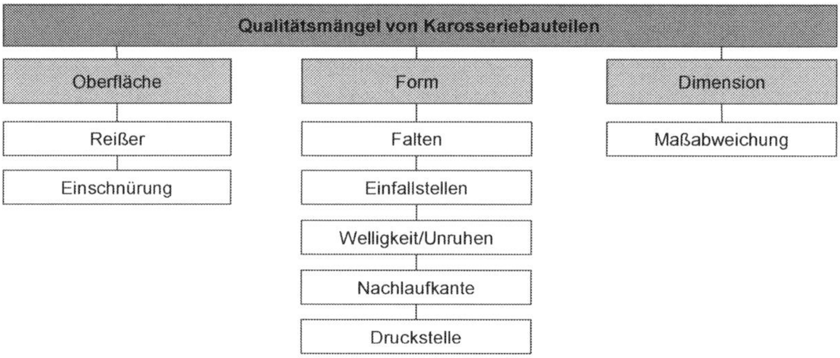

Abbildung 30: Auftretende Qualitätsmängel an Karosseriebauteilen[322]

2.2.6.4 Prozessablauf am Beispiel mehrstufiger Blechumformwerkzeugsätze

Der detaillierte Ablauf des Serienanlaufs hängt wie die relevanten Fehlerbilder vom jeweiligen Werkzeugtyp ab. Im folgenden Abschnitt wird der Prozessablauf am Beispiel mehrstufiger Werkzeugsätze dargestellt. Diese sind aus unterschiedlichen Werkzeugen bzw. Umformoperationen (OPs) aufgebaut, um komplexe Geometrien realisieren zu können. Auf Basis der Bauteilgeometrie, einzusetzender Materialien sowie der Rahmenbedingungen des Kunden (z. B. Anzahl der Pressen einer Pressenstraße) werden die notwendigen Umformoperationen im

[318] Vgl. Braedel (Optimierung des Werkzeugeinarbeitsprozesses), 2009, S. 15f.

[319] Vgl. Birkert et al. (Herstellung komplexer Karosserieteile), 2013, S. 379

[320] Vgl. Braedel (Optimierung des Werkzeugeinarbeitsprozesses), 2009, S. 7 mit Verweis auf Faaß (Fertigung von Karosserieteilen), 2009

[321] Vgl. Roll et al. (Simulationsgestützte Kompensation), 2004, S. 3f.; Hoffmann et al. (Umformen), 2012, S. 749ff.

[322] i. A. a. Braedel (Optimierung des Werkzeugeinarbeitsprozesses), 2009, S. 7 mit Verweis auf Faaß (Fertigung von Karosserieteilen), 2009

Rahmen der Methodenplanung festgelegt und die Fertigungsschritte auf die einzelnen Werkzeuge aufgeteilt.[323]

Die Durchführung der werkzeugbauseitigen Try-outs setzt sich aus vier Hauptprozessschritten (vgl. Abbildung 31) zusammen. Anschließend erfolgt die Einarbeitung in der Serie, die grundsätzlich äquivalent abläuft. Zunächst wird die Tiefziehstufe des Werkzeugs ausprobiert und eingearbeitet. In diesem Fertigungsschritt werden bereits etwa 90% der gesamten Umformarbeit am Bauteil geleistet.[324] Ist die Ziehschale reißer- und faltenfrei, folgt die Ausprobe und Einarbeitung der Folgeoperationen. Sobald Bauteile den Gesamtprozess durchlaufen und methodenkonform sowie prozessstabil umgeformt werden können, erfolgt die Sicherstellung der Maß- und Formhaltigkeit der Bauteile. Ebenfalls werden in diesem Rahmen größere Oberflächenfehler korrigiert. Dazu wird der Werkzeugsatz in Teilen oder als Ganzes nochmals bearbeitet. Abschließend werden kleinere lokale Oberflächendefekte korrigiert. Der Prozess endet mit der Abnahme des Werkzeugs durch den Kunden.[325] Die Prozessschritte werden nachfolgend detailliert.

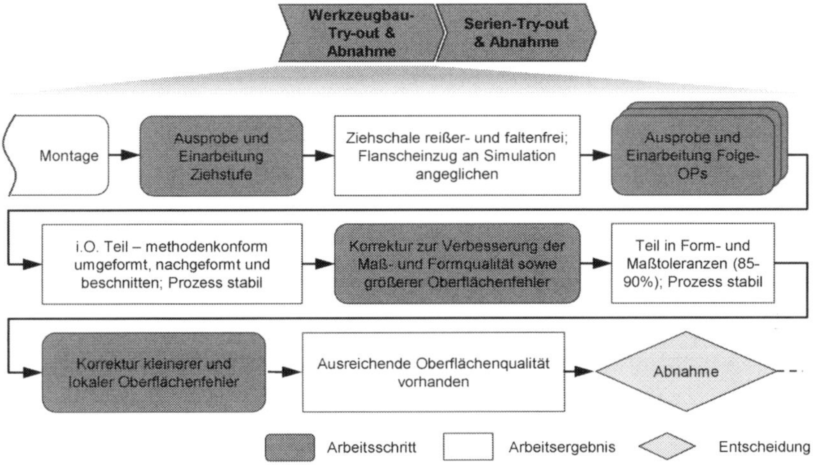

Abbildung 31: Darstellung des Home-Try-outs für einen Blechwerkzeugsatz[326]

Im Rahmen der *Ausprobe und Einarbeitung der Ziehstufe* wird diese auf einer (Funktions-) Presse kraftlos oder mit niedriger Presskraft und ohne das Einlegen eines Blechs auf die Hauptdistanzen[327] zusammengefahren. In diesem sogenannten ersten Funktionshub wird die

[323] Vgl. Hoffmann et al. (Umformen), 2012, S. 739

[324] Vgl. Haasler (Hochtechnologie und Handarbeit), 2004, S. 117

[325] Vgl. Birkert et al. (Herstellung komplexer Karosserieteile), 2013, S. 377ff.; Meyer (Seriennahe Werkzeuge), 2008, S. 107ff.; Braedel (Optimierung des Werkzeugeinarbeitsprozesses), 2009, S. 34ff.

[326] Eigene Abbildung auf Basis von Birkert et al. (Herstellung komplexer Karosserieteile), 2013, S. 377ff.

[327] Die Hauptdistanzen befinden sich außen am Ziehwerkzeug zwischen Grundplatte und Matrize. Sie dienen der Parallelhaltung von Ober- zu Unterteil unter voller Presskraft.

grundsätzliche Funktionalität des Werkzeugs in Bezug auf ein kollisionsfreies Schließen getestet. Zusätzlich wird der Blechspalt durch das Einlegen von Bleistücken überprüft und bei Bedarf durch Nachschleifen der Hauptdistanzen auf das Sollmaß angepasst.[328]

Der anschließende Umbau auf eine Try-out- oder Tuschierpresse ermöglicht den erstmaligen Betrieb des Werkzeugs mit seriennaher Presskraft. Die durch Einlegen eines ebenen Blechs durchgeführte Blechhaltereinarbeitung dient der Anpassung auf eine optimale Flächenpresskraftverteilung im Flanschbereich. Im Rahmen des als Tuschieren bezeichneten Vorgangs wird Tuschierfarbe auf das Blechteil aufgetragen. Nach Zusammenfahren des Werkzeugs indiziert der Farbverlauf auf dem Blech die Kraftverteilung. Diese ist beim ersten Zusammenfahren aufgrund der Nachgiebigkeit des Systems aus Werkzeug und Presse häufig ungleichmäßig.[329]

Auf Basis des Farbverlaufs kann das Werkzeug durch Nachschleifen oder Politur fehlerhafter Bereiche angepasst werden, sodass ein für den Tiefziehprozess optimales Tragbild, d. h. eine gleichmäßige Verteilung der Kraft auf die Fläche, erreicht werden kann.[330] Anschließend erfolgen erste Ziehvorgänge, die häufig noch Falten und Risse, Druck- und Quetschstellen sowie nicht ausgeformte Bereiche aufweisen. Diese werden im Verlauf korrigiert. Ebenso wird der Materialfluss an die Simulationsvorgabe angeglichen. Auf Basis des optimierten Materialflusses kann die Rückfederungskompensation zur Einhaltung der Form- und Maßtoleranzen in den darauffolgenden Prozessschritten simulationsgestützt erfolgen. Die Einarbeitung der Tiefziehstufe ist abgeschlossen, wenn komplett reißer- und faltenfreie Ziehteile gemäß Simulationsvorgabe in einem stabilen Prozess hergestellt werden können.[331]

Die im Rahmen der Ausprobe und Einarbeitung der Ziehstufe hergestellten Ziehteile werden anschließend für *Ausprobe und Einarbeitung der Folgeoperationen* verwendet. Dieser Vorgang wird im Folgenden als sequenzielle Abfolge beschrieben, kann aber ebenfalls parallel durchgeführt werden. Bei einer parallelen Einarbeitung der Folge-OPs müssen einzelne Bearbeitungsstufen am Ziehteil beispielsweise durch Laserschneiden ersetzt werden.[332]

Zunächst wird die kollisionsfreie Einlegbarkeit des Ziehteils überprüft. Dieser Vorgang ist abgeschlossen, wenn sich das Ziehteil durch Einweiser unter Eigengewicht in die vorgesehene Position einfügt. Zur Sicherstellung der Maß- und Formgenauigkeit wird zusätzlich die Positioniergenauigkeit überprüft und gegebenenfalls iterativ verbessert. Anschließend werden mittels Tuschieren die Tragbilder der Folgeoperationen analysiert und gegebenenfalls korrigiert. Hierzu werden etwaig durchzuführende Schneidoperationen händisch oder per Laser abgebil-

[328] Vgl. Braedel (Optimierung des Werkzeugeinarbeitsprozesses), 2009, S. 35

[329] Vgl. Meyer (Seriennahe Werkzeuge), 2008, S. 108f.; Smith (Quick Die Change), 2005, S. 228; Birkert et al. (Herstellung komplexer Karosserieteile), 2013, S. 381ff.

[330] Vgl. Meyer (Seriennahe Werkzeuge), 2008, S. 108f.; Birkert et al. (Herstellung komplexer Karosserieteile), 2013, S. 381f.

[331] Vgl. Birkert et al. (Herstellung komplexer Karosserieteile), 2013, S. 380ff.

[332] Vgl. Birkert et al. (Herstellung komplexer Karosserieteile), 2013, S. 389f.

det und anschließend die Formaufnahmebereiche tuschiert. Ebenfalls werden das kollisionsfreie Schließen des Werkzeugs sowie die Funktion der Schneidmesser mit eingelegtem Ziehteil geprüft.[333]

Nach Gewährleistung der grundsätzlichen Werkzeugfunktion einer Folgeoperation werden weitere Probeteile hergestellt. Sobald diese den jeweiligen Anforderungen entsprechen, werden sie als Basis für die Einarbeitung der darauffolgenden Operation eingesetzt. Dieser Prozess wird so lange iterativ durchlaufen, bis alle Folgeoperationen eingearbeitet sind. Grundsätzlich können nun reißer- und faltenfreie Bauteile wiederholgenau, methodenkonform und prozessstabil hergestellt werden.[334]

Aufgrund der komplexen Einflussfaktoren während des Anlaufs liegen die Bauteile nach Abschluss der Ausprobe und Einarbeitung reißer- und faltenfrei vor, erfüllen aber zumeist noch nicht die erforderlichen Toleranzanforderungen. Zwar lassen sich Abweichungen durch Simulationen deutlich reduzieren, dennoch bedarf es häufig mehrerer Korrekturen.

Zur *Verbesserung der Maß- und Formqualität sowie größerer Oberflächenfehler* werden die Bauteile nach jeder Operationsstufe messtechnisch analysiert. Hierbei kommen taktile und optische Messverfahren zum Einsatz. Optische Messverfahren haben gegenüber der taktilen Messung den Vorteil einer höheren Messpunktdichte, einer höheren Messgeschwindigkeit und der entfallenden NC-Programmierung. Insbesondere durch die höhere Messpunktdichte wird die Ursachenanalyse und Maßnahmendefinition erleichtert. Messberichte werden anschließend interpretiert, um auftretende Maß- und Formabweichungen zu klassifizieren und Maßnahmen für deren Korrektur zu definieren.[335] Mögliche Klassifizierungskriterien sind in Abbildung 32 dargestellt.

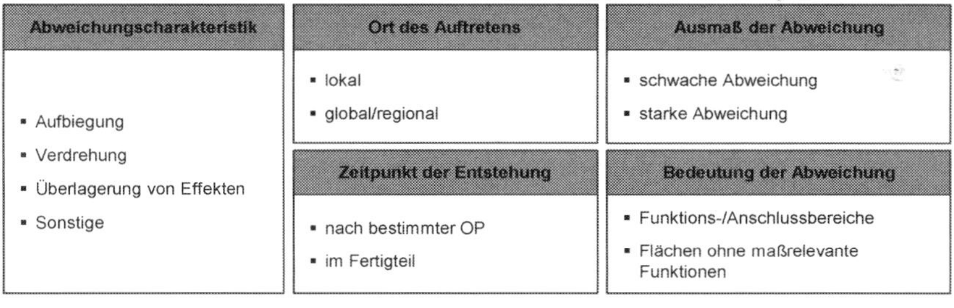

Abbildung 32: Klassifizierungskriterien für Abweichungen[336]

Nach abgeschlossener Klassifizierung werden zunächst Primärmaßnahmen festgelegt und umgesetzt. Im Gegensatz zu Sekundärmaßnahmen wird bei Primärmaßnahmen eine Verbesserung der Maß- und Formhaltigkeit ohne Veränderung der Formgeometrie des Werkzeugs

[333] Vgl. Birkert et al. (Herstellung komplexer Karosserieteile), 2013, S. 390
[334] Vgl. Birkert et al. (Herstellung komplexer Karosserieteile), 2013, S. 391
[335] Vgl. Hoffmann et al. (Umformen), 2012, S. 750
[336] Eigene Abbildung i. A. a. Birkert et al. (Herstellung komplexer Karosserieteile), 2013, S. 398

erzielt. Dadurch sind sie kostengünstiger und schneller umsetzbar. Der Materialfluss kann beispielsweise durch eine Veränderung der Sickenrückhaltekraft oder Modifikation des Backenangriffs angepasst werden. Liegt die Maßhaltigkeit der Bauteile auch nach Durchführung der Primärmaßnahmen außerhalb der Toleranz, sind Sekundärmaßnahmen notwendig.[337]

Zur Auswahl und Umsetzung der notwendigen Sekundärmaßnahmen werden verbleibende Abweichungen erneut analysiert und bewertet. Auf Basis der Bewertung wird im Anschluss eine Korrekturstrategie definiert. Die Auswahl der korrekten Strategie hängt von der Charakterisierung der Abweichung, der Komplexität des Bauteils und des eingesetzten Materials ab. Die iterative Umsetzung der Werkzeugkorrekturen erfolgt durch erneutes Fräsen sowie ggf. nötiges Aufschweißen. Nach Umsetzung der Sekundärmaßnahmen sollte das Werkzeug Bauteile in der geforderten Form- und Maßhaltigkeit bei hoher Prozessstabilität produzieren.[338]

Insbesondere Sichtteile bedürfen nach Abschluss der maßlichen Einarbeitung einer *Korrektur kleinerer und lokaler Oberflächenfehler*. In der Regel treten größere Oberflächendefekte zu diesem Zeitpunkt nicht mehr auf, da sie bereits im Rahmen der vorgelagerten Korrekturmaßnahmen behoben wurden.[339] Hauptsächlich sind somit Oberflächenfehler wie Laufkanten, Kantenaufwürfe, Flach- und Einfallstellen sowie „Pickel" und Kratzer zu korrigieren.[340] Einige Oberflächenfehler wie die nicht korrekte Lichtreflexion werden allerdings erst nach Lackieren der Bauteile sichtbar, sodass diese erst spät im Prozess korrigiert werden können.

Im Gegensatz zur Korrektur von Maß- und Formtoleranzen kann für die Korrektur von Oberflächendefekten bisher nur unzureichend auf Simulationen zurückgegriffen werden. Der Grund dafür liegt in der nicht ausreichenden Aussagekraft von FEM-Simulationen, um sie in der Praxis produktiv einsetzen zu können. Durch eine Verbesserung der Verfahren könnten Oberflächenfehler einerseits schneller korrigiert und andererseits nach Möglichkeit bereits im Rahmen der Methodenplanung konstruktiv vermieden werden.[341]

Den Abschluss des Anlaufs im Werkzeugbau bildet die Abnahme durch den Kunden. Dieser führt eine Funktionsüberprüfung des Werkzeugs durch und analysiert abgemusterte Bauteile hinsichtlich Form- und Maßhaltigkeit sowie der Oberflächengüte. Die Übergabe an den Kunden erfolgt inklusive relevanter Zeichnungen, Simulationsdaten und der Dokumentation festgestellter und korrigierter Abweichungen.

Im Anschluss erfolgt die *Einarbeitung in der Serie* beim Kunden. Häufig begleitet der Werkzeugbau den Serien-Try-out im Rahmen der sogenannten Anlaufbegleitung (vgl. Kapitel 2.2.4) aufgrund detaillierter Werkzeug- und Methodenkenntnis. Aufgrund abweichender Rahmenbedingungen in der Serie stellt der Übergang von eingearbeiteten Werkzeugen auf den Serienproduzenten eine große Herausforderung dar, die in vielen Fällen die erneute Einarbeitung

[337] Vgl. Birkert et al. (Herstellung komplexer Karosserieteile), 2013, S. 400f.

[338] Vgl. Birkert et al. (Herstellung komplexer Karosserieteile), 2013, S. 401ff.

[339] Vgl. Birkert et al. (Herstellung komplexer Karosserieteile), 2013, S. 420

[340] Vgl. Hoffmann et al. (Umformen), 2012, S. 750f.; Birkert et al. (Herstellung komplexer Karosserieteile), 2013, S. 242ff.

[341] Vgl. Birkert et al. (Herstellung komplexer Karosserieteile), 2013, S. 425f.

notwendig macht.[342] Diese ist allerdings in der Regel weniger zeitaufwendig als die Einarbeitung im Werkzeugbau, da ein Großteil der Korrekturen bereits abgeschlossen ist.[343] Aufgrund der laufenden Serienproduktion bestehender Produkte wird die Einarbeitung des Werkzeugsatzes zunächst häufig auf Wartungspressen durchgeführt, die darüber hinaus teilweise eine bessere Zugänglichkeit als Serienpressen aufweisen.[344]

Beim Übergang des Werkzeugsatzes auf die Serienpresse müssen die gegenseitige dynamische Beeinflussung der Einzelpressen kompensiert sowie Transport- und Handlingsysteme zwischen den Pressen programmiert und in Betrieb genommen werden. Werden die relevanten Toleranzen reproduzierbar erfüllt, wird die Hubzahl im Rahmen des Leistungslaufs schrittweise erhöht. Dies führt zu Erwärmungseffekten, die keinen Einfluss auf die Bauteilqualität nehmen dürfen. Ebenfalls kann es zu schwankenden Materialkennwerten kommen. Diese müssen neben der Blechabfallführung, dem Teiletransfer oder dem Stapeln der Bauteile kompensiert werden können.[345]

Ist die Einarbeitung in der Serie abgeschlossen, werden in einem letzten Schritt die Werkzeugwirkflächen beschichtet und bei Bedarf nachgehärtet, damit das Werkzeug besser gegen möglichen Verschleiß geschützt ist.[346] Nach Abschluss aller Schritte stehen die Werkzeuge in geforderter Qualität, Produktivität und Prozessstabilität für den Serieneinsatz zur Verfügung.

2.2.6.5 Prozessablauf anderer Werkzeugtypen

Während die übergeordnete Zielsetzung des Serienanlaufs anderer Werkzeugtypen den dargestellten Blechumformwerkzeugen entspricht, unterscheiden sich Fehlerbilder und Vorgehensweise aufgrund werkzeugspezifischer Unterschiede. In der folgenden Analyse wird der Serienanlauf von Spritzgusswerkzeugen aufgrund der hohen gesamtwirtschaftlichen Bedeutung (vgl. Kapitel 2.2.3) in den Fokus gestellt, während auf Druckguss- und Massivumformwerkzeuge nur kurz eingegangen wird.

Ziele des Serienanlaufs von *Spritzgusswerkzeugen* liegen z. B. in der analytischen Ermittlung der optimalen Prozessparameter, der Sicherstellung der geforderten optischen und maßlichen Bauteilqualität, der Erreichung der idealen Zykluszeit sowie der Realisierung einer verschleißreduzierten und energieeffizienten Serienproduktion.[347] Der Aufwand des Serienanlaufs von Spritzgusswerkzeugen richtet sich unter anderem nach der notwendigen Maßhaltigkeit und Oberflächengüte, der geforderten Zykluszeit sowie dem angestrebten Automationsgrad.[348] Die Durchführung erfolgt ebenfalls auf Anlagen des Werkzeugbaus sowie der nachgelagerten Serienproduktion und kann anhand eines mehrphasigen Prozesses strukturiert werden. Im Rah-

---

[342] Vgl. Hoffmann et al. (Umformen), 2012, S. 751; Braedel (Optimierung des Werkzeugeinarbeitsprozesses), 2009, S. 33; Birkert et al. (Herstellung komplexer Karosserieteile), 2013, S. 417f.

[343] Vgl. Haasler (Hochtechnologie und Handarbeit), 2004, S. 119

[344] Vgl. Braedel (Optimierung des Werkzeugeinarbeitsprozesses), 2009, S. 55f.

[345] Vgl. Hoffmann et al. (Umformen), 2012, S. 752

[346] Vgl. Hoffmann et al. (Umformen), 2012, S. 752

[347] Vgl. Schötz (Abmusterung von Spritzgießwerkzeugen), 2016, S. 1

[348] Vgl. Johannaber; Michaeli (Handbuch Spritzgießen), 2004, S. 1105

men des ersten Schrittes werden grundlegende Parameter wie der zu verwendende Kunststoff, Zykluszeiten sowie die Anzahl der Musterteile festgelegt. Anschließend wird das Werkzeug erstmalig gerüstet, bei dem die Werkzeugtemperierung angeschlossen und der Auswerferstößel mit der Spritzgussmaschine gekoppelt wird. Im weiteren Verlauf werden die Grundeinstellungen der Schließ- und Plastifiziereinheit vorgenommen. Wichtige Einstellgrößen umfassen die Werkzeughaltekraft, die Werkzeugtemperierung, die Zylindertemperatur, den Plastifiziervorgang, die Kühlzeit sowie die Entformungstemperatur. Die Festlegung der Einstellungen hat umfassende Auswirkungen auf Prozesssicherheit, Maßhaltigkeit, optische Qualität und die Kristallinität des Spritzteils. Durch die nachfolgende Durchführung einer Füllstudie, die Einstellung des Nachdrucks sowie die Optimierung der Werkzeughaltekraft können unter anderem Lufteinschlüsse, Volumenkontraktion und Probleme mit der Entformbarkeit vermieden werden. Anhand einer Abmusterungsanalyse werden auftretende Fehler im Spritzteil analysiert. Durch die Optimierung von Werkzeug und Spritzparametern werden Fehlerquellen sukzessive beseitigt. Der Prozess aus Abmusterungsanalyse und Optimierung wird so lange iterativ durchlaufen, bis keine Mängel mehr auftreten und das Werkzeug die Freigabe erhält.[349]

Aufgrund werkzeugspezifischer Gemeinsamkeiten[350] weist der Serienanlauf von *Druckgusswerkzeugen* Ähnlichkeiten zu dem von Spritzgusswerkzeugen auf. Eine große Herausforderung bei Druckgusswerkzeugen ergibt sich durch die notwendige Formtemperierung, die für einen entsprechenden Abguss durchgeführt werden muss. Ist diese falsch kalibriert, kann es zu schlechter Formfüllung oder unzureichender Entformbarkeit, Formversatz, verlängerten Zykluszeiten oder einem hohen Trennmittelverbrauch kommen. Neben der Sicherstellung der Maßhaltigkeit muss die Einstellung der idealen Vorwärmtemperatur im Rahmen des Serienanlaufs empirisch erfolgen.[351]

Massivumformwerkzeuge sind einem komplexen Belastungskollektiv aus thermischen, mechanischen, tribologischen und chemischen Beanspruchungen ausgesetzt.[352] Zusätzlich ergeben sich sehr hohe Anforderungen an die Werkzeuggenauigkeit, da Abweichungen in Maß-, Form- und Lagetoleranzen als systematische Fehler bei jedem hergestellten Bauteil nachgeformt werden.[353] Im Serienanlauf von Massivumformwerkzeugen geht es neben der Sicherstellung einer entsprechenden Bauteilqualität daher ebenfalls darum, durch Wahl optimierter Prozessparameter das Belastungskollektiv zu reduzieren. Dadurch kann die Lebensdauer des Werkzeugs erhöht werden.[354]

---

[349] Vgl. Schötz (Abmusterung von Spritzgießwerkzeugen), 2016, S. 2ff

[350] Vgl. Böge; Böge (Handbuch Maschinenbau), 2017, S. 1210

[351] Vgl. Liluashvili (Verschleißmechanismen und Standzeitoptimierung von Druckgießformen), 2009, S. 51ff.

[352] Vgl. Doege; Behrens (Umformtechnik), 2010, S. 577

[353] Vgl. Eversheim; Klocke (Werkzeugbau mit Zukunft), 1998, S. 192

[354] Vgl. Doege; Behrens (Umformtechnik), 2010, S. 566ff.

2.2.7 Herausforderungen

Herausforderungen ergeben sich zum einen durch wirtschaftliche und marktseitige Veränderungen mit Auswirkung auf den Werkzeugbau, zum anderen durch die spezifischen Rahmenbedingungen des Serienanlaufs von Werkzeugen.

Die allgemeinen Herausforderungen der produzierenden Industrie spiegeln sich aufgrund der starken Integration des Werkzeugbaus dort äquivalent wider. Dadurch wird der Werkzeugbau insbesondere mit den Themen Schnelligkeit, Flexibilität und kooperativer Auftragsabwicklung konfrontiert. Die spezifischen Herausforderungen durch den Serienanlauf von Werkzeugen leiten sich aus den in Kapitel 2.2.6 beschriebenen Charakteristika ab. Diese werden nachfolgend detailliert und mit dem aktuellen Status quo der Branche verglichen. Zur kennzahlenbasierten Darstellung des Status quo werden die Ergebnisse eines Industriearbeitskreises bestehend aus 16 Unternehmen der Branche Werkzeugbau herangezogen.[355]

Als erste und zentrale Herausforderung ist die hohe *Interdisziplinarität* durch die Vielzahl beteiligter Kompetenzen, Prozesse und Entitäten zu nennen, wodurch der Serienanlauf sehr komplex und schwer zu beherrschen ist. Prognosen hinsichtlich Durchlaufzeit, Korrekturaufwand und Kosten sind daher zumeist wenig belastbar.[356] Ebenso führen die hohe Schnittstellenanzahl, unzureichend integrierte Prozesse sowie inkompatible Systeme häufig zu einer geringen Informationstransparenz aller Beteiligten.[357] Entscheidungen werden somit auf Basis unzureichender Informationen und „auf Basis eines Bauchgefühls" getroffen, was den Korrekturaufwand stark erhöht.[358] Neben einem integrierten Projektteam bestehend aus Werkzeugmachern, Methodenplanern und Spezialisten des Serienproduzenten wird ebenfalls ein verlustfreier Datentransfer als zentrales Erfolgskriterium genannt.[359]

72,7% der am Arbeitskreis beteiligten Unternehmen geben an, dass grundsätzlich ein standardisierter Prozessablauf vorliegt. Gleichzeitig wird jedoch betont, dass Prozessschritte, Verantwortlichkeiten und Quality Gates häufig unzureichend definiert und detailliert sind. Intern verfügen nur wenige Unternehmen über durchgängige Datenprozessketten und Workflows, sodass Informationen nicht medienbruchfrei weitergegeben werden können. Im Hinblick auf die Schnittstelle zur Serienproduktion tauschen abseits von (Mess-)Protokollen nur 60% der Unternehmen Daten mit dem Serienproduzenten aus. Ein digitales Projektmanagement existiert nur in 36,4% der Fälle, eine verknüpfte Prozesskette (18,2%) oder gemeinsame Wissensdatenbanken (9,1%) werden ebenfalls kaum genutzt. Teams zur Durchführung des Serienanlaufs werden lediglich bei 27,2% der Unternehmen auf Basis der projektspezifischen Anforderungen zusammengestellt. Eine Anlaufplanung erfolgt in 91% der Fälle, allerdings bei der

[355] WBA (Prozess- und Ergebnisoptimierung im Try-out), 2018, im Rahmen des Arbeitskreises wurde eine Studie mit n=12 (von 16) Unternehmen durchgeführt, deren Ergebnisse zur Abbildung des Status quo genutzt werden.

[356] Vgl. Abele et al. (Lean Try-out), 2017, S. 192

[357] Vgl. Schuh et al. (Manufacturing Failure Costs), 2014, S. 80f.

[358] Vgl. Stippak (Navigationssystem für den effektiven Tryout), 2010, S. 42

[359] Vgl. Braedel (Optimierung des Werkzeugeinarbeitsprozesses), 2009, S. 16

Hälfte der Unternehmen lediglich basierend auf Schätzwerten und somit nicht systematisch auf Basis von Vergangenheitswerten.[360]

Zusätzlich stellt die anforderungsgerechte Bereitstellung und Weitergabe von *Erfahrungswissen* eine Herausforderung dar. Die Prozesse zur Durchführung von Ausprobe, Einarbeitung und Korrektur von Werkzeugen erfolgen meist manuell und unter einem vergleichsweise hohen personellen Aufwand.[361] Zusätzlich erfordern sie vom Facharbeiter ein breites Maß an Fachwissen, Kompetenz und Erfahrung.[362] Häufig sind diese auf wenige Werkzeugmacher konzentriert[363] und nicht ausreichend dokumentiert, sodass sie der Organisation nicht systematisch zugänglich sind. Erfahrungen können auf diese Weise nicht oder lediglich unzureichend in vorgelagerten Prozessschritten zur Vermeidung von Fehlern und Generierung von Lerneffekten genutzt werden.[364]

Durch Analyse des Status quo wird ersichtlich, dass bisher wenige Unternehmen das im Anlauf generierte Wissen systematisch verwalten. Zwar adressieren knapp 73% der Unternehmen das Thema Wissensmanagement übergeordnet im Werkzeugbau, allerdings findet dieses nur in 40% der Unternehmen im Serienanlauf Anwendung. Die Dokumentation von Wissen erfolgt meistens in Rahmen handschriftlicher Protokolle oder manueller Checklisten, sodass dieses nicht systematisch gespeichert, analysiert und der Organisation zugänglich gemacht werden kann. Lediglich in 27,3% der Fälle wird Wissen elektronisch gespeichert, sodass dieses anschließend abteilungsübergreifend zur Verfügung steht. Verfügt das Unternehmen über mehrere Standorte, wird bei 62,5% der Unternehmen Wissen nicht standortübergreifend geteilt. Ein systematischer Wissensübertrag findet ebenfalls nur selten statt.[365]

In engem Zusammenhang mit der Interdisziplinarität treten außerdem starke *Interdependenzen* auf, die unberücksichtigt zu Zielkonflikten im Serienanlauf führen können.[366] Diese können ihren Ursprung sowohl innerhalb des Werkzeugbaus als auch in der Schnittstelle zum Kunden haben und sind darauf zurückzuführen, dass der Serienanlauf mit anderen Prozessen und Projekten um begrenzte Ressourcen konkurriert. Beispielhaft steht die Beanspruchung der kundenseitigen Pressenkapazitäten im Konflikt mit der laufenden Serienproduktion, die zur Vermeidung von Stückzahlenverlusten häufig priorisiert wird.[367] Neben einer häufig unzureichenden Planbarkeit notwendiger Korrekturen wird die Thematik dadurch erschwert, dass Werkzeugbau und Kunde teilweise konträre Ziele im Anlauf verfolgen. In der Folge ergeben

---

[360] Vgl. WBA (Prozess- und Ergebnisoptimierung im Try-out), 2018, Ergebnisse einer Studie mit n=12 teilnehmenden Unternehmen.

[361] Vgl. Klocke et al. (Fertigung von Tiefziehwerkzeugen), 2012, S. 405; Haasler (Hochtechnologie und Handarbeit), 2004, S. 7f.

[362] Vgl. Schuler GmbH (Umformtechnik), 1996, S. 137; Stippak (Navigationssystem für den effektiven Tryout), 2010, S. 42; Klotzbach (Industrieller Werkzeugbau), 2007, S. 51; Boos et al. (Tooling in Germany), 2018, S. 29

[363] Vgl. Siegert (Grundlagen der Blechumformung), 2015, S. 66; Smith (Quick Die Change), 2005, S. 20ff.

[364] Vgl. Schuh et al. (Manufacturing Failure Costs), 2014, S. 80f.

[365] Vgl. WBA (Prozess- und Ergebnisoptimierung im Try-out), 2018, Ergebnisse einer Studie mit n=12 teilnehmenden Unternehmen

[366] Vgl. Schmitt et al. (Interdisziplinäres Anlaufmanagement), 2010, S. 318

[367] Vgl. Frick (Geschäftsmodelle im Werkzeugbau), 2006, S. 28

sich Warte- und damit Einarbeitungszeiten, sodass bei unzureichend abgestimmten Zielen, Strategien und Terminplänen eine zeit- und kosteneffiziente Einarbeitung nicht möglich ist.

Basierend auf den erhobenen Daten im Arbeitskreis erfolgt die Auswahl der für den Serienanlauf verantwortlichen Standorte mit der höchsten Priorität auf Basis verfügbarer Kapazitäten (1,5), Kompetenz (2,17), Termintreue (2,83), Durchlaufzeit (3,17), Wissensentwicklung (3,33), Kosten (4,33) und Distanz (4,67).[368] Die Unternehmen bemängeln, dass einigen Aspekten aufgrund unzureichender Abstimmung zwischen Werkzeugbaubetrieb und Serienproduktion häufig nicht vollends Rechnung getragen werden kann. Die intern und beim Kunden benötigten Pressenkapazitäten stellen vielfach (46%) einen Engpass dar, sodass notwendige Abmusterungen durch lange Wartezeiten gekennzeichnet sind. Ebenfalls stehen Kapazitäten von Fertigungstechnologien wie z. B. Fräs- oder Erodiermaschinen in ca. 30% der Fälle nicht in ausreichender Höhe zur Verfügung, sodass die Einarbeitung verzögert wird.[369] Insgesamt ergibt sich für den Serienanlauf im Werkzeugbau eine Vielzahl von Herausforderungen. Diese sind in Abbildung 33 zusammengefasst.

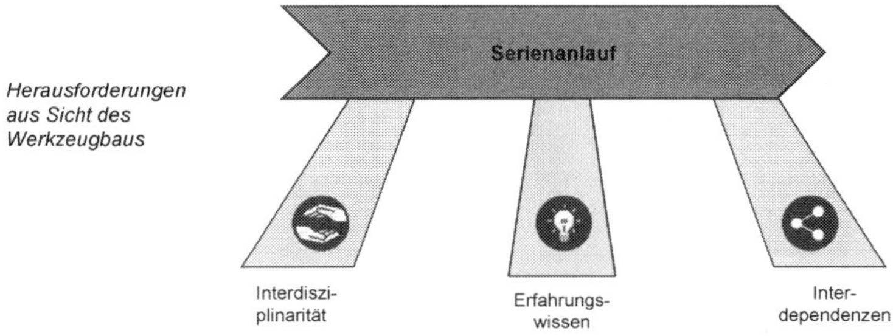

Abbildung 33: Herausforderungen im Serienanlauf von Werkzeugen

2.3 Wertschöpfungsgestaltung

Die vorherigen Analysen haben gezeigt, dass vielfältige Herausforderungen im Serienanlauf aus allgemeiner sowie aus Werkzeugbausicht vorliegen. Aufgrund des operativen Charakters dieser Herausforderungen können diese vor allem durch die optimale Gestaltung der Wertschöpfung adressiert werden.

Das nachfolgende Kapitel beschreibt die Grundlagen der Wertschöpfungsgestaltung als übergreifenden Gestaltungsbereich dieser Arbeit. Dies erfolgt in vier Schritten. Zunächst wird der Begriff Wertschöpfung eingeführt und eingeordnet. Anschließend werden die relevanten Elemente der Wertschöpfung detailliert, um darauf aufbauend auf die Gestaltung betrieblicher Wertschöpfung einzugehen. Abschließend erfolgt die Darstellung des Wandels der industriellen Wertschöpfung sowie sich daraus ergebender Chancen und Herausforderungen für den Betrachtungsbereich der vorliegenden Arbeit.

[368] Skala von 1 bis 5; 1 = höchste Priorität, 5 = geringste Priorität

[369] WBA (Prozess- und Ergebnisoptimierung im Try-out), 2018, Ergebnisse einer Studie mit n=12 teilnehmenden Unternehmen.

2.3.1 Begriffsverständnis und Einordnung von Wertschöpfung

Eine der ersten und ältesten Definitionen von Wertschöpfung geht auf den amerikanischen Nationalökonomen COX zurück. Dieser definiert Wertschöpfung als „value of production in the economy minus the cost of bought-in materials and services“[370] und setzt Wertschöpfung als Messgröße zur Quantifizierung der Leistung einer Volkswirtschaft ein. Seitdem wurde der Begriff konkretisiert und auf weitere Anwendungsbereiche übertragen. Nach KUHLMANN kann eine Einordnung anhand zweier zentraler Kriterien erfolgen. Zum einen kann Wertschöpfung als Ergebnis der Leistungserstellung einer wirtschaftlichen Einheit verstanden werden, zum anderen stellt Wertschöpfung einen Prozess zur anspruchsorientierten Wertmehrung durch die Aktivitäten eines Betriebs dar.[371]

Wird Wertschöpfung als Ergebnis der Leistungserstellung betrachtet, beschreibt sie den Mehrwert, den eine wirtschaftliche Einheit den von einer anderen Wirtschaftseinheit übernommenen Vorleistungen hinzufügt. Im angloamerikanischen Raum wird dies mit „added value“ oder „value added“ bezeichnet.[372] Die Rechnung, die dieser Kenngröße zugrunde liegt, stellt die Differenz zwischen dem Wert einer von einer Wirtschaftseinheit übernommenen Leistung (Vorleistung) sowie der von ihr an eine andere Wirtschaftseinheit abgegebenen Leistung (Abgabeleistung) dar.[373] Wirtschaftliche Einheiten können in diesem Zusammenhang Volkswirtschaften, einzelne Betriebe oder auch Funktionseinheiten in Betrieben darstellen, die wiederum in einen übergreifenden Prozess der Leistungserstellung integriert sind.[374]

Im Gegensatz zur beschriebenen Ergebnissicht kann Wertschöpfung auch als Prozess der Leistungserstellung definiert werden. Ausgehend von diesem Ansatz beschreibt der Begriff Wertschöpfung den Vorgang des Schaffens von Wert in einem Betrieb. MÜLLER-STEWENS & LECHNER sprechen von Wertschöpfung, wenn „Inputfaktoren so miteinander kombiniert werden, dass ein Output entsteht, dessen Wert höher ist als der eingekauften oder zur Verfügung stehenden Inputfaktoren“.[375] Ebenfalls stellt Wertschöpfung nach Ansicht der Autoren einen „Prozess des Schaffens von Mehrwert durch Bearbeitung“ dar.[376] HAASIS definiert Wertschöpfung als das Ergebnis einer Abfolge von Aktivitäten, die in der Folge zu einem Produkt oder einer Leistung führen, die von einem Kunden nachgefragt wird.[377] Nach RÜEGG-STÜRM beinhaltet Wertschöpfung die praktische Durchführung der „marktbezogenen Kernaktivitäten“.[378] Gemein ist diesen Definitionen, dass die Generierung von Wert zur Nutzenstiftung für ihre Anspruchsgruppen zentrales Ziel darstellt. Wie in Kapitel 2.2.5 dargestellt, sind dafür Aktivitäten in einem Betrieb erforderlich.[379]

---

370 Zitat von Cox in Haller (Wertschöpfungsrechnung), 1997, S. 77

371 Vgl. Kuhlmann (Corporate Tooling), 2017, S. 17

372 Vgl. Weber (Wertschöpfungsrechnung), 1980, S. 4f.

373 Vgl. Haller (Wertschöpfungsrechnung), 1997, S. 31

374 Vgl. Finkeißen (Prozesswertschöpfung), 1999, S. 42

375 Vgl. Müller-Stewens; Lechner (Strategisches Management), 2011, S. 354

376 Vgl. Müller-Stewens; Lechner (Strategisches Management), 2003, S. 355

377 Haasis (Produktions- und Logistikmanagement), 2008, S. 6

378 Vgl. Rüegg-Stürm (Integrierte Managementlehre), 2003, S. 74

379 Vgl. Schleyer (Kooperationsmanagement), 2006, S. 133

Auf Basis der vorgestellten Arbeiten soll im Kontext dieser Arbeit unter Wertschöpfung der Vorgang zur Schaffung von Wert in einem Betrieb verstanden werden. KOMOREK definiert in diesem Zusammenhang Wertschöpfung als „die Gesamtheit der Aktivitäten in einem Betrieb, die unmittelbar oder unterstützend zur nachhaltigen Erfüllung der Betriebsziele führt.“[380] Dieser Definition soll für den weiteren Verlauf der Arbeit gefolgt werden.

2.3.2 Bestandteile und Befähiger der Wertschöpfung

Nach MÜLLER-STEWENS & LECHNER sind für die Wertschöpfung in einem Betrieb Aktivitäten und Ressourcen erforderlich.[381] KOMOREK detailliert diese Definition und erweitert sie um Kompetenzen, die einen Teil der Ressourcen darstellen.[382] KUHLMANN gibt an, dass neben Aktivitäten, Kompetenzen und Ressourcen ebenfalls die Organisation einen befähigenden Faktor der Wertschöpfung darstellt.[383] Dieser Darstellung entsprechend werden nachfolgend Prozesse (als Abfolge unterschiedlicher Aktivitäten), Ressourcen, Kompetenzen sowie die Organisation als zentrale Befähiger der Wertschöpfung dargestellt.

2.3.2.1 Prozesse

Wertschöpfung wird durch Aktivitäten erzielt. Ein geeignetes Modell zur Darstellung von Wertschöpfung als Ansammlung von Aktivitäten stellt das Konzept der Wertkette nach PORTER dar.[384] Nach dessen Verständnis findet Wertschöpfung in den von Betrieben ausgeführten, unterscheidbaren Aktivitäten statt. Die Aktivitäten einer Wertkette dienen der Erzielung von Gewinn. Dafür werden Ressourcen und Technologien benötigt sowie Informationen verwendet und geschaffen.[385] Abbildung 34 zeigt das Wertkettenmodell nach PORTER.

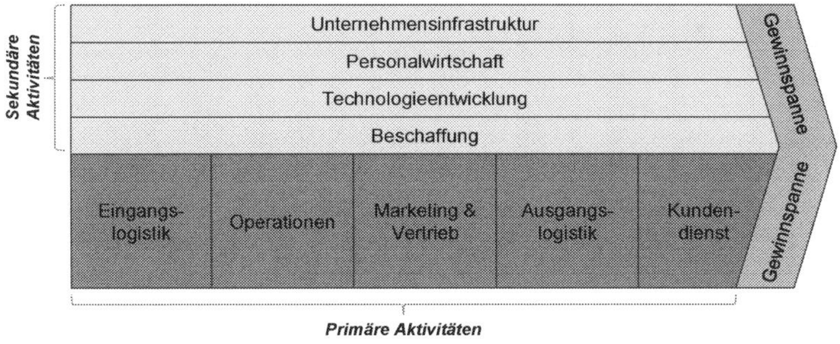

Abbildung 34: Wertkette nach PORTER[386]

PORTER differenziert zwischen primären und sekundären Aktivitäten. Im Hinblick auf produzierende Unternehmen umfassen primäre Aktivitäten Tätigkeiten, die sich mit „der physischen

[380] Komorek (Kollaborative Wertschöpfung), 2014, S. 14

[381] Vgl. Müller-Stewens; Lechner (Strategisches Management), 2011, S. 26

[382] Vgl. Komorek (Kollaborative Wertschöpfung), 2014, S. 18ff.

[383] Vgl. Kuhlmann (Corporate Tooling), 2017, S. 22ff.

[384] Vgl. Wunderer; Jaritz (Personalcontrolling), 2006, S. 40

[385] Vgl. Porter (Wettbewerbsvorteile), 1996, S. 62ff.

[386] Vgl. Porter (Wettbewerbsvorteile), 1996, S. 62

Herstellung eines Produktes und dessen Verkauf und Übermittlung an den Abnehmer“ befassen.[387] Sie beinhalten beispielweise Logistiktätigkeiten, Operationstätigkeiten zur Transformation eines Inputs in die endgültige Produktform, Marketing- und Vertriebstätigkeiten sowie Tätigkeiten im Kundendienst. Sekundäre Aktivitäten befähigen und unterstützen die primären Aktivitäten, indem sie diese durch den Kauf von Inputs und Technologie sowie die Bereitstellung menschlicher Ressourcen aufrechterhalten. Die Fokussierung der Aktivitäten auf die Steigerung des Kundennutzens ermöglicht es Betrieben, Wettbewerbsvorteile zu generieren.[388]

Eine Zusammensetzung und Abfolge von Aktivitäten wird als Prozess verstanden.[389] SCHMELZER & SESSELMANN definieren Prozesse in diesem Zusammenhang als „funktions- und organisationsübergreifende Folge wertschöpfender Aktivitäten, die von Kunden erwartete Leistungen erzeugen und die aus den Geschäftszielen abgeleiteten Prozessziele erfüllen.“[390] Einem Prozess ist immer ein konkretes Ziel zugeordnet. Weiterhin weist dieser einen definierten Input auf, der Ausgangspunkt für die Verrichtung von Aufgaben oder Tätigkeiten darstellt. Die Transformation beschreibt eine Zustandsänderung des Inputs durch den Einsatz von Personal- oder Sachmitteln. Sie ist gleichzusetzen mit dem Begriff der Leistungserstellung und richtet sich nach den Anforderungen von Kunden und anderen Anspruchsgruppen mit dem Ziel der Wertsteigerung und Mehrung des Kundennutzens. Durch die Transformation wird ein Output erzeugt, der nach Abschluss eines Prozesses für den nachfolgenden Prozess zur Verfügung steht. Dieses zentrale Merkmal wird auch als Kunden-Lieferanten-Beziehung beschrieben. Diese Beziehung gilt nicht nur innerhalb eines Unternehmens, sondern auch über die Unternehmensgrenzen hinaus. Abschließend zeichnen sich Prozesse durch klar definierte Start- und Endzeitpunkte aus. Als Startpunkt wird der Anfang der ersten Tätigkeit in einem Prozess verstanden. Der Abschluss der letzten Tätigkeit ist als Endpunkt des Prozesses definiert.[391] Abbildung 35 veranschaulicht die konstituierenden Merkmale.

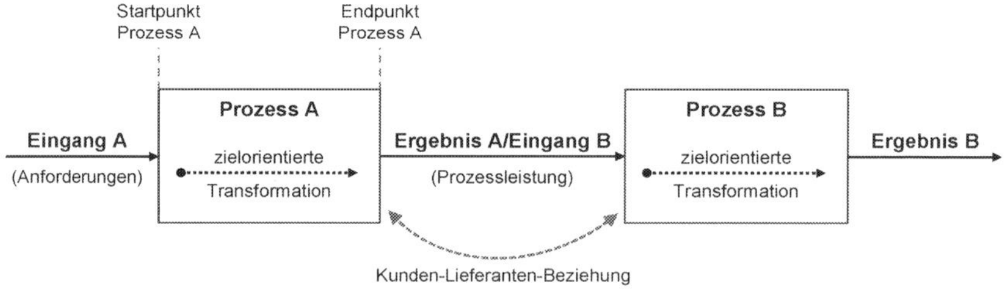

Abbildung 35: Konstituierende Merkmale von Prozessen[392]

---

[387] Vgl. Porter (Wettbewerbsvorteile), 1996, S. 65

[388] Vgl. Porter (Wettbewerbsvorteile), 1996, S. 64ff.

[389] Vgl. Schmelzer; Sesselmann (Geschäftsprozessmanagement), 2013, S. 51

[390] Schmelzer; Sesselmann (Geschäftsprozessmanagement), 2013, S. 52

[391] Vgl. Kuhlmann (Gestaltung von Geschäftsprozessen), 2011, S. 12f.; Gaitanides et al. (Prozessmanagement), 1994, S. 208f.; Schmelzer; Sesselmann (Geschäftsprozessmanagement), 2013, S. 52f.

[392] i. A. a. Kuhlmann (Gestaltung von Geschäftsprozessen), 2011, S. 12; Schuh et al. (Prozessmanagement), 2011, S. 365

2.3.2.2 Ressourcen

Zur Durchführung der dargestellten Prozesse werden Ressourcen benötigt. Im Umfeld der betrieblichen Leistungserstellung zählen dazu Input-Faktoren, die in die Produktion von Gütern und Dienstleistungen eingehen und für die Leistungserstellung genutzt werden können.[393] In der deutschsprachigen Betriebswirtschaftslehre wurde in der Vergangenheit häufig das Gutenbergsche System der produktiven Faktoren für eine Beschreibung von Produktionsfaktoren verwendet. Darin wird zwischen den drei Elementarfaktoren menschliche Arbeitsleistung, Betriebs- oder Arbeitsmittel und Werkstoffe differenziert, die im Zusammenspiel die Leistungserstellung ermöglichen.[394] Diese Abgrenzung gilt heute als überholt, da sie schwerpunktmäßig materielle Ressourcen umfasst und immaterielle Ressourcen größtenteils unberücksichtigt bleiben.[395]

Auf Basis der dargestellten Schwachpunkte unterscheidet Barney z. B. zwischen physischen, organisationellen und Humanressourcen.[396] Grant erweitert diese Beschreibung um finanzielle und technologische Ressourcen sowie die Reputation eines Betriebs.[397] Hall ergänzt zusätzlich eine Unterteilung zwischen handelbaren und nicht handelbaren Ressourcen.[398] Darauf aufbauend nehmen Müller-Stewens & Lechner eine Trennung der Ressourcen nach materiellen und immateriellen Ressourcen vor. Als materielle Ressourcen gelten finanzielle, physische und IT-basierte Ressourcen. Immaterielle Ressourcen wiederum bestehen aus Bestands-, Human-, strukturellen und kulturellen Ressourcen.[399] Die Einteilung ist in Abbildung 36 dargestellt.

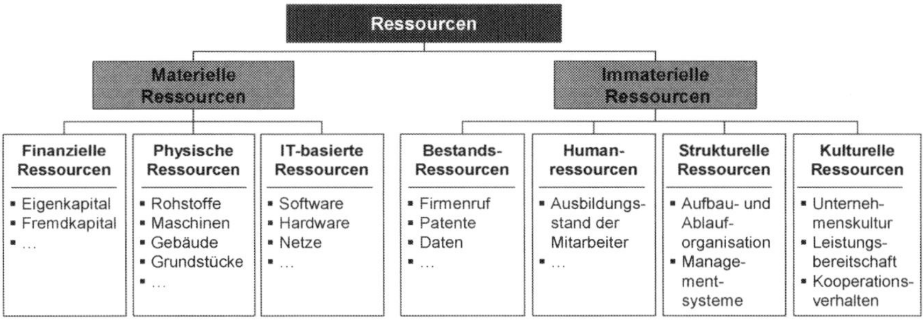

Abbildung 36: Einteilung der Unternehmensressourcen nach Müller-Stewens & Lechner[400]

[393] Vgl. Müller-Stewens; Lechner (Strategisches Management), 2011, S. 388ff.
[394] Vgl. Gutenberg (Betriebswirtschaftslehre), 1951, S. 3ff.
[395] Vgl. Müller-Stewens; Lechner (Strategisches Management), 2011, S. 198
[396] Vgl. Barney (Firm Resources), 1991, S. 101
[397] Vgl. Grant (Competitive Advantage), 1991, S. 119
[398] Vgl. Hall (Intangible Resources), 1992, S. 136; Hall (Competitive Advantage), 1993, S. 607f.
[399] Vgl. Müller-Stewens; Lechner (Strategisches Management), 2011, S. 199
[400] i. A. a. Müller-Stewens; Lechner (Strategisches Management), 2011, S. 199

2.3.2.3 Kompetenzen

Unter Kompetenzen werden Fähigkeiten verstanden, die benötigt werden, um spezifische Aufgaben und Rollen zu bewältigen. Diese beziehen sich auf das psycho-motorische Können und umfassen z. B. Geschicklichkeit, Reaktionsschnelligkeit, Konzentrationsfähigkeit, Kondition und Ausdauer.[401] In seinem Ursprung wurde der Begriff Kompetenz als Befugnisse eines Einzelnen verstanden und erst später zur Beschreibung von Fähigkeiten zum situationsadäquaten Handeln eingesetzt.[402]

KAMPKER versteht unter dem Begriff Fähigkeit die „Bündelung und Kombination" sowie die „komplexe Koordination und Vermittlung" von Ressourcen.[403] Der Begriff selbst nimmt keine Wertung hinsichtlich des Nutzens einer Fähigkeit vor, sondern beschreibt lediglich deren Inhalt. ROSENSTIEL klassifiziert individuelle Kompetenzen nach Fachkompetenz, Methodenkompetenz, sozial-kommunikativer Kompetenz, personaler Kompetenz sowie Aktivitäts- und Handlungskompetenz.[404]

Im Verlauf wurde der Begriff auf organisationale und interorganisationale Ebenen ausgeweitet.[405] Diesbezüglich unterscheiden LADO ET AL. Kompetenzen entlang der Wertschöpfungskette eines Unternehmens. Ressourcenorientierte Kompetenzen ermöglichen die Bereitstellung von Ressourcen wie beispielsweise Maschinen, Mitarbeiter oder Kapital. Transformatorische Kompetenzen umfassen Fähigkeiten der Organisation, um effizient Inputs in Outputs umzuwandeln. Output-orientierte Kompetenzen beziehen sich auf die Fähigkeit, eine positive Außendarstellung und Kundenwahrnehmung zu erreichen.[406]

Als Steigerung des Kompetenzbegriffs wird von Kernkompetenzen gesprochen. Diese gelten nach der Definition von PRAHALAD & HAMEL als technische Fähigkeiten, durch die Wettbewerbsvorteile erzielt werden können.[407] Auf Basis dieser Definition wurde der Begriff der Kernkompetenz weiterentwickelt. Als Abgrenzung zu PRAHALAD & HAMEL wurden durch BOOS & JARMAI, SCHMELZER & SESSELMANN, KRÜGER & HOMP sowie MÜLLER-STEWENS & LECHNER insbesondere Merkmale und Kriterien definiert, anhand derer Kernkompetenzen in einem Betrieb identifiziert werden können:[408]

- Kernkompetenzen beeinflussen den Kundennutzen oder die Effizienz eines Betriebs
- Kernkompetenzen basieren auf spezifischem Wissen
- Kernkompetenzen sind übertragbar auf andere Märkte

---

401 Vgl. Miller; Pankofer (Empowerment), 2000, S. 25

402 Vgl. North; Reinhardt (Kompetenzmanagement), 2005, S. 29; North (Wissensorientierte Unternehmensführung), 2011, S. 38

403 Kampker (Kompetenzbasierte Geschäftsausweitung), 2004, S. 75f.

404 Vgl. Rosenstiel (Rollen in Organisationen), 2004, S. 110f.

405 Vgl. Bellmann (Wertschöpfungsmanagement als Kernkompetenz), 2004, S. 24

406 Vgl. Lado et al. (Competitive Advantage), 1992, S. 82ff.

407 Vgl. Prahalad; Hamel (Core Competence), 1990, S. 82f.

408 Vgl. Kuhlmann (Corporate Tooling), 2017, S. 25; Komorek (Kollaborative Wertschöpfung), 2014, S. 21 mit Verweis auf Boos; Jarmai (Kernkompetenzen), 1994, S. 19f.; Schmelzer; Sesselmann (Geschäftsprozessmanagement), 2013, S. 103; Krüger; Homp (Kernkompetenzmanagement), 1997, S. 27; Müller-Stewens; Lechner (Strategisches Management), 2003, S. 223

- Kernkompetenzen sind nicht imitierbar
- Kernkompetenzen sind nicht substituierbar
- Kernkompetenzen sind im Betrieb weitläufig verankert
- Kernkompetenzen müssen nachhaltig Bestand haben

Eine Differenzierung zwischen Kompetenz und Kernkompetenz ist anhand dieser Kriterien möglich. Eine Kernkompetenz liegt demnach vor, wenn alle Kriterien vollumfänglich erfüllt sind. Da sich dies in der Praxis als unmöglich erweist, sollten Betriebe die Erfüllung möglichst vieler Merkmale anstreben.[409]

2.3.2.4 Organisation

Als abschließender Befähiger der Wertschöpfung ist die Organisation zu nennen. Im betriebswirtschaftlichen Verständnis beschreibt diese die „Verknüpfung von Produktionsfaktoren zu einem zielgerichteten System [...], das in der Lage ist, Produktionsprogramme zu realisieren."[410] Eine zentrale Herausforderung aller Organisationen liegt dementsprechend in einer geeigneten Aufgabenteilung und ihrer zielgerichteten Abstimmung zur Erfüllung der Gesamtaufgabe bei begrenzter Verfügbarkeit relevanter Ressourcen.

Der Organisationsbegriff wird in der Literatur aus zwei Sichtweisen betrachtet.[411] Der instrumentale Organisationsbegriff fokussiert die Rationalisierung von Arbeitsprozessen durch eine dauerhafte Strukturierung, wodurch das System der Organisation entsteht.[412] Einige Autoren unterscheiden hinsichtlich der instrumentellen Perspektive weiterhin zwischen dem funktionalen und konfigurativen Organisationsbegriff.[413] Der funktionale Organisationbegriff beschreibt die Organisation „als eine Funktion der Unternehmensführung, welche dem Zwecke des Unternehmens dient."[414] Der konfigurative Organisationsbegriff sieht die Organisation als allen Maßnahmen vorgelagertes Gefüge, welches die Arbeitsprozesse dauerhaft strukturiert.[415] Der institutionelle Organisationsbegriff legt im Gegensatz zu den beiden vorherigen Sichtweisen den Schwerpunkt auf das Gesamtsystem der Institution. Die vier zentralen Elemente der institutionellen Sichtweise stellen die Zweckorientierung, geregelte Arbeitsteilung, eindeutige Grenzen sowie Selbsterhaltung dar.[416]

Hinsichtlich der organisatorischen Gestaltung kann zwischen Aufbau- und Ablauforganisation unterschieden werden.[417] Die Aufbauorganisation bildet das „statische Gerüst" eines Betriebs und wird durch Aufgabenanalyse und Aufgabensynthese festgelegt. Dadurch wird definiert,

---

[409] Vgl. Müller-Stewens; Lechner (Strategisches Management), 2011, S. 208f.

[410] Hansmann (Industrielles Management), 2006, S. 191

[411] Vgl. Bleicher (Organisation), 1991, S. 34f.

[412] Vgl. Bleicher (Organisation), 1991, S. 35; Schreyögg (Moderne Organisationsgestaltung), 2008, S. 5; Kosiol (Organisation der Unternehmung), 1976, S. 28

[413] Vgl. Schreyögg (Moderne Organisationsgestaltung), 2008, S. 5

[414] Holtfort (Moderne Organisationen), 2013, S. 8

[415] Vgl. Kosiol (Organisation der Unternehmung), 1976, S. 20ff.; Schreyögg (Moderne Organisationsgestaltung), 2008, S. 7

[416] Vgl. Oelsnitz (Innovative Organisation), 2009, S. 20f.

[417] Vgl. Vahs (Organisation), 2015, S. 58

welche Aufgaben von welchen Aufgabenträgern mit welchen Ressourcen zu erfüllen sind und wie die Beziehungen zwischen unterschiedlichen Aufgabenträgern gestaltet sind. Die Ablauforganisation wird durch Arbeitsanalyse und Arbeitssynthese strukturiert und steuert die Prozesse zur Aufgabenerfüllung wie z. B. Arbeits- und Bewegungsvorgänge sowie den Informationsfluss innerhalb der Aufbauorganisation.[418] Aufbau- und Ablauforganisation als strukturierende Elemente eines Unternehmens sind je nach Unternehmenszweck und -ziel individuell gestaltet.

2.3.3 Aufbau und Gestaltung der Wertschöpfung

Wertschöpfung wird in der Regel nicht von einem einzelnen Individuum, einer einzelnen Abteilung oder einem einzelnen Unternehmen ausgeführt. Vielmehr sind heute durch Standardisierung und Fokussierung viele Akteure an der Wertschöpfung beteiligt. Dies geht auf die Arbeiten von SMITH zurück, der zu Ende des 18. Jahrhunderts über wissenschaftliche Studien die Vorteile der Arbeitsteilung und Spezialisierung herausstellte.[419] Entsprechend muss die heute stark arbeitsteilige Wertschöpfung gestaltet werden. Relevante Gestaltungsansätze werden im folgenden Abschnitt vertieft.

Wertschöpfungsgestaltung kann nach MÜLLER-STEWENS & LECHNER als individuelle Positionierung eines Unternehmens in der Wertschöpfungskette einschließlich der Ausgestaltung der Wertschöpfungsaktivitäten verstanden werden.[420] DIETL ET AL. definieren Wertschöpfungsgestaltung als Struktur und Verhältnis der Wertschöpfungsaktivitäten, durch deren individuelle Konfiguration die Erstellung einer Leistung durch unterschiedliche Akteure erfolgt.[421]

Entscheidend für die Gestaltung der Wertschöpfung ist die Klärung der Frage, wie und wo Wertschöpfung am kosteneffizientesten unter der Vorgabe bestimmter Rahmenbedingungen realisiert werden kann. Die Transaktionskostentheorie stellt hierfür einen veritablen Ansatz dar. Sie erlaubt durch Bewertung der aggregierten Kosten des Austausches einer Leistung, Wertschöpfungsstrukturen zu optimieren und die Effizienz zu steigern.[422] Nach dieser Theorie werden solche Aktivitäten internalisiert, die kostengünstiger im Unternehmen als durch externe Vergabe realisiert werden können.[423] Zur Bewertung sollten neben den reinen Wertschöpfungskosten ebenfalls Anbahnungskosten, Vereinbarungskosten sowie Kontroll- und Anpassungskosten berücksichtigt werden.[424] Als Einschränkung können bei strategisch wichtigen Aktivitäten Vertrauen und Kontrolle eine größere Bedeutung als die direkten Kosten einnehmen. Dies betrifft insbesondere die Kenngrößen Liefertermintreue, Qualität oder Know-how-Schutz.[425]

[418] Vgl. Hoffmann (Aufbauorganisation), 1992, S. 208f.

[419] Vgl. Hermes; Schwarz (Outsourcing), 2005, S. 16

[420] Vgl. Deutskens (Wertschöpfungskonfiguration), 2014, S. 105 mit Verweis auf Müller-Stewens; Lechner (Strategisches Management), 2003, S. 381

[421] Vgl. Dietl et al. (Value Creation Architectures), 2009, S. 26

[422] Vgl. Williamson (Economics of Organization), 1981, S. 556f.

[423] Vgl. Deutskens (Wertschöpfungskonfiguration), 2014, S. 95

[424] Vgl. Schleyer (Kooperationsmanagement), 2006, S. 76f.

[425] Vgl. Klotzbach (Industrieller Werkzeugbau), 2007, S. 151

Durch das Schaffen von entsprechenden Strukturen können Unternehmen Transaktionsvorgänge prinzipiell effizienter realisieren. Allerdings fallen auch innerhalb eines Unternehmens Transaktionskosten an, die überproportional mit der Anzahl der Transaktionen ansteigen und zur Fremdvergabe führen können.[426] Ziel ist daher die Konfiguration der Wertschöpfung unter Optimierung der Transaktionskosten.

2.3.3.1 Wertschöpfungsstruktur und -architektur

Ein Betrieb ist Teil einer Wertschöpfungskette aus unterschiedlichen Branchen oder Betrieben, die jeweils über eine Kunden-Lieferanten-Beziehung miteinander verbunden sind. Zu deren Umsetzung existieren unterschiedliche Wertschöpfungsstrukturen. Diese sind in Abbildung 37 dargestellt und umfassen die Wertschöpfungskette, die Wertschöpfungspyramide und das Wertschöpfungsnetzwerk.[427]

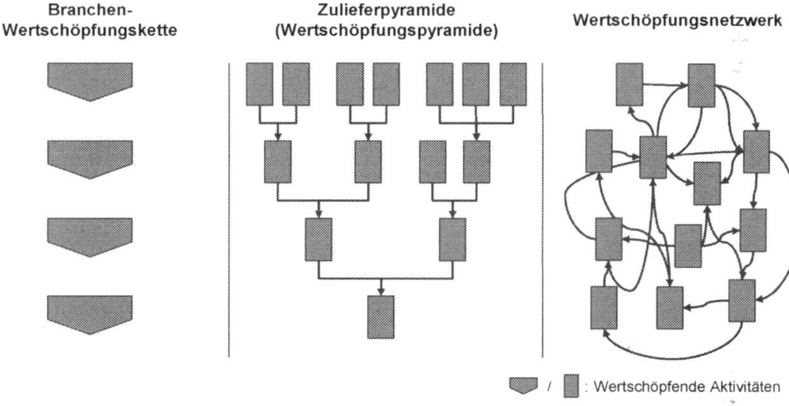

Abbildung 37: Unternehmensübergreifende Wertschöpfungsstrukturen nach KNECHT[428]

Wertschöpfungskette und Wertschöpfungspyramide beschreiben die Leistungserstellung entlang einer sequenziellen Abfolge von Wertschöpfungsstufen ohne das Auftreten von Rückflüssen. Die Wertschöpfungspyramide erweitert die Wertschöpfungskette dahingehend, dass auf einer Stufe der Pyramide Leistungen einzelner Betriebe zusammengeführt werden.[429] Da die industrielle Leistungserstellung allerdings in der Regel durch starke Überlagerungen verschiedener Prozesse charakterisiert ist, führt KNECHT zur Realisierung dieses Zustands das Wertschöpfungsnetzwerk mit n-lateralen Güterflüssen zwischen einzelnen Prozessen ein.[430]

Im Hinblick auf eine entsprechende Wertschöpfungsarchitektur lassen sich vier Grundformen unterscheiden, die durch den Grad horizontaler und vertikaler Wertschöpfungsintegration charakterisiert sind. Der Schichtenspezialist (Layer Player) fokussiert Aktivitäten einer bestimmten

[426] Vgl. Schumann et al. (Mikroökonomisches Theorie), 2011, S. 487
[427] Vgl. Knecht (Positionierung in Wertschöpfungsnetzen), 2003, S. 16f.
[428] i. A. a. Knecht (Positionierung in Wertschöpfungsnetzen), 2003, S. 16
[429] Vgl. Kuhlmann (Corporate Tooling), 2017, S. 30; Komorek (Kollaborative Wertschöpfung), 2014, 23f.
[430] Vgl. Knecht (Positionierung in Wertschöpfungsnetzen), 2003, S. 16f.

Stufe der Wertschöpfungskette. Er bietet seine Leistung in unterschiedlichen Branchen an und kann dadurch Größen- und Wissensvorteile realisieren. Pioniere (Market Maker) erschaffen durch Innovationen neue Wertschöpfungsstufen oder ersetzen alte. Darüber kann neuer Kundennutzen geschaffen werden. Orchestratoren beschränken sich wie Schichtenspezialisten auf bestimmte Stufen der Wertschöpfungskette. Der Mehrwert wird durch die Koordination der Aktivitäten anderer Akteure im Wertschöpfungsnetzwerk generiert. Der Integrator führt einen großen Teil der Wertschöpfungsaktivitäten betriebsintern aus.[431] Die Transaktionskosten sollen dadurch gering gehalten und die Wertschöpfung durchgängig vom Betrieb kontrolliert werden.

Wertschöpfungsarchitekturen stellen eine statische Betrachtung von Wertschöpfungsnetzwerken dar. Zur dynamischen Anpassung der Wertschöpfung werden von MÜLLER-STEWENS & FONTIN sogenannte Wertschöpfungsmanöver definiert.[432] Anhand derer lassen sich sechs generische Möglichkeiten der Veränderung der horizontalen und vertikalen Wertschöpfungsgestaltung eines Betriebs oder einer Branche abbilden.[433] Diese sind in Abbildung 38 dargestellt.

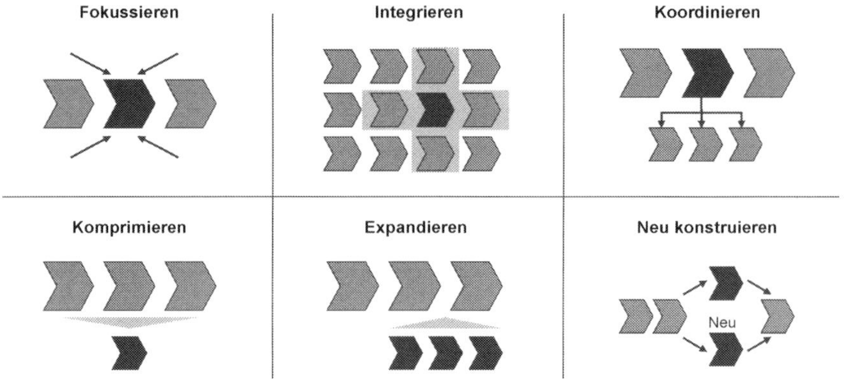

Abbildung 38: Wertschöpfungsmanöver nach MÜLLER-STEWENS & FONTIN[434]

Beim Fokussieren konzentriert sich ein Unternehmen auf Wertschöpfungsumfänge, die hohe Rentabilität versprechen und entsprechend der im Unternehmen vorhandenen Kompetenzen effizient abgedeckt werden können. Das Integrieren beschreibt die Aufnahme zusätzlicher Wertschöpfungsumfänge ins bestehende Leistungsportfolio. Die Aufnahme kann entweder in horizontaler oder vertikaler Richtung erfolgen. Die Möglichkeit des Koordinierens beschreibt analog zum Orchestrator eine fokussierte interne Leistungserstellung bei gleichzeitiger Koordination und Steuerung gewisser extern vergebener Wertschöpfungsschritte. Unter Komprimieren wird das Zusammenfassen bestimmter Wertschöpfungsschritte zur Verringerung der

---

431 Vgl. Heuskel (Neue Wachstumsstrategien), 1999, S. 56ff.

432 Vgl. Müller-Stewens; Lechner (Strategisches Management), 2003, S. 395

433 Vgl. Müller-Stewens; Fontin (Innovation des Geschäftsmodells), 2003, S. 18

434 Vgl. Müller-Stewens; Fontin (Innovation des Geschäftsmodells), 2003, S. 18

Branchenwertschöpfung verstanden. Beim Expandieren wird die Wertschöpfung durch Hinzunahme zusätzlicher Aktivitäten eines Wettbewerbers erhöht. Der Vorgang des Neu-Konstruierens beschreibt eine grundlegende Veränderung der Wertschöpfungskette durch Substitution oder Ändern der Reihenfolge einzelner Schritte.[435]

2.3.3.2 Kooperation und Wertschöpfungsvernetzung

Entsprechend der oben dargestellten Grundlagen kann Wertschöpfung sowohl betriebsintern als auch betriebsübergreifend abgebildet werden. Ein zentraler Vorteil des Zusammenschlusses von internem und externem Know-how sowie Technologien und Ressourcen ist es, dass Unternehmen ein insgesamt erweitertes Leistungsspektrum anbieten können. Ebenso können sich dadurch Vorteile im Hinblick auf Zeit-, Kosten-, Qualitäts- oder Innovationsziele ergeben, die eine Differenzierung vom Wettbewerb ermöglichen.[436]

In der Praxis existieren unterschiedliche Formen betriebsübergreifender Zusammenarbeit. Diese wird dabei häufig als Kooperation bezeichnet. SCHLEYER definiert Kooperation als einen „Sammelbegriff, der die überbetriebliche Zusammenarbeit zweier oder mehrerer selbstständiger Partner innerhalb einer statischen Netzwerkstruktur beschreibt."[437] Während sich Definitionen und Beschreibungen von Kooperation unterscheiden, wird mit dem Begriff grundsätzlich eine Zusammenarbeit zwischen Betrieben beschrieben, die unabhängig voneinander operieren.[438]

Die Kooperation zweier Partner wird als dyadische Kooperation, die Kooperation mehrerer Partner als multiple Kooperation bezeichnet. Basierend auf der Wertkette nach PORTER (vgl. Kapitel 2.3.1) können Kooperationen ebenfalls anhand ihrer Orientierung differenziert werden. Kooperationen in vertikaler Richtung stellen die Zusammenarbeit von Partnern derselben Wertkette dar, die unterschiedliche Aktivitäten ausführen. Charakteristisches Merkmal vertikaler Kooperationen ist die gemeinsame Abwicklung von Prozessen einer Wertschöpfungsstufe in einer Kunden-Lieferanten-Beziehung. Kooperationen in horizontaler Richtung bedeuten, dass Unternehmen äquivalente Aktivitäten innerhalb der Wertkette ausführen. Durch Zusammenarbeit von Unternehmen der gleichen Industrie können Skaleneffekte generiert werden.[439]

Die Mischform beider Kooperationsarten bildet die Kollaboration. Diese beschreibt die Zusammenarbeit voneinander abhängiger Betriebe aufgrund gemeinsamer Zielsetzungen.[440] Als Zielsetzung werden dabei nicht ausschließlich Effizienzsteigerungen der beteiligten Betriebe

---

[435] Vgl. Müller-Stewens; Fontin (Innovation des Geschäftsmodells), 2003, S. 18

[436] Vgl. Riggers (Value System Design), 1998, S. 101

[437] Schleyer (Kooperationsmanagement), 2006, S. 84

[438] Vgl. Komorek (Kollaborative Wertschöpfung), 2014, S. 29 mit Verweis auf Schleyer (Kooperationsmanagement), 2006, S. 70

[439] Vgl. Schuh et al. (Vernetzte Wertschöpfung), 2011, S. 482ff.

[440] Vgl. Schuh et al. (Kooperationsmanagement), 2005, S. 64; Schuh et al. (Vernetzte Wertschöpfung), 2011, S. 483f.

genannt. Vielmehr wird die Kollaboration als Möglichkeit zur Bildung neuer Kompetenzen in einem Wertschöpfungsnetzwerk verstanden.[441]

Zur effizienten Realisierung einer kollaborativen Wertschöpfung wird eine enge Verknüpfung der betriebsinternen und der betriebsübergreifenden Wertschöpfung benötigt. Dies wird auch als Vernetzung bezeichnet und erfordert eine optimale Abstimmung beider Wertschöpfungsdimensionen. Der Vernetzung wird ein hoher Stellenwert zur Generierung von Wettbewerbsvorteilen zugerechnet.[442] Neben einer Vernetzung der Wertschöpfung ist dafür ebenfalls die Vernetzung und Bereitstellung der relevanten Informations- und Kommunikationstechnologie (IKT) notwendig. Durch die weiter zunehmende Fokussierung von Betrieben und die dadurch entstehende Fragmentierung von Wertschöpfungsumfängen wird der Vernetzung eine zentrale Bedeutung im Management von Kooperationen zugesprochen.[443]

Insbesondere die Digitalisierung stellt im Hinblick auf Vernetzung ein großes Potenzial dar. Dies soll in den folgenden Abschnitten hergeleitet und konkretisiert werden.

2.3.4 Wandel der industriellen Wertschöpfung

Nach Vorstellung und Einführung der Grundlagen soll im Folgenden die (Weiter-)Entwicklung der Wertschöpfung betrachtet werden. Dies soll insbesondere dazu dienen, die wertschöpfungsseitigen Herausforderungen des Serienanlaufs von Werkzeugen im Kontext aktueller technologischer Entwicklungen zu betrachten und darauf aufbauend Chancen und Herausforderungen in Kapitel 2.3.5 abzuleiten.

Die Beschreibung des Wandels der industriellen Wertschöpfung erfolgt anhand der Klassifizierung der industriellen Revolutionen, da diese mit einer grundlegenden Veränderung der Wertschöpfung einhergehen. Seit dem 19. Jahrhundert haben drei industrielle Revolutionen stattgefunden. Nach vorherrschender Meinung befindet sich die Industrie gerade inmitten der vierten industriellen Revolution, die auch als Industrie 4.0 bezeichnet wird.[444]

Die erste industrielle Revolution nahm ihren Ursprung um das Jahr 1750.[445] Eine der zentralen technischen Entwicklungen und prägend für den Übergang von der vorherrschenden Handarbeit auf eine zusehends maschinengestütze Produktion stellt die Dampfmaschine dar. Ihre Erfindung ermöglichte die Flexibilisierung und Mechanisierung von Produktionsabläufen.[446] Kleine und dezentrale Manufakturen wurden zunehmend durch zentrale Fabriken ersetzt, die sich neben einem steigenden Mechanisierungsgrad durch die fabriktypische Arbeitsteilung auszeichneten. Die dadurch gesteigerte Arbeitsproduktivität führte zu einer erhöhten Verfügbarkeit von Produkten bei gleichzeitig sinkenden Preisen.[447]

---

[441] Vgl. Komorek (Kollaborative Wertschöpfung), 2014, S. 30 mit Verweis auf Sedlacek (Strukturen der Selbstorganisation), 2010, S. 44

[442] Vgl. Echterhoff et al. (Geschäftsmodelle Industrie 4.0), 2017, S. 52f.

[443] Vgl. Komorek (Kollaborative Wertschöpfung), 2014, S. 29f.

[444] Vgl. Bauernhansl (Vierte Industrielle Revolution), 2017, S. 1ff.

[445] Vgl. Bauernhansl (Vierte Industrielle Revolution), 2017, S. 1

[446] Vgl. Schäfer (Industrie 4.0), 2015, S. 2f.

[447] Vgl. Spur (Evolution der industriellen Produktion), 1997, S. 17f.

Die zweite industrielle Revolution um 1870 wird auf sowohl technologische als auch organisatorische Entwicklungen zurückgeführt.[448] Elektrische Antriebe und Verbrennungsmaschinen ermöglichten, die Produktion unabhängig von zentralen (Dampf-)Kraftmaschinen zu dezentralisieren.[449] Neue organisatorische Theorien von u. a. TAYLOR, der standardisierte und stark arbeitsteilige Aktivitäten forderte, führten zu einer weiteren Zunahme der Effizienz durch Lerneffekte.[450] Aufbauend auf dessen Arbeiten entwickelte FORD die Massenproduktion, welche durch den Einsatz elektrischer Energie und die Erfindung des Fließbandes realisiert werden konnte.[451] Durch einen hohen Standardisierungsgrad und Beschränkung des Produktspektrums auf wenige Varianten konnten Skaleneffekte realisiert werden. Die gesteigerte Effizienz und hohe Stückzahlen bei vergleichsweise geringen Stückkosten führten zu umfangreichen Kosten- und Preissenkungen, sodass viele Produkte erstmalig für die breite Masse der Bevölkerung bezahlbar wurden.[452]

Die dritte industrielle Revolution begann Anfang der 1960er Jahre. Insbesondere das Aufkommen von Elektronik sowie Informations- und Kommunikationstechnologie werden in diesem Zusammenhang als zentrale Befähiger gesehen. Die Verfügbarkeit der neuen Technologien ermöglichte den Austausch von Informationen ohne räumliche Nähe, was in der Folge zu einer zunehmenden Automatisierung von Produktionsprozessen führte. Auch wurde die Verlagerung von Produktionsstätten durch die dezentrale Verfügbarkeit von Wissen und Informationen zunehmend attraktiv, da geografische Kostenvorteile besser nutzbar gemacht wurden.[453] Gleichzeitig ging mit der dritten industriellen Revolution eine Abnahme der Wertschöpfungstiefe vieler Unternehmen einher. In Verbindung mit dem von WOMACK & JONES begründeten Lean Thinking zur Gestaltung effizienter bzw. schlanker Produktion können Leistungen Just-in-Time oder Just-in-Sequence durch Lieferanten zur Verfügung gestellt werden. Neben einer Abnahme der Kapitalbindung führt dies zu einer Fokussierung auf Kernkompetenzen.[454]

Die vierte industrielle Revolution – auch als Industrie 4.0 bezeichnet – wurde im Jahr 2011 als zentrales Zukunftsprojekt der Hightech-Strategie 2020 vorgestellt. Im Gegensatz zu den vorhergehenden industriellen Revolutionen findet somit erstmals keine retrospektive Einordnung einer industriellen Revolution statt. Vielmehr wird diese zur Steigerung der Wettbewerbsfähigkeit in Deutschland vorgedacht. Den Kern der postulierten Revolution stellt die vollständige Durchdringung der Produktion und Fertigung mit vernetzter Informations- und Kommunikationstechnologie dar.[455] Dies erfordert umfassende Veränderungen der industriellen Auftragsabwicklung und führt zu neuen Produkten und Dienstleistungen. Daraus abgeleitet ergeben

[448] Vgl. Bauernhansl (Vierte Industrielle Revolution), 2017, S. 1f.

[449] Vgl. Warnecke; Hüser (Fraktale Fabrik), 1996, S. 30f.

[450] Vgl. Luczak (Arbeitswissenschaft), 1998, S. 510

[451] Vgl. Becker et al. (Grundlagen Industrie 4.0), 2017, S. 9

[452] Vgl. Bauernhansl (Vierte Industrielle Revolution), 2017, S. 2

[453] Vgl. Bauernhansl (Vierte Industrielle Revolution), 2017, S. 3

[454] Vgl. Womack; Jones (Lean Thinking), 2003, S. 15ff.

[455] Vgl. Schäfer (Industrie 4.0), 2015, S. 1; Lasi et al. (Industrie 4.0), 2014, S. 261f.; Becker et al. (Grundlagen Industrie 4.0), 2017, S. 9f.

sich fünf zentrale Forschungsfelder, die seitdem im Rahmen umfangreicher Förderprogramme des Bundesministeriums für Bildung und Forschung (BMBF) umgesetzt werden:[456]

- Vertikale Vernetzung in Wertschöpfungsnetzwerken
- Durchgängiges Engineering über die gesamte Wertschöpfung
- Horizontale Vernetzung in Wertschöpfungsnetzwerken
- Cyber-Physical-Systems (CPS)
- Neue soziale Infrastrukturen

Kern der Forschungsfelder stellt die intra- und interbetriebliche Vernetzung der Wertschöpfung dar. Mit dieser Vernetzung soll eine Verbesserung der unternehmens- und bereichsübergreifenden, interdisziplinären Zusammenarbeit einhergehen, um schneller und flexibler am Markt agieren zu können. Dies wird unter anderem durch eine Verschmelzung der physischen und virtuellen Welt zu sogenannten Cyber-Physical-Systems ermöglicht. Diese erlauben eine Interaktion und Kommunikation zwischen Produkt und Maschine, was insgesamt zu einer intelligenten und autonomen Steuerung der Wertschöpfungskette über den gesamten Produktlebenszyklus führen kann.[457] Neben einer höheren Effizienz und Produktqualität kann dadurch eine maßgebliche Optimierung der Geschäftsprozesse erzielt werden, um so auch kleinere Losgrößen bis zum individuellen Produkt wirtschaftlich herstellen zu können.[458] Die Entwicklung der Wertschöpfung ist in Abbildung 39 zusammengefasst.

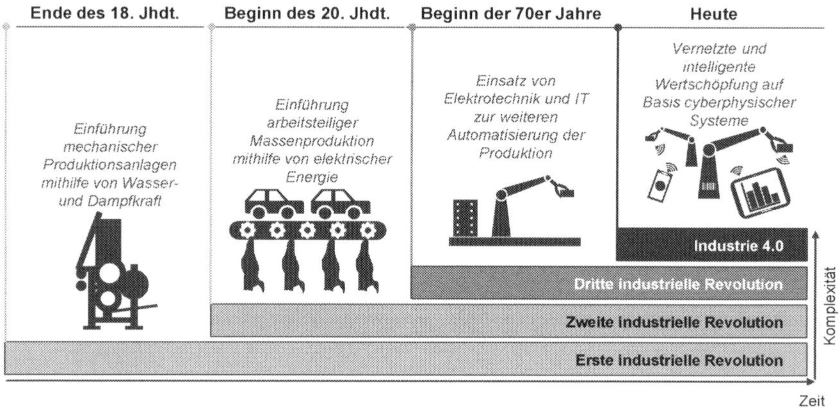

Abbildung 39: Entwicklung der Wertschöpfung[459]

International bestehen neben der Industrie 4.0-Initiative der deutschen Bundesregierung ähnliche Bestrebungen, genannte Potenziale der vernetzten und intelligenten Wertschöpfung zu realisieren. In den USA wurde die Initiative „Advanced Manufacturing" ins Leben gerufen. In

[456] Vgl. Kagermann (Industrie 4.0), 2013, S. 39ff.

[457] Vgl. Lasi et al. (Industrie 4.0), 2014, S. 261; Becker et al. (Grundlagen Industrie 4.0), 2017, S. 9f.

[458] Vgl. Roth (Industrie 4.0), 2016, S. 5

[459] i. A. a. Kagermann (Industrie 4.0), 2013, S. 17

China bildet die Regierung mit der Strategie „Made in China 2025" das Pendant zu Industrie 4.0. In Japan wird das „Industrial Internet Consortium" aktiv durch die Regierung unterstützt. Im Hinblick auf Ziele und Technologien unterschieden sich die Initiativen lediglich geringfügig.[460] Auf eine weitere Detaillierung und Differenzierung wird daher an dieser Stelle verzichtet.

2.3.5 Chancen und Herausforderungen

Die im Rahmen von Industrie 4.0 zunehmende Vernetzung der Wertschöpfung ermöglicht die Realisierung von Einsparpotenzialen in nahezu allen Unternehmensbereichen. BAUERNHANSL ET AL. halten in diesem Zusammenhang eine Steigerung der Gesamtproduktivität von bis zu 50% für möglich. Abbildung 40 zeigt eine Übersicht möglicher Kostensenkungspotenziale auf Basis digitaler Vernetzung.

	Effekte	Potenziale
Bestandskosten	▪ Reduzierung Sicherheitsbestände ▪ Vermeidung Bullwhip- und Burbidge-Effekt	-30% bis -40%
Fertigungskosten	▪ Verbesserung Produktivität ▪ Prozessregelkreise ▪ Verbesserung Personalflexibilität	-10% bis -20%
Logistikkosten	▪ Erhöhung Automatisierungsgrad	-10% bis -20%
Komplexitätskosten	▪ Erweiterte Leistungsspannen ▪ Reduktion „Trouble Shooting"	-60% bis -70%
Qualitätskosten	▪ Echtzeitnahe Qualitätsregelkreise	-10% bis -20%
Instandhaltungskosten	▪ Optimierung Lagerbestände ▪ Zustandsorientierte Wartung (Prozessdaten, Messdaten) ▪ Dynamische Priorisierung	-20% bis -30%

Abbildung 40: Nutzenpotenziale von Industrie 4.0[461]

Als Ergebnis des digitalen Wandels erwarten Unternehmen eine umfangreiche Transformation, die allerdings mit der Notwendigkeit erheblicher Investitionen einhergeht. Neben einem wertschöpfungsseitigen Nutzen durch z. B. bessere Steuerung von horizontalen und vertikalen Wertschöpfungsketten sowie die integrierte Analyse und Nutzung von Daten ergeben sich ebenfalls marktseitige Potenziale. Auf Basis von Digitalisierung und Vernetzung der eigenen Produkte und Dienstleistungen können neben Umsatzsteigerungen disruptive digitale Geschäftsmodelle entstehen, die dem Kunden dank individueller Lösungen einen signifikanten Zusatznutzen bieten.[462]

Wie in Kapitel 2.3.4 bereits dargestellt, ist die vierte industrielle Revolution im Gegensatz zu vorhergehenden industriellen Revolutionen nicht primär aus der Weiterentwicklung und Technisierung von produzierenden Unternehmen entstanden, sondern wurde vielmehr von der

---

[460] Vgl. Gölzer (Big Data in Industrie 4.0), 2017, S. 30

[461] i. A. a. Bauernhansl (Vierte Industrielle Revolution), 2017, S. 27

[462] Vgl. Koch et al. (Industrie 4.0), 2014, S. 3f.

Bundesregierung als strategisches Zukunftsprojekt ausgerufen. Somit ist es nicht verwunderlich, dass bisher großer Dissens über Definition, Umgang und Ziele der vierten industriellen Revolution herrscht. Auch die Umsetzung der Vision bleibt in vielen Betrieben hinter der prognostizierten Adaption zurück. Wurde im Jahr 2014 prognostiziert, dass innerhalb von fünf Jahren 80% der Unternehmen ihre Wertschöpfungskette digitalisiert haben,[463] so scheint dieser Wert aktuell unerreichbar. Lediglich 45% der Unternehmen setzten im Jahr 2018 vereinzelt Industrie 4.0 Lösungen ein, während weitere 20% die Implementierung entsprechender Lösungen planen. Neben hohen Investitions- und Entwicklungsaufwänden wird eine zentrale Ursache in dem Mangel an Konzepten und Vorgehensweisen zur ganzheitlichen Umsetzung gesehen.[464] Umgesetzte Lösungen stellen daher häufig singuläre Pilotlösungen anstelle von ganzheitlich digital vernetzen Systemen dar.[465]

Die erfolgreiche Umsetzung von digitaler Vernetzung im Kontext von Industrie 4.0 stellt Unternehmen vor die Aufgabe, vorhandene Organisationsstrukturen, Fertigungstechnologien und Geschäftsmodelle zu hinterfragen.[466] Zusätzlich werden sich die Arbeitsweisen und die dafür notwendige Qualifikation umfangreich verändern.[467] Die digitale Vernetzung erfordert daher ein Umdenken bei der ganzheitlichen Gestaltung der Wertschöpfung in einem Unternehmen.

2.4 Handlungsbedarf aus der Praxis

Die Untersuchung der Grundlagen des Betrachtungs- und Gestaltungsbereichs verdeutlicht, dass sich die produzierende Industrie in einem multidimensionalen Spannungsfeld befindet. Insbesondere die Anforderung, innovative Produkte zu geringen Kosten in kurzen Zeitabständen auf den Markt bringen zu müssen, birgt für viele Unternehmen eine große Herausforderung. Analysen zeigen, dass in diesem Zusammenhang die erfolgreiche Gestaltung des Serienanlaufs zentrales Erfolgskriterium darstellt (vgl. Kapitel 1.1 und 2.1.6).

Eine Schlüsselbranche für die Erreichung zeit- und kostenoptimaler Produkteinführungen stellt der Werkzeugbau dar. Dieser bildet als Hersteller von z. B. Spritzguss- oder Blechumformwerkzeugen das Bindeglied zwischen Produktentwicklung und Serienproduktion. Untersuchungen zeigen, dass eine Vielzahl der Verzögerungen im Anlauf neuer Produkte dem Werkzeugbau direkt oder indirekt zugeordnet werden kann. Zeit- und Kostenpotenziale der Werkzeugerstellung ergeben sich insbesondere im Serienanlauf von Werkzeugen, der den oftmals hochiterativen Übergang eines montierten aber noch nicht serienreifen Werkzeugs in die Serienproduktion des Kunden abbildet. Die Potenziale sind darauf zurückzuführen, dass der Serienanlauf von Werkzeugen einen stark interdisziplinären Prozess darstellt, der sowohl innerhalb eines Werkzeugbaubetriebs als auch zum Kunden die Einbindung einer Vielzahl von Entitäten erfordert. Ebenso erschweren der hohe Grad an Erfahrungswissen und umfangreiche Interdependenzen oftmals eine effiziente Durchführung des Serienanlaufs.

---

[463] Vgl. Koch et al. (Industrie 4.0), 2014, S. 7

[464] Vgl. Schuh et al. (Industrie 4.0: Implement it!), 2018, S. 6f.

[465] Vgl. Schuh et al. (Industrie 4.0 Maturity Index), 2017, S. 10

[466] Vgl. Salmen (Vernetzter Shopfloor), 2016, S. 24

[467] Vgl. Kagermann (Industrie 4.0), 2013, S. 40

Das sich aus den übergeordneten und werkzeugbauspezifischen Herausforderungen (vgl. Kapitel 2.1.6 und Kapitel 2.2.7) ergebende Spannungsfeld der vorliegenden Arbeit ist in Abbildung 41 dargestellt. Es zeigt, dass die Komplexität des Serienanlaufs von Werkzeugen von jeweils drei übergeordneten (marktseitigen) und drei werkzeugbauspezifischen Herausforderungen konstituiert wird.

Um auch in Zukunft erfolgreich im internationalen Wettbewerb agieren zu können, bedarf es einer Adressierung der Herausforderungen zur Optimierung des Serienanlaufs von Werkzeugen. Insbesondere die wertschöpfungsseitige Gestaltung des Serienanlaufs bietet hohes Potenzial, um der Forderung der produzierenden Industrie nach Schnelligkeit, Flexibilität und kollaborativer Auftragsabwicklung nachzukommen. Ziel muss hierbei sein, die Informationsbereitstellung für die am Serienanlauf beteiligten Entitäten zu verbessern, um Interdisziplinarität, den hohen Wissensbedarf sowie vorhandene Interdependenzen erfolgreich zu adressieren. Neben der „klassischen" Optimierung von Abläufen, der Reduktion von Schnittstellenverlusten sowie der systematischen Erfassung von Wissen kann dies durch die beschriebenen Chancen neuer technologischer Befähiger aus dem Umfeld von Digitalisierung und Industrie 4.0 (vgl. Kapitel 2.3.5) unterstützt werden.

Die Realisierung der dargestellten Potenziale bedingt zwei zentrale Zielstellungen des Serienanlaufs von Werkzeugen. Zum einen bedarf es zur effizienten Abbildung von Interdisziplinarität, Interdependenzen sowie dem Austausch von Erfahrungswissen der **Vernetzung** am Anlauf beteiligter Entitäten und Prozesse. Hierdurch wird die Basis eines verlust- sowie latenzfreien Übertrags von Daten und Informationen realisiert. Darauf aufbauend wird eine zeitliche und inhaltliche **Synchronisierung** entsprechender Entitäten und Prozesse benötigt, um Informationen zur richtigen Zeit, am richtigen Ort in der notwendigen Granularität bereitzustellen. Durch Zusammenspiel dieser beiden zentralen Zielstellungen kann der Serienanlauf von Werkzeugen wertschöpfungsseitig optimiert werden.

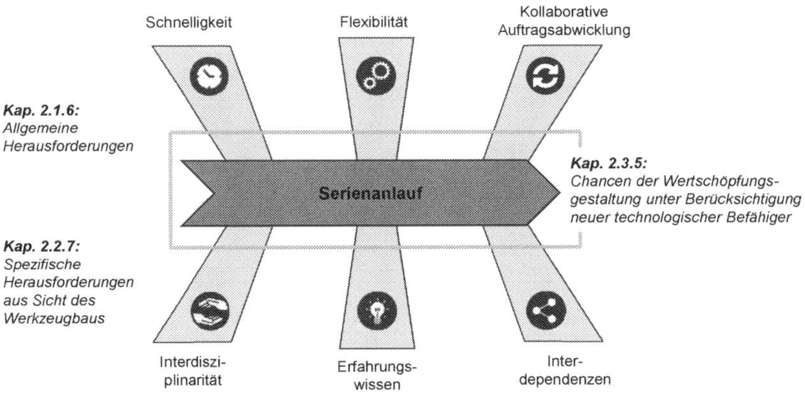

Abbildung 41: Synthese der Herausforderungen und Chancen

Aus den Grundlagen und der daraus abgeleiteten Notwendigkeit eines vernetzten und synchronisierten Serienanlaufs von Werkzeugen folgt der **Handlungsbedarf aus der Praxis**. Entsprechend bedarf es der Schaffung eines ganzheitlichen Modells, das relevante Aspekte zur Vernetzung und Synchronisierung des Serienanlaufs von Werkzeugen beinhaltet.

3 Bewertung bestehender Ansätze

In diesem Kapitel erfolgt die Analyse existierender Methoden und Modelle zur Adressierung des in Kapitel 2.4 identifizierten Handlungsbedarfs aus der Praxis. Es soll untersucht werden, ob bereits Ansätze entwickelt wurden, die die Forderung nach einem vernetzten und synchronisierten Serienanlauf von Werkzeugen abbilden können. Ebenso sollen Teilaspekte bestehender Ansätze bezüglich ihrer Übertragbarkeit auf den Serienanlauf von Werkzeugen überprüft werden. Der Inhalt dieses Kapitels entspricht damit der zweiten und dritten Phase der angewandten Forschung nach ULRICH (vgl. Kapitel 1.4).

Entsprechend der definierten Vorgehensweise werden nachfolgend zunächst die übergeordnete Analysesystematik sowie dahinterliegende Bewertungs- und Anforderungssysteme dargestellt. Anschließend werden ausgewählte Ansätze vorgestellt, mithilfe der vorgestellten Systematik untersucht und hinsichtlich ihrer Eignung bewertet. Das Kapitel schließt mit der Synthese des Praxis- und Theoriedefizits, um die in Kapitel 1.3 gestellte Forschungsfrage zu präzisieren.

3.1 Grundlagen und Systematik der Analyse

Zur Objektivierung der Untersuchung werden zunächst die Grundlagen der Bewertung vorgestellt. Die Systematik orientiert sich an der bei KOMOREK beschriebenen und durch KUHLMANN weiterentwickelten „Design der Analyse", mit dem wissenschaftstheoretische Ansätze hinsichtlich der Anwendbarkeit auf praxisrelevante Problemstellungen im Werkzeugbau untersucht und bewertet werden können.[468] Analog zu den vorausgehenden Arbeiten werden die beiden Aspekte „Bewertungssystem" und „Anforderungssystem" aufgegriffen und auf die vorliegende Forschungsfrage übertragen. Das Bewertungssystem definiert die zur Bewertung notwendigen Bewertungsstufen. Mithilfe des Anforderungssystems werden die Bewertungsdimensionen und konkrete Kriterien für die einzelnen Bewertungsstufen festgelegt, auf Basis derer relevante Ansätze der Literatur untersucht werden.

3.1.1 Bewertungssystem

Es bestehen zahlreiche Möglichkeiten und Vorgehensweisen, wissenschaftliche Ansätze zu bewerten. Eine Bewertung von theoretischen Ansätzen erfolgt meistens anhand einer diskreten Skala, die unterschiedliche Abstufungen eines Anforderungskriteriums bereitstellt. In wissenschaftlichen Arbeiten im Themenbereich Werkzeugbau finden diskrete Skalen unter anderem bei KÜHN, PITSCH, HENSEN, KOZIELSKI und BEGOVIC Anwendung.[469] Sie verwenden eine diskrete Skala mit einer sich teilweise unterscheidenden Anzahl an Abstufungen.

[468] Vgl. Kuhlmann (Corporate Tooling), 2017, S. 91 mit Verweis auf Komorek (Kollaborative Wertschöpfung), 2014, S. 63

[469] Vgl. Kühn (Lebenszyklusorientierte Leistungssysteme), 2016, S. 59; Pitsch (Kompetenzfeldbasierte Vernetzung), 2014, S. 84; Hensen (Strategische Auslegung), 2017, S. 61; Kozielski (Integratives Kennzahlensystem), 2010, S. 81f.; Begovic (Datenbasiertes Wissensmanagement), 2018, S. 85f.

Die Zuverlässigkeit der Bewertung ist bei der Nutzung von fünf bis sieben Merkmalsausprägungen optimal. Eine darüber hinausgehende Erhöhung der Merkmalsausprägungen bringt keine zusätzliche Verbesserung der Zuverlässigkeit.[470] Im Gegensatz dazu nimmt die Standardabweichung der Bewertung durch unterschiedliche Personen mit der Anzahl an möglichen Merkmalsausprägungen zu. Daher wird den Arbeiten von Kühn, Pitsch, Hensen und Begovic gefolgt. Diese sehen für eine differenzierte und gleichzeitig einheitliche Bewertung untersuchter Ansätze fünf Merkmalsausprägungen vor.[471]

Die Visualisierung der Bewertung sowie die Benennung der einzelnen Abstufungen wird an Komorek angelehnt und mittels Harvey Balls illustriert (vgl. Abbildung 42). Diese wurden in den 1970er Jahren durch die Unternehmensberatung „Booz Allen Hamilton" entwickelt und stellen eine geeignete Form der übersichtlichen Darstellung von diskreten Ausprägungen dar.[472]

Abbildung 42: Harvey Balls und die Ausprägungen zur Bewertung von bestehenden Ansätzen[473]

Der Erfüllungsgrad von Anforderungen kann anhand der Abstufungen *nicht erfüllt*, *sehr gering*, *gering*, *hoch* und *sehr hoch* ermittelt werden. Ein (sehr) geringer Erfüllungsgrad bedeutet, dass ein untersuchter Ansatz die vorab definierten Anforderungen nicht oder lediglich partiell erfüllen kann. Äquivalent indiziert ein (sehr) hoher Erfüllungsgrad, dass die an einen Ansatz gestellten Anforderungen weitestgehend oder voll erfüllt werden. Die neutrale Darstellung im Mittelpunkt der Skala wird vermieden, um eine präzise Beschreibung zu ermöglichen.[474]

3.1.2 Anforderungssystem

Auf Basis des Handlungsbedarfs aus der Praxis lassen sich spezifische Anforderungen an ein Modell zur Gestaltung des Serienanlaufs von Werkzeugen ableiten. Diese können in die drei Dimensionen allgemeine, werkzeugbauspezifische und anlaufbezogene Anforderungen unterteilt werden.

3.1.2.1 Allgemeine Anforderungen

Lösungsansätze zur Gestaltung des Serienanlaufs von Werkzeugen müssen zunächst allgemeinen wissenschaftlichen Anforderungen gerecht werden. Dies umfasst die konkrete Beschreibung von Teilaspekten eines Modells sowie die Darstellung relevanter Abhängigkeiten und Interaktionen. Zur Adressierung des identifizierten Praxisdefizits sollte ein Modell zudem eine hohe Praktikabilität aufweisen und in der betrieblichen Praxis umsetzbar sein.

---

[470] Vgl. Dawes (Point of Scale), 2008, S. 61

[471] Vgl. Kühn (Lebenszyklusorientierte Leistungssysteme), 2016, S. 59; Pitsch (Kompetenzfeldbasierte Vernetzung), 2014, S. 84; Hensen (Strategische Auslegung), 2017, S. 61; Begovic (Datenbasiertes Wissensmanagement), 2018, S. 85f.

[472] Vgl. Begovic (Datenbasiertes Wissensmanagement), 2018, S. 86

[473] i. A. a. Komorek (Kollaborative Wertschöpfung), 2014, S. 64

[474] Vgl. Dawes (Point of Scale), 2008, S. 61ff.

Voraussetzung zur Umsetzung eines Modells in der betrieblichen Praxis ist dessen *Konkretheit*. Diese zeichnet sich vor allem durch eine stringente Struktur sowie durch eine anwendungsorientierte Beschreibung relevanter Faktoren aus. Zur Vermittlung eines ganzheitlichen Verständnisses sollten Abhängigkeiten einzelner Faktoren des Modells dargestellt werden. Dies gelingt durch die Definition von Schnittstellen, welche die Weitergabe von Informationen unterstützen. Die Darstellung möglicher Umsetzungsbeispiele vereinfacht zudem die Überführung in die Realität. Auf Basis des Bewertungssystems können fünf Abstufungen wie folgt beschrieben werden:

- **Nicht erfüllt:** Ein Ansatz besitzt keine eindeutige Struktur. Weiterhin fehlt eine Detaillierung der Elemente sowie eine Beschreibung entsprechender Zusammenhänge.
- **Sehr gering:** Ein Ansatz lässt eine Struktur erkennen. Es fehlt jedoch eine konkrete Beschreibung und Verknüpfung der Elemente des Modells.
- **Gering:** Ein Ansatz folgt einer erkennbaren Struktur und beschreibt Elemente des Modells. Die Beschreibung der Elemente sowie deren Zusammenhänge bleiben jedoch unkonkret und abstrakt.
- **Hoch:** Ein Ansatz besitzt eine klare Struktur, eine konkrete Beschreibung der Elemente sowie deren Zusammenhänge. Er lässt jedoch Beispiele der Umsetzung vermissen.
- **Sehr hoch:** Ein Ansatz besitzt eine klare Struktur, eine konkrete Beschreibung der Elemente sowie deren Zusammenhänge. Eine Darstellung von Umsetzungsbeispielen ermöglicht die Überführung in die Realität.

Die *Praktikabilität* eines Modells wird anhand ihres Anwendungsgrads und ausreichenden Bezugs zur Realität gemessen. Gewährleistet werden die Praktikabilität und ein entsprechender Mehrwert für den Anwender durch realistische Annahmen, realitätsnahe Rahmenbedingungen sowie einen Anwendbarkeitsnachweis in der Praxis. Die fünf Abstufungen des Erfüllungsgrades werden folgend dargestellt:

- **Nicht erfüllt:** Ein Ansatz basiert auf unrealistischen Annahmen.
- **Sehr gering:** Ein Ansatz basiert auf Annahmen, die teilweise die Realität berücksichtigen. Allgemeine Rahmenbedingungen werden jedoch nicht berücksichtigt.
- **Gering:** Ein Ansatz basiert grundsätzlich auf realistischen Annahmen, berücksichtigt allgemeine Rahmenbedingungen der Realität jedoch nicht in ausreichendem Maße.
- **Hoch:** Ein Ansatz basiert auf realistischen Annahmen und berücksichtigt allgemeine Rahmenbedingungen der Realität in hohem Maße. Es erfolgt jedoch kein Anwendbarkeitsnachweis anhand von Praxisbeispielen.
- **Sehr hoch:** Ein Ansatz basiert auf realistischen Annahmen. Allgemeine Rahmenbedingungen der Realität werden in höchstem Maße berücksichtigt. Eine Anwendbarkeit wird anhand von Praxisbeispielen nachgewiesen.

3.1.2.2 Werkzeugbauspezifische Anforderungen

Neben den Grundanforderungen muss ein Modell ebenfalls zwei Anforderungen erfüllen, die sich aus den Spezifika der Branche Werkzeugbau ableiten. Hierzu zählen die Eignung für die Unikat- und Kleinserienfertigung sowie die Berücksichtigung individueller Randbedingungen einzelner Unternehmen.

Wie in Kapitel 2.2.4 beschrieben, werden Werkzeuge im Rahmen einer *Einzel- oder Kleinserienfertigung* hergestellt. Dies bedeutet, dass Fertigungsprozesse und Serienanläufe geringe bis keine Wiederholhäufigkeiten aufweisen. Die Gestaltung eines Modells muss dies entsprechend berücksichtigen. Die Abstufungen der Anforderung werden wie folgt abgebildet:

- **Nicht erfüllt:** Ein Ansatz weist keinen Bezug zur produzierenden Industrie auf.
- **Sehr gering:** Ein Ansatz weist einen Bezug zur produzierenden Industrie auf, fokussiert aber die Anwendung in der Serienproduktion.
- **Gering:** Ein Ansatz weist einen Bezug zur produzierenden Industrie auf und beinhaltet stückzahlenunabhängige Lösungen.
- **Hoch:** Ein Ansatz weist einen Bezug zur produzierenden Industrie auf und berücksichtigt vereinzelt Besonderheiten der Einzel- und Kleinserienfertigung.
- **Sehr hoch:** Ein Ansatz umfasst spezifische Lösungen für die Einzel- und Kleinserienfertigung.

Neben dem Unikatcharakter der Erzeugnisse verbindet Werkzeugbaubetriebe der Projektcharakter der Leistungserstellung, bei dem in der Regel die gesamte Prozesskette von Werkzeugentwicklung über Arbeitsvorbereitung, mechanische Fertigung und Montage bis hin zum Tryout durchlaufen wird. Trotz der Gemeinsamkeiten ist der Werkzeugbau eine insgesamt sehr heterogene Branche, sodass Leistungserstellungsprozess, Mitarbeiteranzahl und Technologieeinsatz der einzelnen Betriebe teilweise stark variieren. Das Modell muss daher die *individuellen Randbedingungen* einzelner Unternehmen berücksichtigen. Die fünf Abstufungen des Erfüllungsgrades lauten daher wie folgt:

- **Nicht erfüllt:** Ein Ansatz ist auf spezifische Unternehmensrandbedingungen ausgelegt und lässt keine Adaption auf andere Unternehmensrandbedingungen zu.
- **Sehr gering:** Ein Ansatz ist universell verfasst.
- **Gering:** Ein Ansatz ist universell verfasst und zeigt Adaptionen für unterschiedliche Unternehmensrandbedingungen auf.
- **Hoch:** Ein Ansatz ist teilmodular aufgebaut und lässt dadurch eine weitreichende Adaption auf die spezifische Größe und Ausrichtung von Unternehmen zu.
- **Sehr hoch:** Ein Ansatz ist modular aufgebaut und berücksichtigt vollumfänglich spezifische Unternehmensrandbedingungen.

3.1.2.3 Anlaufbezogene Anforderungen

Neben allgemeinen und branchenspezifischen Anforderungen leiten sich drei weitere Anforderungen aus der ganzheitlichen Betrachtung des Serienanlaufs von Werkzeugen ab. Diese decken vor allem die Forderung nach Vernetzung und Synchronisation am Anlauf beteiligter Stakeholder ab. Zur Adressierung der im Anlauf häufig vorherrschenden Interdependenzen bedarf es eines klar definierten Zielsystems sowie abgestimmter Anlaufstrategien auf Basis von Kundenanforderungen und werkzeugbauseitiger Rahmenbedingungen. Die im Anlauf notwendige Interdisziplinarität sollte durch eine abgestimmte Prozess- und Organisationsgestaltung gewährleistet werden. Der hohe Wissensbedarf ist durch ein ganzheitliches Wissensmanagement zu unterstützen.

Wie in Kapitel 2.2.7 bereits beschrieben, ergeben sich Interdependenzen im Serienanlauf von Werkzeugen aufgrund der Beteiligung häufig voneinander unabhängig operierender Abteilungen und Unternehmen. Dies wiederum führt zu der Notwendigkeit eines klar definierten Zielsystems, welches strategische und operative Zielkriterien abbildet. Auf Basis unterschiedlicher Rahmenbedingungen sollte daraus eine bedarfsgerechte Anlaufstrategie abgeleitet werden, die Grundlage erfolgreicher Vernetzung und Synchronisation darstellt. Die Abstufungen von *Zielsystem und Anlaufstrategie* lauten daher wie folgt:

- **Nicht vorhanden:** Ein Ansatz berücksichtigt keine Zielkriterien.
- **Sehr gering:** Ein Ansatz berücksichtigt Zielkriterien im Kontext der produzierenden Industrie. Eine konkrete Ausgestaltung findet jedoch nicht statt.
- **Gering:** Ein Ansatz berücksichtigt Zielkriterien des Serienanlaufs. Eine konkrete Ausgestaltung findet jedoch nicht statt.
- **Hoch:** Ein Ansatz berücksichtigt konkrete Zielkriterien des Serienanlaufs, es findet jedoch keine systematische Ableitung einer Anlaufstrategie unter Berücksichtigung individueller Rahmenbedingungen statt.
- **Sehr hoch:** Ein Ansatz berücksichtigt konkrete Zielkriterien des Serienanlaufs von Werkzeugen. Zusätzlich kann auf Basis individueller Rahmenbedingungen eine Anlaufstrategie für den Anwendungsfall abgeleitet werden.

Der Serienanlauf von Werkzeugen ist geprägt durch die hohe Anzahl eingebundener Prozesse und Abteilungen. Dies führt zu einer hohen Komplexität und somit schwierigen Beherrschbarkeit des Ablaufs. Zur Realisierung hoher Kundenorientierung bei gleichzeitig zeit- und kosteneffizienter Abwicklung des Anlaufs bedarf es daher einer Gestaltung anforderungsgerechter Prozesse sowie der abbildenden Organisation. Hierdurch kann die entitäts- und prozessübergreifende Vernetzung und Synchronisation abgebildet werden. Die fünf Ausprägungen hinsichtlich der Erfüllung der Anforderungen an die *Prozess- und Organisationsgestaltung* werden nachfolgend dargestellt:

- **Nicht erfüllt:** Ein Ansatz berücksichtigt keine Gestaltung von Prozessen und Organisation.
- **Sehr gering:** Ein Ansatz beschreibt die Gestaltung von Prozessen und Organisation im Kontext der produzierenden Industrie.
- **Gering:** Ein Ansatz beschreibt die Gestaltung von Prozessen und Organisation im Kontext des Serienanlaufs. Eine konkrete und integrierte Betrachtung findet allerdings nicht statt.
- **Hoch:** Ein Ansatz beschreibt die Gestaltung von Prozessen und Organisation im Kontext des Serienanlaufs von Werkzeugen. Eine integrierte Betrachtung findet allerdings nicht statt.
- **Sehr hoch:** Ein Ansatz beschreibt konkret die integrierte Gestaltung von Prozessen und Organisation im Kontext des Serienanlaufs von Werkzeugen.

Zuletzt erfordert die Durchführung des Serienanlaufs von Werkzeugen ein hohes Maß an Fachwissen, Kompetenz und Erfahrung. Die für den Serienanlauf relevanten Fähigkeiten sind häufig erst nach mehreren Jahren im Beruf vollständig ausgebildet. Hinzu kommt, dass im

Serienanlauf Erfahrungen gemacht werden, die als Lerneffekte für vorgelagerte Prozessschritte genutzt werden können. Entsprechend muss ein Ansatz den personen- und projektübergreifenden Austausch von Wissen ermöglichen. Die digitale Abbildung befähigt, Wissen langfristig zu konservieren, systematisch zu analysieren und anforderungsgerecht in der Organisation bereitzustellen. Dadurch kann eine personen- und projektübergreifende Vernetzung und Synchronisation von Wissen abgebildet werden. Die folgenden fünf Abstufungen im Kontext eines notwendigen ganzheitlichen *Wissensmanagements* werden zur Bewertung der analysierten Ansätze berücksichtigt:

- **Nicht erfüllt:** Ein Ansatz berücksichtigt kein Wissensmanagement.
- **Sehr gering:** Ein Ansatz nimmt Bezug auf Wissensmanagement, jedoch ist dieses nicht konkret ausgestaltet.
- **Gering:** Ein Ansatz gestaltet Wissensmanagement konkret aus, jedoch werden spezifische Rahmenbedingungen des Serienanlaufs von Werkzeugen nicht berücksichtigt.
- **Hoch:** Ein Ansatz gestaltet Wissensmanagement im Kontext des Serienanlaufs von Werkzeugen konkret aus, allerdings ohne Berücksichtigung digitaler Elemente.
- **Sehr hoch:** Ein Ansatz gestaltet Wissensmanagement im Kontext des Serienanlaufs von Werkzeugen konkret aus. Die digitale Ausgestaltung ermöglicht den systematischen personen- und projektübergreifenden Wissensaustausch.

Im Ergebnis entstehen in den drei Dimensionen der allgemeinen Wissenschaften, der Branche Werkzeugbau sowie dem Anlauf sieben Anforderungen an ein Modell zur Gestaltung des vernetzten und synchronisierten Serienanlaufs von Werkzeugen. Diese sind in Abbildung 43 zusammengefasst.

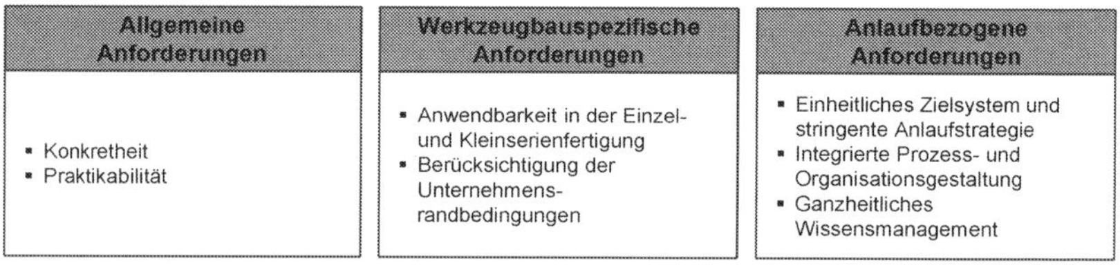

Abbildung 43: Anforderungen an ein Modell zur Gestaltung des Serienanlaufs von Werkzeugen

Zielsystem und Anlaufstrategie stellen die Grundlage von Vernetzung und Synchronisierung dar. Durch eine integrierte Prozess- und Organisationsgestaltung wird der Anforderung nach entitäts- und prozessübergreifender Vernetzung und Synchronisation Rechnung getragen. Ein ganzheitliches Wissensmanagement ermöglicht die personen- und projektübergreifende Synchronisation von Erfahrungswissen.

3.2 Vorstellung bestehender Ansätze

In der Theorie existiert eine Vielzahl von Ansätzen, die oben genannte Anforderungen potenziell erfüllen können. Abbildung 44 zeigt eine Auswahl an Ansätzen, die einen repräsentativen Einblick in den Stand der Forschung in Bezug auf den Betrachtungs- oder Gestaltungsbereich der vorliegenden Arbeit geben. Zur Eingrenzung der folgenden Detailbetrachtung wurde eine

Vorbewertung hinsichtlich des Bezugs zum Betrachtungs- und/oder Gestaltungsbereich vorgenommen. Grundlage für die Erfüllung des hinreichenden Bezugs und damit einhergehenden Detaillierung im Rahmen der Arbeit stellt die mindestens geringe Abbildung (alternativ zweimal sehr geringe Abbildung) jeweils einer werkzeugbauspezifischen sowie einer anlaufbezogenen Anforderung dar. Sofern Ansätze einen ähnlichen Erfüllungsgrad aufweisen, wurden Ansätze ausgewählt, die eine möglichst große Bandbreite relevanter Lösungsansätze darstellen.

Autor	Ansatz	Detaillierte Betrachtung
ABELE ET AL. (2017)	Prozessmodell für einen Lean Try-out	✓
BARON (2002)	Collaborative Business Model	×
BOROWSKI (2011)	Agiles Modell zum Management komplexer Produktionsanläufe	✓
BRAEDEL (2009)	Optimierung des Werkzeugeinarbeitsprozesses für Karosserieteile	×
BRUNS (2010)	Organisation des Anlaufmanagements	×
CHRISTENSEN & RYMASZEWSKA (2016)	Ansatz zur Anwendung von Lean-Prinzipien im Anlaufprozess	✓
EVERSHEIM (1995)	Simultaneous Engineering	×
FITZEK (2005)	Anlaufmanagement in interorganisationalen Netzwerken	✓
FLEISCHER ET AL. (2007)	Proaktive Anlaufsteuerung von Produktionssystemen	×
FRITSCHE (1998)	Bewertung und Verkürzung von Anlaufprozessen für Betriebsmittel	×
GARTZEN (2012)	Diskrete Migration als Anlaufstrategie für Montagesysteme	×
HANKE (2015)	Lean Ramp-up	×
KAMPKER ET AL. (2013)	Komplexitätsorientiertes Anlaufmanagement	×
KRAUS (2005)	Strategisches Wertschöpfungsdesign	✓
KOMOREK (2014)	Kollaborative Wertschöpfung im industriellen Werkzeugbau	✓
KUHLMANN (2011)	Gestaltung von Geschäftsprozessen im industriellen Werkzeugbau	×
KUHLMANN (2016)	Modularer Werkzeugbau als Befähiger internationaler Produktionsnetzwerke	×
LAICK (2003)	Sicherer Produktionshochlauf durch Gestaltung und Lenkung des Produktionsprozesssystems	×
LANZA (2005)	Simulationsbasierte Anlaufunterstützung auf Basis der Qualitätsfähigkeiten von Produktionsprozessen	×
MEYER (2008)	Beschleunigter Anlauf der Serienfertigung von Karosseriebauteilen	×
MÜLLER (2007)	High Performance Ramp-up	✓
PITSCH (2014)	Kompetenzfeldbasierte Vernetzung von Werkzeugbaustandorten	×
RITTSTIEG (2011)	Methodik zur Prozesssynchronisierung im industriellen Werkzeugbau	✓
SCHMITT ET AL. (2010)	Aachener Modell zum interdisziplinären Anlaufmanagement	✓
SCHNEIDER (2006)	Assistenzsystem für die Strategiefestlegung in der Anlaufplanung	×
SCHUH ET AL. (1998)	Virtuelle Fabrik	✓
SCHUH ET AL. (2008)	Integriertes Anlaufmanagementmodell	×
SCHWABER & SUTHERLAND (2015)	Agiles Projektmanagement SCRUM	×
STIPPAK (2010)	Das Navigationssystem für den effektiven Tryout	×
TÜCKS (2010)	Ramp-Up Management in der Automobilindustrie	×
WIRTH & BAUMANN (2001)	Wertschöpfung durch vernetzte Kompetenz	✓

Abbildung 44: Bewertung der Relevanz wissenschaftlicher Ansätze[475]

[475] In der Wissenschaft bestehen weitere Ansätze, die sowohl Bezug auf den Betrachtungs- als auch Gestaltungsbereich nehmen. Die hier dargestellten Ansätze stellen eine repräsentative Auswahl dar.

Im weiteren Verlauf werden als relevant eingestufte wissenschaftliche Ansätze einer detaillierten Untersuchung unterzogen. Dazu werden die Ansätze anhand der Kategorien „Lösungsansätze des Serienanlaufs", „Lösungsansätze des Werkzeugbaus" sowie „Lösungsansätze der Wertschöpfungsgestaltung" auf ihre Anwendungseignung hinsichtlich der gegebenen Problemstellung untersucht. Neben der Darstellung der wesentlichen Eigenschaften erfolgt ebenfalls eine Prüfung in Bezug auf den Erfüllungsgrad definierter Anforderungen.

3.2.1 Lösungsansätze des Serienanlaufs

Zunächst werden Lösungsansätze des Serienanlaufs analysiert. Diese fokussieren primär Optimierungen aus allgemeiner Sicht auf den Serienanlauf. Der Werkzeugbau wird hierbei als eine von vielen Einflussgrößen zur Realisierung der Anlaufziele verstanden und bildet mitunter nicht den Schwerpunkt der Arbeiten.

3.2.1.1 Aachener Modell zum interdisziplinären Anlaufmanagement nach SCHMITT ET AL.

Das Aachener Modell zum interdisziplinären Anlaufmanagement nach SCHMITT ET AL. ist ein im Rahmen des „Aachener Graduiertenkolleg Anlaufmanagement"[476] entstandenes Modell zur erfolgreichen Beherrschung der im Rahmen des Serienanlaufs vorliegenden Komplexität. Das Modell betrachtet den Anlauf als ein multidimensionales, interdisziplinäres und hochgradig interdependentes Entscheidungsproblem. Es verfolgt den Ansatz, den Anlauf dezentral über eine systematische Verbesserung von Einzelentscheidungen und unter Beachtung relevanter Wirkzusammenhänge erfolgreich zu gestalten.[477]

Grundlage des Modells bildet ein dreiteiliger Rahmen bestehend aus Entscheidungsgrundlage, einer entsprechenden Entscheidungsfähigkeit sowie einem einheitlichen Zielsystem. Der Rahmen bildet somit notwendige Grundvoraussetzungen erfolgreicher Anläufe ab. Ebenso finden sich im Modell sieben Disziplinen wieder, die durch drei Arten von Entscheidungen im Anlauf integriert werden. Diese unterscheiden sich in Sachentscheidungen, Strukturentscheidungen und Organisationsentscheidungen.[478] Abbildung 45 zeigt das Modell.

Die Entscheidungsgrundlage ist durch die Fähigkeit des Entscheidungsträgers definiert, einen Entscheidungsbedarf im Serienanlauf zu erkennen und die Situation richtig einzuschätzen. Zusätzlich muss er eine ausreichende Entscheidungsfähigkeit durch seine Erfahrung und sein Einschätzungsvermögen aufweisen, um die Wirkbeziehungen seiner Entscheidung zu erkennen und alle relevanten Alternativen zu berücksichtigen. Das einheitliche Zielsystem dient dem Entscheider dazu, Einzelziele der beteiligten Funktionen und Abteilungen im Serienanlauf zusammenführen und dadurch eine Entscheidung gemäß der optimalen Erreichung des Gesamt-

[476] Von 2008 bis 2017 von der DFG unter dem Förderkennzeichen GRK 1491 gefördertes Forschungsvorhaben. Das interdisziplinäre Anlaufmanagement nach SCHMITT stellt das Grundgerüst des Graduiertenkollegs dar und ist gleichzeitig in dessen Rahmen entstanden.

[477] Vgl. Schmitt et al. (Interdisziplinäres Anlaufmanagement), 2010, S. 318ff.

[478] Vgl. Schmitt et al. (Interdisziplinäres Anlaufmanagement), 2010, S. 319f.

ziels zu treffen. Diesbezüglich stellen SCHMITT ET AL. fest, dass die Definition eines solch einheitlichen Zielsystems eine zentrale Herausforderung der erfolgreichen Durchführung des Serienanlaufs darstellt. Eine Schwierigkeit ergibt sich hierbei aus der Harmonisierung lokaler und globaler Ziele sowie deren Integration in ein ganzheitliches Gesamtziel.[479]

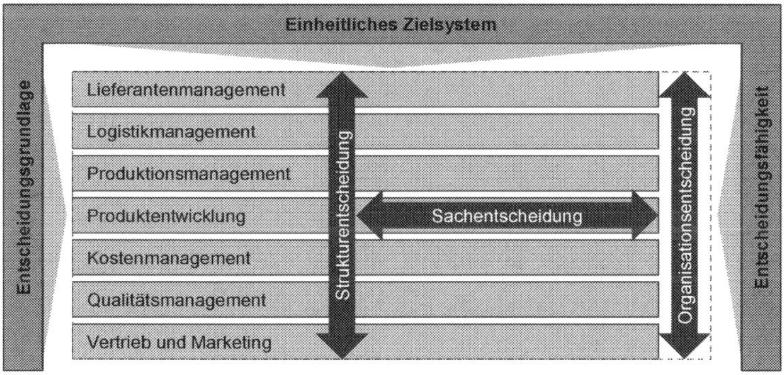

Abbildung 45: Aachener Modell zum interdisziplinären Anlaufmanagement nach SCHMITT ET AL.[480]

Neben den Voraussetzungen werden sieben Disziplinen dargestellt. Diese umfassen das Lieferanten-, Logistik- und Produktionsmanagement, die Produktentwicklung, das Kosten- und Qualitätsmanagement sowie Vertrieb und Marketing. Innerhalb dieser Disziplinen soll das Ziel verfolgt werden, Entscheidungen unter Berücksichtigung hoher Dynamik, Interdependenz und Interdisziplinarität zu treffen.

Zur Modellierung des Serienanlaufs als komplexes Entscheidungsproblem unterscheiden SCHMITT ET AL. drei Typen von Entscheidungen. Als Sachentscheidungen werden Entscheidungen definiert, deren Inhalt die faktische Ausgestaltung von Prozessen oder Produkten bzw. deren Komponenten betrifft. Strukturentscheidungen stellen interdependente Sachentscheidungen dar. Sie sind daher funktionsübergreifend und können zu komplexen Wechselwirkungen im Serienanlauf führen. Organisationsentscheidungen bilden den dritten Entscheidungstyp im Anlaufmanagement. Sie legen die interdisziplinäre Zusammensetzung einer Organisationseinheit der beteiligten Funktionen fest.[481]

Als Ordnungsrahmen ist das Modell zwar umfassend, jedoch vergleichsweise abstrakt und unkonkret. Um eine Umsetzbarkeit in der Praxis zu erreichen, ist das Modell weiter zu detaillieren. Die zuvor definierten Grundanforderungen können daher lediglich in geringem Maße erfüllt werden. Werkzeugbauspezifische Anforderungen weisen aufgrund des allgemeinen Charakters und des Fokus auf die produzierende Industrie einen mittleren Erfüllungsgrad auf. Ein konkreter Bezug zur Einzel- und Kleinserienfertigung besteht jedoch nicht. Ebenfalls wird

---

[479] Vgl. Schmitt et al. (Interdisziplinäres Anlaufmanagement), 2010, S. 318

[480] i. A. a. Schmitt (Anlaufmanagement), 2015, S. 23; Schmitt et al. (Interdisziplinäres Anlaufmanagement), 2010, S. 320

[481] Vgl. Schmitt et al. (Interdisziplinäres Anlaufmanagement), 2010, S. 320f.

keine Validierung anhand von Praxisbeispielen vorgenommen. Auf die Notwendigkeit eines einheitlichen Zielsystems wird hingewiesen, allerdings erfolgt keine konkrete Ausgestaltung. Die anforderungsbezogene Auslegung von Organisation und Prozess wird sehr vage beschrieben, Wissensmanagement findet im Modell keine Berücksichtigung.

3.2.1.2 High Performance Ramp-up nach MÜLLER

Das High Performance Ramp-up nach MÜLLER stellt einen Leitfaden zur ganzheitlichen, integrativen und partizipativen Planung und Realisierung komplexer Serienanläufe dar. Die Motivation basiert auf der Feststellung, dass sich in der industriellen Produktion signifikante Veränderungen ergeben (haben) und Unternehmen dementsprechend wandlungsfähiger, reaktionsschneller, flexibler und vernetzter agieren müssen. Die Veränderungen haben signifikante Auswirkungen auf Serienanläufe, die sowohl im Hinblick auf Anzahl als auch in Bezug auf deren Komplexität weiter zunehmen werden.[482]

Als zentrale Problemfelder des Serienanlaufs werden die Anlaufprozessorganisation, die Technik, der Produktionsprozess und das Personal identifiziert.[483] Zur Adressierung der Problemfelder wird eine Lösungsstrategie empfohlen, die sich aus zwei Ebenen zusammensetzt (vgl. Abbildung 46). Das integrative Anlaufmanagementkonzept stellt die strategisch und taktisch orientierte Managementebene dar und beinhaltet allgemeingültige Strategien und Konzepte zur effizienten sowie zeit- und kostenoptimalen Gestaltung des Serienanlaufs. Maßnahmen zur Aufwandssenkung adressieren die operativ orientierte Ausführungsebene und beinhalten Lösungen zur Minimierung der finanziellen und zeitlichen Aufwände für Planung und Realisierung des Anlaufs. Beide Ebenen umfassen zur Adressierung von Abhängigkeiten neben dem eigentlichen Anlauf ebenfalls vor- und nachgelagerte Phasen.[484]

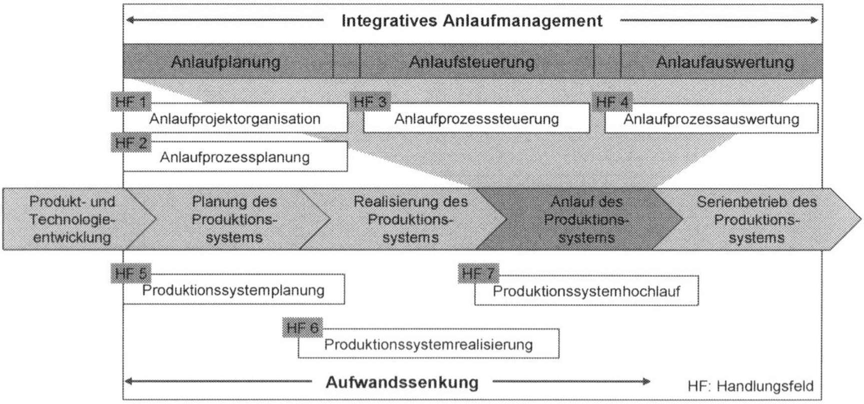

Abbildung 46: Handlungsfelder im Rahmen des High Performance Ramp-up nach MÜLLER[485]

[482] Vgl. Schulze; Opitz (Problemlage), 2007, S. 1

[483] Vgl. Schulze; Opitz (Problemlage), 2007, S. 3ff.

[484] Vgl. Schulze; Opitz (Lösungsprinzipien), 2007, S. 7ff.

[485] i. A. a. Schulze; Opitz (Lösungsprinzipien), 2007, S. 9

Das *integrative Anlaufmanagement* umfasst die Handlungsfelder Anlaufprojektorganisation, Anlaufprozessplanung, Anlaufprozesssteuerung sowie Anlaufprozessauswertung. Diese ermöglichen ein szenariobasiertes Festlegen von Reaktionsstrategien, um notwendige Anpassungen frühzeitig erkennen und entsprechende Änderungen vornehmen zu können. Ein permanenter Soll-Ist-Vergleich von Terminen und Kosten sowie eine retrospektive Betrachtung und Dokumentation relevanten Wissens trägt zusätzlich zur aktiven Steuerung des Anlaufs zur Verbesserung zukünftiger Anläufe bei. Außerdem sollte eine frühzeitige und phasenübergreifende Zusammenführung von Experten durch Fach- und Know-how-Integration erfolgen. Dies kann im Rahmen interdisziplinärer Anlaufprojektteams unter Einbindung unternehmensübergreifender Know-how-Träger realisiert werden.[486]

Die Konzepte zur *Aufwandssenkung* umfassen die Handlungsfelder Produktionssystemplanung, Produktionssystemrealisierung und Produktionssystemhochlauf. Diese verlangen insbesondere neue Lösungen in den Bereichen Technikgestaltung, Arbeitsorganisation und effizienter Planung. Die Konzeption einer bausteinbasierten Planungsmethode erlaubt die Reduktion des Planungsaufwands neuer technischer Systeme auf Basis von Ähnlichkeiten vergangener Projekte. Daneben werden die Entwicklung und Realisierung einfach konfigurierbarer Produktionstechnik sowie die Einführung operativer Planungsteams beschrieben.[487]

Der Ansatz beschreibt insgesamt sieben Handlungsfelder im Serienanlauf und gestaltet diese im Rahmen des Modells konkret aus. Ebenfalls werden die ausgestalteten Lösungen anhand von Praxisbeispielen pilotiert und validiert, wodurch der Erfüllungsgrad der allgemeinen Anforderungen als sehr hoch zu bewerten ist. Die werkzeugbauspezifischen Anforderungen werden hingegen nur unzureichend berücksichtigt. Es wird weder auf spezifische Charakteristika der Einzel- und Kleinserienfertigung eingegangen noch finden individuelle Unternehmensrandbedingungen im Modell Anwendung. Anlaufbezogene Anforderungen werden teilweise berücksichtigt. Sowohl die Gestaltung der Organisation als auch des Anlaufprozesses wird im Rahmen der Arbeit vorgenommen, jedoch findet keine integrierte Betrachtung statt. Zusätzlich wird auf die Konzeption von Anlaufstrategien eingegangen und ein entsprechendes Vorgehen vorgestellt. Konkrete Ansätze des Wissensmanagements finden sich im dargestellten Ansatz nicht wieder.

3.2.1.3 Anlaufmanagement in interorganisationalen Netzwerken nach FITZEK

In seiner Arbeit untersucht FITZEK das interorganisationale Management von Serienanläufen am Beispiel der Automobilindustrie. Die Untersuchungen basieren auf der Feststellung, dass die Anforderungen an das Management von Anläufen durch veränderte Rahmenbedingungen des Marktes stetig zunehmen. Demnach treten bei der Einführung neuer Produkte oftmals umfassende Qualitäts-, Kosten- und Terminprobleme auf.[488]

Erfolgreiche Serienanläufe basieren nach FITZEK auf den zwei Determinanten interorganisationales Lernen und interorganisationales Planen. Um den Einfluss dieser Determinanten auf

486 Vgl. Schulze; Opitz (Lösungsprinzipien), 2007, S. 8ff.
487 Vgl. Schulze; Opitz (Lösungsprinzipien), 2007, S. 9ff.
488 Vgl. Fitzek (Anlaufmanagement in Netzwerken), 2005, S. 1ff.

den Serienanlauf zu konkretisieren, formuliert er entsprechende Forschungshypothesen. Mittels einer Interviewserie sowie eines internationalen Benchmarking-Projekts weist er Wirkzusammenhänge dieser beiden Determinanten auf folgende Ergebnisgrößen nach:[489]

- Anzahl der Produktänderungen
- Ausmaß der Störungen im Änderungsprozess
- Ausmaß der Produktionsstörungen
- Ausmaß der Logistikstörungen
- Ausmaß von Störungen im logistischen Informationsfluss

Aus den Untersuchungen wird die hohe Bedeutung organisationalen Planens und Lernens bestätigt. Beide Determinanten wirken reduzierend auf untersuchte Stör- und verstärkend auf entsprechende Ergebnisgrößen. Ebenfalls wird ersichtlich, dass interorganisationales Lernen und Planen nicht nur in der vertikalen, sondern auch in der horizontalen Beziehung zu einem Lieferanten technisch komplementärer Produkte einen ergebnisverbessernden Einfluss auf wichtige Erfolgsgrößen des Serienanlaufs aufweist.[490]

Aus den Erkenntnissen der wissenschaftlichen Untersuchung leitet FITZEK Gestaltungsempfehlungen für den Auf- und Ausbau interorganisationalen Managements ab, die im St. Galler Anlaufmanagement-Modell[491] verortet werden (vgl. Abbildung 47).

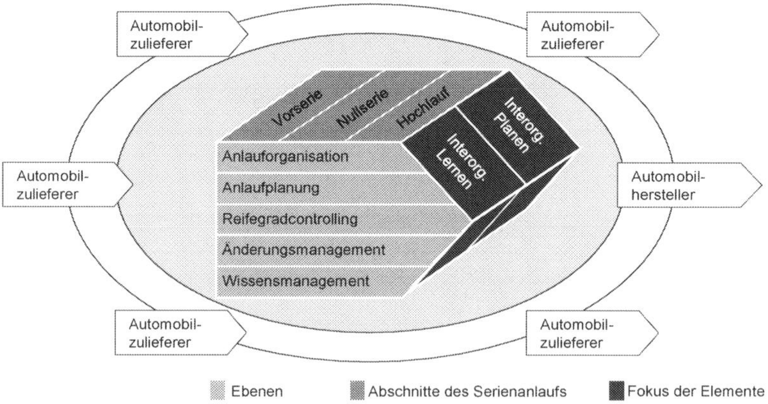

Abbildung 47: St. Galler Anlaufmanagement-Modell nach FITZEK[492]

Zur Adressierung der zugrundeliegenden Herausforderungen wird die Anlaufphase entsprechend Kapitel 2.1.4 in die drei Abschnitte Vorserie, Nullserie und Hochlauf unterteilt. Die fünf

[489] Vgl. Fitzek (Anlaufmanagement in Netzwerken), 2005, S. 116ff.

[490] Vgl. Fitzek (Anlaufmanagement in Netzwerken), 2005, S. 141f.

[491] Der erste Entwurf des St. Galler Anlaufmanagement-Modells wurde als Strukturierungsmodell zur Durchführung des internationalen Benchmarking-Projekts "Anlaufmanagement für Automobilzulieferer" (2004) erarbeitet (vgl. Fitzek (Anlaufmanagement in Netzwerken), 2005, S. 153). Dieses baut auf dem St. Galler Management-Modell auf.

[492] i. A. a. Fitzek (Anlaufmanagement in Netzwerken), 2005, S. 153

Ebenen Anlauforganisation, Anlaufplanung, Reifegradcontrolling, Änderungs- sowie Wissensmanagement stellen die relevanten Gestaltungsdimensionen des interorganisationalen Managements des Serienanlaufs dar. Für jede der fünf Gestaltungsdimensionen werden Methoden, Ansätze und Instrumente aufgezeigt, die spezifische Beiträge zur Umsetzung des interorganisationalen Planens und Lernens leisten. Aufgezeigte Lösungen werden anhand konkreter Umsetzungsbeispiele beschrieben.[493]

Die Anforderungen an Konkretheit und Praktikabilität können in hohem Maße erfüllt werden, allerdings erfolgt keine abschließende Validierung anhand von Praxisbeispielen. Da die Handlungsfelder empirisch hergeleitet sind und die genannten Methoden, Ansätze und Instrumente teilweise anhand von Beispielen aus der Industrie gezeigt werden, ergibt sich eine sehr hohe Konkretheit sowie ein hohes Maß an Praktikabilität. Aufgrund der Beschreibung relevanter Lösungsbausteine aus Sicht der Automobilindustrie können die werkzeugbauspezifischen Anforderungen nicht erfüllt werden. Zum einen zielen die vorgestellten Lösungen auf den Einsatz in der Großserie ab, zum anderen werden individuelle Unternehmensrandbedingungen des Werkzeugbaus durch den Fokus auf Großunternehmen nicht berücksichtigt. Hinsichtlich der anlaufbezogenen Anforderungen finden Zielsystem und Anlaufstrategie keine Ausgestaltung. Für die Gestaltung von Organisation und Prozess werden Konzepte vorgestellt und anhand von Beispielen erläutert. Hinweise zur konkreten individuellen und integrierten Ausgestaltung werden jedoch nicht präsentiert. Die Notwendigkeit eines Wissensmanagements wird genannt, allerdings erfolgt keine Ausgestaltung anhand der spezifischen Rahmenbedingungen des Serienanlaufs von Werkzeugen.

3.2.1.4 Agiles Modell zum Management komplexer Produktionsanläufe nach BOROWSKI

Auf Basis marktseitiger Veränderungen im Unternehmensumfeld entwickelt BOROWSKI ein agiles Vorgehensmodell zur Verbesserung der Wettbewerbsfähigkeit produzierender Unternehmen. Das Modell soll insbesondere dynamische Herausforderungen im Serienanlauf adressieren und diesen durch Adaption bestimmter Elemente des agilen Projektmanagements hinsichtlich der Zielgrößen Zeit, Kosten und Qualität verbessern. Im Laufe eines Anlaufprojekts sollen sich durch das Modell verändernde Kundenanforderungen adressieren sowie Fehler kostengünstig beheben lassen.[494]

Das agile Vorgehensmodell ist nach dem Vorbild des Viable System Models (VSM) aufgebaut. Dieses stellt ein Modell der Kybernetik für ein lebensfähiges System als Idealisierung komplexer Organisation dar. Viable System Models basieren auf den drei Grundprinzipien Lebensfähigkeit (ständige Anpassung des Systems an verändernde Umgebung), Rekursion (Rückkopplung auf sich selbst) sowie dem Prinzip der relativen Autonomie (Teilsysteme haben so viel Autonomie, wie es der Zweckerfüllung des Gesamtsystems dienlich ist).[495] Durch die Zusammenführung des Viable System Models mit agilen Werten und Prinzipien sowie des Scrum-

[493] Vgl. Fitzek (Anlaufmanagement in Netzwerken), 2005, S. 153ff.

[494] Vgl. Borowski (Agile Produktionsanläufe), 2011, S. 1ff.

[495] Vgl. Borowski (Agile Produktionsanläufe), 2011, S. 95ff.

Prozessmodells wird das agile Vorgehensmodell gebildet. Dieses ist anhand der normativen, strategischen und operativen Managementebene strukturiert.[496]

Der Aufbau des Modells umfasst vier Elemente, die sich aus dem Viable System Model ableiten. Die Wertschöpfungsprozesse stellen die Abfolge von Aktivitäten unterschiedlicher organisatorischer Einheiten im Produktionsanlauf dar. Wie in Abbildung 48 gezeigt, besteht ein Informations- und Kommunikationsfluss zum lokalen Umfeld. Das Anlaufmanagement stellt die operative Lenkung der Wertschöpfungsprozesse in unterschiedlichen Teilbereichen des Anlaufs dar. Die Werte und Prinzipien des Produktionsanlaufs spiegeln notwendige Vorgehensweisen, Praktiken und Themen der Unternehmenskultur wider, die zur Stabilisierung des Gesamtsystems notwendig sind. Diese müssen sukzessive thematisiert, reflektiert und weiterentwickelt werden.[497]

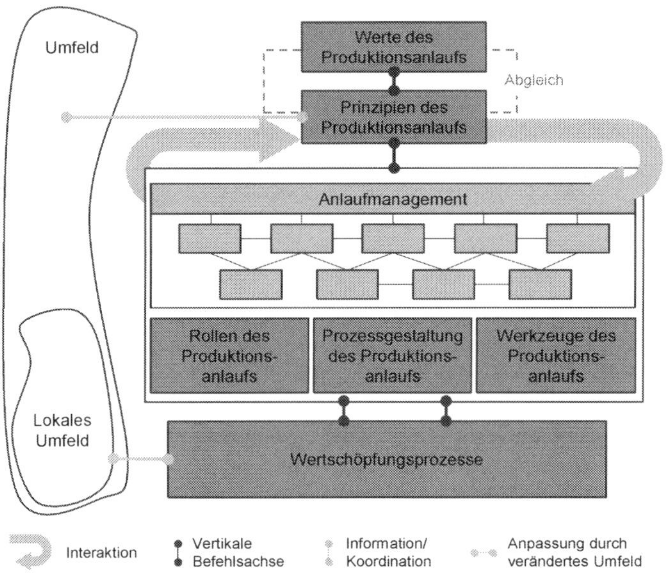

Abbildung 48: Agiles Vorgehensmodell zum Management komplexer Produktionsanläufe nach BOROWSKI[498]

Die Organisation eines Produktionsanlaufs erfolgt auf Basis der Scrum-Logik der agilen Softwareentwicklung und umfasst die Rollen Project Owner, Project Master und das Anlaufteam. Die Prozessgestaltung erfolgt nach dem Scrum-Prozess. Werkzeuge des Produktionsanlaufs umfassen Grob- und Feinplanung, Fortschrittskontrolle, Risikomanagement sowie eine Prozessbegleitung.[499]

---

[496] Vgl. Borowski (Agile Produktionsanläufe), 2011, S. 106ff.

[497] Vgl. Borowski (Agile Produktionsanläufe), 2011, S. 106ff.

[498] i. A. a. Borowski (Agile Produktionsanläufe), 2011, S. 113

[499] Vgl. Borowski (Agile Produktionsanläufe), 2011, S. 123ff.

Das agile Vorgehensmodell kann die allgemeinen Anforderungen lediglich teilweise erfüllen. Zwar werden im Hinblick auf die Konkretheit einige Elemente wie z. B. die Arbeit innerhalb der Scrum Teams im Detail erläutert, andere Aspekte wie z. B. notwendige Werkzeuge oder die Teilbereiche des Anlaufmanagements bleiben jedoch vage. Durch die Validierung des Modells in der betrieblichen Praxis kann ein sehr hoher Erfüllungsgrad hinsichtlich Praktikabilität erreicht werden. Werkzeugbauspezifische Anforderungen durch die Einzel- und Kleinserienfertigung finden im Ansatz keine Berücksichtigung. Obwohl das Modell einen Bezug zur produzierenden Industrie aufweist und Unternehmen mit mittelständischen Strukturen im Fokus stehen, eignet sich dieses nur in sehr geringem Maße zur Anwendung im Werkzeugbau. Durch die Fokussierung auf den Mittelstand können heterogene unternehmensspezifische Randbedingungen ebenfalls nur in sehr geringem Maße erfüllt werden. Anlaufbezogene Anforderungen weisen einen guten Erfüllungsgrad auf. Zwar werden Zielsystem und Anlaufstrategie nicht thematisiert, jedoch werden sowohl die Prozess- und Organisationsgestaltung detailliert als auch auf die Notwendigkeit eines Wissensmanagements im untersuchten Ansatz hingewiesen.

3.2.1.5 Ansatz zur Anwendung von Lean Prinzipien im Anlaufprozess nach CHRISTENSEN & RYMASZEWSKA

Der konzeptionelle Ansatz von CHRISTENSEN & RYMASZEWSKA wurde vor dem Hintergrund steigender Komplexität sowie einer zunehmenden Notwendigkeit schneller Produkteinführungen entwickelt. Dafür basiert der Ansatz auf Lean Prinzipien und überträgt diese zur systematischen Anwendung auf den Serienanlauf. Die Autoren stellen fest, dass dies bisher nicht erfolgt ist und aufgrund der unterschiedlichen Anwendungsumgebung[500] eine Herausforderung darstellt. Übergeordnet sollen Verschwendung vermieden, Varianten verringert sowie eine Standardisierung der Abläufe vorgenommen werden können.[501]

Als Grundgerüst des Ansatzes werden zunächst Schwachstellen im Serienanlauf analysiert. Diese werden den Kategorien Qualität, Zeit, Kommunikation, Supply Chain, Verantwortlichkeiten, Produktspezifikationen und Engpässe zugeordnet. Anhand der identifizierten Schwachstellen geben die Autoren Gestaltungshinweise, wie diese durch eine systematische Anwendung von Lean Prinzipien im Serienanlauf vermieden werden könnten.[502]

Anschließend wird anhand der zentralen Erfolgsfaktoren Qualität und Durchlaufzeit ein Ordnungsrahmen zur lean-orientierten Auslegung des Serienanlaufs entwickelt. Ziel ist die schnellere Markteinführung des Produktes sowie ein frühzeitiges Erreichen eines hohen Produktionsvolumens (vgl. Abbildung 49). Auf Basis des Ordnungsrahmens wird zunächst die Anlaufstrategie auf Grundlage der Wettbewerbsprioritäten festgelegt. Anschließend werden die strukturellen, infrastrukturellen und integrativen strategischen Entscheidungen auf Basis der

[500] Die Autoren führen an, dass Lean bisher hauptsächlich bei hohen Stückzahlen und geringen Varianzen Anwendung findet, der Serienanlauf allerdings durch Kurzfristigkeit, Unvorhersehbarkeit und Komplexität gekennzeichnet ist, vgl. Christensen; Rymaszewska (Lean Application to Manufacturing Ramp-Up), 2016, S. 45

[501] Vgl. Christensen; Rymaszewska (Lean Application to Manufacturing Ramp-Up), 2016, S. 45ff.

[502] Vgl. Christensen; Rymaszewska (Lean Application to Manufacturing Ramp-Up), 2016, S. 47f.

Anlaufstrategie festgelegt. Hierbei sollen die Lean Prinzipen berücksichtigt sowie die strategische Auslegung des Anlaufprozesses definiert werden. Die festgelegten strategischen Entscheidungen dienen zur Verbesserung der Wettbewerbsfähigkeit, insbesondere im Hinblick auf eine Verkürzung der Zeit bis zur Erreichung des festgelegten Produktionsvolumens (Time-to-Volume). Zur Umsetzung des Ordnungsrahmens wird zudem eine Checkliste bereitgestellt. Diese orientiert sich an den strategischen Entscheidungen im Modell, um die Anwendbarkeit von Lean Prinzipien besser berücksichtigen zu können. Die Checkliste ist von drei unabhängigen Senior Operation Managern aus der Elektronik- und Pharmaindustrie validiert worden.[503]

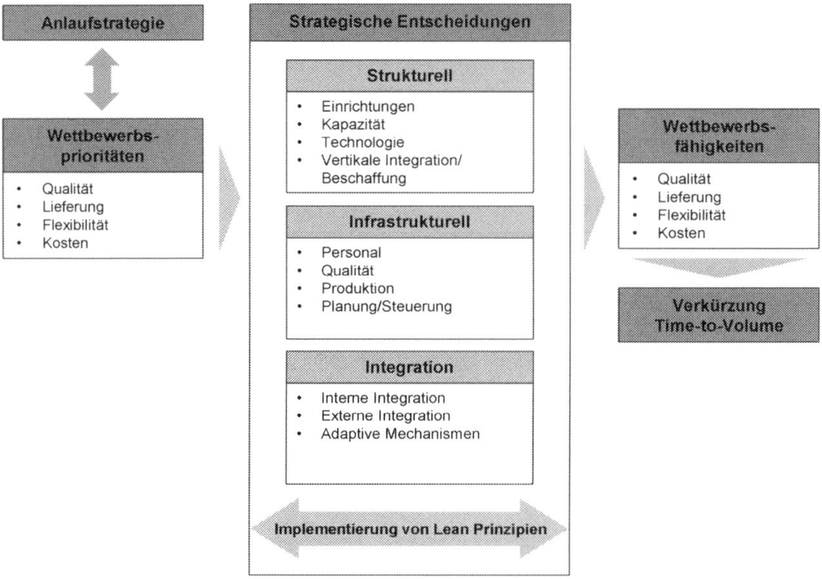

Abbildung 49: Ansatz zur Anwendung von Lean Prinzipien im Serienanlauf nach CHRISTENSEN & RYMASZEWSKA[504]

Insgesamt soll der Ansatz die Grundlage für zukünftige Forschung bilden, um verschiedene Problemlösungsstrategien im Detail zu untersuchen. Des Weiteren dient er zur Integration von Lean Prinzipien bei strategischen Infrastrukturentscheidungen und der Organisation der Forschung zur Lösung von Problemen im Bereich des Anlaufprozessmanagements.[505]

Die Autoren versuchen mit dem dargestellten Ansatz, Lean Prinzipien auf den Serienanlauf zu übertragen und diesen hinsichtlich der Kenngrößen Durchlaufzeit und Qualität zu optimieren. Die allgemeinen Anforderungen nach Konkretheit und Umsetzbarkeit in der Praxis werden teilweise erfüllt. Zwar erfolgt eine Evaluierung der bereitgestellten Checkliste, unabhängig davon findet jedoch keine Praxiserprobung des Ansatzes statt. Zudem mangelt es dem Ansatz

[503] Vgl. Christensen; Rymaszewska (Lean Application to Manufacturing Ramp-Up), 2016, S. 47ff.
[504] i. A. a. Christensen; Rymaszewska (Lean Application to Manufacturing Ramp-Up), 2016, S. 51
[505] Vgl. Christensen; Rymaszewska (Lean Application to Manufacturing Ramp-Up), 2016, S. 50

an Konkretheit. Werkzeugbauspezifische Anforderungen weisen aufgrund der Generalität der produzierenden Industrie einen geringen Erfüllungsgrad auf. Ein konkreter Bezug zur Einzel- und Kleinserienfertigung besteht nicht. Anlaufbezogene Anforderungen werden ebenfalls nur unzureichend erfüllt. Zwar weisen die Autoren auf die Notwendigkeit einer Anlaufstrategie sowie der Ausgestaltung eines Wissensmanagements zur Generierung von Lerneffekten hin, beides wird jedoch nicht weiter ausgestaltet. Die anforderungsbezogene Auslegung von Organisation und Prozess findet im Ansatz keine Berücksichtigung.

3.2.2 Lösungsansätze des Werkzeugbaus

Im folgenden Abschnitt werden Lösungsansätze untersucht, die dem Werkzeugbau zugeordnet werden können. Dementsprechend bildet der Werkzeugbau den Fokus der Untersuchungen. Insgesamt können drei Ansätze identifiziert werden, die zur Gestaltung des Serienanlaufs von Werkzeugen potenziell geeignet erscheinen.

3.2.2.1 Kollaborative Wertschöpfung im industriellen Werkzeugbau nach KOMOREK

KOMOREK entwickelt ein Modell zur Gestaltung der Wertschöpfung im Werkzeugbau, um die Effizienz der Leistungserstellung sowie das Leistungsangebot zu verbessern. Das Modell ist aus Handlungsfeldern, Befähigern und Paradigmen sowie der Leistung als zentralem Ergebnis aufgebaut. Leistungen können sowohl Sachgüter als auch Dienstleistungen umfassen und erfüllen einen Kundennutzen.[506] Abbildung 50 zeigt das Gestaltungsmodell für kollaborative Wertschöpfung im industriellen Werkzeugbau.

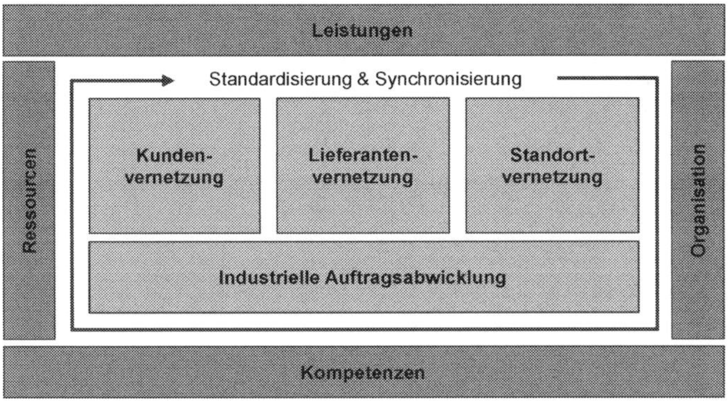

Abbildung 50: Kollaborative Wertschöpfung im Werkzeugbau nach KOMOREK[507]

Handlungsfelder bilden den Kern des Modells und orientieren sich am Ergebnis der kollaborativen Wertschöpfung. Sie umfassen Themen, die Werkzeugbaubetriebe umsetzen sollten, um die Wettbewerbsfähigkeit zu optimieren. Darunter fallen eine industrielle Auftragsabwicklung sowie Kunden-, Lieferanten- und Standortvernetzung.[508]

[506] Vgl. Komorek (Kollaborative Wertschöpfung), 2014, S. 181ff.
[507] i. A. a. Komorek (Kollaborative Wertschöpfung), 2014, S. 112
[508] Vgl. Komorek (Kollaborative Wertschöpfung), 2014, S. 112f.

Die industrielle Auftragsabwicklung beschreibt die betriebsinterne Wertschöpfung, die die Basis der Aktivitäten im Gestaltungsmodell darstellt. Sie steht in enger Verbindung mit einer vor- und nachgelagerten Kundenvernetzung, die die kontinuierliche Unterstützung der Kunden von der Produktentwicklung bis zur Serienproduktion abbildet. Durch die Abstimmung der internen und externen Auftragsabwicklung im Rahmen der Lieferantenvernetzung werden kompetenz- und kapazitätsbasiert Leistungen von Lieferanten beschafft. Dies dient dem Ausgleich interner Kapazitätsschwankungen und der zielgerichteten Kombination eigener Kernkompetenzen mit extern realisierbaren Kostenpotenzialen. Die Standortvernetzung dient der standortübergreifenden Abstimmung verfügbarer Ressourcen.[509]

Zur Durchführung dieser Aktivitäten definiert KOMOREK unterschiedliche Befähiger. Diese werden im Modell durch Kompetenzen, Ressourcen und eine entsprechende Organisation abgebildet. Kompetenzen werden zur Differenzierung gegenüber Wettbewerbern sowie zur strategischen Positionierung benötigt. Ressourcen bilden die Grundlage für die Ausführung der wertschöpfenden Aktivitäten eines Werkzeugbaubetriebs. Die Organisation legt die Strukturierung von Ressourcen und Aktivitäten im Unternehmen fest.[510]

Die Abstimmung der Handlungsfelder im Zentrum des Gestaltungsmodells erfolgt anhand der zwei Paradigmen Standardisierung und Synchronisierung. Standardisierung beschreibt den Prozess, durch Wiederholungen Lern- und Skaleneffekte zu erzielen. Durch die Synchronisierung soll eine kontinuierliche Abstimmung der einzelnen Modellelemente untereinander erfolgen, um den wechselseitigen Abhängigkeiten in Wertschöpfungsnetzwerken Rechnung zu tragen. Insbesondere sollen dabei betriebsinterne und -übergreifende Wertschöpfungsaktivitäten miteinander verknüpft werden.[511]

Allgemeine Anforderungen wie Konkretheit und Praktikabilität werden durch den Ansatz in hohem oder sehr hohem Maße erfüllt. Neben einer zumeist konkreten Beschreibung der einzelnen Gestaltungsfelder des Modells erfolgt eine abschließende Validierung in der Praxis. Ebenso kann den werkzeugbauspezifischen Anforderungen vollends Rechnung getragen werden. Das Modell wurde konkret für den Anwendungsfall im Werkzeugbau entwickelt und dementsprechend sowohl unter Berücksichtigung der Einzel- und Kleinserienfertigung als auch individueller Unternehmensrandbedingungen ausgelegt. Aufgrund der allgemeinen Auslegung der Wertschöpfung in einem Werkzeugbaubetrieb können anlaufbezogene Anforderungen nur in geringem Maße erfüllt werden. Im Handlungsfeld der nachgelagerten Kundenvernetzung beschreibt KOMOREK die Schnittstelle zwischen Projektmanagement des Werkzeugbaus und der Serienproduktion beim Kunden. Darüber hinaus findet allerdings keine Detaillierung statt. Weder werden Lösungen zur Steuerung der Interdependenzen bereitgestellt noch erfolgt eine detaillierte Ausgestaltung des notwendigen Wissensmanagements. Die Gestaltung der Organisation und Prozesse wird im Rahmen der Arbeit beschrieben, lässt sich aber nur in unzureichendem Maße auf den Serienanlauf von Werkzeugen anwenden.

[509] Vgl. Komorek (Kollaborative Wertschöpfung), 2014, S. 182

[510] Vgl. Komorek (Kollaborative Wertschöpfung), 2014, S. 182f.

[511] Vgl. Komorek (Kollaborative Wertschöpfung), 2014, S. 183

3.2.2.2 Methodik zur Prozesssynchronisierung im industriellen Werkzeugbau nach RITTSTIEG

Die Methodik zur Prozesssynchronisierung in der Auftragsabwicklung des industriellen Werkzeugbaus nach RITTSTIEG beschreibt ein Vorgehen zur Implementierung abgestimmter Prozesse im Werkzeugbau. Dadurch sollen Leistungsfähigkeit und Produktivität der Auftragsabwicklung gesteigert werden.[512]

Die Methodik umfasst insgesamt sechs Schritte, die in eine Basisphase (A-B) und eine Gestaltungsphase (C-F) untergliedert sind. Während die Basisphase nur einmalig durchlaufen wird, ist die Gestaltungsphase Teil eines iterativen Prozesses, in welchem die Güte der Prozesssynchronisierung fortlaufend evaluiert und entsprechend optimiert wird.[513] Abbildung 51 zeigt die Methodikschritte in der Übersicht.

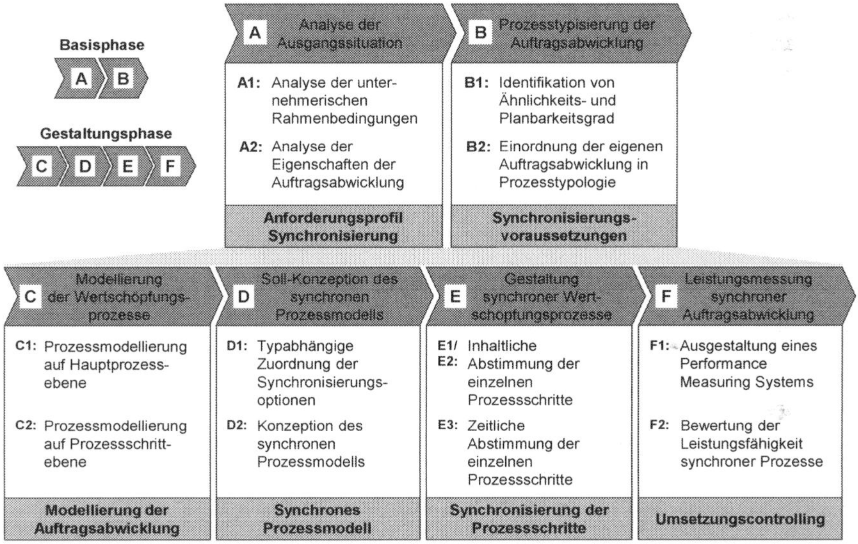

Abbildung 51: Methodik zur Prozesssynchronisierung in der Auftragsabwicklung des industriellen Werkzeugbaus nach RITTSTIEG[514]

Im Rahmen der Basisphase werden unternehmensspezifische Rahmenbedingungen ermittelt, um die individuellen Synchronisierungsvoraussetzungen zu definieren. Zunächst wird dazu eine Analyse der Ausgangssituation (A) durchgeführt, in der die unternehmerischen Charakteristika und Randbedingungen ermittelt werden. Auf Basis der Analyse wird im Anschluss eine Prozesstypisierung der Auftragsabwicklung (B) vorgenommen. Dazu wird der betrachtete Betrieb gemäß dem Planbarkeits- und Ähnlichkeitsgrad seines Leistungsspektrums einem von

---

[512] Vgl. Rittstieg (Prozesssynchronisierung), 2012, S. 4f.

[513] Vgl. Rittstieg (Prozesssynchronisierung), 2012, S. 181f.

[514] i. A. a. Rittstieg (Prozesssynchronisierung), 2012, S. 108

drei Werkzeugbautypen zugewiesen, denen spezifische Synchronisierungsvoraussetzungen zugeordnet sind.[515]

Innerhalb der Gestaltungsphase erfolgt die eigentliche Synchronisierung der Auftragsabwicklung. Dazu wird eingangs die Modellierung der Wertschöpfungsprozesse (C) vorgenommen, um die bestehenden Abläufe der Auftragsabwicklung realitätsgetreu abzubilden. Im darauffolgenden Schritt erfolgt die Sollkonzeption des synchronen Prozessmodells (D) auf Basis typabhängiger Synchronisierungsoptionen. Anschließend bedarf es der Gestaltung synchroner Prozesse (E). Dazu wird der Ist-Zustand der Auftragsabwicklung in das definierte Soll-Prozessmodell überführt. Die synchrone Prozessgestaltung erfolgt anhand einer generischen Schrittfolge, sodass im Ergebnis eine ideale inhaltliche und zeitliche Abstimmung der Prozesse erzielt werden kann. Die Gestaltungsphase wird mit dem Schritt Performancemessung synchroner Auftragsabwicklung (F) abgeschlossen. Durch eine kennzahlengestützte Performancemessung wird die Prozessleistungsfähigkeit der Auftragsabwicklung quantifiziert und für eine fortlaufende Optimierung kontinuierlich bewertet.[516]

Die vorgestellte Methodik kann die allgemeinen Anforderungen durch stringente und detaillierte Beschreibung der einzelnen Teilschritte sowie die anschließende Validierung anhand von zwei Praxisbeispielen vollumfänglich erfüllen. Aufgrund der Fokussierung des Lösungsansatzes auf den Werkzeugbau weisen die werkzeugbauspezifischen Anforderungen ebenfalls einen sehr hohen Erfüllungsgrad auf. Dies ist dadurch begründet, dass neben der konkreten Adressierung der Einzel- und Kleinserienfertigung ebenfalls unterschiedliche Gestaltungsoptionen für die Heterogenität der Unternehmen vorgesehen werden. Im Hinblick auf die anlaufspezifischen Anforderungen zeigt sich, dass die Methodik lediglich eingeschränkt zur Gestaltung des Serienanlaufs von Werkzeugen geeignet ist. Zwar wird die Schnittstelle zwischen Werkzeugbau und Kunde im Rahmen der Sollkonzeption des synchronen Prozessmodells berücksichtigt, eine Detaillierung der Organisations- und Prozessgestaltung findet jedoch nur bedingt statt. Ebenfalls bleiben Zielsystem und Anlaufstrategie sowie das Wissensmanagement im Ansatz unberücksichtigt.

3.2.2.3 Prozessmodell für einen Lean Try-out nach ABELE ET AL.

Vor dem Hintergrund hoher Aufwände zur Reifmachung von Presswerkzeugen entwickeln ABELE ET AL. ein maschinenintegriertes Konzept, welches den Prozess der werkzeugbauseitigen Einarbeitung optimieren soll. Neben der Prozessoptimierung soll das Konzept zur Steigerung der Transparenz im Try-out beitragen, was schlussendlich zur Reduktion von Verschwendung, einer Verkürzung der Durchlaufzeiten sowie der Einsparung von Kosten führen soll. Kern des Konzepts stellt ein Prozessmodell dar, das sich an den Prinzipien der Lean Production orientiert.[517]

Das Prozessmodell umfasst die Prozess-, Technologie- und Maschinensystemebene. Diese stehen über unterschiedliche Abhängigkeiten miteinander in Beziehung. Die Prozessebene

[515] Vgl. Rittstieg (Prozesssynchronisierung), 2012, S. 96ff.

[516] Vgl. Rittstieg (Prozesssynchronisierung), 2012, S. 100ff.

[517] Vgl. Abele et al. (Lean Try-out), 2017, S. 191ff.

bildet die oberste Hierarchieebene, die durch die Technologieebene unterstützt wird. Die Technologieebene wiederum definiert die Maschinensystemebene. Die Maschinensystemebene wird somit durch die Prozessebene organisiert.[518]

Zur Steuerung und Koordination der Reifmachung sind die auf Prozessebene ablaufenden Prozesse in drei Kategorien aufgeteilt. Kernprozesse stellen solche Prozesse dar, die maßgeblich zur Durchführung einer Korrektur beitragen. Entsprechend handelt es sich hierbei um Fertigungs- und Datenverarbeitungsprozesse sowie die Qualitätssicherung. Unterstützungsprozesse werden vor allem durch Montage- und Logistikprozesse abgebildet. Managementprozesse als dritte Kategorie umfassen Informations-, Kommunikations- und Steuerungsprozesse. Um eine anforderungsspezifische Prozesskette für die Werkzeugkorrektur realisieren zu können, müssen notwendige Prozessbausteine individuell kombiniert werden. Die Abstimmung von Vorgänger- und Nachfolgeprozessen erfolgt über einen sogenannten Trigger. Dieser wird ausgelöst, wenn der vorhergehende Prozessbaustein abgeschlossen ist. Zum effizienten Ablauf des Gesamtprozesses müssen jeweils Input- und Outputvariablen definiert sein.[519]

Die Abhängigkeiten der einzelnen Prozessschritte in den drei übergeordneten Kategorien sowie deren teilweise synchroner Prozessablauf führen dazu, dass aus der Prozesskette eine Prozessmatrix entsteht. Zum optimalen Ablauf einer Korrekturschleife bedarf es einer aktiven Steuerung der häufig komplexen Prozessmatrix. Die aktive Steuerung ermöglicht die Identifikation der jeweils notwendigen Folgeprozesse, die sich im Prozessablauf durch das Aufdecken neuen Korrekturbedarfs dynamisch ändern können.[520] Abbildung 52 zeigt linksseitig die unterschiedlichen Ebenen des Prozessmodells sowie rechtsseitig die systemischen und prozessualen Abhängigkeiten zwischen Kern-, Unterstützungs- und Managementprozessen.

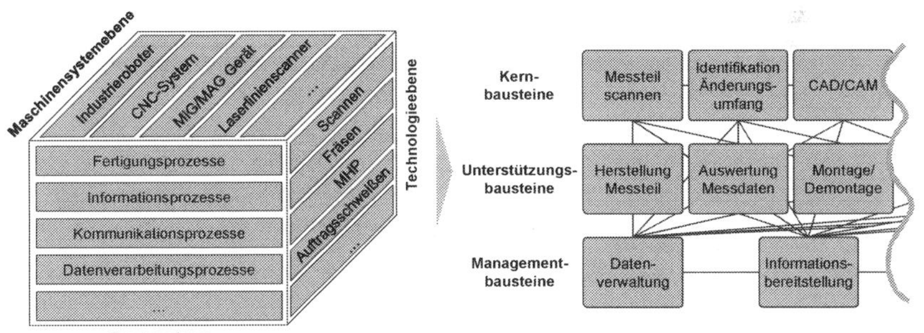

Abbildung 52: Prozessmodell und Prozessmatrix zur Darstellung und Steuerung der Abhängigkeiten nach ABELE ET AL.[521]

[518] Vgl. Abele et al. (Lean Try-out), 2017, S. 193
[519] Vgl. Abele et al. (Lean Try-out), 2017, S. 193f.
[520] Vgl. Abele et al. (Lean Try-out), 2017, S. 194f.
[521] Eigene Abbildung i. A. a. Abele et al. (Lean Try-out), 2017, S. 193ff.

Die Prozessdurchführung und -steuerung erfolgt anforderungsspezifisch auf Basis notwendiger Werkzeugkorrekturen. Durch eine eindeutige Zuordnung von Korrekturmaßnahmen und Werkzeug kann zu Beginn jedes Prozessbausteins die Historie vorab durchgeführter Prozessschritte als Inputparameter aufgerufen werden. Notwendige Änderungen sowie zugehörige Daten dienen somit als Input für den jeweils nachfolgenden Prozessschritt. Dadurch gibt das Werkzeug dem System vor, welcher Fertigungsprozess durchgeführt werden muss. Aufgrund des Systemaufbaus eignet sich das Prozessmodell ebenfalls zur Automatisierung von Werkzeugkorrekturen.[522]

Der vorgestellte Ansatz kann allgemeine Anforderungen teilweise erfüllen. Insgesamt fehlt es der Beschreibung allerdings an Konkretheit. Zwar werden der Ablauf sowie die Zusammenhänge der unterschiedlichen Ebenen grob beschrieben, eine direkte Umsetzung im eigenen Betrieb ist auf Basis der dargestellten Inhalte allerdings nicht möglich. Insbesondere die Auswahl der relevanten Prozessbausteine, die Prozesssteuerung und die Weitergabe der notwendigen Informationen an den nächsten Prozessschritt bleiben unklar. Durch realistische Rahmenbedingungen sowie eine Pilotierung der Lösung werden die Anforderungen an die Praktikabilität vollständig erfüllt. Gleiches gilt für Anforderungen hinsichtlich Einzel- und Kleinserienfertigung. Obwohl der Ansatz aufgrund seines universellen Charakters für unterschiedliche Unternehmensrandbedingungen geeignet erscheint, zeigt dieser keine entsprechenden Adaptionen auf. In Bezug auf anlaufbezogene Anforderungen ergibt sich ein heterogenes Bild. Zwar können durch die Prozessautomatisierung Anforderungen im Bereich der intraorganisationalen Prozessgestaltung weitestgehend erfüllt werden, jedoch wird weder auf interorganisationale Prozesse noch auf Organisationsgestaltung, Anlaufstrategie oder Wissensmanagement eingegangen.

3.2.3 Lösungsansätze zur Wertschöpfungsgestaltung

Neben Lösungsansätzen der Betrachtungsbereiche Serienanlauf und Werkzeugbau existiert eine Vielzahl weiterer Ansätze aus dem Bereich der Wertschöpfungsgestaltung, die potenziell für eine Anwendung im Serienanlauf infrage kommen. Im Folgenden werden drei Ansätze betrachtet, die eine hohe Relevanz für die vorliegende Thematik aufweisen.

3.2.3.1 Wertschöpfung durch vernetzte Kompetenz nach WIRTH & BAUMANN

WIRTH & BAUMANN entwickeln in ihrer Arbeit einen Ansatz zur unternehmensübergreifenden Gestaltung von Wertschöpfung durch Vernetzung von Wissen und Kompetenz. Damit wird das Ziel verfolgt, eine stetige Wandlungsfähigkeit von Unternehmen, Leistungseinheiten und Fabrikstrukturen sicherzustellen, um Innovationskraft und Wettbewerbsfähigkeit langfristig zu erhalten. Die Vernetzung erfolgt auf Basis partnerschaftlicher Beziehungen von autonomen, rechtlich selbstständigen Kompetenzeinheiten, die zur Realisierung einer komplexen Wertschöpfung ihre Kompetenzen in einem Netz nach inhaltlichen und wirtschaftlichen Aspekten

[522] Vgl. Abele et al. (Lean Try-out), 2017, S. 195

einbringen.[523] Die kooperative Abwicklung eines Auftrags durch Kombination relevanter Kompetenzen ist in Abbildung 53 dargestellt.

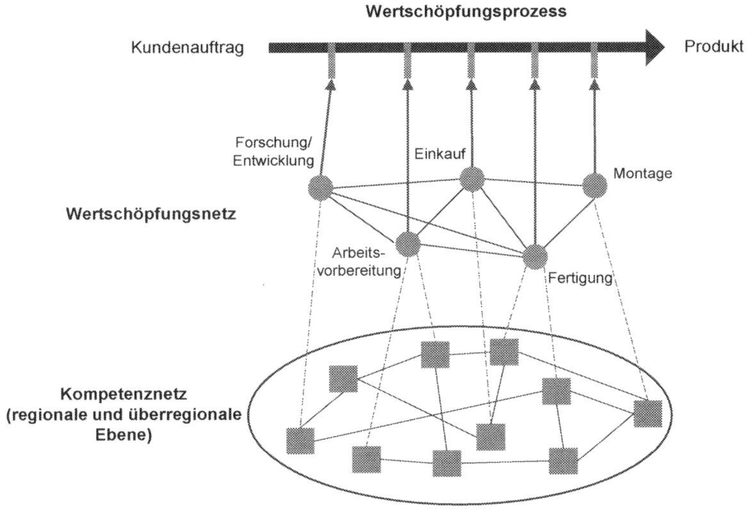

Abbildung 53: Kooperative Auftragsabwicklung durch Kompetenzkombination im Wertschöpfungsnetz nach WIRTH & BAUMANN[524]

Zentrales Gestaltungselement von Kompetenznetzen stellen die sogenannten Kompetenzzellen dar. Diese ermöglichen es, als kleinste, nicht mehr sinnvoll teilbare Einheit der Wertschöpfung, die Forderungen nach reaktionsschneller Wandlungsfähigkeit, Ressourcenflexibilität, Mobilität sowie Dezentralisierung zu erfüllen. Wie ein lebender Organismus unterliegt eine Kompetenzzelle der Evolution und Innovation. Kompetenzzellen können daher durch Ausgründungen aus einem bestehenden Unternehmen, durch Teilung einer bestehenden Kompetenzzelle oder als originäre Neugründung entstehen.[525]

Der signifikante Unterschied zwischen einem simplen Unternehmens- und einem Kompetenznetz basiert auf der Verwirklichung der hierarchiearmen Selbstorganisation sowie in einer permanenten Kompetenzentwicklung. Zur Entwicklung vom Unternehmens- zum Kompetenznetz müssen vernetzungsfähige Wertschöpfungseinheiten so gestaltet werden, dass sie ihre Kompetenz in vielfältige Wertschöpfungsprozesse einbringen und dabei weitgehend hierarchielos miteinander kooperieren können. Dazu umfassen innere Beschreibungsmerkmale die Funktion, Dimension und Struktur, während äußere Merkmale die Beziehungen zwischen den Einheiten und ihren Ebenen charakterisieren. Diese Beziehungen beinhalten bspw. den Informations-, Kapital-, Stoff- und Materialfluss.[526]

---

[523] Vgl. Wirth; Baumann (Vernetzte Kompetenz), 2001, S. 199ff.

[524] i. A. a. Wirth; Baumann (Vernetzte Kompetenz), 2001, S. 132

[525] Vgl. Wirth; Baumann (Vernetzte Kompetenz), 2001, S. 109ff.

[526] Vgl. Wirth; Baumann (Vernetzte Kompetenz), 2001, S. 61ff. und S. 109

Zur Realisierung des Ansatzes sind die Bildung und das Herauslösen von Kompetenzzellen aus bestehenden Unternehmen notwendig. Dies bedingt einen erhöhten Aufwand für die Selbstorganisation sowie den erforderlichen Umgang mit unterschiedlichen Unternehmenskulturen und technischen Infrastrukturen.[527]

Allgemeine Anforderungen können durch den vorgestellten Ansatz größtenteils erfüllt werden. Die einzelnen Elemente des Modells sowie deren Zusammenhänge werden stringent und detailliert vorgestellt. Ebenfalls erfolgt eine anwendungsorientierte Beschreibung. In Teilen wird der Ansatz anhand von Praxisbeispielen validiert. Eine Anwendung im Kontext des Werkzeugbaus erscheint möglich, allerdings werden dessen spezifische Anforderungen nicht explizit im Modell berücksichtigt. Grundsätzlich können ebenfalls unterschiedliche Unternehmensrandbedingungen abgebildet werden, jedoch werden hierzu keine spezifischen Beispiele genannt. Anlaufbezogene Anforderungen werden durch den Ansatz nicht explizit berücksichtigt. Zwar erfolgt eine Beschreibung der Gestaltung von Prozess und Organisation im Kompetenz- und Wertschöpfungsnetz zur Realisierung eines Kundenauftrags, auf die individuellen Rahmenbedingungen des Serienanlaufs wird allerdings nicht eingegangen. Ebenfalls werden anlaufspezifische Ziele und Rahmenbedingungen zur Ableitung einer optimalen Anlaufstrategie nicht adressiert. Der Anforderungen an ein übergeordnetes Wissensmanagement können wiederum partiell erfüllt werden.

3.2.3.2 Strategisches Wertschöpfungsdesign nach KRAUS

Der Ansatz zum strategischen Wertschöpfungsdesign nach KRAUS adressiert die Notwendigkeit, Wertschöpfung in Zeiten dynamischen Wandels zur Generierung von Wettbewerbsvorteilen effizient zu gestalten. Der Begriff des Wertschöpfungsdesigns ist in diesem Zusammenhang als zukunftsorientierte Methode zur Bestimmung und Konfiguration der Wertschöpfung definiert.[528] Der entsprechende Ansatz ist als integrierte, dreistufige Methodik ausgelegt.[529]

Im Rahmen des *ersten Schritts* werden zunächst Szenarien zukünftiger Wertschöpfung entwickelt. Dazu wird die Ausgangssituation analysiert und zukünftige Veränderungen identifiziert. Die Ergebnisse werden mithilfe der Wertkette von PORTER (vgl. Kapitel 2.3.1) visualisiert und gegenübergestellt. Anschließend werden Wertschöpfungsszenarien abgeleitet. Diese basieren auf der Interpretation sogenannter Signale, die z. B. Veränderungen der Kundenbedürfnisse, des Produkts oder der Wettbewerbsarena umfassen können.[530] Die Zusammenfassung der Ergebnisse erfolgt anhand der Szenariotechnik. Abbildung 54 zeigt die drei Schritte zur Ableitung des optimalen Wertschöpfungsdesigns.

In einem *zweiten Schritt* wird auf Basis der entwickelten Wertschöpfungsszenarien das zukünftige Kerngeschäft definiert. Ziel dessen ist festzulegen, welche Aktivitäten zukünftig fokussiert und welche Aktivitäten aufgrund geringer strategischer Wichtigkeit oder eines geringen Kompetenzniveaus fremdvergeben werden sollten. Zur Definition des Kerngeschäfts werden

[527] Vgl. Wirth; Baumann (Vernetzte Kompetenz), 2001, S. 113ff.
[528] Vgl. Kraus (Wertschöpfungsdesign), 2005, S. 150
[529] Vgl. Kraus (Wertschöpfungsdesign), 2005, S. 178ff.
[530] Vgl. Kraus (Wertschöpfungsdesign), 2005, S. 179ff.

die Identifikation bestehender Kompetenzen, die Ableitung von Kernkompetenzen sowie die anschließende Analyse strategischer Optionen vorgeschlagen.[531]

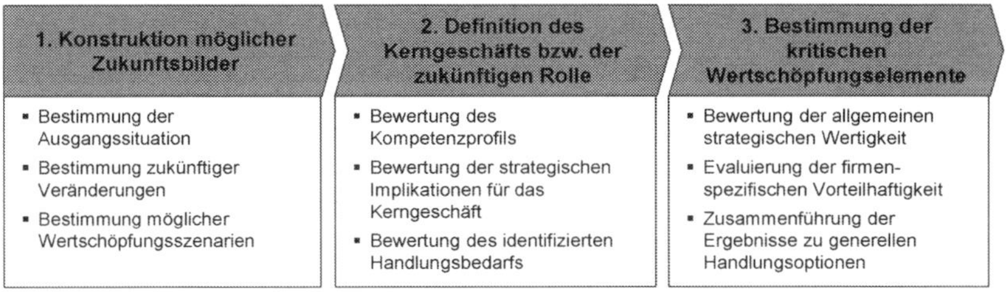

Abbildung 54: Vorgehen zum strategischen Wertschöpfungsdesign nach KRAUS[532]

Abschließend werden im *dritten Schritt* aus dem definierten Kerngeschäft strategisch kritische Wertschöpfungselemente identifiziert und entsprechende Handlungsempfehlungen abgeleitet. Die Handlungsempfehlungen umfassen neben der Make-or-Buy Entscheidung ebenfalls die Intensität der zukünftigen Entwicklung. Wichtigste Entscheidungskriterien stellen die allgemeine strategische Wichtigkeit und die firmenspezifische Vorteilhaftigkeit dar. Während sich die allgemeine strategische Wichtigkeit durch Faktoren wie Wertbeitrag, Zusatznutzen oder Architektur der Wertschöpfung zusammensetzt, wird die firmenspezifische Vorteilhaftigkeit durch die relative Kostenposition und Leistungsfähigkeit evaluiert. Beide Dimensionen werden anschließend in ein Portfolio zur Bewertung der unterschiedlichen Wertschöpfungselemente überführt. Wertschöpfungselemente mit kritischer strategischer Wertigkeit und einer firmenspezifischen Vorteilhaftigkeit sollten im eigenen Unternehmen ausgeführt und nach Möglichkeit ausgebaut werden.[533]

Der Ansatz zum strategischen Wertschöpfungsdesign weist einen sehr hohen Erfüllungsgrad hinsichtlich Konkretheit auf, da dieser einer klaren Struktur folgt, Elemente aufeinander aufbauen und anwendungsorientiert beschrieben werden. Die getroffenen Annahmen werden durch Fallbeispiele belegt, jedoch erfolgt keine abschließende Validierung der Ergebnisse in der Praxis. Werkzeugbauspezifische Anforderungen können teilweise erfüllt werden. Zwar weist der Ansatz einen klaren Bezug zur produzierenden Industrie auf, dennoch werden Spezifika der Einzel- und Kleinserienfertigung nur unzureichend abgebildet. Ebenfalls wird der Ansatz hauptsächlich anhand von Großunternehmen dargestellt, sodass eine Anwendbarkeit im heterogenen Umfeld des Werkzeugbaus nicht vollumfänglich möglich erscheint. Anlaufbezogene Anforderungen werden im Ansatz nicht konkret berücksichtigt. Zwar wird eine strategische Ausgestaltung der Wertschöpfung vorgenommen, allerdings finden Zielkriterien des Serienanlaufs keine Anwendung. Weiterhin erfolgt keine konkrete Ausgestaltung vernetzter Wertschöpfungsprozesse sowie der dazugehörigen Organisation. Der Anforderung hinsichtlich Wissensmanagement wird im Ansatz nicht nachgekommen.

---

[531] Vgl. Kraus (Wertschöpfungsdesign), 2005, S. 188ff.

[532] i. A. a. Kraus (Wertschöpfungsdesign), 2005, S. 178

[533] Vgl. Kraus (Wertschöpfungsdesign), 2005, S. 212ff.

3.2.3.3 Virtuelle Fabrik nach SCHUH ET AL.

Die virtuelle Fabrik nach SCHUH ET AL. stellt einen Ansatz zur Modellierung und Gestaltung von Unternehmensnetzwerken aus rechtlich unabhängigen Unternehmen dar. Ziel der Bildung interorganisatorischer Netzwerke besteht darin, einzelnen Betrieben eine gesteigerte überbetriebliche Flexibilität, eine Ausweitung des eigenen Leistungsangebots sowie eine Absicherung bestehender Geschäftsbereiche zu ermöglichen. Dazu sollen komplementäre Kompetenzen der im Netzwerk vorhandenen Unternehmen auftragsbezogen kombiniert werden. Die Eigenständigkeit der einzelnen Betriebe wird durch den Zusammenschluss nicht beeinflusst.[534] Die relevanten Gestaltungselemente sind in Abbildung 55 dargestellt.

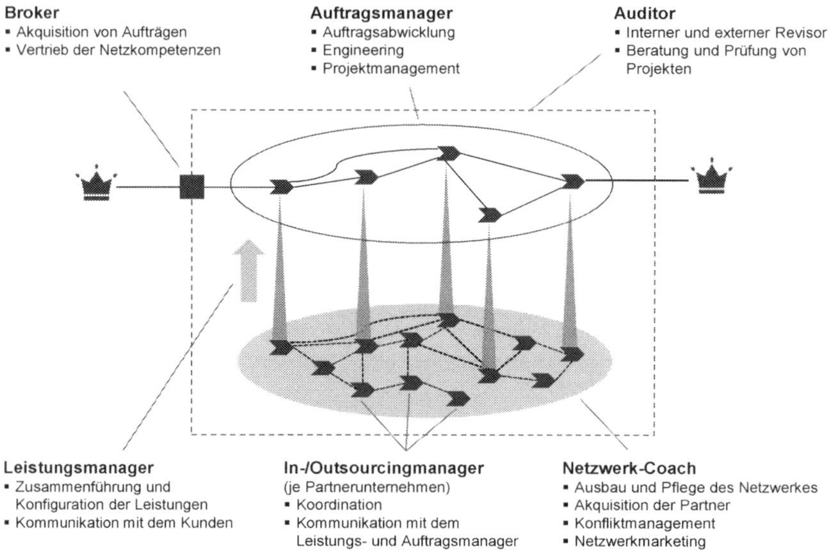

Abbildung 55: Konzept und Rollenverständnis der virtuellen Fabrik nach SCHUH ET AL.[535]

Die Architektur des Modells besteht aus zwei Ebenen, einem Kooperationsnetzwerk komplementärer Kompetenzen und Wertschöpfungsstufen sowie der auftragsbezogenen virtuellen Fabrik. Das Kooperationsnetzwerk setzt sich aus einer begrenzten Anzahl rechtlich und wirtschaftlich unabhängiger Unternehmen zusammen. Als elementarer Erfolgsfaktor der Netzwerke wird die Exzellenz verfügbarer Kompetenzen ausgemacht. Diese sind derart ausgewählt, dass deren Verfügbarkeit im Netzwerk stets sichergestellt ist. Dies erfordert eine teilweise Redundanz der Kompetenzen, um einen Kapazitätsabgleich im Netzwerk realisieren zu können.[536]

---

[534] Vgl. Schuh et al. (Virtuelle Fabrik), 1998, S. 63f.

[535] i. A. a. Schuh et al. (Virtuelle Fabrik), 1998, S. 93

[536] Vgl. Schuh et al. (Virtuelle Fabrik), 1998, S. 63ff.

Zur operativen Umsetzung werden im Netzwerk Kooperationsregeln, Rollen, Aufgaben und Instrumente definiert, sodass eine Vertrauensbasis zur kollaborativen Auftragsabwicklung entstehen kann. Auftragsbezogen werden aus vorhandenen Kompetenzen und Kapazitäten virtuelle Fabriken gebildet. Diese werden arbeitsteilig durch Koordination der Teilaktivitäten zusammengeführt.[537] Ist ein Auftrag abgeschlossen, lösen sich auftragsspezifisch gebildete virtuelle Fabriken auf und die beteiligten Netzwerkpartner kehren in das Kooperationsnetzwerk zurück.

Da eine zentrale Steuerungseinheit zur Abstimmung der Aktivitäten des Netzwerks oder Realisierung einzelner Projekte nicht existiert, müssen alle Netzwerkpartner zur Sicherung des Erfolgs bestimmte Regeln einhalten. Dazu zählen neben dem Kooperationsverhalten der beteiligten Partner ein standardisierter Aufnahmeprozess, eine definierte Auftragskalkulation sowie die Verpflichtung zur Leistungserbringung.[538] Als weitere Herausforderung virtueller Fabriken wird die Koexistenz von Kooperation und Konkurrenz herausgestellt. Diese ergibt sich daraus, dass sich im Netzwerk aufgrund überschneidender Kompetenzen ein „relativer Wettbewerb“[539] um die Teilnahme an Projekten ergibt. Kann diese im operativen Management erfolgreich adressiert werden, wird gegenüber dem Markt die Wettbewerbsfähigkeit sichergestellt.[540]

Das von SCHUH ET AL. entwickelte Modell der virtuellen Fabrik kann die Anforderung an Konkretheit sehr gut erfüllen. Dies ist darin begründet, dass der Ansatz relevante Elemente im Detail beschreibt sowie deren Zusammenhänge und Abhängigkeiten darstellt. Der Forderung nach Praktikabilität wird durch realistische Rahmenbedingungen in hohem Maße Rechnung getragen, eine Validierung des Ansatzes erfolgt jedoch nicht. Werkzeugbauspezifische Anforderungen können hingegen nur zum Teil erfüllt werden. Zwar scheint der Ansatz partiell eine Anwendung in der Einzel- und Kleinserienfertigung zuzulassen, spezifische Lösungen werden jedoch nicht präsentiert. Ebenfalls werden individuelle Randbedingungen einzelner Unternehmen nur unzureichend berücksichtigt. Anlaufbezogene Anforderungen weisen einen sehr geringen Erfüllungsgrad auf. Zwar werden Aspekte der Prozess- und Organisationsgestaltung betrachtet, eine ganzheitliche Gestaltung ist auf dieser Basis allerdings nicht möglich. Ebenfalls werden anlaufstrategische Aspekte nicht thematisiert. Ein übergreifendes Wissensmanagement findet keine konkrete Ausgestaltung und bleibt im dargestellten Ansatz sehr vage.

3.3 Synthese der bewerteten Ansätze

Nachdem im vorherigen Abschnitt die für die vorliegende Forschungsfrage relevanten Forschungsansätze vorgestellt und evaluiert wurden, erfolgt nun eine Zusammenfassung der Ergebnisse in Bezug auf das in Kapitel 3.1.2 formulierte Anforderungssystem. Die Gesamtbewertung der analysierten Ansätze ist in Abbildung 56 dargestellt. Es wird ersichtlich, dass keiner der untersuchten Ansätze die definierten Anforderungen vollumfänglich erfüllen kann.

[537] Vgl. Schuh et al. (Virtuelle Fabrik), 1998, S. 63ff.
[538] Vgl. Schuh et al. (Virtuelle Fabrik), 1998, S. 111ff.
[539] Vgl. Schuh et al. (Virtuelle Fabrik), 1998, S. 77
[540] Vgl. Schuh et al. (Virtuelle Fabrik), 1998, S. 78

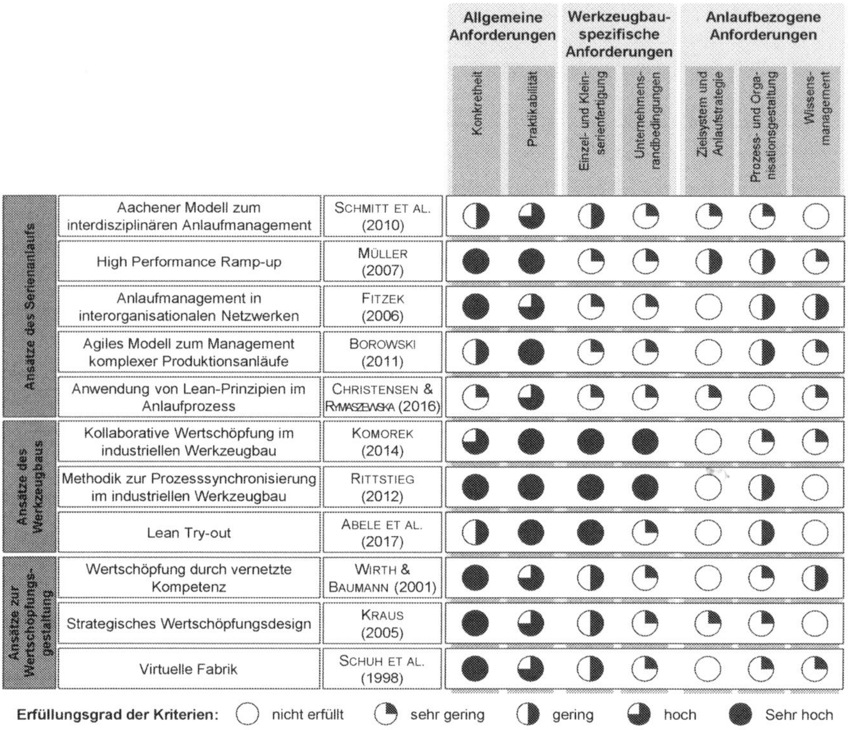

Abbildung 56: Aggregierte Bewertung untersuchter Forschungsansätze

Untersuchte *Ansätze des Serienanlaufs* weisen mindestens einen geringen Erfüllungsgrad hinsichtlich der Grundanforderungen auf. Lediglich der Ansatz nach CHRISTENSEN & RYMASZEWSKA bleibt sehr unkonkret und wird zudem nur unzureichend validiert. Schwächen lassen sich vor allem im Bereich der werkzeugbauspezifischen Anforderungen identifizieren, da die Ansätze in der Regel aus Sicht (größerer) Serienproduzenten gestaltet sind. Dementsprechend kann der Einzel- und Kleinseriencharakter nur unzureichend abgebildet werden. Ebenso sind die Ansätze nicht auf ein breites Spektrum unterschiedlicher Unternehmenstypen und Größen ausgelegt. Hinsichtlich Erfüllung anlaufbezogener Anforderungen ergibt sich ein differenziertes Bild. Zielsystem und Anlaufstrategie werden in den Arbeiten von SCHMITT ET AL., MÜLLER sowie CHRISTENSEN & RYMASZEWSKA berücksichtigt, lediglich MÜLLER kann diese in geringem Maße erfüllen. Die Ansätze nach MÜLLER und BOROWSKI weisen eine geringe Eignung zur Adressierung der integrierten Prozess- und Organisationsgestaltung auf. Ein ganzheitliches Wissensmanagement unter Berücksichtigung der Rahmenbedingungen des Serienanlaufs von Werkzeugen wird von keinem der vorgestellten Ansätze beschrieben. Während FITZEK eine mögliche Ausgestaltung des Wissensmanagements im Serienanlauf allgemein beschreibt, weisen die Arbeiten von BOROWSKI, MÜLLER und CHRISTENSEN & RYMASZEWSKA auf die Notwendigkeit hin, zeigen allerdings keine konkreten Lösungen zur Ausgestaltung auf.

Ansätze des Werkzeugbaus weisen einen überwiegend hohen oder sehr hohen Erfüllungsgrad hinsichtlich allgemeiner und werkzeugbauspezifischer Anforderungen auf. Lediglich der Ansatz nach ABELE ET AL. enthält größere Defizite hinsichtlich Konkretheit und der Adaptabilität auf unterschiedliche Unternehmensrandbedingungen. Anlaufbezogene Anforderungen werden übergeordnet kaum erfüllt. Insbesondere die Berücksichtigung der Interdependenzen und eine darauf basierende Ableitung von Zielsystem und Anlaufstrategie wird in keinem der Ansätze vorgenommen. Ebenfalls wird das Thema Wissensmanagement nur untergeordnet betrachtet, lediglich bei KOMOREK findet dieses eine gewisse, aber sehr unkonkrete Berücksichtigung. Eine vollständige integrierte Prozess- und Organisationgestaltung im Serienanlauf kann keiner der Ansätze leisten, es wird jeweils lediglich auf Teilaspekte eingegangen.

Ansätze zur Wertschöpfungsgestaltung weisen hohe bis sehr hohe Erfüllungsgrade im Hinblick auf allgemeine Anforderungen auf. Allerdings eignen sich diese aufgrund der allgemeinen und branchenneutralen Darstellung nicht direkt für eine Anwendung in der Einzel- und Kleinserienfertigung. Zusätzlich werden heterogene Unternehmensrandbedingungen nur in sehr geringem Maße erfüllt. Im Hinblick auf anlaufbezogene Anforderungen beinhalten alle beschriebenen Ansätze Lösungen zur Gestaltung von Prozessen und Organisation, allerdings sind diese in der Regel sehr allgemein gehalten. Lediglich der Ansatz von KRAUS greift Zielsystem und Anlaufstrategie auf. Die Anforderung hinsichtlich Wissensmanagement wird von WIRTH & BAUMANN mit partieller Eignung für den vorliegenden Anwendungsfall abgebildet. Bei SCHUH ET AL. wird Wissensmanagement thematisiert, eine konkrete Ausgestaltung findet jedoch nicht statt.

3.4 Handlungsbedarf aus der Theorie

Ausgangspunkt für die Analyse bestehender Forschungsansätze stellt der in Kapitel 2.4 festgestellte Handlungsbedarf aus der Praxis dar. Dieser ergibt, dass umfangreiche Herausforderungen im Serienanlauf von Werkzeugen vorliegen, die durch eine optimale wertschöpfungsseitige Gestaltung adressiert werden müssen.

Auf Basis des abgeleiteten Handlungsbedarfs wurde zu Beginn dieses Kapitels ein Bewertungs- und Anforderungssystem definiert, um relevante Forschungsansätze auf deren Anwendbarkeit und Eignung zu untersuchen. Insgesamt konnten sieben Anforderungskriterien an ein Modell zur Gestaltung des vernetzten und synchronisierten Serienanlaufs von Werkzeugen definiert werden.

Die Untersuchung der wissenschaftlichen Theorie hat gezeigt, dass zahlreiche Ansätze existieren, die Überschneidungen mit dem Betrachtungsbereich und/oder Gestaltungsbereich aufweisen. Für diese Arbeit wurden elf Ansätze mit drei inhaltlichen Schwerpunkten einer detaillierten Betrachtung und Analyse unterzogen. Anhand der Bewertung wird ersichtlich, dass die Ansätze das Anforderungssystem in unterschiedlichem Maße erfüllen, jedoch keiner der dargestellten Ansätze die Anforderungen vollumfänglich erfüllen kann. Übergeordnet konnten diverse systematische Defizite aufgezeigt werden, die eine einfache Übertragung der Ansätze auf den Betrachtungs- und Gestaltungsbereich dieser Arbeit verhindern.

Während die meisten Ansätze einen hohen oder sehr hohen Erfüllungsgrad der *allgemeinen Anforderungen* aufweisen, können lediglich Ansätze aus dem Umfeld des Werkzeugbaus die *werkzeugbauspezifischen Anforderungen* ausreichend erfüllen. Dies ist darin begründet, dass Ansätze des Serienanlaufs oder der Wertschöpfungsgestaltung in der Regel weder die Unikatfertigung noch heterogene Unternehmensrandbedingungen ausreichend abbilden können.

Anlaufbezogene Anforderungen können von keinem der dargestellten Ansätze vollständig erfüllt werden. Zwar weisen einige Arbeiten einen hohen Erfüllungsgrad in einzelnen Teilaspekten auf, es werden jedoch in keinem Ansatz alle Anforderungen vollständig abgebildet. Die zur Harmonisierung von Interdependenzen notwendige Anlaufstrategie wird lediglich von einem der untersuchten Ansätze mit einem geringen Erfüllungsgrad adressiert. Drei weitere Ansätze erreichen einen sehr geringen Erfüllungsgrad der Anforderung, alle restlichen Ansätze können diese Anforderung gar nicht erfüllen. Die integrierte Gestaltung von Prozess und Organisation wird von keinem der untersuchten Ansätze ganzheitlich berücksichtigt. Einige Ansätze beinhalten Einzelaspekte von entweder Prozess oder Organisation, eine unter Berücksichtigung der Wechselwirkungen aufeinander abgestimmte Gestaltung beider Aspekte findet jedoch in keiner der Arbeiten Anwendung. Der Bedarf eines Wissensmanagements als dritte anlaufbezogene Anforderung wird in einigen Lösungen aufgegriffen, jedoch wird dieses in keinem der Ansätze ausreichend ausgestaltet. Insbesondere für die Notwendigkeit des personen- und projektübergreifenden Austauschs von Informationen und Wissen weist keine Arbeit eine konkrete Lösung auf.

Zusammenfassend ist festzustellen, dass keiner der vorgestellten Ansätze die Anforderungen an ein Modell zur Gestaltung des vernetzten und synchronisierten Serienanlaufs von Werkzeugen vollumfänglich erfüllt. Dementsprechend resultiert aus den vorangegangenen Analysen neben dem Handlungsbedarf aus der Praxis ebenfalls ein **Handlungsbedarf aus der Theorie**.

3.5 Detaillierung der Forschungsfrage

Der in den Kapiteln 2.4 und 3.4 aufgezeigte Handlungsbedarf aus Praxis und Theorie führt dazu, dass die in Kapitel 1.3 dargestellte Zielsetzung sowie die handlungsleitende Forschungsfrage begründet werden kann. Diese wurde im Kontext des bestehenden Praxisdefizits gestellt und soll ergründen, wie der vernetzte und synchronisierte Serienanlauf von Werkzeugen zur Adressierung von Interdependenzen und Interdisziplinarität sowie der Bereitstellung von (Erfahrungs-)Wissen gestaltet sein muss. Während die Vernetzung eine notwendige Voraussetzung darstellt, soll anhand der Synchronisierung sichergestellt werden, dass Ziele, Prozesse, Informationen, Mitarbeiter und Wissen zeitlich und inhaltlich aufeinander abgestimmt sind. Entsprechend wurde die Forschungsfrage wie folgt formuliert:

Wie muss der vernetzte und synchronisierte Serienanlauf von Werkzeugen gestaltet sein?

Ausgehend davon lassen sich weitere Forschungsfragen ableiten, die die Beantwortung der übergeordneten Forschungsfrage unterstützen.[541] Dazu bedarf es zunächst der Klärung, wie die Vernetzung und Synchronisierung konkret ausgestaltet werden kann. Dafür müssen Interdependenzen erfasst und in einem Zielsystem abgebildet werden. Anschließend erfolgt die Harmonisierung auf Basis individueller unternehmerischer und projektspezifischer Rahmenbedingungen:

Wie können Zielsysteme im vernetzten und synchronisierten Serienanlauf von Werkzeugen abgebildet werden, sodass individuelle Anforderungen und Rahmenbedingungen der beteiligten Entitäten bestmöglich Berücksichtigung finden?

Zur Optimierung der Leistungserstellung und Sicherstellung eines durchgängigen Informationsflusses zwischen den Prozessbeteiligten bedarf es einer verbesserten Prozess- und Organisationsgestaltung. Diese stellt die Vernetzung und Synchronisation von Arbeitsabläufen sicher und soll durch die nachfolgende Forschungsfrage adressiert werden:

Wie muss die Leistungserstellung im Serienanlauf prozessual und organisatorisch gestaltet sein, um die Informationsbereitstellung durch Vernetzung und Synchronisation zu verbessern?

Neben der optimierten Leistungserstellung stellt der personen- und projektübergreifende Austausch von Wissen zur Generierung von Lerneffekten ein zentrales Erfolgskriterium dar. Hierfür müssen geeignete Lösungen zur standardisierten Aufnahme, Speicherung und Bereitstellung von Wissen definiert werden. Dies wird im Rahmen der folgenden Forschungsfrage beantwortet:

Wie kann Wissen aus Serienanläufen erfasst, analysiert und bedarfsgerecht bereitgestellt werden, um eine personen- und projektübergreifende Synchronisation von Wissen zur Optimierung von Serienanläufen zu erreichen?

Die Beantwortung der gestellten Forschungsfragen bedarf zuletzt der Erfüllung zentraler Voraussetzungen. Die wertschöpfungsseitige Gestaltung des vernetzten und synchronisierten Serienanlaufs erfordert die Erfüllung ressourcentechnischer Voraussetzungen, die zur folgenden Unterforschungsfrage führt:

Welche Voraussetzungen müssen für die Gestaltung des vernetzten und synchronisierten Serienanlaufs von Werkzeugen erfüllt werden?

Im Rahmen der Entwicklung eines umfassenden Lösungsansatzes zur Gestaltung des vernetzten und synchronisierten Serienanlaufs von Werkzeugen sind sowohl die zentrale Forschungsfrage als auch die detaillierenden Unterforschungsfragen zu beantworten.

[541] Vgl. Kubicek (Forschungsdesign), 1977, S. 17ff.

4 Konzeption eines Gestaltungsmodells

In den vorherigen beiden Kapiteln wurde der Handlungsbedarf aus Praxis (Kapitel 2.4) und Theorie (Kapitel 3.4) hergeleitet. Es konnte gezeigt werden, dass kein bestehender Ansatz die beschriebenen Herausforderungen im Serienanlauf von Werkzeugen hinreichend erfüllen kann. Auf Grundlage der identifizierten Potenziale wird in diesem Kapitel ein Gestaltungsmodell konzeptioniert, das neben der Beantwortung der zentralen Forschungsfragen (vgl. Kapitel 3.5) die gestellten Anforderungen (vgl. Kapitel 3.1.2) adressiert. Gemäß der Vorgehensweise angewandter Forschung nach ULRICH (vgl. Kapitel 1.4) werden damit die Phasen drei, vier und fünf behandelt.

Zunächst werden dafür im Rahmen von Kapitel 4.1 die Grundlagen wissenschaftstheoretischer Konzeption erläutert. Anschließend erfolgt in Kapitel 4.2 die Darstellung der Grundmerkmale des zu konzeptionierenden Gestaltungsmodells. Dazu werden das reale System, die Zielsetzung, der Nutzer sowie der Zeitraum der Nutzung im Anwendungskontext der vorliegenden Arbeit beschrieben. In Kapitel 4.3 erfolgt schließlich die Konzeptionierung des Gestaltungsmodells durch die Definition der relevanten Gestaltungsfelder. Diese werden anhand ihrer Funktion beschrieben und anschließend in Kapitel 4.4 durch Darstellung der logischen Zusammenhänge zu einem ganzheitlichen Gestaltungsmodell synthetisiert. Dieses wird abschließend in Kapitel 4.5 anhand der zentralen Forschungsfrage sowie der definierten Anforderungen kritisch reflektiert.

4.1 Grundlagen wissenschaftlicher Konzeption

Die Entwicklung eines Ansatzes als Lösung der dargestellten Problemstellung bedarf eines wissenschaftlichen Bezugsrahmens, welcher ein höheres Abstraktionsniveau über der zu entwickelnden Lösung einnimmt und eine wissenschaftlich-theoretische Basis der Forschung darstellt.[542] KUHN beschreibt einen solchen Bezugsrahmen als allgemein anerkanntes Grundmodell, von dessen Existenz der wissenschaftliche Fortschritt einer Disziplin in hohem Maße abhängig ist.[543] Der Bezugsrahmen der vorliegenden Arbeit soll im Folgenden herausgearbeitet werden.

Unternehmen lassen sich als sozio-technische Systeme auffassen[544], die in eine systemisch strukturierte Umwelt eingebettet sind.[545] Das Unternehmen als System wiederum lässt sich in führungs- und transformationsbezogene Subsysteme unterteilen. Zu den führungsbezogenen Subsystemen zählen beispielsweise Entscheidungsprozesse sowie die Planung, Kontrolle und Steuerung des Unternehmens. Den transformationsbezogenen Subsystemen werden Prozesse der Wertschöpfung zugeordnet.[546] Dadurch können Gestaltungs- und Führungspro-

[542] Vgl. Salmen (Vernetzter Shopfloor), 2016, S. 119
[543] Vgl. Kuhn (Wissenschaftliche Revolution), 1988, S. 10
[544] Vgl. Schneider (Grundlagen der Betriebswirtschaftslehre), 2004, S. 67
[545] Vgl. Becker (Stabilitätspolitik), 1996, S. 60
[546] Vgl. Zahn; Kapmeier (Wirtschaftslexikon), 2006, S. 5571

bleme von produktiven sozialen Systemen auf Basis der Systemtheorie untersucht werden.[547] Da es sich bei den aufgestellten Forschungsfragen um komplexe Problemstellungen handelt, wird die Systemtheorie als wissenschaftstheoretischer Bezugsrahmen dieser Arbeit gewählt. Dies hat sich in der Wissenschaft als adäquates Vorgehen bewährt.[548]

4.1.1 Systemtheorie und Systemtechnik

Die *Systemtheorie* dient der Beschreibung und Erklärung von Wachstums- und Anpassungsprozessen sowie der Selbstregulation von Systemen.[549] Zielsetzung ist die Entwicklung valider Theorien für alle Formen von biologischen, mechanischen sowie sozialen Systemen.[550] Basierend auf ersten Ansätzen in der Antike prägte VAN BERTALANFFY den Begriff der allgemeinen Systemtheorie im Jahr 1948. Darin wird eine ganzheitliche Betrachtungsweise von Problemstellungen sowie das Denken in Zusammenhängen in der Wissenschaft proklamiert.[551]

Den Begriff des Systems definiert PATZAK als ein dynamisches Ganzes, welches sich aus mehreren voneinander abhängigen Elementen zusammensetzt, die durch Beziehungen miteinander verknüpft sind. Systeme bestehen dementsprechend aus drei konstituierenden Merkmalen:[552]

- Elementen
- Eigenschaften der Elemente
- Beziehungen zwischen den Elementen

Ein Element stellt die kleinste Einheit eines Systems dar.[553] Die Eigenschaften der Elemente bestimmen den Zustand des Systems, der sich wiederum permanent ändert, um innerhalb oder außerhalb des Systems auftretende Störungen auszugleichen. Die Struktur des Systems ist durch das Beziehungsgefüge der Elemente beschrieben, wobei durch Beziehungen Materie, Energie oder Informationen ausgetauscht werden können.[554] Durch die Beziehungen zwischen den Elementen übersteigt die Komplexität und Dynamik eines Systems die Summe der Komplexität und Dynamik der einzelnen Elemente.[555]

Systeme lassen sich durch eine Systemgrenze von der Umgebung bzw. dem Umfeld abgrenzen.[556] Sind die Beziehungen zwischen den Elementen eines Systems ausschließlich innerhalb der Systemgrenze zu beobachten, so liegt ein geschlossenes System vor.[557] Geschlos-

---

[547] Vgl. Ulrich; Hill (Wissenschaftstheorie), 1976, S. 308
[548] Vgl. Kuhlmann (Corporate Tooling), 2017, S. 127 mit Verweis auf Kuhlmann (Gestaltung von Geschäftsprozessen), 2011, S. 67
[549] Vgl. Wardemann (Modulare Organisationsstrukturen), 2013, S. 17
[550] Vgl. Bertalanffy (System Theory), 1968, S. 32f.
[551] Vgl. Patzak (Systemtechnik), 1982, S. 10
[552] Vgl. Patzak (Systemtechnik), 1982, S. 19
[553] Vgl. Ulrich (Unternehmungslehre), 1968, S. 107
[554] Vgl. Wardemann (Modulare Organisationsstrukturen), 2013, S. 18 mit Verweis auf Grochla (Systemtheorie und Organisationstheorie), 1976, S. 557
[555] Vgl. Bruns (Systemtechnik), 1991, S. 31
[556] Vgl. Haberfellner et al. (Systems Engineering), 2012, S. 35
[557] Vgl. Ulrich (Unternehmungslehre), 1968, S. 112

sene Systeme weisen gegenüber ihrer Umwelt einen konstanten Zustand auf. Ziel ist die Erreichung eines statischen Gleichgewichts. Offene Systeme verfügen im Gegensatz dazu zusätzlich über Beziehungen mit der Umwelt. Dadurch streben offene Systeme ein dynamisches Gleichgewicht an, das durch die kontinuierliche Adaption des Systems an seine Umwelt erreicht wird.[558] Beziehungen zwischen Elementen innerhalb eines Systems sind ausgeprägter und stärker als solche über die Systemgrenze hinaus.[559] Abbildung 57 zeigt die dargestellten Zusammenhänge und den grundsätzlichen Systemaufbau.

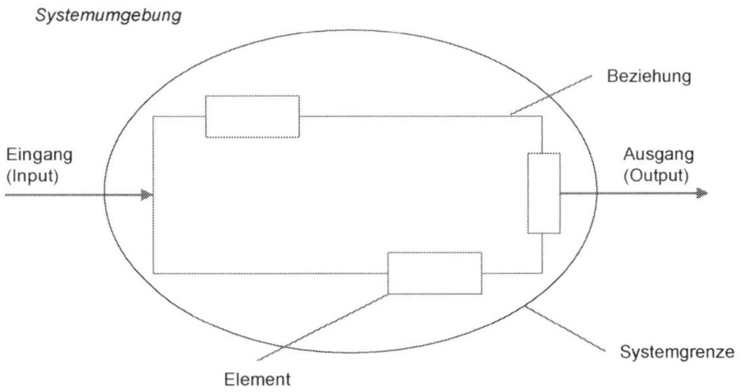

Abbildung 57: Aufbau und Struktur eines Systems[560]

Die *Systemtechnik* umfasst ingenieurwissenschaftliche Methoden und Instrumente zur Untersuchung und Entwicklung von Systemen. Diese beinhalten insbesondere Konzepte für die Bearbeitung von Planungs- und Gestaltungsaufgaben hinsichtlich Material, Energie, Betriebsmittel, Information und Personal. Abhängig vom Anwendungsfall findet auch der amerikanisch geprägte Begriff „Systems Engineering" Verwendung. In der Unternehmensforschung wird teilweise auch der Begriff „Operations Research" eingesetzt.[561] Besonders wichtig im Hinblick auf die erfolgreiche Anwendung der Systemtechnik ist die schrittweise Konkretisierung und Detaillierung des Problemfelds. Dies verhindert eine zu frühe Fokussierung einzelner Elemente.[562]

4.1.2 Modellierung

Als Modell (ital. modello = Form, Muster, Entwurf, Vorbild)[563] wird eine leicht verständliche und vereinfachte Abbildung der Realität verstanden.[564] Modelle werden daher verwendet, um komplexe Zusammenhänge in der Realität in vereinfachter Form darzustellen und dadurch Erkenntnisse über grundsätzliche Zusammenhänge und Prozesse zu generieren.[565] Nach

[558] Vgl. Fuchs (Systemtheorie und Organisation), 1973, S. 64ff.
[559] Vgl. Haberfellner et al. (Systems Engineering), 2012, S. 35
[560] i. A. a. Haberfellner et al. (Systems Engineering), 2012, S. 34; Bruns (Systemtechnik), 1991, S. 34
[561] Vgl. Bruns (Systemtechnik), 1991, S. 2f.
[562] Vgl. Haberfellner et al. (Systems Engineering), 2012, S. 58f.
[563] Vgl. Ludewig (Software Engineering), 2002, S. 8
[564] Vgl. Patzak (Systemtechnik), 1982, S. 306
[565] Vgl. Wöhe; Döring (Betriebswirtschaftslehre), 2008, S. 12f.

STACHOWIAK verfügen Modelle über drei grundsätzliche Eigenschaften, die als Abbildungs-, Verkürzungs- und pragmatisches Merkmal bezeichnet werden.[566]

Das Abbildungsmerkmal beschreibt, dass Modelle stets Repräsentationen von natürlichen oder künstlichen Originalen (Systemen) darstellen, die jeweils selbst Modelle sein können. Das Verkürzungsmerkmal sagt aus, dass Modelle nicht alle Attribute des durch sie repräsentierten Objekts erfassen, sondern lediglich eine begrenzte Anzahl relevanter Aspekte des Originals beinhalten. Die Pragmatik als verbleibendes charakteristisches Merkmal beinhaltet, dass Modelle eine problemspezifische Darstellung oder Beschreibung verwenden und daher nicht immer eindeutig dem Original zugeordnet werden können.[567] Folglich sind vor Erstellung eines Modells das reale System, die Zielsetzung, der Nutzer sowie der Zeitraum der Nutzung als die vier relevanten Merkmale zu definieren.[568]

Zur Klassifizierung von Modellen gibt es in der Literatur unterschiedliche Ansätze und Konzepte.[569] Einer der geläufigsten Klassifizierungsansätze nach PATZAK gliedert Modelle in Beschreibungs-, Erklärungs-, Gestaltungs- und Meta-Modelle. Die Modellarten unterscheiden sich bezüglich ihrer Zielsetzung und somit auch hinsichtlich ihrer vorgesehenen Anwendung.[570] Eine eindeutige Zuordnung von Modellen zu den genannten Kategorien ist allerdings nicht immer möglich.[571] Ziele und Beispiele der aufgeführten Modellarten sind in Abbildung 58 dargestellt.

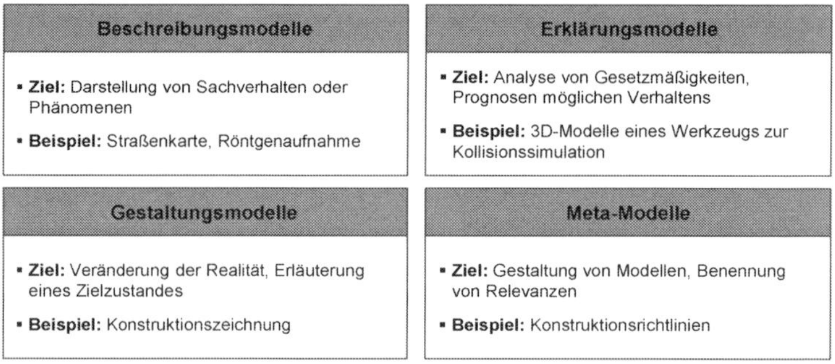

Abbildung 58: Grundlegende Klassifizierung von Modellen[572]

Beschreibungsmodelle werden auch als deskriptive Modelle, Monitormodelle oder Darstellungsmodelle bezeichnet. Sie eignen sich vor allem für die präzise Erfassung von Sachverhalten sowie deren verständliche Abbildung. Voraussetzungen oder Prämissen, unter denen die beschriebenen Zustände Gültigkeit haben, werden nicht näher beschrieben. Ebenfalls können

566 Vgl. Stachowiak (Modelltheorie), 1973, S. 131ff.

567 Vgl. Saam (Modellbildung), 2009, S. 517; Stachowiak (Modelltheorie), 1973, S. 131ff.

568 Vgl. Stachowiak (Modelltheorie), 1973, S. 133

569 Vgl. Bandte (Komplexität in Organisationen), 2007, S. 200ff.; Stachowiak (Modelltheorie), 1973, S. 157ff.; Patzak (Systemtechnik), 1982, S. 306ff.

570 Vgl. Patzak (Systemtechnik), 1982, S. 313ff.

571 Vgl. Bandte (Komplexität in Organisationen), 2007, S. 205

572 i. A. a. Giehler (Planungsproduktivität), 2010, S. 78

Ursachen für das Auftreten bestimmter Merkmale mit Beschreibungsmodellen nicht dargestellt werden.[573]

Erklärungsmodelle, die auch als explikative Modelle bekannt sind, basieren auf Beschreibungsmodellen. Durch Anwendung wird das Ziel verfolgt, das Verständnis eines Sachverhalts zu verbessern. Erklärungsmodelle stellen dafür Gesetzmäßigkeiten der beschriebenen Sachverhalte dar und formulieren relevante Wirkzusammenhänge. Dementsprechend eignen sich diese ebenfalls zur Erstellung von Prognosen.[574]

Gestaltungsmodelle bilden den angestrebten Zustand eines Systems durch Veränderung der Realität ab. Sie umfassen dafür Handlungsalternativen und Entscheidungsempfehlungen, um den Zielzustand durch die zielgerichtete Steuerung relevanter Einflussgrößen zu erreichen. Zu den Gestaltungsmodellen zählen sowohl normative Modelle, die einen Handlungsrahmen und eine Leitbildfunktion besitzen, als auch präskriptive Modelle, die eine Vorbild- oder Musterfunktion aufweisen.[575]

Meta-Modelle werden synonym als generische Modelle oder Referenzmodelle bezeichnet. Sie beschreiben den Zusammenhang untergeordneter Modelle und werden aufgrund ihres übergeordneten Charakters häufig als das Modell eines Modells aufgefasst. Das Meta-Modell veranschaulicht, welche Komponenten und Sachverhalte bei der Gestaltung und Nutzung relevant sind und in welchem Zusammenhang diese zueinander stehen.[576]

Die Erstellung der genannten Modelle wird als Modellierung bezeichnet. Bei der Modellierung sollten bestimmte Grundsätze und Anforderungen beachtet werden. Neben der Sicherstellung der semantischen und syntaktischen Richtigkeit ist vor allem der Grundsatz der Relevanz zu nennen. Durch die Relevanz soll sichergestellt werden, dass lediglich erforderliche Aspekte eines zu beschreibenden Sachverhalts im Modell berücksichtigt werden. Darüber hinaus sind Anforderungen hinsichtlich Wirtschaftlichkeit, Klarheit, Vergleichbarkeit sowie des systematischen Aufbaus bei der Modellierung einzuschließen.[577]

Die zielgerichtete Adressierung des in den Kapiteln 2.4 und 3.4 aufgezeigten Handlungsbedarfs erfordert die Darstellung eines zukünftigen Zielzustands. Zur Entwicklung eines Zielzustands komplexer Systeme im Zusammenhang mit betriebswirtschaftlichen Fragestellungen empfiehlt Ulrich die Ausarbeitung von Gestaltungsmodellen.[578] Ein entsprechendes Gestaltungsmodell für den vernetzten und synchronisierten Serienanlauf von Werkzeugen soll im Folgenden entwickelt werden.

---

[573] Vgl. Lehner et al. (Wirtschaftsinformatik), 2008, S. 30f.; Patzak (Systemtechnik), 1982, S. 313

[574] Vgl. Lehner et al. (Wirtschaftsinformatik), 2008, S. 31; Patzak (Systemtechnik), 1982, S. 313

[575] Vgl. Lehner et al. (Wirtschaftsinformatik), 2008, S. 31f.

[576] Vgl. Lehner et al. (Wirtschaftsinformatik), 2008, S. 32

[577] Vgl. Rosemann et al. (Prozessmodellierung), 2012, S. 49f.

[578] Vgl. Ulrich (Management), 1984, S. 180f.

4.2 Merkmale des Gestaltungsmodells

Entsprechend der definierten Herausforderungen und Zielsetzungen soll ein Gestaltungsmodell entwickelt werden, das einen Zielzustand für den vernetzten und synchronisierten Serienanlauf von Werkzeugen darstellt. Die Vernetzung stellt dabei eine wichtige Voraussetzung für den verlust- und latenzfreien Übergang von Daten und Informationen dar. Die Synchronisierung soll bewirken, dass Informationen entsprechenden Prozessen, Abteilungen oder Personen bedarfsgerecht und echtzeitnah bereitgestellt werden.

Notwendige Elemente des Gestaltungsmodells werden basierend auf dem beschriebenen Handlungsbedarf und bestehenden wissenschaftlichen Erkenntnissen hergeleitet. Unter Berücksichtigung der dargestellten Grundlagen der Systemtheorie bedarf es ebenfalls der Darstellung relevanter Abhängigkeiten der einzelnen Elemente, die durch Veränderung der Umweltbedingungen eine dynamische Reaktion des Modells erfordern. Nach der vollständigen Identifikation aller relevanten Gestaltungselemente werden diese unter Einbeziehung gegenseitiger Abhängigkeiten zu einem ganzheitlichen Gestaltungsmodell synthetisiert.

In Kapitel 4.1 wurden die zentralen Modellanforderungen Abbildung, Verkürzung und Pragmatik auf Basis der Arbeiten von STACHOWIAK dargestellt.[579] Durch die zunächst erfolgende Konzeption und die anschließende Detaillierung des Modells soll das Abbildungskriterium erfüllt werden. Die Verkürzung wird dadurch erreicht, dass im Rahmen des Gestaltungsmodells nicht alle theoretisch möglichen Elemente dargestellt werden, sondern eine Fokussierung auf relevante Systemelemente erfolgt. Zur Erreichung der Pragmatik ist eine Definition der vier zentralen Merkmale reales System, Zielsetzung, Nutzer sowie Zeitraum der Nutzung vorzunehmen. Dieser Vorgehensweise folgen auch KOMOREK und SALMEN, an deren Arbeiten die nachfolgende Ausgestaltung der Merkmale angelehnt ist.[580]

4.2.1 Reales System

Das reale System, auf welches sich das zu entwickelnde Gestaltungsmodell bezieht, stellt der im Rahmen von Kapitel 2.2 dargestellte Werkzeugbau dar. In Kapitel 2.2.6 wurde aufgezeigt, dass der Serienanlauf von Werkzeugen einen der komplexesten und gleichzeitig kostenintensivsten Prozesse der Werkzeugherstellung darstellt. Dementsprechend bildet dieser als spezifischer Betrachtungsgegenstand den Kern des realen Systems, das wiederum je nach Korrekturaufwand unterschiedliche vorgelagerte Teilprozesse der Werkzeugherstellung umfassen kann. Für die Modellierung stellen alle an der Durchführung von Korrekturen und Nacharbeiten beteiligten Abteilungen relevante Elemente des realen Systems dar.

Aufgrund unterschiedlicher technischer Parameter der dargestellten Werkzeugtypen (vgl. Kapitel 2.2.4.1) sowie entsprechender Unterschiede im Serienanlauf (vgl. Kapitel 2.2.6) muss geklärt werden, inwiefern Einschränkungen hinsichtlich des Geltungsbereichs des Gestaltungsmodells vorgenommen werden müssen. Zunächst ist festzustellen, dass die abgeleiteten

[579] Vgl. Stachowiak (Modelltheorie), 1973, S. 131ff.

[580] Vgl. Komorek (Kollaborative Wertschöpfung), 2014, S. 96ff.; Salmen (Vernetzter Shopfloor), 2016, S. 124ff.

Herausforderungen *Interdependenzen*, *Interdisziplinarität* sowie der Bedarf umfangreichen *Erfahrungswissens* (vgl. Kapitel 2.2.7) für alle Werkzeugtypen Gültigkeit besitzen. Zudem sind die Ziele des Serienanlaufs, eingebundene Stakeholder sowie notwendige (iterative) Prozessschritte (bezogen auf die generische Prozesskette des Werkzeugbaus) werkzeugtypübergreifend äquivalent. Dies führt dazu, dass ein zu entwickelndes Gestaltungsmodell die gleiche Grundstruktur aufweist.

Um der Forderung nach Konkretheit nachzukommen, bedarf es einer Detaillierung der einzelnen Lösungselemente des Gestaltungsmodells. Hierbei gilt es, werkzeugtypspezifische Unterschiede zu berücksichtigen. Diese resultieren auf der untersten Detaillierungsebene in Unterschieden im Prozessablauf, notwendigen (Mitarbeiter-)Kompetenzen, relevanten (Anlauf-)Daten sowie im zugrundeliegenden Ressourcenspektrum.[581] Entsprechend müssen partiell eine Einschränkung des allgemeingültigen Anwendungskontexts vorgenommen und Aspekte der Lösung anhand eines Werkzeugtyps beschrieben werden.

Wie in Kapitel 2.2.6.2 dargestellt, weisen Blechumformwerkzeugen den anteilig höchsten zeitlichen und kostenseitigen Aufwand im Serienanlauf auf. Dadurch ergeben sich neben dem größten Handlungsbedarf ebenfalls die potenziell umfangreichsten Verbesserungen durch einen vernetzten und synchronisierten Serienanlauf. Das Gestaltungsmodell wird im Folgenden daher allgemeingültig hergeleitet und ausgestaltet. Teilaspekte des Gestaltungsmodells, die aufgrund werkzeugtypspezifischer Unterschiede eine Eingrenzung des Anwendungskontexts erfordern, werden bei der Detaillierung der Modellelemente entsprechend kenntlich gemacht. Die Konkretisierung erfolgt in diesem Fall anhand von Blechumformwerkzeugen. Für eine Übertragung der punktuell werkzeugtypspezifisch entwickelten Inhalte auf andere Werkzeugtypen bedarf es weiterführender Betrachtungen, auf die in Kapitel 7 verwiesen wird.

4.2.2 Zielsetzung

Ziel des zu entwickelnden Modells ist die Darstellung eines anzustrebenden, wertschöpfungsoptimierten Zustands des Serienanlaufs von Werkzeugen durch Applizierung von Vernetzung und Synchronisierung. Das Gestaltungsmodell soll Unternehmen der Branche Werkzeugbau als Handlungsleitfaden dienen, um eigene Prozesse, Abläufe und Strukturen zu hinterfragen und auf Basis individueller Rahmenbedingungen zu verbessern. Es ist so aufgebaut, dass es dem Nutzer die relevanten Aspekte und Inhalte für die Gestaltung des vernetzten und synchronisierten Serienanlaufs von Werkzeugen aufzeigt. Ebenfalls werden im Rahmen dieser Arbeit Zusammenhänge und Abhängigkeiten der einzelnen Gestaltungselemente erläutert.

4.2.3 Nutzer

Das Gestaltungsmodell adressiert all jene Personen, für die der Serienanlauf von Werkzeugen aus insbesondere operativer oder in Teilen strategischer Sicht von Relevanz ist. Entsprechend

[581] Übergeordnet weisen alle Werkzeugtypen den gleichen generischen Prozessablauf sowie den dahinterliegenden Organisationsaufbau und notwendige Ressourcen auf (vgl. Kapitel 2.2.5). Werkzeugtypspezifische Unterschiede bestehen allerdings bei einer weiteren Detaillierung der entsprechenden Felder.

den Arbeiten von KOMOREK und SALMEN kann diesbezüglich eine Differenzierung zwischen Anwendern und Verwendern des Gestaltungsmodells vorgenommen werden.[582]

Anwender stellen Mitarbeiter eines Werkzeugbaubetriebs oder aus dem Umfeld der Serienproduktion dar, die aktiv an der Gestaltung des Serienanlaufs von Werkzeugen beteiligt sind. Für sie steht vor allem der Anwendungsaspekt des Gestaltungsmodells im Vordergrund, sodass sie das Modell als Orientierung für die zukünftige Gestaltung eines vernetzten und synchronisierten Serienanlaufs von Werkzeugen nutzen können. Der Kreis der Anwender wird dabei explizit nicht auf bestimmte Mitarbeiter, Rollen oder Funktionen beschränkt. Es kann sich beispielsweise um interne Mitarbeiter eines Werkzeugbaubetriebs, aber auch externe Dienstleister oder Partnerunternehmen handeln. Verwender des Gestaltungsmodells sind nicht aktiv an der Gestaltung des zukünftig vernetzten und synchronisierten Serienanlaufs von Werkzeugen beteiligt. Für sie steht das Verständnis der Zusammenhänge sowie neuer technologischer und organisatorischer Lösungen im Fokus. Verwender umfassen demnach alle internen und externen Anspruchsgruppen eines Werkzeugbaubetriebs.

4.2.4 Nutzungszeitraum

Der Nutzungszeitraum unterliegt keiner festgelegten Beschränkung. Das Gestaltungsmodell wird auf Basis des aktuell vorliegenden Handlungsbedarfs aus Theorie und Praxis entwickelt, um beide Aspekte in einem ganzheitlichen Lösungsansatz zu adressieren. Aufgrund der Verfügbarkeit technologischer und organisatorischer Rahmenbedingungen kann die Nutzung des Gestaltungsmodells ab sofort erfolgen. Der Nutzungszeitraum wird beendet, wenn zukünftige Entwicklungen im Werkzeugbau oder der produzierenden Industrie dazu führen, dass das Gestaltungsmodell als Ganzes oder in Teilen nicht mehr zutreffend ist. Dies ist darin begründet, dass die in Kapitel 2 dargestellten Grundlagen einem stetigen Wandel unterliegen. Innovationen in einem der beschriebenen oder damit verbundenen Grundlagenthemen können dazu führen, dass das Forschungsergebnis oder einzelne Aspekte davon nicht mehr zutreffend sind. Aus dem aktuellen Kenntnisstand ist dieser Zeitpunkt nicht konkret absehbar. Daher ist es Aufgabe der Wissenschaft, die Aktualität und damit Validität des Gestaltungsmodells kontinuierlich zu prüfen.

4.3 Herleitung und Konzeptionierung des Gestaltungsmodells

In diesem Kapitel soll das Gestaltungsmodell für den vernetzten und synchronisierten Serienanlauf von Werkzeugen inhaltlich entwickelt werden. Die notwendige Ausgestaltung und Detaillierung der einzelnen Elemente wird in Kapitel 5 vorgenommen.

Zur Etablierung des zu entwickelnden Modells in der Wissenschaft ist zunächst die Gestaltung eines geeigneten Ordnungsrahmens erforderlich. Der Ordnungsrahmen verleiht dem Modell eine klare Struktur, indem er bestehende Zusammenhänge auf einem übergeordneten Abstraktionsniveau beschreibt.[583] Nach Herleitung eines entsprechenden Ordnungsrahmens werden innerhalb dieses Rahmens Gestaltungselemente definiert, die den Handlungsbedarf aus

[582] Vgl. Komorek (Kollaborative Wertschöpfung), 2014, S. 97f.; Salmen (Vernetzter Shopfloor), 2016, S. 125
[583] Vgl. Meise (Organisationsgestaltung), 2001, S. 61f.

Theorie und Praxis adressieren können. Durch Verknüpfung der einzelnen Elemente kann der vernetzte und synchronisierte Serienanlauf von Werkzeugen umgesetzt werden.

Die Herleitung des für die Entwicklung des Gestaltungsmodells notwendigen Ordnungsrahmens kann basierend auf den in Kapitel 2 dargestellten Grundlagen, den dargestellten Ansätzen sowie den in Kapitel 3 abgeleiteten Forschungsfragen erfolgen. Anhand dieser muss die Struktur des Ordnungsrahmens folgende Elemente abbilden können:

- Elemente zur Abbildung von Zielsystem und Anlaufstrategie
- Elemente zur Abbildung einer integrierten Prozess- und Organisationsgestaltung
- Elemente zur Abbildung eines ganzheitlichen Wissensmanagements
- Elemente zur Abbildung notwendiger Voraussetzungen

BILSING greift als Ordnungsrahmen für die umfassende wertschöpfungsseitige Beschreibung eines Werkzeugbaubetriebs auf das Aachener Werkzeug- und Formenbau-Management-Modell zurück.[584] Diesen Ordnungsrahmen setzt ebenfalls KOMOREK in Verbindung mit Elementen des General Management Navigators ein, um einen Gestaltungsrahmen für die kooperative Wertschöpfung des Werkzeugbaus aufzuspannen.[585] Die Ausgestaltung von Kooperationen entlang der Auftragsabwicklung im Werkzeugbau wird von SCHLEYER anhand des Value-System-Ansatzes von PORTER modelliert.[586] KLOTZBACH ordnet die Gestaltungsfelder des industriellen Werkzeugbaus anhand der strategischen Wertschöpfungsprogramme nach MÜLLER-STEWENS & LECHNER an.[587] FRICKER setzt zur Einordnung unterschiedlicher wertschöpfungsseitiger Handlungsoptionen auf eine Synthese u. a. des integrierten Management Modells nach BLEICHER.[588] Auf diesen Ansatz greift ebenfalls SALMEN zurück, um die digital vernetzte Wertschöpfung im Werkzeugbau zu gestalten.[589]

Während alle beschriebenen Ordnungsrahmen Teilaspekte der dargestellten Kriterien erfüllen können, stellt lediglich das integrierte Management nach BLEICHER einen Ordnungsrahmen dar, in dem alle oben genannten Elemente ganzheitlich verortet werden können. Dazu unterscheidet das integrierte Management zwischen den Managementaspekten Aktivitäten, Verhalten und Strukturen. Diese bilden den Schnittpunkt mit den drei Managementebenen normatives, strategisches und operatives Management und spannen somit einen ganzheitlichen Ordnungsrahmen auf.[590] In der Wissenschaft ist das integrierte Management daher als ganzheitlicher und integrativer Bezugsrahmen zur Betrachtung, Analyse und Lösung von Problemen der industriellen Praxis anerkannt.

Aktivitätselemente umfassen vielfältige Teilaspekte zum Aufbau sowie zur Nutzung und Pflege strategischer Erfolgspositionen. Auf operativer Ebene umfasst dies vor allem Aspekte zur Gestaltung der Wertschöpfung und Abarbeitung von Aufträgen. Strukturelemente ermöglichen

---

[584] Vgl. Bilsing (Technologische Leistungsfähigkeit), 2007, S. 32f.
[585] Vgl. Komorek (Kollaborative Wertschöpfung), 2014, S. 99f.
[586] Vgl. Schleyer (Kooperationsmanagement), 2006, S. 177f.
[587] Vgl. Klotzbach (Industrieller Werkzeugbau), 2007, S. 148f.
[588] Vgl. Fricker (Strategische Stringenz), 2005, S. 102ff.
[589] Vgl. Salmen (Vernetzter Shopfloor), 2016, S. 126f.
[590] Vgl. Bleicher (Integriertes Management), 2011, S. 87ff.

und steuern den Ablauf von Prozessen, z. B. durch das Vorhandensein einer systemtechnischen Unterstützung. Sie sind damit als Grundvoraussetzungen der Leistungserbringung zu sehen. Verhaltenselemente beeinflussen das Leistungs- und Kooperationsverhalten im Arbeitsprozess.[591] Sie stellen damit Elemente zur operativen Verbesserung dar.

Zur Einordnung des zu definierenden Gestaltungsmodells in den Ordnungsrahmen nach BLEICHER muss die Managementebene festgelegt werden. Die in Kapitel 2.4 identifizierten Herausforderungen und in Kapitel 3.1.2 abgeleiteten Anforderungen zeigen, dass der Serienanlauf von Werkzeugen hauptsächlich wertschöpfungsseitige Defizite auf operativer Ebene aufweist, die ein zu entwickelnder Lösungsansatz adressieren muss. Dementsprechend erfolgt die Einordnung im operativen Management, um den Serienanlauf vor allem hinsichtlich Effektivität und Effizienz der Auftragsabwicklung optimieren zu können. Abbildung 59 zeigt den Aufbau des Ordnungsrahmens, der die Grundstruktur des zu konzeptionierenden Gestaltungsmodells darstellt. Dieses ist anhand der Aktivitäts-, Verhaltens- und Strukturelemente strukturiert.

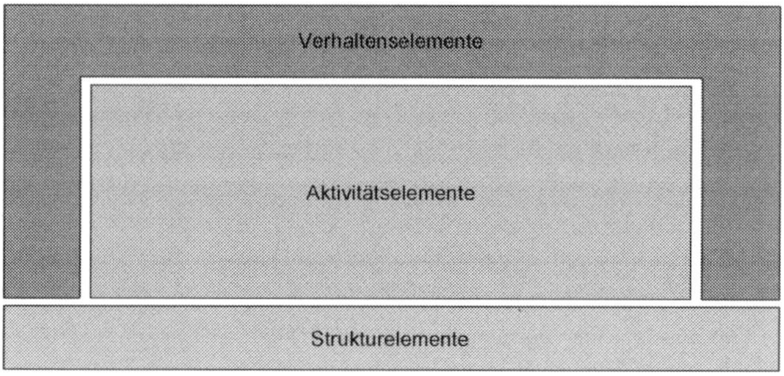

Abbildung 59: Ordnungsrahmen des Gestaltungsmodells in Anlehnung an BLEICHER

Den Kern des Gestaltungsmodells bilden die Aktivitätselemente. Sie erlauben durch die Applizierung von Vernetzung und Synchronisierung eine wertschöpfungsoptimale Ausgestaltung operativer Aktivitäten des Serienanlaufs von Werkzeugen. Die Verhaltenselemente umrahmen die Aktivitätselemente und ermöglichen eine kontinuierliche Verbesserung der Effektivität und Effizienz wertschöpfungsseitiger Aktivitäten. Strukturelemente bilden die Basis des Gestaltungsmodells und repräsentieren die notwendigen Voraussetzungen. Neben Abhängigkeiten zwischen den Elementen aufgrund der hohen Interdisziplinarität und Interdependenz des Serienanlaufs bestehen umfassende Wechselwirkungen mit anderen Unternehmensbereichen.

Im Folgenden soll die Entwicklung von Gestaltungselementen erfolgen, die eine Beantwortung der in Kapitel 3.5 gestellten Forschungsfragen ermöglichen. Innerhalb der Gestaltungselemente werden Gestaltungsaspekte definiert, die jeweils Teilaspekte der Gestaltungselemente darstellen und aus unterschiedlichen Sichtweisen zum Ergebnis der Gestaltungselemente bei-

[591] Vgl. Bleicher (Integriertes Management), 2011, S. 94f.

tragen. Die Herleitung und Beschreibung der Gestaltungselemente und -aspekte erfolgt anhand der definierten Aktivitäts-, Verhaltens- und Strukturelemente. Die Beantwortung der übergeordneten Forschungsfrage erfolgt durch die Synthese zum Gestaltungsmodell in Kapitel 4.4.

4.3.1 Aktivitätselemente

Die Effektivität und Effizienz bei der Bearbeitung von Aufträgen hängt maßgeblich mit der Gestaltung der Wertschöpfungsaktivitäten zusammen. Wertschöpfungsgestaltung kann als individuelle Positionierung des Unternehmens in der Wertschöpfungskette bzw. im Wertschöpfungsnetzwerk verstanden werden.[592] HEUSKEL spricht in diesem Zusammenhang auch von Gestaltung der Wertschöpfungsarchitektur.[593] Dem von MÜLLER-STEWENS & LECHNER entwickelten General Management Navigator folgend muss zur Umsetzung zunächst die Gestaltung des Wertschöpfungsnetzwerks vorgenommen werden, um anschließend Prozesse und Strukturen zu gestalten.[594]

Dieser Logik entsprechend wird zunächst das Gestaltungselement **Datenbasierte Anlaufstrategie** hergeleitet. Dies basiert auf den Erkenntnissen von MÜLLER, SCHNEIDER sowie PETERS & HOFSTETTER, dass für die effiziente Durchführung eines Anlaufprojekts die initiale Konzeption einer Anlaufstrategie notwendig ist.[595] Im Rahmen der datenbasierten Anlaufstrategie wird die Ausgestaltung der Output-Input-Relationen der unternehmensübergreifenden Wertschöpfungsaktivitäten im Wertschöpfungsnetzwerk vorgenommen. Die datenbasierte Ableitung der Anlaufstrategie ermöglicht die objektive Abbildung der hohen Entscheidungskomplexität und stellt zudem die bestmögliche Erfüllung anlaufspezifischer Ziele sicher. Zudem ermöglicht die datenbasierte Ableitung, dass personenunabhängig Wissen und Lerneffekte zur stetigen Optimierung von Anlaufstrategien eingesetzt werden können.

Auf Basis der Anlaufstrategie ist die Gestaltung der Anlaufprozesse im Rahmen einer **vernetzten Wertschöpfung** sicherzustellen. Durch eine optimierte Wertschöpfungsgestaltung lassen sich sowohl die Zielsetzung (Effektivität) als auch die Zielumsetzung (Effizienz) von Prozessen deutlich verbessern.[596] Die Vernetzung von Wertschöpfungsobjekten ermöglicht in diesem Zusammenhang, die an der Wertschöpfung beteiligten Prozesse und Entitäten zu synchronisieren und zu koordinieren sowie Prozessinformationen mit kurzer Latenz bereitzustellen. Neben der Informationsaufnahme ist hierbei die bedarfsgerechte Informationsbereitstellung wichtig, sodass Informationen gegenseitig und transparent für eine kooperative Auftragsabwicklung ausgetauscht werden können.

Zuletzt ist die Definition einer ausführenden Organisation im Gestaltungselement **adaptive Anlauforganisation** vorzunehmen. Die Organisation stellt das „Gerüst" eines Unternehmens

---

[592] Vgl. Deutskens (Wertschöpfungskonfiguration), 2014, S. 105 mit Verweis auf Müller-Stewens; Lechner (Strategisches Management), 2003, S. 381

[593] Vgl. Heuskel (Neue Wachstumsstrategien), 1999, S. 56ff.

[594] Vgl. Müller-Stewens; Lechner (Strategisches Management), 2003, S. 28f.

[595] Vgl. Unger; Spanner-Ulmer (Gestaltung des Produktionssystems), 2007, S. 134ff.; Schneider (Strategiefestlegung Anlaufplanung), 2006, S. 6; Peters; Hofstetter (Anlaufstrategien in Netzwerken), 2008, S. 9ff.

[596] Vgl. Schmelzer; Sesselmann (Geschäftsprozessmanagement), 2013, S. 6f. und S. 56

dar und legt fest, welche Aufgaben von welchen Aufgabenträgern und mit welchen Ressourcen zu erfüllen sind.[597] Ziel dieses Gestaltungselements ist die Konzeption einer bedarfsgerechten Organisation, die durch Selbststeuerung hohe Effizienz des Anlaufs bei gleichzeitig hoher Flexibilität aufweist. Die Konzeption der Organisation wird mit dem Ziel einer vernetzten Wertschöpfung vorgenommen, um Informationen innerhalb der Organisation zu synchronisieren und den Informationsfluss anhand der Informationsbedarfe im Serienanlauf zu optimieren.

Die drei aufgeführten Aktivitätselemente werden nachfolgend beschrieben und in Kapitel 5 weiter detailliert.

4.3.1.1 Datenbasierte Anlaufstrategie

Eine abgestimmte Anlaufstrategie ist eine entscheidende Voraussetzung für effiziente Anlaufprozesse.[598] Sie definiert zum Beispiel, an welchen Standorten im Produktionsnetzwerk der Serienanlauf von Werkzeugen durchgeführt wird, welche Ressourcen in welcher Dimensionierung an den jeweiligen Standorten vorzuhalten sind und wie die Koordination erfolgt. Ziel einer Anlaufstrategie ist es, langfristige Parameter z. B. in Form einer Ressourcendimensionierung festzulegen sowie eine kurzfristige und projektspezifische Wertschöpfungskonfiguration vorzunehmen. Die kurzfristige Wertschöpfungsstrategie umfasst unter anderem, welche Wertschöpfungsumfänge auf Basis verfügbarer Kompetenzen und Kapazitäten intern oder extern ausgeführt werden und welche Entitäten im Netzwerk am Anlauf beteiligt sind.[599] Da es sich sowohl bei der kurz- als auch bei der langfristigen Sicht um multivariable Entscheidungsprobleme handelt, ist eine datenbasierte Betrachtung zur Wahrung notwendiger Objektivität entscheidend.

Zunächst ist die Definition eines **anlaufspezifischen Zielsystems** unter Berücksichtigung relevanter Zielgrößen und Einflussfaktoren vorzunehmen, um die Leistungsfähigkeit des Serienanlaufs neben der retrospektiven Betrachtung auch proaktiv steuern zu können.[600] Ziele im Anlauf können beispielsweise Kostenoptimierung, Zeiteinsparung oder Flexibilisierung im Umgang mit späten Produktänderungen darstellen. Neben der Erfassung anlaufrelevanter Zielkriterien ist ebenfalls die Gewichtung der Kriterien zur Ableitung einer optimalen Anlaufstrategie vorzunehmen.

Auf Basis des Zielsystems kann eine **langfristige Netzwerkstrategie** festgelegt werden. Diese ermöglicht das Besetzen strategischer Erfolgspositionen und erfordert die übergeordnete strategische Dimensionierung von Prozessen, Kompetenzen und Ressourcen sowie der dazugehörigen Organisation.[601] Ein Betrieb sollte interne Ressourcen zur Kostenoptimierung mit einer möglichst hohen Auslastung auslegen, während für eine hohe Flexibilität Ressourcen deutlich größer dimensioniert werden müssen.

---

[597] Vgl. Hub (Aufbau- und Ablauforganisation), 1994, S. 5

[598] Vgl. Peters; Hofstetter (Anlaufstrategien in Netzwerken), 2008, S. 9

[599] Vgl. Gartzen (Diskrete Migration), 2012, S. 34f.

[600] Vgl. Schmitt (Anlaufmanagement), 2015, S. 13; Schmitt et al. (Interdisziplinäres Anlaufmanagement), 2010, S. 319

[601] Vgl. Pümpin; Amann (Strategische Erfolgspositionen), 2005, S. 30ff.

Neben einer Festlegung der langfristigen Parameter bedarf es ebenfalls einer projektspezifischen, **kurzfristigen Wertschöpfungsstrategie**. Anhand von Kompetenzen und Kapazitäten erfolgt die projektspezifische Konfiguration der Prozesse und Organisation im Netzwerk. Hierfür ist festzulegen, welche Parameter für die Definition der individuellen Wertschöpfungsstrategie relevant sind und wie ein Abgleich zwischen Kundenanforderung und z. B. vorhandener Kapazität erfolgen kann. Die Bestimmung der optimalen kurzfristigen Wertschöpfungsstrategie erfolgt neben weiteren Aspekten auf Basis der Transaktionskostentheorie.

Insgesamt soll mithilfe des Gestaltungselements Datenbasierte Anlaufstrategie eine lang- sowie kurzfristige Ausgestaltung des Anlaufnetzwerks ermöglicht werden. Gestaltungsaspekte und Ergebnis sind in Abbildung 60 zusammengefasst. Diese werden so ausgelegt, dass sie die individuellen Rahmenbedingungen im Serienanlauf von Werkzeugen berücksichtigen, um für den Anwendungsfall optimierte Anlaufstrategien ableiten zu können.

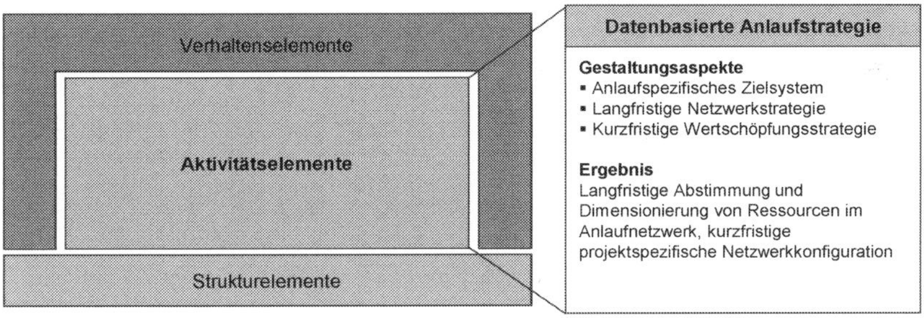

Abbildung 60: Aspekte und Ergebnis des Gestaltungselements Datenbasierte Anlaufstrategie

4.3.1.2 Vernetzte Wertschöpfung

Es gilt, Wertschöpfung und (Anlauf-)Strategie konzeptionell und operativ so aufeinander abzustimmen, dass ein optimaler „Fit“ entsteht.[602] Das Gestaltungselement Vernetzte Wertschöpfung baut auf den Ergebnissen der Anlaufstrategie auf und gestaltet notwendige Wertschöpfungsaktivitäten im Serienanlauf von Werkzeugen. Ein wichtiger Aspekt ist die Fokussierung auf wertschöpfende Tätigkeiten, um Verschwendung zu vermeiden.[603] Gleichzeitig sollte im Hinblick auf Prozesseffizienz eine zeitlich-logische Abfolge einzelner Aktivitäten festgelegt sowie der Informationsfluss systemtechnisch abgebildet werden.

Eine erfolgreiche Prozessgestaltung bietet ein umfangreiches Potenzial zur Verbesserung der Prozessleistungsfähigkeit in Bezug auf Schnelligkeit, Zuverlässigkeit und Effizienz.[604] Dementsprechend bedingt ein effizienter Ablauf des Serienanlaufs zunächst eine **interorganisati-**

[602] Hensen (Strategische Auslegung), 2017, S. 106f.; Klotzbach spricht i. A. a. Fricker von einer Vielzahl möglicher Gestaltungsoptionen bei der operativen Umsetzung einer Strategie, vgl. Klotzbach (Industrieller Werkzeugbau), 2007, S. 86 mit Verweis auf Fricker (Strategische Stringenz), 2005

[603] Vgl. Schmelzer; Sesselmann (Geschäftsprozessmanagement), 2013, S. 55

[604] Vgl. Kuhlmann (Gestaltung von Geschäftsprozessen), 2011, S. 43 mit Verweis auf Lockamy; McCormack (Business Process Orientation), 2004, S. 274

onale Prozessgestaltung. Diese stellt die inhaltliche und zeitliche Abstimmung von Wertschöpfungsprozessen innerhalb des Wertschöpfungsnetzwerks sicher. Dazu sind Wertschöpfungsprozesse im Netzwerk zu analysieren und durch Festlegung definierter Meilensteine, Input- und Outputvariablen der Prozesse, relevanter Standarddokumente sowie eines abgestimmten Systemeinsatzes zu optimieren.

Neben der interorganisationalen Prozessgestaltung bedarf es **digitaler Änderungsworkflows**. Änderungen im Serienanlauf kommen mit einer hohen Regelmäßigkeit vor und können sowohl durch den Kunden als auch durch die Notwendigkeit einer Fehlerkorrektur initiiert werden.[605] Beide Änderungen bedürfen einer effizienten Informationsbereitstellung entlang der gesamten Wertschöpfungskette, sodass am Anlauf beteiligte Stakeholder echtzeitnah über neue Datenstände sowie den Bearbeitungsfortschritt aktueller Arbeitsumfänge informiert werden. Durch bessere Informationsbereitstellung kann neben der Reduktion von latenzzeitbedingten Liegezeiten ebenfalls der Korrekturaufwand gesenkt werden.

Den letzten Baustein vernetzter Wertschöpfung stellt die **intelligente Anlaufplanung** dar. Aufgrund des Unikatcharakters von Werkzeugen und häufig nicht absehbarer Korrekturaufwände ist eine kontinuierliche Anpassung der Zuteilung von Fertigungsaufträgen zu Ressourcen notwendig.[606] Durch die Vernetzung von Fertigungsmitteln und Auftragsdaten sowie die Nutzung von Vergangenheitsdaten kann die Auflösung und Genauigkeit der Planung signifikant erhöht und gleichzeitig die Flexibilität verbessert werden.

Mit dem Gestaltungselement Vernetzte Wertschöpfung sollen Prozesse im Serienanlauf von Werkzeugen zeitlich und inhaltlich aufeinander abgestimmt werden, damit Informationen innerhalb des Wertschöpfungsnetzwerks anforderungsgerecht zur Verfügung stehen. Dadurch kann der Informationsfluss verbessert und die Durchlaufzeit potenziell verkürzt werden. Die Ergebnisse sind in Abbildung 61 zusammengefasst.

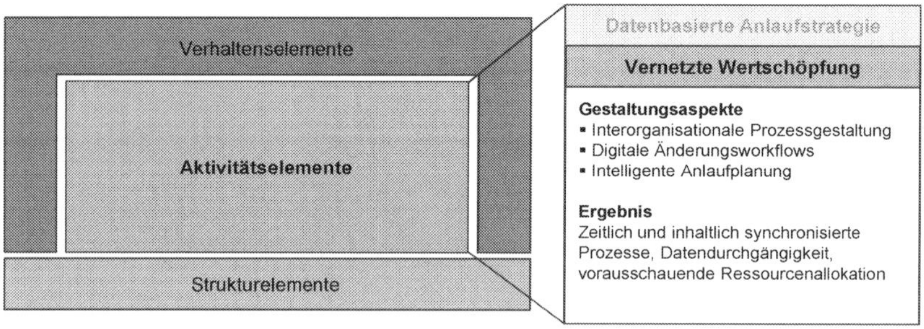

Abbildung 61: Aspekte und Ergebnis des Gestaltungselements Vernetzte Wertschöpfung

[605] Vgl. Abele et al. (Lean Try-out), 2017, S. 191
[606] Vgl. Abele et al. (Lean Try-out), 2017, S. 192

4.3.1.3 Adaptive Anlauforganisation

Während des Serienanlaufs (von Werkzeugen) wird eine Vielzahl interdependenter Gestaltungsobjekte erstmalig zueinander in Beziehung gesetzt.[607] Insbesondere die Zusammenführung der am Produkt beteiligten Objekte und Disziplinen führt zu einer hohen organisationalen Komplexität.[608] Dementsprechend wird der adaptiven Anlauforganisation die Aufgabe zuteil, die involvierten Bereiche eines Serienanlaufs von Werkzeugen zu strukturieren und die effiziente Abarbeitung von Prozessen organisationsseitig zu ermöglichen. Bisher sind Organisationen im Werkzeugbau häufig durch starre Linienorganisationen geprägt, die lediglich unzureichend eine flexible Zusammenstellung interdisziplinärer und eigenverantwortlicher Teams ermöglichen.[609]

Die gleichzeitige Erfüllung von Effizienz und Flexibilität bedingt das Vorhandensein dualer Strukturen.[610] Dementsprechend beinhaltet die adaptive Anlauforganisation zunächst die Implementierung einer **dualen Organisationsarchitektur,** die unzureichend prognostizierbare Änderungen flexibel ausführen kann, gleichzeitig aber eine hohe Effizienz der Auftragsabwicklung aufweist. Zusätzlich soll die Organisationsarchitektur durch eine hohe horizontale und vertikale Permeabilität kurze Kommunikations- und Entscheidungswege sicherstellen. Organisationale Befähiger wie Arbeitszeitmodelle ermöglichen, die duale Organisationsarchitektur zu implementieren.

Der Erfolg und Aufwand des Serienanlaufs wird maßgeblich vom Wissen einzelner Mitarbeiter determiniert.[611] Die Umsetzung einer **kompetenzbasierten Anlaufkonfiguration** ermöglicht die Ableitung der optimalen Zusammensetzung von Anlaufteams basierend auf spezifischen Kompetenzanforderungen des Anlaufs. Ein multidimensionales Modell, was neben Kompetenzen weitere Randbedingungen wie z. B. verfügbare Kapazitäten einzelner Mitarbeiter berücksichtigt, wird im Rahmen dieses Gestaltungsaspekts entwickelt. Dadurch können neben festen Kernteams projektübergreifende Springer definiert werden, die bei entsprechendem Wissensbedarf flexibel eingesetzt werden können.

Mithilfe eines kurzzyklischen und iterativen Vorgehens kann eine hohe Anpassungsfähigkeit an dynamische Rahmenbedingungen erreicht werden.[612] Die **dynamische Anlaufsteuerung** ermöglicht dies über eine Steigerung der Eigenverantwortlichkeit. Über eine selbstständige Steuerung erfolgt eine kompetenzbasierte Verteilung von Arbeitsumfängen im Team. Dazu kommt das Anlaufteam in regelmäßigen Abständen zusammen, um Korrekturmaßnahmen zu definieren, Abarbeitungsfortschritte abzustimmen sowie mögliche Hindernisse frühzeitig iden-

[607] Vgl. Franzkoch; Gottschalk (Anlauforganisation), 2008, S. 55, die Quelle spricht nicht explizit von Werkzeugen, allerdings trifft dieser Sachverhalt wie in den Kapiteln 2.2.6 und 2.2.7 beschrieben ebenfalls auf Werkzeuge zu.

[608] Vgl. Schuh et al. (Anlaufmanagement), 2005, S. 406

[609] Vgl. Boos et al. (Flexible Tooling Organization), 2017, S. 10

[610] Vgl. Kotter (Accelerate), 2014, S. 20ff.

[611] Vgl. Stippak (Navigationssystem für den effektiven Tryout), 2010, S. 42

[612] Vgl. Hohberger (Scrum), 2018, S. 120ff.

tifizieren und beseitigen zu können. Die zentrale Verwaltung und Darstellung offener Mängelpunkte sowie die frühe Einbeziehung des Kunden in den Serienanlauf ermöglicht die schnelle und effiziente Abarbeitung relevanter Abweichungen.

Insgesamt ermöglicht die adaptive Anlauforganisation die Flexibilisierung organisationaler Strukturen, was neben kurzen Durchlaufzeiten ebenfalls zu einer hohen Ergebnisqualität führen soll. Anlaufteams im vernetzten und synchronisierten Serienanlauf von Werkzeugen werden basierend auf Kompetenzen und verfügbarer Mitarbeiterkapazität zusammengestellt. Im Rahmen der intelligenten Anlaufplanung antizipierte sowie kurzfristig auftretende Arbeitsumfänge werden selbstständig innerhalb des Teams an die entsprechenden Kompetenzträger verteilt. Die entsprechenden Gestaltungsaspekte und Ergebnisse sind in Abbildung 62 zusammengefasst.

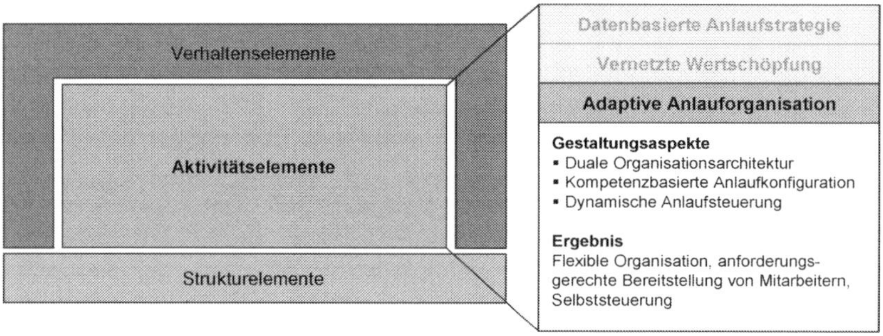

Abbildung 62: Aspekte und Ergebnis des Gestaltungselements Adaptive Anlauforganisation

4.3.2 Verhaltenselement

Das Verhaltenselement trägt durch kontinuierliche Verbesserung der wertschöpfungsseitigen Aktivitäten im vernetzten und synchronisierten Serienanlauf von Werkzeugen maßgeblich zur Steigerung von Effektivität und Effizienz bei. Entsprechend der in Kapitel 3.1.2 genannten anlaufspezifischen Anforderungen adressiert es vor allem das Thema Wissensmanagement, um den personen-, abteilungs- und standortübergreifenden Austausch von Wissen zu ermöglichen. Durch die Nutzung organisationalen Wissens können unterschiedliche Ebenen eines Unternehmens nachhaltig verbessert und somit Wettbewerbsvorteile generiert werden.[613] Genannt werden in diesem Zusammenhang die Senkung von Kosten, die Steigerung der Qualität, die Förderung von Innovation oder die Reduktion von Entwicklungszeiten.[614] LEHNER stellt heraus, dass technische Systeme zur Daten-, Informations- und Wissensverarbeitung einen zunehmenden Stellenwert besitzen.[615]

[613] Vgl. Probst et al. (Wissen managen), 2012, S. 3f.; Hannig (Knowledge Management und Business Intelligence), 2002, S. 16f.

[614] Vgl. Abecker et al. (Geschäftsprozesse), 2002, S. 2

[615] Vgl. Lehner (Wissensmanagement), 2009, S. 2ff.

Das Verhaltenselement wird durch das **vernetzte Lernen** abgebildet. Dieses basiert auf einer digitalen Wissensplattform, deren Einführung und Verankerung durch eine digitale Wissenskultur begleitet wird. Zur Adressierung der Charakteristika des Anlaufs muss sich die Wissensplattform zur kurzfristigen Fehlerkorrektur sowie langfristigen Fehlervermeidung durch projekt- und prozessübergreifende Datenaufnahme, -analyse und -bereitstellung im Anlaufprozess eignen. Neben dem Einsatz zur kurzfristigen Korrektur kann die Rückführung anlaufrelevanter Daten dazu dienen, Gemeinsamkeiten in Fehlerursachen zu erkennen und diese z. B. durch Definition von Standards zukünftig zu vermeiden.[616] Da die Nutzung einer solchen Plattform im Werkzeugbau ein Novum darstellt, sollte dessen Einführung von einem kulturellen Wandel im Unternehmen begleitet werden.

4.3.2.1 Vernetztes Lernen

In der Produktion ist der Begriff des Lernens häufig mit Lernkurven verknüpft. Lernkurven beschreiben eine Steigerung der Systemleistung bei wachsender Anzahl von Wiederholungen. Durch das wiederholte Ausführen gleicher Tätigkeiten ist neben einer Erhöhung der Ausbringungsmenge ebenfalls eine Steigerung der Qualität zu verzeichnen.[617] Zur Generierung von personenunabhängigen Lernkurven eignet sich das Wissensmanagement. Aktuell besteht bereits eine Vielzahl von softwaregestützten Anwendungen, die zur Unterstützung des Wissensmanagements eingesetzt werden können.[618] Diese eignen sich bisher allerdings nur unzureichend für den Einsatz im Werkzeugbau, sodass eine entsprechende Gestaltung vorgenommen werden muss.

Zunächst bedarf es der Entwicklung einer **digitalen Wissensplattform** zur Aufnahme und Bereitstellung von Wissen im Rahmen des vernetzten und synchronisierten Serienanlaufs von Werkzeugen. Diese sollte Funktionen der Kommunikation, der Entscheidungsunterstützung, der Suche in Datenbanken sowie der Visualisierung von Informations- und Wissenselementen beinhalten.[619] Zur Erfüllung dieser Anforderungen ist die Wissensplattform in Back- und Frontend sowie eine Datenverarbeitungsschicht gegliedert. Das Frontend bildet die Interaktionsschnittstelle mit dem Anwender. Im Backend wird das aufgenommene Wissen gespeichert. Die Datenverarbeitungsschicht stellt die notwendigen Analysemethoden bereit und verbindet Back- und Frontend. Über Schnittstellen werden die Daten mit anderen Systemen synchronisiert.

Die **digitale Wissenskultur** wird benötigt, um neue Arbeitsweisen nachhaltig im Unternehmen zu implementieren. Dazu sollte die Wissenskultur einen Teil der Unternehmenskultur darstellen, die grundsätzlich alle gemeinsamen Werte, Normen und Einstellungen sowie Handlungen und Verhalten der Organisationsmitglieder prägt.[620] Da die zunehmende Systemunterstützung des Anlaufs eine umfassende Veränderung der Abläufe und Aufgaben erfordert, ist für eine erfolgreiche Adaption ein umfangreiches und langfristiges Change Management notwendig.

[616] Vgl. Schuh et al. (Serienanlauf von Werkzeugen), 2018, S. 798f.

[617] Vgl. Jürging (Systemdynamische Analyse des Serienanlaufs), 2008, S. 39f.

[618] Vgl. Lehner (Wissensmanagement), 2009, S. 241

[619] Vgl. Lehner (Wissensmanagement), 2009, S. 274

[620] Vgl. Güldenberg (Wissensmanagement), 1998, S. 281

Dieses beinhaltet neben neuen Verhaltensweisen eine intensive Mitarbeiterbeteiligung bei Veränderungsprojekten sowie die Incentivierung gewünschten Verhaltens.

Durch das vernetzte Lernen kann die operative Durchführung des Serienanlaufs von Werkzeugen hinsichtlich Durchlaufzeit und Kosten positiv beeinflusst werden. Dies wird durch die Bereitstellung von Wissen für die kurzfristige Fehlerkorrektur sowie die Rückführung von Erfahrungen für die langfristige Fehlervermeidung abgebildet. Zur nachhaltigen Umsetzung im Unternehmen bedarf es zudem der Schaffung eines neuen Bewusstseins. Die entsprechenden Gestaltungsaspekte und Ergebnisse sind in Abbildung 63 zusammengefasst.

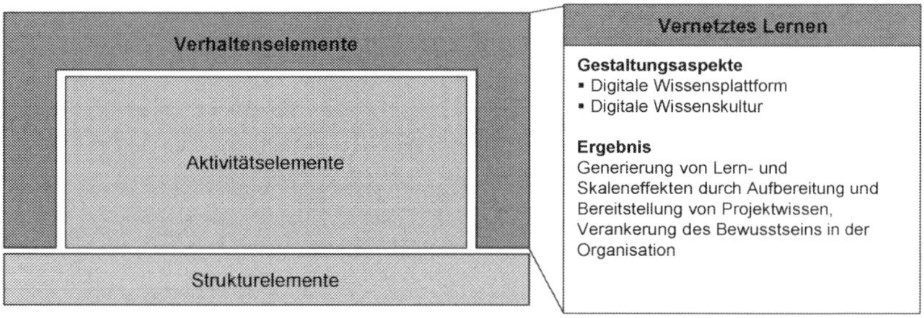

Abbildung 63: Aspekte und Ergebnis des Gestaltungselements Vernetztes Lernen

4.3.3 Strukturelemente

Strukturelemente stellen die notwendigen Voraussetzungen der effektiven und effizienten Gestaltung des Serienanlaufs von Werkzeugen dar. Die bisher definierten Aktivitätselemente sowie das Verhaltenselement bedingen die Verfügbarkeit von Daten, um Entscheidungen schnell und in hoher Qualität treffen zu können. Für die Digitalisierung der Wertschöpfung wird in der Arbeit von SALMEN vor allem die infrastrukturelle Basis als notwendige Voraussetzungen eines Werkzeugbaubetriebs betrachtet.[621] Eine ähnliche Auffassung findet sich bei BEGOVIC wieder, der technische und infrastrukturelle Voraussetzungen für das Anbieten datenbasierter Dienstleistungen im Werkzeugbau als notwendig erachtet.[622] Zusätzlich werden Kompetenzen als eine weitere elementare Voraussetzung zur Befähigung der Wertschöpfung genannt.[623] Diese beschreiben die Fähigkeiten eines Betriebs, Kundennutzen und Effizienz zu steigern.[624]

Den Ausführungen folgend wird im Rahmen der Strukturelemente daher zunächst eine **digitale Infrastruktur** gestaltet, die als Grundlage aller datenverarbeitenden Prozesse fungiert. Durch Aufnahme, Speicherung, Verarbeitung und Verwertung von Daten der am Serienanlauf beteiligten Prozesse wird die Bereitstellung relevanter Informationen in der erforderlichen Güte zum richtigen Zeitpunkt und am richtigen Ort sichergestellt.[625] Insbesondere die Verknüpfung und Integration von Daten aus unterschiedlichen Systemen stellt eine große Herausforderung

[621] Vgl. Salmen (Vernetzter Shopfloor), 2016, S. 136
[622] Vgl. Begovic (Datenbasiertes Wissensmanagement), 2018, S. 125
[623] Vgl. Komorek (Kollaborative Wertschöpfung), 2014, S. 149f.
[624] Vgl. Möller (Role of Competences), 2006, S. 913f.
[625] Vgl. Fayyad et al. (Data Mining), 1996, S. 37ff.

dar. Über die Schaffung einer Integrationsebene (oft auch als sogenannte Middleware bezeichnet) gelingt die Verarbeitung systemfremder Daten unterschiedlicher Datenformate und -strukturen.

Um Mitarbeiter im Umgang mit organisatorischen und technologischen Herausforderungen zu befähigen, müssen entsprechende Kompetenzen entwickelt und gefördert werden.[626] Dies soll im Rahmen des Gestaltungselements **Anforderungsgerechte Anlaufkompetenzen** erfolgen. Durch Aufnahme vorhandener Kompetenzen können Qualifizierungsbedarfe systematisch erkannt und kritische Kompetenzen gezielt ausgebaut werden. Aus sowohl strategischer als auch individueller Perspektive werden Fähigkeiten der Mitarbeiter auf Basis eines Soll-Ist-Profils durch zielorientierte Qualifizierungsmaßnahmen weiterentwickelt.

4.3.3.1 Digitale Infrastruktur

Eine digitale Infrastruktur wird oft als Zusammenschluss unterschiedlicher Informationssysteme zur Erreichung eines bestimmten Ziels verstanden. Dazu besteht diese hauptsächlich aus technologischen Komponenten wie einem Netzwerk, Systemen und Datenverarbeitungsprozessen. Durch den Einsatz einer digitalen Infrastruktur und dem darauf basierenden Austausch von Informationen zwischen unterschiedlichen Entitäten kann Wissen generiert werden.[627]

Zunächst ergibt sich die Notwendigkeit, die **multimodale Datenquellenebene** zur Erfassung und Speicherung relevanter Daten des Serienanlaufs zu gestalten. Die Komplexität dieser Aufgabe besteht insbesondere darin, relevante Daten aus der Menge der inner- und außerbetrieblichen Datenquellen auf Basis zu generierender Erkenntnisse zu identifizieren und systemtechnisch zu erfassen. Relevante Daten können durch Anwendungssoftwaresysteme sowie Sensorik in Werkzeug oder Anlage generiert und zur datenbasierten Abweichungsanalyse und Korrekturableitung ausgewertet werden.

Die **hybride Integrationsebene** baut auf der Datenquellenebene auf. Eine Schwierigkeit besteht darin, unstrukturierte Daten in eine passende Struktur zur sinnvollen Auswertbarkeit zu überführen.[628] Hierzu wird durch die hybride Integrationsebene ein übergeordnetes Datenmodell gebildet, das Daten angeschlossener Systeme in ein einheitliches Datenformat und eine einheitliche Datenstruktur konvertiert. Neben der Synchronisation der Daten über die unterschiedlichen Anwendungssysteme hinaus hilft die Abbildung eines digitalen Anlaufschattens[629], echtzeitnahe Analysen von z. B. Sensor- oder Planungsdaten durchzuführen.

---

[626] Vgl. Jokovic; Stockinger (Kompetenzmanagement), 2016, S. 49f.

[627] Vgl. Henfridsson; Bygstad (Digital Infrastructure Evolution), 2013, S. 5f.

[628] Vgl. Schuh et al. (Internet of Production), 2017, S. 3

[629] Der digitale Anlaufschatten stellt eine Teilmenge des digitalen Schattens dar und beinhaltet Produkt- und Prozessinformationen, die im Rahmen des Serienanlaufs generiert werden. Dadurch bildet er die Grundlage zur Realisierung von Potenzialen der kollaborativen Produktivität (für eine weiterführende Detaillierung siehe Kapitel 5.3.1).

Im Zuge der digitalen Vernetzung im Kontext von Industrie 4.0 wird eine leistungsstarke digitale Infrastruktur zukünftig einen zunehmenden Stellenwert im Unternehmen einnehmen. Neben der Einbindung entsprechender Datenquellen erfordert diese die Integration unterschiedlicher Datenformate und -strukturen, um Daten systemübergreifend und strukturiert analysieren zu können. Eine entsprechende Ausgestaltung der digitalen Infrastruktur wird auf Basis der werkzeugspezifischen Anforderungen vorgenommen. Die entsprechenden Aspekte und Ergebnisse sind in Abbildung 64 zusammengefasst.

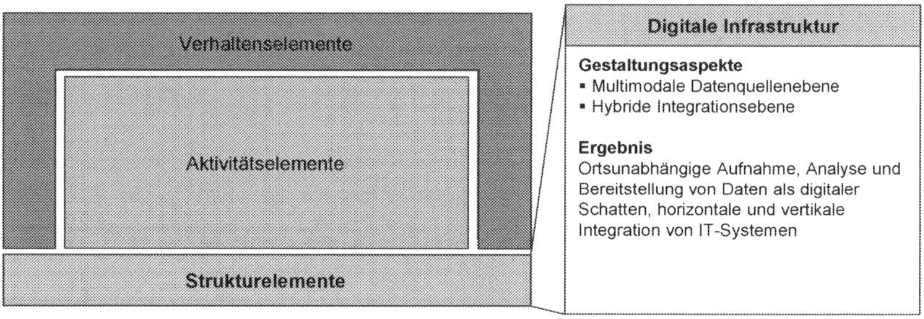

Abbildung 64: Aspekte und Ergebnis des Gestaltungselements Digitale Infrastruktur

4.3.3.2 Anforderungsgerechte Anlaufkompetenzen

Die anforderungsgerechten Anlaufkompetenzen sind neben der digitalen Infrastruktur eng mit den Aktivitätselementen sowie dem Verhaltenselement verknüpft. Dies ist dadurch begründet, dass die operative Durchführung von Serienanläufen den Einsatz von Wissen und Kompetenzen erfordert.[630] Folglich müssen Kompetenzen inhaltlich auf die Aktivitätselemente und das Verhaltenselement abgestimmt sein, damit sie entsprechend durchzuführender Tätigkeiten verfügbar sind. Gleichzeitig stellt die Nichterfüllung einer bestimmten Kompetenz ein Kriterium für eine Entscheidung zur Fremdvergabe spezifischer Wertschöpfungsumfänge dar.

Die **ganzheitliche Kompetenzerfassung** verhilft einem Unternehmen dazu, aktuelle sowie zukünftig relevante Kompetenzen zur erfolgreichen Gestaltung des vernetzten und synchronisierten Serienanlaufs von Werkzeugen zu identifizieren. Dies ermöglicht die zielgerichtete Bewertung des Status quo sowie die Darstellung von Qualifikationsbedarfen.[631] Durch die frühzeitige Identifikation notwendiger Entwicklungs- und Qualifikationsbedarfe können Kompetenzlücken systematisch geschlossen werden.

Im Rahmen der **mitarbeiterspezifischen Qualifizierung** soll sichergestellt werden, dass das notwendige Kompetenzniveau im Unternehmen zur effizienten Ausführung der relevanten Tätigkeiten allzeit vorhanden ist. Insbesondere eine starke Heterogenität der Kompetenzniveaus der Mitarbeiter kann durch gezielte Weiterbildungsangebote reduziert werden. Die bedarfsgerechte Qualifizierung sollte auf Basis individueller Wünsche und Entwicklungsziele erfolgen.[632]

[630] Vgl. Schuh et al. (Serienanlauf von Werkzeugen), 2018, S. 797

[631] Vgl. Sauter; Staudt (Kompetenzmessung), 2016, S. 3f.

[632] Vgl. North et al. (Kompetenzmanagement in der Praxis), 2018, S. 10

Anhand von Qualifikationsroadmaps können Qualifikationsbedarfe mitarbeiterspezifisch definiert und kontinuierlich evaluiert werden.

Zur effizienten Realisierung der Aktivitäts- und Verhaltenselemente sind die anforderungsgerechten Anlaufkompetenzen unverzichtbar. Diese umfassen neben einer ganzheitlichen Kompetenzerfassung die mitarbeiterspezifische Qualifizierung. Die entsprechenden Aspekte und Ergebnisse sind in Abbildung 65 zusammengefasst und werden im weiteren Verlauf spezifiziert.

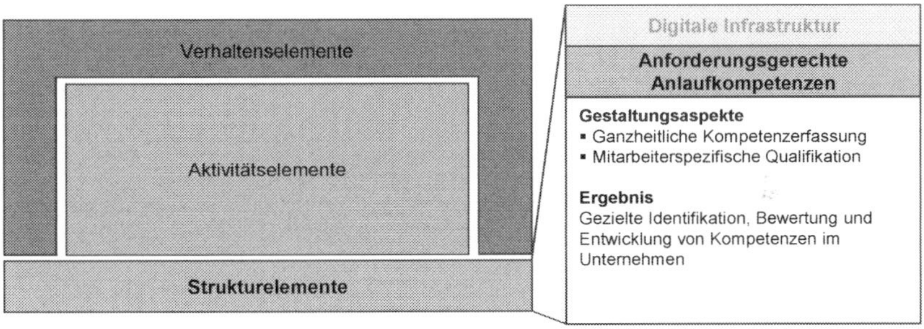

Abbildung 65: Aspekte und Ergebnis des Gestaltungselements Anforderungsgerechte Anlaufkompetenzen

4.4 Synthese der Elemente zum Gestaltungsmodell

Das Gestaltungsmodell für den vernetzten und synchronisierten Serienanlauf von Werkzeugen adressiert die in Kapitel 3.1.2 abgeleiteten Anforderungen in den drei Dimensionen Aktivitäten, Verhalten und Struktur. Insgesamt ergeben sich dadurch sechs Gestaltungselemente, die in den jeweiligen Dimensionen verortet sind. Abbildung 66 zeigt das ganzheitliche Gestaltungsmodell auf Basis der Zuordnung der Gestaltungselemente in Kapitel 4.3. Die Darstellung verdeutlicht ebenfalls den Zusammenhang der einzelnen Elemente.

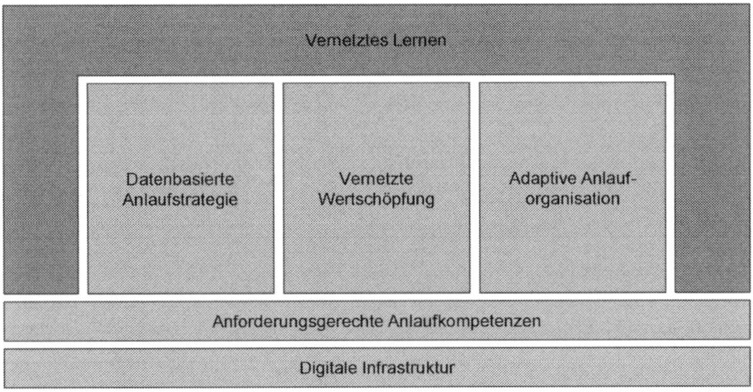

Abbildung 66: Gestaltungsmodell für den vernetzten und synchronisierten Serienanlauf von Werkzeugen

Zentrale Elemente zur wertschöpfungsoptimierten Gestaltung des Serienanlaufs von Werkzeugen werden durch die Aktivitätselemente abgebildet. Ziel ist es, durch zielgerichtete Vernetzung und Synchronisierung einzelner Wertschöpfungsaktivitäten die operative Durchführung des Serienanlaufs hinsichtlich relevanter Zielstellungen zu optimieren. Im Rahmen der datenbasierten Anlaufstrategie werden zielsystembasiert optimale Kurz- und Langfriststrategien definiert. Dies umfasst neben der langfristigen Ressourcenauslegung im Wertschöpfungsverbund ebenfalls die kurzfristige Wertschöpfungskonfiguration basierend auf einem projektspezifischen Kompetenz- und Kapazitätsabgleich. Das Gestaltungselement Vernetzte Wertschöpfung stellt den konzeptionellen und operativen Fit zur Anlaufstrategie sicher. Durch interorganisationale Abstimmung an der Wertschöpfung beteiligter Entitäten sowie eine aktive Steuerung der Prozesse im Rahmen digitaler Workflows wird die Informationsverfügbarkeit sichergestellt. Eine intelligente Anlaufplanung befähigt zudem zur kosten- und zeitoptimalen Ressourcenplanung und -allokation im Netzwerk. Die adaptive Anlauforganisation definiert die für den Anlauf notwendige Aufbauorganisation. Durch die duale Auslegung sowie zielgerichtete Kombination von Kompetenzen können projektspezifische Anlaufteams gebildet werden, die notwendige Kompetenzen zur effizienten Wertschöpfung optimal abdecken. Die Steuerung der Anlaufteams basiert zur Realisierung hoher Flexibilität in hohem Maße auf Eigenverantwortlichkeit.

Das Verhaltenselement fungiert als übergeordneter Befähiger, welcher die Wertschöpfung sowohl kurz- als auch langfristig durch die Generierung und Nutzung von Lerneffekten optimiert. Es wird durch das Gestaltungselement Vernetztes Lernen abgebildet. Dieses basiert auf technischen Systemen zur Daten-, Informations- und Wissensverarbeitung. Zusätzlich bedarf es einer digitalen Wissenskultur, die eine nachhaltige Implementierung der technischen Systeme sowie des damit verbundenen Kulturwandels im Unternehmen sicherstellen soll.

Die Strukturelemente stellen relevante Voraussetzungen dar. Die digitale Infrastruktur wird benötigt, um Daten systematisch zu erfassen, zu speichern und zu verarbeiten. Durch die Integration im Serienanlauf anfallender Daten entsteht ein digitaler Anlaufschatten. Dieser steigert die Transparenz über den Projektstatus sowie mögliche Fehlerquellen, sodass durch optimierte Terminplanung und Korrekturableitung der Einarbeitungsaufwand sowie die Durchlaufzeit reduziert werden können. Die anforderungsgerechten Anlaufkompetenzen sind zur effektiven Ausführung der Wertschöpfung notwendig und müssen inhaltlich auf diese abgestimmt sein. Durch marktseitige und technologische Veränderungen unterliegen Kompetenzen einem stetigen Wandel, der nur durch eine entsprechende Qualifizierung der Mitarbeiter im Unternehmen abgebildet werden kann.

Die dargestellten Gestaltungselemente sind nicht losgelöst von anderen Unternehmensbereichen zu sehen. Die Gestaltungselemente Vernetztes Lernen und Digitale Infrastruktur weisen aufgrund der Bereitstellung und Rückführung von Daten umfangreiche Schnittstellen und Interaktionspunkte mit anderen Abteilungen auf. Zusätzlich bestehen aufgrund von Interdependenzen und des interdisziplinären Charakters starke prozess- und ressourcentechnische Abhängigkeiten mit anderen Unternehmensfunktionen. Diese werden weiterführend in Kapitel 5.4 erläutert.

4.5 Kritische Reflexion

Durch die Konzeption des Gestaltungsmodells für den vernetzten und synchronisierten Serienanlauf von Werkzeugen soll die in Kapitel 3.5 definierte handlungsleitende Forschungsfrage beantwortet werden. Diese lautet:

Wie muss der vernetzte und synchronisierte Serienanlauf von Werkzeugen gestaltet sein?

Zur Beantwortung dieser Fragestellung wurde das Gestaltungsmodell in Kapitel 4.3 konzeptioniert und in Kapitel 4.4 synthetisiert. Es umfasst die drei Dimensionen Aktivitäten, Verhalten und Struktur, in denen die Gestaltungselemente Datenbasierte Anlaufstrategie, Vernetzte Wertschöpfung, Adaptive Anlauforganisation, Vernetztes Lernen, Digitale Infrastruktur und Anforderungsgerechte Anlaufkompetenzen verortet sind. Nachfolgend soll evaluiert werden, ob das entwickelte Gestaltungsmodell die in Kapitel 3.1.2 gestellten Anforderungen erfüllt. Die vorab definierten Anforderungen sind in Abbildung 67 dargestellt.

Allgemeine Anforderungen	Werkzeugbauspezifische Anforderungen	Anlaufbezogene Anforderungen
▪ Konkretheit ▪ Praktikabilität	▪ Anwendbarkeit in der Einzel- und Kleinserienfertigung ▪ Berücksichtigung der Unternehmens-randbedingungen	▪ Einheitliches Zielsystem und stringente Anlaufstrategie ▪ Integrierte Prozess- und Organisationsgestaltung ▪ Ganzheitliches Wissensmanagement

Abbildung 67: Anforderungen an ein Modell zur Gestaltung des Serienanlaufs von Werkzeugen

Das Gestaltungsmodell wurde auf Basis des Konzepts des integrierten Managements nach BLEICHER aufgebaut.[633] Dieses sieht die Strukturierung der Wertschöpfung durch die Dimensionen Aktivitäten, Verhalten und Struktur vor. Durch die stringente Struktur sowie die aufgezeigten Zusammenhänge der einzelnen Elemente weist das Gestaltungsmodell eine sehr hohe Praktikabilität auf. Die Konkretheit wird durch die zielgerichtete Adressierung des identifizierten Praxisdefizits erreicht. Die *allgemeinen Anforderungen* werden somit erfüllt.

Die *werkzeugbauspezifischen Anforderungen* können ebenfalls erfüllt werden. Dies ist dadurch begründet, dass werkzeugbauspezifische Fragestellungen die Grundlage für die Konzeption des Gestaltungsmodells darstellen und die Gestaltungselemente unter Berücksichtigung der Rahmenbedingungen der Branche ausgelegt werden. Durch die modulare Gestaltung der definierten Gestaltungselemente ist das Modell zudem an unterschiedliche Unternehmen anpassbar und kann dementsprechend unterschiedliche Unternehmensrandbedingungen abbilden.

Neben allgemeinen und branchenspezifischen Anforderungen leiten sich drei weitere Anforderungen aus der ganzheitlichen Betrachtung eines vernetzten und synchronisierten Serienanlaufs von Werkzeugen ab. Die *anlaufspezifischen Anforderungen* umfassen die Existenz

---

[633] Vgl. Bleicher (Integriertes Management), 2011, S. 91

eines Zielsystems sowie daraus abgeleiteter Anlaufstrategien, die integrierte Gestaltung von Prozess und Organisation sowie die Umsetzung eines ganzheitlichen Wissensmanagements. Der Forderung nach einem Zielsystem und einer daraus abgeleiteten Anlaufstrategie wird durch das Gestaltungselement Datenbasierte Anlaufstrategie Rechnung getragen. Die integrierte Gestaltung von Prozess und Organisation wird durch die Elemente Vernetzte Wertschöpfung und Adaptive Anlauforganisation adressiert. Der Bedarf eines ganzheitlichen Wissensmanagements wird durch das Gestaltungselement Vernetztes Lernen abgebildet. Die Gestaltungselemente Digitale Infrastruktur und Anforderungsgerechte Anlaufkompetenzen sind durch die Anforderungen nicht explizit gefordert, stellen aber wichtige Voraussetzungen für die Ausführung von Aktivitätselementen sowie dem Verhaltenselement dar.

Insgesamt erfüllt das konzeptionierte Gestaltungsmodell somit alle Anforderungen an ein Gestaltungsmodell für den vernetzten und synchronisierten Serienanlauf von Werkzeugen. Weiterhin beantwortet es die im Rahmen von Kapitel 3.5 definierten Unterforschungsfragen:

Wie können Zielsysteme im vernetzten und synchronisierten Serienanlauf von Werkzeugen abgebildet werden, sodass individuelle Anforderungen und Rahmenbedingungen der beteiligten Entitäten bestmöglich Berücksichtigung finden?

Diese Unterforschungsfrage wird explizit durch das Gestaltungselement Datenbasierte Anlaufstrategie adressiert. Neben der Definition relevanter Zielkriterien und deren Strukturierung in einem Zielsystem werden Strategien zur langfristigen Auslegung des Anlaufnetzwerks sowie zur kurzfristigen Erstellung einer Wertschöpfungsstrategie dargestellt.

Wie muss die Leistungserstellung im Serienanlauf prozessual und organisatorisch gestaltet sein, um die Informationsbereitstellung durch Vernetzung und Synchronisation zu verbessern?

Die Gestaltung der Leistungserstellung in Bezug auf Prozess und Organisation wird durch die Anlaufstrategie vorstrukturiert und findet in den Elementen Vernetzte Wertschöpfung und Adaptive Anlauforganisation weitere Detaillierung. Durch interorganisationale Gestaltung der Prozess- und Informationsflüsse sowie Abbildung der organisationalen Strukturen in einem dualen System kann die Informationsbereitstellung und Entscheidungsfindung verbessert werden. Vernetzung und Synchronisation wird somit ebenfalls prozess- und organisationsseitig abgebildet.

Wie kann Wissen aus Serienanläufen erfasst, analysiert und bedarfsgerecht bereitgestellt werden, um eine personen- und projektübergreifende Synchronisation von Wissen zur Optimierung von Serienanläufen zu erreichen?

Das Wissen aus Serienanläufen kann im Rahmen des Gestaltungselements Vernetztes Lernen über eine projekt- und personenübergreifend genutzte digitale Wissensplattform erfasst, verarbeitet und bereitgestellt werden. Zusätzlich bedarf es der Implementierung einer digitalen Wissenskultur im Unternehmen, um Mitarbeiter für die Wissensbereitstellung und Nutzung der Plattform zu motivieren. Insgesamt kann Wissen dadurch anlaufübergreifend vernetzt und synchronisiert werden.

Welche Voraussetzungen müssen für die Gestaltung des vernetzten und synchronisierten Serienanlaufs von Werkzeugen erfüllt werden?

Die Voraussetzungen werden durch die Gestaltungselemente Digitale Infrastruktur und Anforderungsgerechte Anlaufkompetenzen abgebildet. Beide bilden die Grundlagen für eine anforderungsgerechte Vernetzung und Synchronisation im Serienanlauf. Die Gestaltungselemente werden in Kapitel 5 detailliert.

5 Detaillierung des Gestaltungsmodells

Im Rahmen von Kapitel 4 wurde das Gestaltungsmodell für den vernetzten und synchronisierten Serienanlauf von Werkzeugen konzeptioniert und abschließend anhand der definierten Anforderungen und Forschungsfragen evaluiert. Die im Modell enthaltenen Gestaltungselemente werden nachfolgend in den Kapiteln 5.1 (Aktivitätselemente), 5.2 (Verhaltenselement) und 5.3 (Strukturelemente) detailliert. Dazu werden zunächst die für das jeweilige Gestaltungselement relevanten Grundlagen beschrieben. Anschließend werden die einzelnen Gestaltungsaspekte erläutert. Hierbei erfolgt – wie in Kapitel 4.2.1 beschrieben – eine grundsätzlich werkzeugtypunabhängige Ausgestaltung der Inhalte. Sofern werkzeugtypspezifische Unterschiede im Serienanlauf eine allgemeingültige Detaillierung verhindern, wird die Ausgestaltung anhand von Blechumformwerkzeugen vorgenommen. Dies wird an den entsprechenden Stellen kenntlich gemacht. Nach Detaillierung aller Gestaltungselemente und entsprechender Gestaltungsaspekte werden in Kapitel 5.4 relevante Zusammenhänge zwischen den Elementen dargestellt und das Kapitel mit einem zusammenfassenden Fazit geschlossen.

5.1 Aktivitätselemente

Die effiziente operative Durchführung des vernetzten und synchronisierten Serienanlaufs von Werkzeugen wird durch die Aktivitätselemente abgebildet. Dazu gliedern sich die Elemente in **Datenbasierte Anlaufstrategie, Vernetzte Wertschöpfung** und **Adaptive Anlauforganisation**. Die Gestaltungselemente werden nachfolgend detailliert.

5.1.1 Datenbasierte Anlaufstrategie

Der Erfolg von Unternehmen basiert maßgeblich auf der Fähigkeit, sich erfolgreich vom Wettbewerb zu differenzieren. Die Differenzierung kann anhand unterschiedlicher Zielstellungen wie z. B. Kosten oder Qualität erfolgen. Um die Aktivitäten eines Unternehmens anhand der spezifischen Zielstellungen auszurichten, bedarf es ganzheitlicher Strategien. Die Ergebnisse aus Kapitel 2 haben gezeigt, dass der Serienanlauf von Werkzeugen durch umfangreiche Interdependenzen am Anlauf beteiligter Entitäten geprägt ist, die unberücksichtigt zu Zielkonflikten führen können.[634] Um auf Basis von Unternehmenszielen und verfügbaren Ressourcen einen zeit- und kostenoptimalen Serienanlauf realisieren zu können, werden Anlaufstrategien benötigt. Durch die zielgerichtete Kombination und Abstimmung interner und externer Ressourcen ermöglichen Anlaufstrategien das Erschließen von Differenzierungsmerkmalen, um sich langfristig und ertragsstark im Markt zu positionieren.

Nachfolgend werden zunächst Grundlagen in Bezug auf Strategie und Anlaufstrategie erläutert. Anschließend erfolgt die Detaillierung der einzelnen Gestaltungsaspekte. Entsprechend der in Kapitel 4 dargestellten Herleitung umfassen diese ein **anlaufspezifisches Zielsystem**, das Anforderungsspezifika der Serienproduktion und des Werkzeugbaus umfasst und gewichtet. Auf diesem Zielsystem aufbauend kann auf Basis von Markt- und Wettbewerbsanalysen

[634] Vgl. Schmitt et al. (Interdisziplinäres Anlaufmanagement), 2010, S. 318

eine **langfristige Netzwerkstrategie** festgelegt werden. Diese ermöglicht das Besetzen sogenannter strategischer Erfolgspositionen und erfordert die übergeordnete strategische Dimensionierung von Prozessen, Kompetenzen und Ressourcen sowie der dazugehörigen Organisation. Neben einer Festlegung der langfristigen Parameter wird ebenfalls die **kurzfristige Wertschöpfungsstrategie** erläutert. Auf Basis der gewählten langfristigen Dimensionierung kann auftragsspezifisch entschieden werden, wie die Wertschöpfung für das jeweilige Kundenprojekt konfiguriert wird. Hierbei ist vor allem die Berücksichtigung vorhandener Kompetenzen sowie verfügbarer Ressourcen relevant.

5.1.1.1 Grundlagen

Der Strategiebegriff wird seit mehreren Jahrhunderten in unterschiedlichem Kontext verwendet.[635] Aus etymologisch-historischer Perspektive entstammt dieser der griechischen Antike, wo Strategie als Kunst der Heerführung durch die Begriffe „Stratos“ (das Heer) und „Agein“ (Führen) beschrieben wurde.[636] Mitte des 20. Jahrhunderts fand der Strategiebegriff erstmalig auch Einzug in die Wirtschaft. Zwar wurden relevante Aspekte der Strategie bereits ab 1911 in Kursen der Harvard Business School behandelt, eine wissenschaftliche Disziplin entwickelte sich allerdings erst Ende der 1960er Jahre.[637] CHANDLER prägte in dieser Zeit das heute noch weit verbreitete Verständnis, demzufolge Strategie die langfristigen Ziele eines Unternehmens sowie den Weg zu deren Erreichung beinhaltet.[638]

In Bezug auf die produzierende Industrie definieren SCHUH ET AL. eine Unternehmensstrategie wie folgt: „Eine Strategie ist eine grundsätzliche und langfristig ausgerichtete Verhaltensweise eines Unternehmens und relevanter Teilbereiche gegenüber der Umwelt mit der Absicht, die angestrebten Ziele zu realisieren.“[639] Daraus resultiert eine Vielzahl miteinander verwobener Einzelentscheidungen, die von der Unternehmensführung bewusst gestaltet und geplant werden.[640] Zur Umsetzung einer Strategie bedarf es entsprechender Maßnahmen.[641]

Anlaufstrategien stellen in der produzierenden Industrie einen Teilaspekt einer Unternehmensstrategie dar und legen Zielvorgaben sowie Handlungen für verschiedene Anläufe des Unternehmens fest.[642] Wesentliche Bestandteile stellen in diesem Zusammenhang u. a. die Anlauforganisation, das Lieferanten- und Wissensmanagement, die Anlaufplanung, die zeitlichen Ziele sowie die Reifegradziele dar.[643] Nach SCHULZE & OPITZ sollte eine Anlaufstrategie sowohl Konzepte zur effizienten zeit- und kostenoptimalen Anlaufprojektorganisation bzw. -koordination sowie Methoden zur Anlaufprozessplanung und -steuerung beinhalten.[644] GARTZEN ist der

---

[635] Vgl. Zohm (Management von Diskontinuitäten), 2004, S. 57f.; Welge; Al-Laham (Strategisches Management), 2003, S. 12f.

[636] Vgl. Welge et al. (Strategisches Management), 2017, S. 17; Schuh et al. (Strategie), 2011, S. 64

[637] Vgl. Frick (Geschäftsmodelle im Werkzeugbau), 2006, S. 53

[638] Vgl. Chandler (Strategy and Structure), 1962, S. 13

[639] Schuh et al. (Strategie), 2011, S. 66

[640] Vgl. Frick (Geschäftsmodelle im Werkzeugbau), 2006, S. 53

[641] Vgl. Kühn (Lebenszyklusorientierte Leistungssysteme), 2016, S. 104f.

[642] Vgl. Schuh et al. (Grundlagen des Anlaufmanagements), 2008, S. 4

[643] Vgl. Schuh et al. (Anlaufmanagement), 2005, S. 406ff.

[644] Vgl. Schulze; Opitz (Problemlage), 2007, S. 8f.

Auffassung, dass anhand einer Anlaufstrategie Unternehmensziele auf den Produktionsanlauf übertragen und dadurch langfristig die generelle Vorgehensweise für Anläufe festlegt wird. Somit dient eine Anlaufstrategie insgesamt der Koordinierung einzelner Aktivitäten in der Umsetzung.[645] Da die Definition eine umfassende Sichtweise widerspiegelt, soll diese Grundlage der nachfolgenden Betrachtungen dieser Arbeit darstellen.

Die Definition und Implementierung einer Strategie wird dem strategischen Management zugeschrieben.[646] Durch das strategische Management werden die Marktposition eines Unternehmens und die Ausgestaltung seiner Ressourcenbasis so festgelegt, dass das Unternehmen Vorteile im Wettbewerb aufbauen und somit langfristig erfolgreich bestehen kann. Strategisches Management kann idealtypisch als Entscheidungsprozess beschrieben werden, der in die Teilschritte Analyse, Formulierung und Auswahl sowie Implementierung von Strategien unterteilt wird. Dabei sind Entscheidungen über Strategien, Strukturen und Systeme zu treffen.[647] Abbildung 68 zeigt zusammenfassend das Grundverständnis des strategischen Managements.

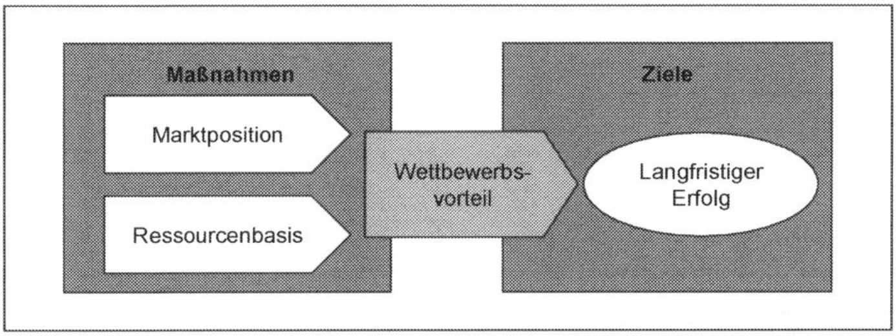

Abbildung 68: Grundverständnis des strategischen Managements nach HUNGENBERG[648]

Zur Ableitung erfolgreicher Anlaufstrategien schlägt SCHNEIDER ein mehrstufiges Verfahren vor. Dieses umfasst neben der Definition eines Zielsystems die Identifikation relevanter Einflussfaktoren, die Erarbeitung von Anlaufszenarien und die darauf aufbauende Festlegung der Anlaufstrategie.[649] In Anlehnung an dieses Vorgehen wird im Folgenden zunächst ein Zielsystem für den vernetzten und synchronisierten Serienanlauf von Werkzeugen definiert. Anschließend wird auf die langfristige Festlegung von Netzwerkstrategien sowie die kurzfristige Ableitung von Wertschöpfungsstrategien eingegangen.

5.1.1.2 Anlaufspezifisches Zielsystem

Um die Leistungsfähigkeit des Serienanlaufs neben der retrospektiven Betrachtung auch proaktiv steuern zu können, bedarf es messbarer Zielkriterien.[650] Diese erfüllen vier wesentliche Funktionen. Sie dienen als Orientierung für Mitarbeiter, als Koordinationsfunktion bei konträren

---

645 Vgl. Gartzen (Diskrete Migration), 2012, S. 35

646 Vgl. Welge; Al-Laham (Strategisches Management), 2003, S. 19

647 Vgl. Hungenberg (Strategisches Management), 2014, S. 18f.

648 i. A. a. Hungenberg (Strategisches Management), 2014, S. 81

649 Vgl. Schneider (Strategiefestlegung Anlaufplanung), 2006, S. 122f.

650 Vgl. Schmitt (Anlaufmanagement), 2015, S. 13

Teilzielen, als Kontrolle der Zielerreichung, aber auch zur Auswahl von Lösungsalternativen.[651] Entsprechend soll im Rahmen dieses Gestaltungsaspekts ein anlaufspezifisches Zielsystem entwickelt werden, was die Grundlage zur Entwicklung und Bewertung erfolgreicher Anlaufstrategien darstellt.

Dazu werden in diesem Kapitel zunächst relevante Zieldimensionen und entsprechend Zielkriterien für den vernetzten und synchronisierten Serienanlauf von Werkzeugen identifiziert. Anschließend wird eine Methode zur unternehmensindividuellen Gewichtung der Teilziele dargestellt, um potenzielle langfristige und kurzfristige Anlaufstrategien hinsichtlich ihres Erfüllungsgrads bewerten zu können. Dies ist vor dem Hintergrund relevant, dass auf Basis vorhandener Ressourcen und Kompetenzen je nach Betrieb unterschiedliche Anlaufstrategien gewählt werden können, die unternehmensindividuelle Ziele unterschiedlich gut erfüllen.

Wie in Kapitel 2.1.1 dargestellt, wird mit dem Serienanlauf das übergeordnete Ziel verfolgt, die sogenannte Kammlinie zu erreichen. Um den Erfolg des Anlaufprozesses kennzahlentechnisch zu erfassen, existieren in der Literatur bereits zahlreiche Ansätze (vgl. Kapitel 2.1.5), die die Definition eines Zielsystems vornehmen. Zumeist wird darin zwischen Zieldimensionen und Zielkriterien unterschieden. Während Zieldimensionen unternehmensübergreifend durch die Gesamtstrategie des Unternehmens definiert werden, können Zielkriterien zu deren Erreichung abteilungs- oder geschäftsfeldspezifisch abgeleitet werden.

Den Arbeiten von BOROWSKI, KUHN ET AL., FRITSCHE, ROMBERG & HAAS sowie WINKLER folgend, werden als Zieldimensionen für den Serienanlauf von Werkzeugen Anlaufdauer, Anlaufkosten und Anlaufqualität definiert.[652] Für die Zielsystementwicklung dieser Arbeit werden diese zusätzlich durch die übergeordneten Ziele Organisationsentwicklung und Komplexitätsbeherrschung ergänzt. Beide stellen keine eigenständigen Zieldimensionen dar, sondern müssen übergreifend betrachtet werden. Die Organisationsentwicklung trägt langfristig zur Steigerung von Effektivität und Effizienz im Serienanlauf bei. In Bezug auf Komplexitätsbeherrschung zeigen Praxis und Forschung, dass das unzureichende Beherrschen der Komplexität im Anlauf eine häufige Ursache für die Zielverfehlung des Anlaufs darstellt.[653] Während Anlaufdauer, Anlaufkosten und Anlaufqualität die kurz- und langfristigen Zieldimensionen des Serienanlaufs darstellen, ist die Organisationsentwicklung lediglich langfristig von Relevanz. Die Komplexitätsbeherrschung stellt eine notwendige hinreichende Bedingung zur Realisierung des Serienanlaufs dar. Abbildung 69 zeigt die relevanten Zieldimensionen sowie entsprechende Zielkriterien zur Operationalisierung, auf die im Folgenden eingegangen wird.

[651] Vgl. Finken (Projektmanagement), 1999, S. 46

[652] Vgl. Borowski (Agile Produktionsanläufe), 2011, S. 29; Kuhn et al. (Fast Ramp-Up), 2002, S. 3f.; Fritsche (Verkürzung von Anlaufprozessen), 1998, S. 25; Romberg; Haas (Anlaufmanager), 2005, S. 36; Winkler (Wirkbeziehungen im Produktionsanlauf), 2007, S. 7

[653] Vgl. Kuhn et al. (Fast Ramp-Up), 2002, S. 4; Schneider (Strategiefestlegung Anlaufplanung), 2006, S. 45

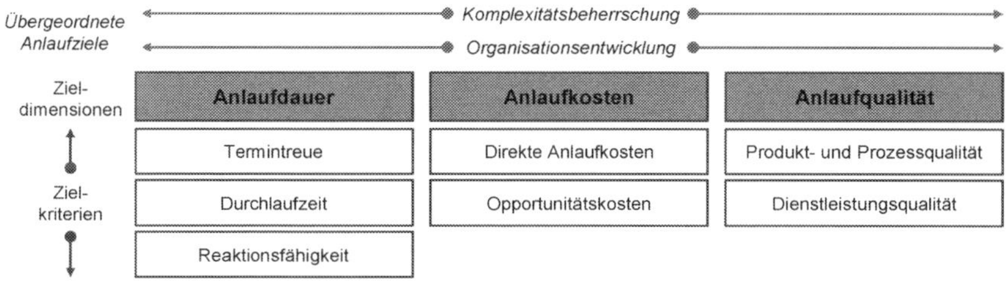

Abbildung 69: Generische Zieldimensionen und -kriterien des Serienanlaufs von Werkzeugen

Als ein zentrales Anlaufziel wird die **Anlaufdauer** genannt, die zum schnellen Erreichen der erforderlichen Menge kundenfähiger Produkte sowie deren zeitgerechter Auslieferung minimiert werden sollte.[654] Eine Verkürzung der Anlaufphase bietet durch eine u. a. kürzere Bindung von Produktionsflächen, Betriebsmitteln und Planungskapazitäten hohe Einsparpotenziale.[655] Weitere Potenziale können durch das Erzielen von sogenannten Monopolrenten (vgl. Kapitel 1.1) realisiert werden.[656] Neben der Entwicklungs- und Anlaufzeit (Time-to-Market) sind hierbei ebenfalls die reine Produktionsanlaufzeit (Time-to-Volume) sowie der Zeitraum bis zum Erreichen der finanziellen Ziele (Time-to-Payback) relevant.[657] Die Time-to-Market wird häufig als erfolgskritische Größe herausgestellt.[658]

Die Verkürzung der Anlaufdauer des Serienanlaufs von Werkzeugen kann durch die Zielkriterien Termintreue, Durchlaufzeit und Reaktionsfähigkeit operationalisiert werden. Die *Termintreue* ist definiert als die Einhaltung eines vertraglich vereinbarten Auslieferungstermins. Durch hohe Opportunitätskosten im Falle einer verspäteten Werkzeugverfügbarkeit stellt diese eine erfolgskritische Kenngröße im Werkzeugbau dar.[659] Die *Durchlaufzeit* entspricht der Zeit zwischen dem Auftragseingang und der Auslieferung des Werkzeugs. Eine Verbesserung der Durchlaufzeit im Werkzeugbau ermöglicht durch einen früheren Produktionsstart eine Verkürzung der Time-to-Market. Die *Reaktionsfähigkeit* adressiert die wachsende Dynamik durch zahlreiche konstruktive Änderungen während des Serienanlaufs, die eine enge Koordination zwischen internen oder externen Zulieferern und dem Serienproduzenten erfordern.[660] Aufgrund von sich verkürzenden Produktlebenszyklen, steigenden Produktvarianten und einer zunehmenden Individualisierung wird die Reaktionsfähigkeit weiter an Bedeutung gewinnen.

Unter **Anlaufkosten** fallen diejenigen Kosten, die dem Serienanlauf direkt zuordenbar sind und zur Befähigung der Herstellung einer geforderten Qualität und Quantität eines Produkts dienen.[661] Häufig haben sie einen maßgeblichen Anteil an der Rentabilität des Endprodukts,

[654] Vgl. Ender (Personalbedarfe im Produktionsanlauf), 2009, S. 67f.; Kuhn et al. (Fast Ramp-Up), 2002, S. 4

[655] Vgl. Wiendahl et al. (Anlaufrobuste Produktionssysteme), 2002, S. 653

[656] Vgl. Peters; Hofstetter (Anlaufstrategien in Netzwerken), 2008, S. 10f.

[657] Vgl. Terwiesch; Bohn (Production Ramp-Up), 2001, S. 1

[658] Vgl. Jürging (Systemdynamische Analyse des Serienanlaufs), 2008, S. 20; Risse (Time-to-Market-Management), 2003, S. 48ff.; Lanza et al. (Anlaufleistung in Wertschöpfungsnetzwerken), 2006, S. 233

[659] Vgl. Kuhlmann (Corporate Tooling), 2017, S. 155; Schuh et al. (Operative Exzellenz), 2010, 16f.

[660] Vgl. Peters; Hofstetter (Anlaufstrategien in Netzwerken), 2008, S. 10

[661] Vgl. Möller (Lebenszyklusorientierte Planung), 2002, S. 445

sodass eine Reduzierung der Kosten anzustreben ist. Anlaufkosten werden vor allem durch Mitarbeiter, Projekt- und Produktionsflächen, Technik und Material hervorgerufen, können aber auch durch externe Dienstleistungen entstehen.[662]

Zur Optimierung der Anlaufkosten können die Unterziele direkte Anlaufkosten sowie Opportunitätskosten abgeleitet werden. *Direkte Anlaufkosten* werden durch die interne und externe Nutzung von Human- und Maschinenressourcen verursacht. Deren aggregierte Summe unter Einbeziehung von Logistik- und Overheadkosten für z. B. Zulieferer- und Projektmanagement ergibt die Gesamtsumme der direkten Anlaufkosten. *Opportunitätskosten* resultieren vor allem aus dem Stillstand von Produktionsanlagen.[663] Im Serienanlauf von Werkzeugen fallen diese vor allem durch entgangene Nutzungszeit während der Einarbeitung der Werkzeuge auf Maschinen und Anlagen der Serienproduktion an. Die Reduktion von Korrekturschleifen und deren Aufwand trägt somit direkt zur Senkung der Opportunitätskosten bei.

Anhand der **Anlaufqualität** wird die Zielstellung verfolgt, die geforderte Qualität des Endprodukts abzubilden. Zur Erzielung der geforderten Qualität des Endprodukts werden eine hohe Prozess- und Organisationsqualität vorausgesetzt.[664] Qualitätsprobleme des Endprodukts haben in der Regel direkte Auswirkungen auf Anlaufdauer und Anlaufkosten. Zusätzlich steht die Anlaufqualität in Zielkonkurrenz zu den beiden genannten Dimensionen, da sich beide in der Regel nicht ohne Qualitätsverluste herbeiführen lassen.[665]

In Bezug auf den Serienanlauf von Werkzeugen kann die Anlaufqualität durch die Unterziele Produkt- und Prozessqualität sowie Dienstleistungsqualität präzisiert werden. Die *Produkt- und Prozessqualität* wird maßgeblich durch die Funktionalität des Werkzeugs, das Zusammenwirken von Werkzeug, Material und Produktionsmaschine sowie die Parameter des Produktionsprozesses beeinflusst. Die Produktqualität umfasst insbesondere die Einhaltung der Maßhaltigkeit sowie die Erreichung der gewünschten Oberflächenqualität.[666] Die Prozessqualität gilt als erfüllt, wenn sich Bauteile langfristig unter Einhaltung der Produktqualität herstellen lassen.[667] Die *Dienstleistungsqualität* beinhaltet die Güte angebotener Dienstleistungen wie z. B. eine Anlaufbegleitung beim Kunden. Durch eine hohe Dienstleistungsqualität kann das Werkzeug optimal auf kundenseitige Gegebenheiten eingearbeitet werden, sodass neben einer frühen Erreichung der Produkt- und Prozessqualität hohe Standzeiten[668] möglich sind.

Während die vorhergehenden Zieldimensionen sowohl kurz- als auch langfristig von hoher Bedeutung sind, sollte die **Organisationsentwicklung** mittel- bis langfristig erfolgen. Insbesondere dem hohen Wissensbedarf im Serienanlauf kann dadurch Rechnung getragen werden. Ziel sollte sein, im Anlauf generiertes Erfahrungswissen der gesamten Organisation zu-

[662] Vgl. Winkler (Wirkbeziehungen im Produktionsanlauf), 2007, S. 9
[663] Vgl. Alcalde Rasch (Instandhaltung), 2000, S. 51f.; Frick (Geschäftsmodelle im Werkzeugbau), 2006, S. 28
[664] Vgl. Nagel (Risikoorientiertes Anlaufmanagement), 2011, S. 35
[665] Vgl. Schneider (Strategiefestlegung Anlaufplanung), 2006, S. 45
[666] Vgl. Schuh et al. (Serienanlauf von Werkzeugen), 2018, S. 797
[667] Vgl. Braedel (Optimierung des Werkzeugeinarbeitsprozesses), 2009, S. 2
[668] Zeitdauer, innerhalb derer ein Werkzeug ohne erhebliche Verschleißerscheinungen eingesetzt werden kann.

gänglich zu machen, um personenunabhängige Lerneffekte zu generieren und zukünftige Anläufe zu optimieren.[669] Die zusätzliche Förderung von Innovation stellt ein wichtiges Instrument dar, um Aufträge an Hochlohnstandorten finanziell zu rechtfertigen.

Neben dem übergeordneten Ziel der Organisationsentwicklung liegt während des gesamten Anlaufs eine hohe Komplexität vor, die aus einer hohen Anzahl zu harmonisierender Teilprozesse sowie einer Neuartigkeit der Aufgabenstellung resultiert. Insgesamt führt dies dazu, dass die **Komplexitätsbeherrschung** ein wichtiges Ziel im Serienanlauf darstellt.[670] Die starke Integration unterschiedlicher Entitäten kann Durchlaufzeit und Kosten reduzieren, allerdings bedingt die Beteiligung einer hohen Anzahl inhomogener Partner, dass der Koordinationsaufwand im Projektmanagement sukzessive erhöht wird. Insbesondere die Kompatibilität eingesetzter Softwaresysteme stellt ein großes Hindernis bei der Einbindung externer Partner dar.

Das entwickelte Zielsystem stellt die Grundlage für die Bewertung der einzelnen Zielkriterien hinsichtlich ihrer Bedeutung für den Serienanlauf von Werkzeugen dar. Die Bedeutung eines Zielkriteriums richtet sich nach dessen Einfluss auf den Erfolg eines Unternehmens. Da sich die Bedeutung der Zielkriterien hinsichtlich ihres Einflusses auf den Unternehmenserfolg nur unzureichend quantifizieren lässt, kann eine Bewertung mittels unterschiedlicher Verfahren vorgenommen werden. Für die Ermittlung der relativen Bedeutung der einzelnen Kriterien eignen sich bspw. singuläre oder paarweise Vergleiche, Brainstormings oder die Delphi-Methode.[671]

Der paarweise Vergleich zeigt aufgrund der Einfachheit der Anwendung sowie einer vergleichsweise feinen Abstufung einzelner Kriterien eine hohe Eignung für die Gewichtung von Zielkriterien im Serienanlauf. Er stellt eine Methode dar, anhand derer eine Reihenfolge der Bedeutung und eine relative Gewichtung einzelner Kriterien untereinander bestimmt werden kann. Da sich die Bedeutung von Zielkriterien aufgrund von dynamischen Rahmenbedingungen im Zeitverlauf verändert, sollten diese auf einen mittelfristigen Zeithorizont von etwa drei bis fünf Jahren bewertet werden. Diese Aufgabe obliegt aufgrund ihres strategischen Fokus insbesondere den Führungskräften eines Werkzeugbaubetriebs, die die Kriterienbewertung in gemeinsamen Workshops erarbeiten sollten. Zusätzlich sollte auf die marktspezifische Expertise von Vertriebsmitarbeitern zurückgegriffen werden.

Zur Durchführung des paarweisen Vergleichs und Gewichtung der Zielkriterien werden alle identifizierten Kriterien zunächst jeweils in die Zeilen und Spalten einer sogenannten Dominanzmatrix eingetragen. Anschließend wird zeilenweise jeweils das Zielkriterium in der Zeile der Dominanzmatrix mit den jeweils anderen Zielkriterien in den Spalten der Dominanzmatrix in Bezug auf ihre Bedeutung für den Unternehmenserfolg verglichen. Es wird bestimmt, ob dieses sehr viel wichtiger, wichtiger, gleich wichtig, weniger wichtig oder wesentlich weniger wichtig als ein anderes Kriterium ist. In Abhängigkeit davon werden entsprechend vier, drei,

[669] Vgl. Schuh et al. (Serienanlauf von Werkzeugen), 2018, S. 797f.

[670] Vgl. Kuhn et al. (Fast Ramp-Up), 2002, S. 4; Schmitt et al. (Interdisziplinäres Anlaufmanagement), 2010, S. 318

[671] Vgl. Binner (Ganzheitliches Prozessmanagement), 2016, S. 43f.

zwei, ein oder null Punkte vergeben. Anschließend werden die Punkte einer Zeile aufsummiert. Zuletzt wird relativ zur Gesamtsumme vergebener Punkte eine Gewichtung des jeweiligen Zielkriteriums vorgenommen. Das Vorgehen ist in Abbildung 70 dargestellt.

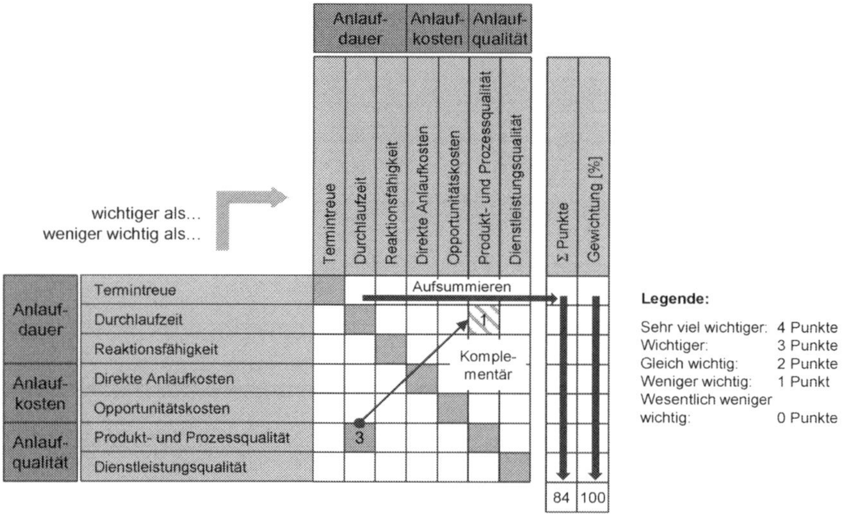

Abbildung 70: Vorgehen beim paarweisen Vergleich der Zielkriterien[672]

Die übergeordneten Anlaufziele werden unabhängig von den drei bewerteten Dimensionen betrachtet. Hinsichtlich der Organisationsentwicklung ist zu evaluieren, ob die Anlaufgestaltung anhand einer Anlaufstrategie die langfristige Generierung und Nutzung von Anlaufwissen ermöglicht und somit zu einer nachhaltigen Differenzierung beiträgt. Insbesondere bei einer geringen internen Wertschöpfung im Serienanlauf sollte dieser Aspekt kritisch bewertet werden, da auf diese Weise Wissen nicht nachhaltig im Unternehmen aufgebaut werden kann. Aufgrund der hohen Wissensanforderungen kann sich eine geringe interne Wertschöpfung im Serienanlauf ohne einen unternehmensübergreifend organisierten Wissensaustausch negativ auf die kurzfristige Ableitung von Korrekturmaßnahmen sowie die langfristige Fehlervermeidung auswirken (vgl. Kapitel 5.2.1).

Die Komplexitätsbeherrschung kann z. B. in Anlehnung an REBENTISCH ET AL. erfolgen. Diese geben an, dass eine Organisation lediglich ein bestimmtes Maß an Komplexität erfolgreich handhaben kann. Für die Betrachtung der Komplexität werden Faktoren wie die (informationstechnische) Abhängigkeit von Aktivitäten, der Standardisierungsgrad von Prozessen und Abläufen, die Kompatibilität von Informationssystemen, die Übereinstimmung von Zielen sowie der kulturelle Fit innerhalb der Organisation angegeben. Eine hohe (informationstechnische) Abhängigkeit unterschiedlicher Aktivitäten sowie geringe Standardisierungs- und Übereinstimmungsgrade der anderen Faktoren erhöhen die Komplexität eines (Anlauf-)Projekts. Wird das

[672] Eigene Abbildung i. A. a. Binner (Ganzheitliches Prozessmanagement), 2016, S. 43f.

organisationsspezifische Maß an beherrschbarer Komplexität überschritten, drohen entsprechende negative Folgen wie z. B. das Verfehlen (anlauf-)projektspezifischer Zielvorgaben. Sowohl das beherrschbare Maß an Komplexität als auch die Gewichtung und Ausprägung der Faktoren müssen unternehmensspezifisch ermittelt werden.[673]

5.1.1.3 Langfristige Netzwerkstrategie

Zur nachhaltigen Differenzierung vom Wettbewerb ist der Begriff Strategische Erfolgsposition entstanden. Eine strategische Erfolgsposition beschreibt eine Voraussetzung, die es einem Unternehmen erlaubt, im Vergleich zur Konkurrenz langfristig überdurchschnittliche Ergebnisse durch den Aufbau von dominanten Fähigkeiten zu erzielen.[674] Sie bündelt Aktivitäten und Kompetenzen, um zielgerichtet einen definierten und wahrgenommenen Kundennutzen zu stiften.[675] Entsprechend soll im Rahmen diesen Kapitels dargestellt werden, wie Unternehmen durch die Wahl langfristiger Netzwerkstrategien strategische Erfolgspositionen besetzen können.

Dazu erfolgt zunächst eine kurze Beschreibung, wie Unternehmen die eigene Leistungsfähigkeit und Positionierung im Wettbewerb evaluieren können. Anschließend werden beeinflussbare Elemente der Wertschöpfung hergeleitet, die im Rahmen einer langfristigen Netzwerkstrategie betrachtet und ausgestaltet werden müssen. Diese werden in einem morphologischen Kasten angeordnet und vier generische Anlaufstrategien beispielhaft abgeleitet.[676] Abschließend wird die Dimensionierung von Anlaufressourcen sowie die Bewertung potenzieller Anlaufstrategien beschrieben.

Die langfristige Auslegung einer Netzwerkstrategie zur Besetzung strategischer Erfolgspositionen bedarf zunächst der Positionsbestimmung im Wettbewerb. Hierzu kann auf ein Benchmarking zurückgegriffen werden.[677] Die Ableitung operativ messbarer Kennzahlen sollte anhand der Zielkriterien erfolgen. Die Reaktionsfähigkeit als Zielkriterium der Zieldimension Anlaufdauer kann z. B. durch die Fähigkeit eines Betriebs zur kurzfristigen Kapazitätsplanung evaluiert werden. Diese hängt insbesondere von der Arbeitszeitflexibilität der Mitarbeiter sowie dem Anteil an Bedarfsmaschinen[678] ab. Zur Besetzung strategischer Erfolgspositionen einer Branche sollten Werkzeugbaubetriebe relevante Zielkriterien mit einer überdurchschnittlichen Ausprägung erfüllen.

---

[673] Vgl. Rebentisch et al. (Organizational Complexity), 2016, S. 2454f.

[674] Vgl. Pümpin; Amann (Strategische Erfolgspositionen), 2005, S. 30

[675] Vgl. Gaus (Geschäftsmodelllogik), 2010, S. 143

[676] Die Vorgehensweise ist an ZWICKY angelehnt. Dieser gibt an, dass die Konstruktion eines morphologischen Kastens anhand der Schritte Problemdefinition, Parameterbestimmung, Aufstellen des morphologischen Kastens, Lösungsidentifikation und Lösungsauswahl erfolgt, vgl. Schawel; Billing (Morphologischer Kasten), 2011, S. 132f.

[677] Vgl. Camp (Benchmarking), 1994, S. 4ff.

[678] Der Begriff „Bedarfsmaschine" bezeichnet Maschinen, die in der Regel nicht vollständig für den Produktivbetrieb eingeplant werden. Dies kann z. B. aus Gründen einer kurzen gewünschten Reaktionszeit für Änderungen oder Korrekturen erfolgen. Häufig wird in diesem Kontext von einer Kapazitätsauslastung von <750h/Jahr ausgegangen.

Die gewonnenen Erkenntnisse stellen die Basis der strategischen Auslegung des Serienanlaufs dar. Hierfür müssen zunächst relevante und zugleich beeinflussbare Elemente der Wertschöpfung bestimmt werden. Der Darstellung aus Kapitel 2.3.2 entsprechend wird die Wertschöpfung eines Unternehmens durch Prozesse, Ressourcen, Kompetenzen sowie die Organisation abgebildet. Da Kompetenzen einen Teil der Humanressourcen darstellen, werden diese zur Vereinfachung mit den (technologischen) Ressourcen zusammengefasst. Abbildung 71 zeigt eine Übersicht der relevanten strategischen Gestaltungsfaktoren.

Prozesse	Ressourcen und Kompetenzen	Organisation
▪ Strukturierungsgrad der Prozesse ▪ Wertschöpfungstiefe ▪ Anzahl strategischer Wertschöpfungspartner ▪ Vernetzungsgrad mit Wertschöpfungspartnern ▪ Vernetzungsgrad mit Kunden	▪ Prozesskettenkompetenz ▪ Breite des Technologiespektrums ▪ Dimensionierung des Technologiespektrums ▪ Segmentierung der Ressourcen ▪ Physische Umgebung des Serienanlaufs	▪ Strukturierungsgrad der Organisation ▪ Organisationale Integration ▪ Spezialisierungsgrad der Mitarbeiter ▪ Wissens- und Innovationskultur

Abbildung 71: Gestaltungsfaktoren in den Dimensionen der Wertschöpfungsbefähigung

In der Wertschöpfungsdimension **Prozess** stellt der *Strukturierungsgrad der Prozesse* den ersten Gestaltungsfaktor dar. Dieser beschreibt, wie umfangreich Prozesse und Abläufe im Unternehmen standardisiert sind. Die *Wertschöpfungstiefe* eines Unternehmens spiegelt den im Unternehmen erbrachten Anteil an der Gesamtwertschöpfung eines Produktes oder einer Dienstleistung wider. Neben zugekauftem Material ergänzen fremdvergebene Leistungsumfänge die Wertschöpfung eines Unternehmens.[679] Die *Anzahl strategischer Wertschöpfungspartner* gibt Aufschluss über den Umfang der Lieferantenbasis, über die Leistungsumfänge bezogen werden können. Strategisch bedeutet in diesem Zusammenhang, dass die Partnerschaft langfristig zur Realisierung von Kostenpotenzialen oder zur Generierung von Innovationen ausgelegt ist.[680] Die Effizienz der Fremdvergaben wird durch den *Vernetzungsgrad mit Wertschöpfungspartnern* beeinflusst.[681] Der Vernetzungsgrad beschreibt die prozessuale und systemtechnische Integration zwischen Werkzeugbau und Wertschöpfungspartner. Hohe Vernetzungsgrade ermöglichen eine durchgehende systemtechnische Kompatibilität, geringe Vernetzungsgrade führen häufig zu einer situativen und unsystematischen Zusammenarbeit.[682] Der *Vernetzungsgrad mit Kunden* spiegelt äquivalent die prozessuale und systemtechnische Koordination mit dem Kunden wider. Dementsprechend hat der Vernetzungsgrad einen hohen Einfluss auf die Prozessqualität und den Erfolg des Anlaufs.

Hinsichtlich der Wertschöpfungsdimension **Ressourcen und Kompetenzen** stellt die *Prozesskettenkompetenz* einen relevanten Gestaltungsfaktor dar. Die Prozesskettenkompetenz

---

[679] Vgl. Schittny (Wertschöpfungstiefengestaltung), 2015, S. 47f.; Schneider (Strategiefestlegung Anlaufplanung), 2006, S. 91

[680] Vgl. Hensen (Strategische Auslegung), 2017, S. 141

[681] Vgl. Boos et al. (Wertschöpfung im Betriebsmittelbau), 2013, S. 125f.; Schuh et al. (Geschäftsmodell-Innovation), 2017, S. 19f.

[682] Vgl. Hensen (Strategische Auslegung), 2017, S. 141

kann sich dabei sowohl in der Breite (Anzahl intern abgebildeter Prozessschritte) als auch in der Tiefe vorhandenen Wissens (Wissensbasis innerhalb eines Prozessschritts) unterscheiden. Die *Breite des Technologiespektrums* gibt die Anzahl an intern verfügbaren Fertigungsmethoden an. Ein Betrieb kann sich auf wenige spezialisierte Kerntechnologien fokussieren oder ein diversifiziertes Ressourcenspektrum zur internen Abdeckung möglichst vieler Prozesse aufweisen.[683] Die *Dimensionierung des Technologiespektrums* spiegelt die Auslastung und Verfügbarkeit der Fertigungstechnologien wider. Eine hohe Verfügbarkeit erlaubt einen kurzfristigen Zugriff auf benötigte Technologien, eine hohe Auslastung wiederum ermöglicht die Realisierung von Kostenpotenzialen.[684] Die *Segmentierung der Ressourcen* stellt ein Mittel zur Strukturierung des Werkzeugbaubetriebs in unterschiedliche Bereiche dar, die jeweils unterschiedliche Auftragstypen aufgrund differenter Zielsysteme effizient bearbeiten können.[685] Die *physische Umgebung des Serienanlaufs* gibt Auskunft darüber, wo und wie die Einarbeitung des Werkzeugs erfolgt. Neben Anlagen des Werkzeugbaus können hierfür Anlagen der Serienproduktion sowie dedizierte Pilotlinien herangezogen werden.

Die **Organisation** lässt sich zunächst hinsichtlich des *Strukturierungsgrads der Organisation* gestalten. Der Strukturierungsgrad wird durch die Anzahl vorhandener Abteilungen und Hierarchiestufen determiniert.[686] Die *organisationale Integration* des Serienanlaufs basiert auf den Grundlagen der Teamgestaltung im Anlauf. Mitarbeiter können einem festen Anlaufteam zugeordnet sein oder projektspezifisch auf Basis notwendiger Anforderungen zu einem temporären Anlaufteam zusammengefasst werden.[687] Der *Spezialisierungsgrad der Mitarbeiter* gibt an, wie stark einzelne Mitarbeiter auf ein Themengebiet spezialisiert sind. Eine hohe Spezialisierung führt zu einer hohen Lösungskompetenz in einem bestimmten Bereich, gleichzeitig verhindert dies häufig den flexiblen Einsatz als Generalist. Die *Wissens- und Innovationskultur* stellt in wissensintensiven Branchen wie dem Werkzeugbau einen elementaren Erfolgsfaktor dar. Eine systematische Dokumentation, organisationale Bereitstellung und Nutzung entstehenden Wissens ermöglicht die Generierung von Lern- und Skaleneffekten.[688]

Zur Erschließung von Differenzierungsmöglichkeiten im Wettbewerb müssen die Gestaltungsmöglichkeiten der identifizierten Elemente der Wertschöpfung zu Anlaufstrategien kombiniert werden. Für den Werkzeugbau sieht FRICK Differenzierungsmöglichkeiten in Bezug auf das Produkt sowie die Kooperation mit Partnern. Die produktseitige Differenzierung kann auf Basis der folgenden beiden Ausprägungen erfolgen: [689]

---

683 Vgl. Frick (Geschäftsmodelle im Werkzeugbau), 2006, S. 210

684 Vgl. Frick (Geschäftsmodelle im Werkzeugbau), 2006, S. 209f.

685 Vgl. Boos et al. (Fokussieren und Segmentieren im Werkzeugbau), 2019, S. 8

686 Vgl. Hensen (Strategische Auslegung), 2017, S. 142

687 Vgl. Franzkoch; Gottschalk (Anlauforganisation), 2008, S. 57ff.; Fitzek (Anlaufmanagement in Netzwerken), 2005, S. 158ff.

688 Vgl. Schuh et al. (Serienanlauf von Werkzeugen), 2018, S. 798

689 Vgl. Frick (Geschäftsmodelle im Werkzeugbau), 2006, S. 200f.; neben Frick erfolgt eine ähnliche Differenzierung bei Hensen, der auf entsprechende Vorarbeiten zurückgreift, vgl. Hensen (Strategische Auslegung), 2017, S. 131ff.

- Kosten: Niedrige Einstandspreise von Werkzeugen mit Auswirkungen auf den Preis des produzierten Bauteils
- Innovation: Innovative Werkzeuge zur Realisierung komplexer Bauteile und innovativer Produktionsprozesse zur Kostenreduzierung über den Lebenszyklus

Hinsichtlich der kooperationsbezogenen Differenzierung kann zwischen den beiden folgenden Ausprägungen unterschieden werden:[690]

- Zeitersparnis: Kurze Entwicklungs- und Herstellungszeit von Werkzeugen zur Realisierung einer kurzen Time-to-Market
- Komplexitätsreduktion: Optimierte Gesamtlösung durch Lieferung von kompletten Betriebsmittelpaketen sowie Übernahme von Leistungsumfängen des Kunden

Bei der Ableitung von Differenzierungsstrategien sollte berücksichtigt werden, dass zwar ein Fokus auf bestimmte Nutzenpotenziale anzustreben ist, gleichzeitig aber in anderen Disziplinen ein akzeptables Niveau erreicht und Schwellwerte nicht unterschritten werden sollten.[691]

Für den vernetzten und synchronisierten Serienanlauf von Werkzeugen eignen sich die bei FRICK identifizierten Strategietypen Kostenreduktion, Innovationsbefähigung und Schnelligkeitsbefähigung, da sie zur Optimierung der Wertschöpfung beitragen. Da die Komplexitätsreduktion primär das Anbieten neuer Leistungen in den Fokus stellt, ist diese Differenzierungsstrategie auf Ebene von Leistungssystemen und Geschäftsmodellen zu verorten und eignet sich weniger zur Wertschöpfungsoptimierung. Anstelle der Komplexitätsreduktion tritt für diese Arbeit daher die Änderungsflexibilität. Wie in Kapitel 2.1.6 dargestellt, führen späte technische Änderungen zu zeit- und kostenintensiven Änderungsschleifen. Diese können im Werkzeugbau bisher aufgrund starrer Prozessabläufe und unflexibler Organisationsstrukturen nur unzureichend abgebildet werden.[692] Ziel muss es daher sein, die zentrale Anforderung nach erhöhter Flexibilität auch später technischer Änderungen zeit- und kosteneffizient im Serienanlauf von Werkzeugen abbilden zu können. Der entsprechende Strategietyp wird als „Flexibilitätsbefähigung“ definiert. Die vier Strategietypen werden im morphologischen Kasten in Abbildung 72 anhand möglicher Ausprägungen dargestellt. Zu beachten gilt, dass die dargestellten Typen von Werkzeugbaubetrieben in der Praxis häufig als Mischform auftreten und sich unternehmensindividuell unterscheiden.

Der Fokus auf das Nutzenpotenzial *Kostenreduktion* zielt auf die Verringerung der Anlaufkosten und des Einstandspreises des Werkzeugs durch eine effiziente Auftragsabwicklung und die Fokussierung auf Kernkompetenzen ab. Das Potenzial als *Innovationsbefähigung* liegt darin, dem Kunden durch intensive Nutzung von Prozess- und Werkzeugwissen sowie hohe interne Wertschöpfung ein Werkzeug bereitzustellen, welches ein Bauteil komplexester Geometrie langfristig wirtschaftlich herstellen kann. Der Werkzeugbau zur *Schnelligkeitsbefähigung* integriert sich intensiv in die Prozesse des Kunden und legt seine Ressourcen entspre-

[690] Vgl. Frick (Geschäftsmodelle im Werkzeugbau), 2006, S. 200f.

[691] Vgl. Frick (Geschäftsmodelle im Werkzeugbau), 2006, S. 190

[692] Vgl. Boos et al. (Agile Tool Development), 2017, S. 8; Boos et al. (Flexible Tooling Organization), 2017, S. 10

chend aus, um maßhaltige Kundenbauteile in kurzer Zeit abbilden zu können. Eine *Flexibilitätsbefähigung* ermöglicht durch hohe interne prozessuale und organisationale Reaktionsfähigkeit, Kundenänderungen bis kurz vor Serienstart zeit- und kosteneffizient am Werkzeug zu realisieren.

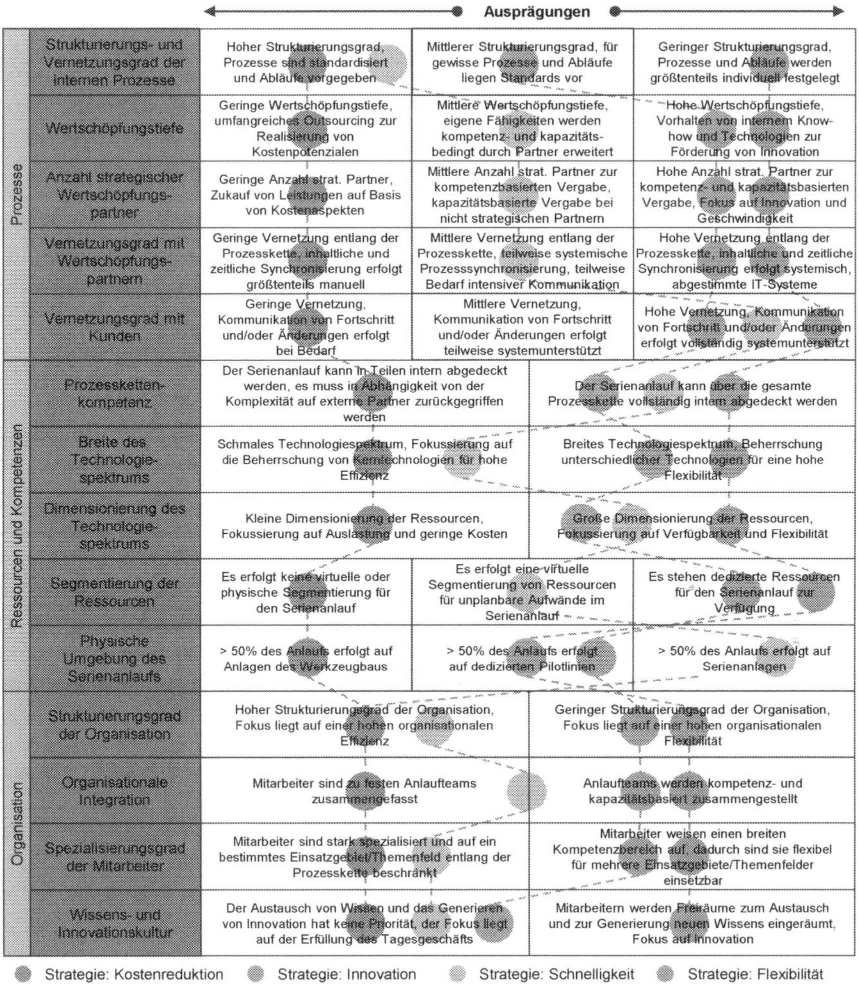

Abbildung 72: Mögliche Ausprägungen der Strategieelemente zur Differenzierung[693]

Basierend auf den ermittelten strategischen Erfolgspositionen und der strategischen Ausrichtung des Gesamtbetriebs sollten zunächst unterschiedliche Anlaufstrategien identifiziert wer-

---

[693] Eigene Abbildung i. A. a. Hensen (Strategische Auslegung), 2017, S. 148

den, die potenziell geeignet erscheinen. Aufgrund der vergleichsweise hohen Lohnstückkosten am Standort Deutschland stellt aktuell insbesondere der Werkzeugbau als Schnelligkeits- oder Flexibilitätsbefähiger einen hohen Kundennutzen dar. Dies bedingt häufig den Aufbau und das Vorhalten entsprechender interner Kapazitäten, um notwendigen Einarbeitungsaufwand flexibel abbilden zu können.

Auf Basis identifizierter, potenzieller Anlaufstrategien kann im nächsten Schritt eine Abschätzung der Wirtschaftlichkeit getroffen werden, auf Basis derer die Auswahl der geeignetsten Anlaufstrategie erfolgen sollte. Eine Abschätzung des internen Ressourcenbedarfs kann unter Hinzunahme der im Rahmen der intelligenten Anlaufplanung (vgl. Kapitel 5.1.2.4) ermittelten durchschnittlichen Einarbeitungsaufwände vorgenommen werden. Dies geschieht unter Berücksichtigung der anvisierten Wertschöpfungstiefe. Dazu wird der Stundenbedarf für Nacharbeiten im Serienanlauf entlang der Prozesskette abgeleitet und unter Hinzunahme von Arbeitsproduktivität[694] in die entsprechende Anzahl an Fachkräften und Fertigungsressourcen überführt. Abbildung 73 zeigt beispielhaft den Stundenbedarf auf Mitarbeiterebene entlang der Prozesskette des Werkzeugbaus.

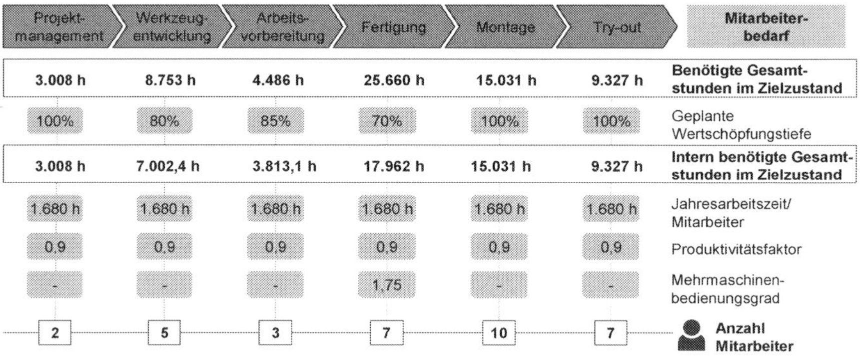

Abbildung 73: Quantifizierter Stunden- und Mitarbeiterbedarf im Werkzeugbau

Anschließend muss auf Basis der ermittelten Stundenbedarfe sowie der festgelegten Ausprägungen potenzieller Anlaufstrategien definiert werden, wie der Maschinenpark für die unterschiedlichen Optionen konkret ausgelegt werden soll. Hierfür sind sowohl die Ausprägungen der Segmentierung als auch die Breite und Dimensionierung des Technologiespektrums zu berücksichtigen. Abbildung 74 zeigt beispielhaft die Ableitung des notwendigen technischen Equipments in mechanischer Fertigung, Montage und Try-out. Bei Maschinen, die im Jahresverlauf nahezu vollständig mit Nacharbeiten ausgelastet werden können, weist ungeachtet der strategischen Ausrichtung eine Segmentierung tendenziell einen hohen Nutzen auf. Zur finalen Entscheidung sollte hier das Lastprofil ermittelt werden. Details dazu können z. B. in BOOS ET AL. nachgelesen werden.[695] Bei Maschinen, die gemäß ermittelter Stunden nur geringfügig

[694] Berücksichtigung des Anteils tatsächlich wertschöpfender Tätigkeiten durch Abzug nicht wertschöpfender Aktivitäten.

[695] Vgl. Boos et al. (Fokussieren und Segmentieren im Werkzeugbau), 2019, S. 21ff.

ausgelastet werden können, muss entsprechend entschieden werden, ob und wie eine entsprechende Segmentierung und Dimensionierung vorgenommen wird. Dazu sollten Vor- und Nachteile gegenübergestellt und abgewogen werden. Anschließend bedarf es eines Abgleichs der Anzahl festgelegter Maschinen sowie entsprechend geplanter Mitarbeiter. Je nach Maschinenauswahl und festgelegter Segmentierung bedingt dies ggf. eine Korrektur der vorab ermittelten Mitarbeiteranzahl in der mechanischen Fertigung.

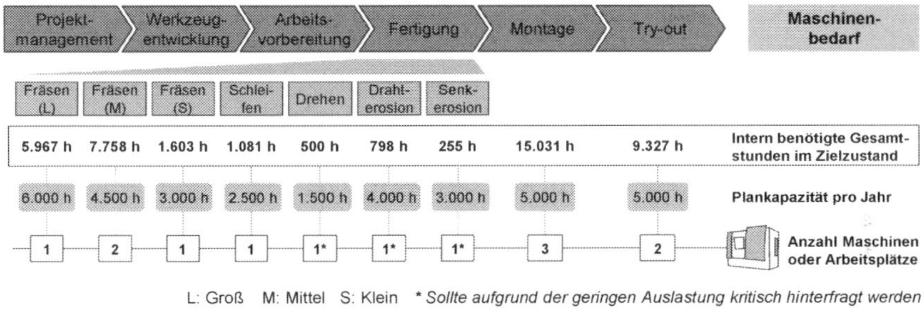

Abbildung 74: Dimensionierung der notwendigen technologischen Ressourcen

Zur Absicherung der Robustheit der strategischen Auslegung sollte eine Bewertung unterschiedlicher Szenarien hinsichtlich qualitativer und quantitativer Nutzeneffekte sowie des notwendigen Investitionsvolumens durchgeführt werden. Eine Berechnung des kumulierten Zahlungsverlaufs gibt Auskunft über den langfristigen Erfolg unterschiedlicher Auslegungsszenarien. Die Einbeziehung qualitativer Faktoren ermöglicht, über die finanzielle Perspektive hinaus Nutzenpotenziale zu bewerten und in die Evaluierung miteinzubeziehen. Die Gewichtung sowohl quantitativer als auch qualitativer Faktoren sollte anhand des definierten Zielsystems vorgenommen worden. Bewertete Anlaufstrategieoptionen können anschließend z. B. in ein Portfolio übertragen werden, um die Eignung vergleichen und daraus eine Entscheidung ableiten zu können. Die Auswahl notwendiger strategischer Partner zur Ergänzung interner Wertschöpfungsumfänge wird im nachfolgenden Abschnitt beschrieben.

5.1.1.4 Kurzfristige Wertschöpfungsstrategie

Neben einer Festlegung der langfristigen Parameter muss auf Basis projektspezifischer Anforderungen ebenfalls eine kurzfristige Wertschöpfungsstrategie definiert werden. Diese dient der optimalen Allokation von internen und externen Kompetenzen und Ressourcen im Anlaufnetzwerk, um Kundenanforderungen bestmöglich abbilden zu können.

Dazu wird im Folgenden zunächst die Ermittlung werkzeugspezifischer Kompetenzprofile sowie die Identifikation relevanter Wertschöpfungspartner dargestellt. Anschließend erfolgt die Beschreibung, wie projektspezifisch notwendige Kompetenzen und Kapazitäten mithilfe der intelligenten Anlaufplanung (vgl. Kapitel 5.1.2.4) abgeleitet werden. Mithilfe eines internen und externen Kompetenz- und Kapazitätsabgleichs werden daraufhin mögliche Alternativen ermittelt, wovon abschließend die vorteilhafteste ausgewählt wird.

Entsprechend dem beschriebenen Vorgehen müssen zur Durchführung eines projektspezifischen Kompetenz- und Kapazitätsabgleichs initial werkzeugspezifische Anforderungsprofile ermittelt werden. In Anlehnung an KUHLMANN umfassen diese die Dimensionen Anwendung, Prozess und Technologie.[696] Anforderungen hinsichtlich der Anwendung umfassen Merkmale des Leistungstyps, z. B. Produkttyp, Produktmaterial, Werkzeugtyp und/oder Werkzeugtechnologie. Im Bereich der Prozessanforderungen sollten z. B. Aktivitäten entlang der Prozesskette oder notwendige Zertifizierungen hinterlegt werden. Unter Technologieanforderungen werden Faktoren zusammengefasst, die human- und anlagentechnische Ressourcen betreffen. Diese können z. B. relevante Fertigungstechnologien oder systemtechnische Kompetenzen im Bereich CAD umfassen.

Entsprechende Faktoren und werkzeugspezifische Ausprägungen müssen intern im Rahmen von z. B. Workshops mit Entwicklungs-, Produktions- und Werkzeugbauverantwortlichen ermittelt werden. Um die Flexibilität im Serienanlauf zu erhöhen, sollten die Anforderungen für einzelne Anlaufmeilensteine und -phasen (vgl. Kapitel 5.1.2.2) festgelegt werden. Anhand der einzelnen Meilensteine oder Phasen[697] können sogenannte Wertschöpfungsmodule[698] definiert werden, anhand derer bestimmte Tätigkeiten und Prozesse als Paket fremdvergeben werden können. Dies wiederum ermöglicht, notwendige Arbeiten nach vorhandenen Kompetenzen und verfügbaren Kapazitäten auf unterschiedliche Entitäten aufzuteilen.

Anschließend bedarf es der Erstellung interner und externer Kompetenzprofile (eine Detaillierung von Kompetenzen erfolgt im Rahmen von Kapitel 5.3.2). Dazu werden für die ermittelten Anforderungen jeweils die verfügbaren Kompetenzen hinterlegt. Intern sollte dies wiederum im Rahmen von Workshops mit den genannten Stakeholdern erfolgen. Extern kann dies z. B. anhand des in Abbildung 75 dargestellten Vorgehens abgebildet werden.

Abbildung 75: Vorgehen zur Ermittlung externer Wertschöpfungspartner[699]

Nachdem relevante Wertschöpfungspartner vorliegen, müssen projektspezifisch erforderliche Kompetenzen und Kapazitäten zur Ableitung der optimalen Wertschöpfungsstrategie ermittelt werden. Dies erfolgt (teil-)automatisiert mithilfe der intelligenten Anlaufplanung (vgl. Kapitel

[696] Vgl. Kuhlmann (Corporate Tooling), 2017, S. 160, Kuhlmann nutzt ähnliche Anforderungsprofile, um die Werkzeugversorgung innerhalb eines internationalen Produktionsnetzwerks sicherzustellen.

[697] Die Entscheidung, ob Meilensteine oder Phasen für die Gestaltung von Wertschöpfungsmodulen herangezogen werden, sollte unternehmensindividuell auf Basis des Produktspektrums sowie der geforderten Granularität der Fremdvergabepakete erfolgen.

[698] Wertschöpfungsmodule stellen für den Kontext dieser Arbeit standardisierte Wertschöpfungsumfänge im Serienanlauf sowie dahinterliegende Zielsetzungen, Inhalte und Aufgaben dar (Detaillierung vgl. Kapitel 5.1.2.2).

[699] Eigene Abbildung i. A. a. Boos et al. (Lieferanten managen im Werkzeugbau), 2018, S. 11

5.1.2.4). Auf Basis definierter Anforderungskriterien und der im Rahmen der intelligenten Anlaufplanung ermittelten Kompetenz- und Kapazitätsanforderungen kann evaluiert werden, welche internen und/oder externen Entitäten für eine Auftragsabwicklung infrage kommen. Wie in Abbildung 76 dargestellt, wird dafür zunächst eine Vorprüfung vorgenommen. Hierbei werden relevante Anforderungen geprüft, die die grundsätzliche Eignung der internen Ressourcen sowie externer Wertschöpfungspartner bewerten. Diesbezüglich kann zwischen unterschiedlichen Erfüllungsgraden differenziert werden. Interne oder externe Optionen zur Realisierung der Wertschöpfung, die die Anforderungen nicht erfüllen können, werden für die weitere Betrachtung nicht mehr berücksichtigt.

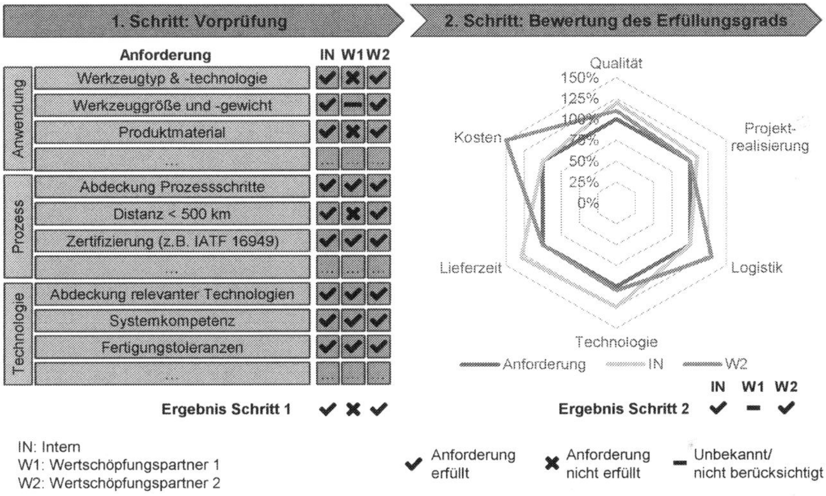

Abbildung 76: Beispielhafter Kompetenzabgleich eines Wertschöpfungsmoduls

Im Beispiel können lediglich der interne Werkzeugbau sowie Wertschöpfungspartner 2 die notwendigen Anforderungen der Vorprüfung hinreichend erfüllen. Wertschöpfungspartner 1 kann weder die Anforderungen hinsichtlich Werkzeugtyp & -technologie noch hinsichtlich des erforderlichen Produktmaterials ausreichend abbilden. Zusätzlich ist die Distanz aufgrund hohen zeitlichen Drucks und erwarteter Kundenänderungen ein wichtiges Anforderungskriterium, das von Wertschöpfungspartner 1 nicht abgebildet werden kann.

Nach Abschluss der Vorprüfung erfolgt die Bewertung des Erfüllungsgrads einzelner Kriterien. Ausführende Entitäten, die die Vorselektion nicht vollständig erfüllen können, werden an dieser Stelle nicht weiter berücksichtigt. Die Bewertung des Erfüllungsgrads wird im Beispiel anhand von sechs Kriterien vorgenommen, die unternehmensindividuell festgelegt werden können. Es ist zu prüfen, in welchem Umfang berücksichtigte Entitäten definierte Anforderungen erfüllen können. Die relevanten Kriterien werden so normiert, dass 100% einer vollständigen Erfüllung der relevanten Anforderung entspricht. Beträgt der Erfüllungsgrad der internen Durchführung oder eines Wertschöpfungspartners 100%, kann dieser die entsprechende Anforderung vollumfänglich erfüllen. Liegt der Wert dagegen unter 100%, so ist der Partner zur Realisierung eines Wertschöpfungsmoduls nicht geeignet. Im Beispiel kommen für die Realisierung des Serienanlaufs abschließend sowohl der interne Werkzeugbau als auch Wertschöpfungspartner 2 infrage, da beide entsprechende Bewertungskriterien mit jeweils mindestens 100% erfüllen.

Nach Abgleich der Kompetenzen müssen die Kapazitätsanforderungen überprüft werden. Dazu ist über die intelligente Anlaufplanung eine Ermittlung der benötigten Kapazitäten entlang der Prozesskette vorzunehmen. Durch idealerweise vernetzte Systeme mit Wertschöpfungspartnern kann der Wertschöpfungspartner mit ausreichenden Kapazitäten pro Wertschöpfungsmodul identifiziert werden (vgl. Abbildung 77).

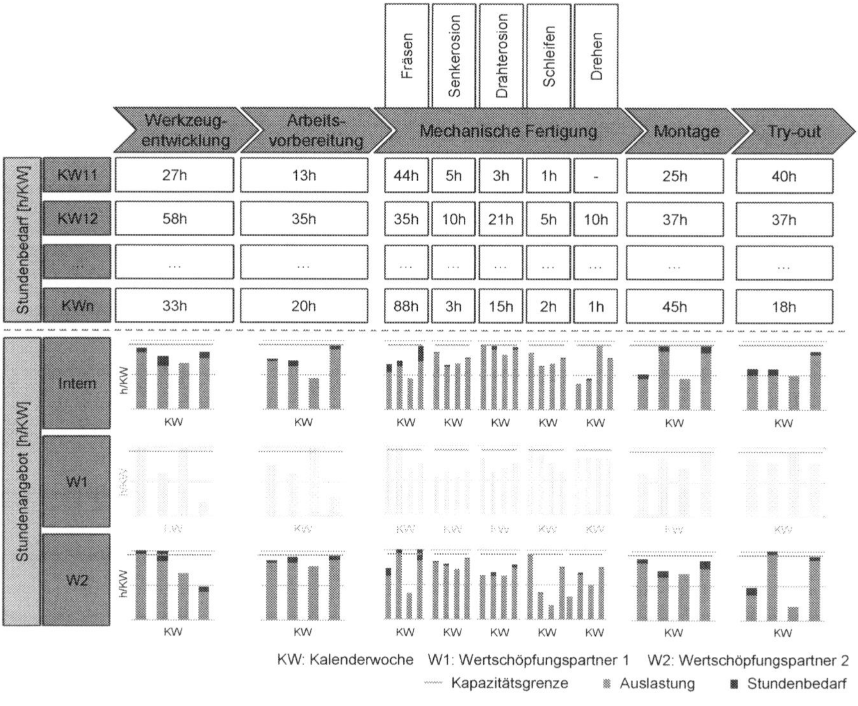

Abbildung 77: Beispielhafter Abgleich mit internem und externem Kapazitätsangebot

Nach Berücksichtigung aller relevanten Parameter können Wertschöpfungsumfänge kosten-, zeit- und qualitätsoptimal im Anlaufnetzwerk allokiert werden. Die entsprechende Ausgestaltung notwendiger Prozesse und einer entsprechenden Organisation erfolgt in Kapitel 5.1.2.2 (interorganisationale Prozessgestaltung) sowie Kapitel 5.1.3.2 (duale Organisationsarchitektur).

5.1.2 Vernetzte Wertschöpfung

Die in Kapitel 2 dargestellten Grundlagen haben gezeigt, dass der Serienanlauf von Werkzeugen stark interdisziplinär geprägt ist – sowohl intra- als auch interorganisational. Aufgrund von unzureichend aufeinander abgestimmten Prozessen führen die entitätsübergreifenden Abläufe in der Folge häufig zu Liegezeiten, die sich negativ auf die Durchlaufzeit auswirken. Zusätzlich bedingen schlecht abgestimmte Prozesse eine mangelnde Informationsverfügbarkeit bei den am Serienanlauf beteiligten Entitäten, sodass Korrekturmaßnahmen auf Basis von unzureichenden Informationen und Annahmen durchgeführt werden müssen.[700] Dies wiederum hat zur Folge, dass entsprechende Korrekturmaßnahmen teilweise eine geringe Wirksamkeit hinsichtlich der Beseitigung eines spezifischen Problems aufweisen. Das Gestaltungselement Vernetzte Wertschöpfung adressiert diese Schwachstellen durch die zeitliche und inhaltliche Synchronisation von Prozessen und ermöglicht somit eine effizientere Auftragsabwicklung.

Im Folgenden werden zunächst die Grundlagen vernetzter Wertschöpfung beschrieben. Anschließend wird der Gestaltungsaspekt **Interorganisationale Prozessgestaltung** detailliert. Dieser ermöglicht die Modellierung und zielgerichtete Optimierung der Auftragsabwicklungsprozesse innerhalb des Wertschöpfungsnetzwerks zur Vermeidung von Medienbrüchen, Reduktion von Liegezeiten sowie Eliminierung von Rückschleifen. Der **digitale Änderungsworkflow** setzt auf der interorganisationalen Prozessgestaltung auf und bildet Informationsflüsse digital ab. Auf diese Weise können Arbeitsabläufe automatisiert gesteuert und einzelne Wertschöpfungsumfänge echtzeitnah zeitlich und inhaltlich synchronisiert werden. Die Planung notwendiger Ressourcen für die Durchführung des Anlaufs erfolgt anhand der **intelligenten Anlaufplanung**. Die intelligente Anlaufplanung basiert auf der algorithmenbasierten Analyse und Nutzung von Vergangenheitsdaten, wodurch die Auflösung und Genauigkeit der Planung signifikant erhöht werden kann. Somit kann die auftragsoptimale Allokation von Wertschöpfungsumfängen auf Wertschöpfungspartner und Fertigungstechnologien vorgenommen werden.

5.1.2.1 Grundlagen

Die Grundlagen zu Wertschöpfung und Wertschöpfungsgestaltung wurden bereits in Kapitel 2.3 dargestellt. Neben dem traditionell zur Beschreibung von Wertschöpfung verwendeten Modell von PORTER wurde dort bereits der Begriff Wertschöpfungsnetzwerke eingeführt. Das Bilden von Wertschöpfungsnetzwerken ist für Unternehmen von zentraler Bedeutung, um die inner- und überbetriebliche Leistungserstellung durch die Fokussierung auf Kernkompetenzen zu optimieren.[701] Gleichzeitig bilden Wertschöpfungspartner die Grundlage, das eigene Leistungsspektrum durch deren zielgerichtete Integration erweitern zu können. Dafür wird gezielt auf Kompetenzen, Ressourcen und Technologien im Netzwerk zurückgegriffen.[702] Moderne Wertschöpfungsstrukturen zeichnen sich dementsprechend durch eine Vielzahl von Schnittstellen zu überbetrieblichen Wertschöpfungspartnern und Kunden aus.

Aufgrund der Vielzahl an Schnittstellen moderner Wertschöpfungsstrukturen stellt die inhaltliche und zeitliche Synchronisierung beteiligter Prozesse zur Vermeidung von Verschwendung

---

[700] Vgl. Abele et al. (Lean Try-out), 2017, S. 191f.; Stippak (Navigationssystem für den effektiven Tryout), 2010, S. 42

[701] Vgl. Schuh et al. (Geschäftsmodell-Innovation), 2017, S. 20f.

[702] Vgl. Schuh et al. (Vernetzte Wertschöpfung), 2011, S. 476f.

ein zentrales Erfolgskriterium dar.[703] Potenziale liegen insbesondere in der Verkürzung von Durchlaufzeiten, der Reduzierung von Beständen, der Steigerung der Prozessstabilität, der Verringerung von Such- und Abstimmungsaufwänden sowie einer Steigerung der Transparenz.[704] Zusätzlich kommt der Synchronisierung das sogenannte Koordinationsprinzip zu. Dies ermöglicht, das Systemverhalten zu prognostizieren und damit die Komplexität im Unternehmen beherrschbar zu machen. Insgesamt stellt die Synchronisierung für die Koordination arbeitsteiliger Wertschöpfungsaktivitäten ein Ideal dar, das durch größtmögliche Effizienz gekennzeichnet ist.[705]

Zur optimierten Synchronisierung der Wertschöpfung im Netzwerk bietet die systematische Integration von digitalen Technologien hohes Potenzial.[706] Mittels Informations- und Kommunikationstechnologien werden Informationsflüsse digital zur effizienten und transparenten Auftragsabwicklung abgebildet. Dadurch weisen digitale Wertschöpfungsnetzwerke im Vergleich mit herkömmlichen Wertschöpfungsstrukturen ein hohes Maß an Agilität und Flexibilität auf.[707] Neben echtzeitnahen Prozessinformationen ist dies auf eine schnelle Anpassung an geänderte Randbedingungen über eine Rekonfiguration bzw. Umplanung der Wertschöpfungsprozesse zurückzuführen.

Zur Umwandlung bestehender Wertschöpfungsstrukturen in digitale Wertschöpfungsnetzwerke sind die horizontale und vertikale Integration als zentrale Handlungsfelder zu adressieren. Die horizontale Integration ermöglicht die Vernetzung inner- und überbetrieblicher Systeme zur Realisierung einer durchgängigen Koordination von Material-, Energie- und Informationsflüssen.[708] Dies befähigt die echtzeitnahe Informationsbereitstellung entlang der gesamten Wertschöpfungskette und schafft somit die Grundlage synchronisierter Prozesse.[709] Die vertikale Integration beschreibt die Vernetzung unterschiedlicher IT-Systeme über die Hierarchieebenen der Produktion hinweg zu einer durchgängigen Lösung.[710] Während das Gestaltungsfeld vernetzte Wertschöpfung auf den Grundlagen der horizontalen Vernetzung aufbaut, wird die vertikale Vernetzung im Rahmen der digitalen Infrastruktur in Kapitel 5.3.1 detailliert.

Abbildung 78 zeigt die horizontale Wertschöpfungsvernetzung. Neben der innerbetrieblichen Vernetzung umfasst diese ebenfalls die Vernetzung mit Wertschöpfungspartnern sowie mit Kunden. Nachfolgend werden anhand der interorganisationalen Prozessgestaltung zunächst notwendige Voraussetzungen der horizontalen Vernetzung beschrieben. Anschließend werden darauf aufbauend digitale Änderungsworkflows zur digitalen Abbildung und Automatisierung von Informationsflüssen dargestellt. Abschließend wird auf die intelligente Anlaufplanung eingegangen.

---

[703] Vgl. Rittstieg (Prozesssynchronisierung), 2012, S. 14
[704] Vgl. Kuhlmann (Gestaltung von Geschäftsprozessen), 2011, S. 123
[705] Vgl. Rittstieg (Prozesssynchronisierung), 2012, S. 13
[706] Vgl. Schuh; Varnhagen (Digitale Wertschöpfungsnetzwerke), 2013, S. 5
[707] Vgl. Haupt (Digitale Wertschöpfungsnetzwerke), 2003, S. 93
[708] Vgl. Kagermann (Industrie 4.0), 2013, S. 24
[709] Vgl. Schuh et al. (Geschäftsmodell-Innovation), 2017, S. 19f.
[710] Vgl. Kagermann (Industrie 4.0), 2013, S. 24

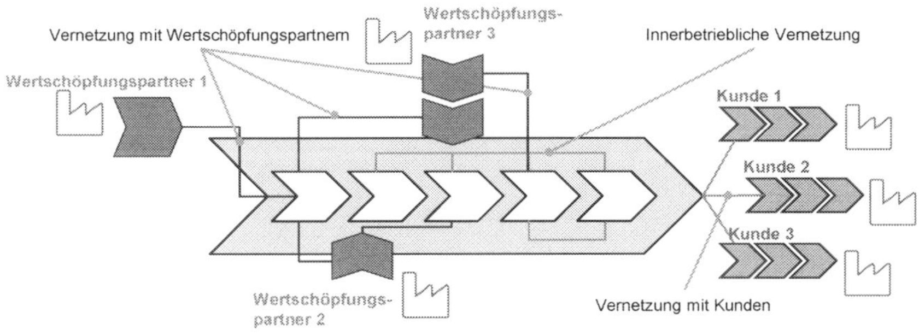

Abbildung 78: Horizontale Wertschöpfungsvernetzung[711]

5.1.2.2 Interorganisationale Prozessgestaltung

Die Effizienz der Auftragsabwicklung im Hinblick auf Zeit-, Kosten- und Qualitätsziele ist maßgeblich durch die Güte und Synchronisierung der ausführenden Prozesse geprägt. Entsprechend dem in Kapitel 2.3.2.1 dargestellten Prozessschaubild liegen für jeden Prozessschritt Input- und Outputvariablen vor. Sind Inputvariablen fehlerhaft oder liegen nicht zeit- oder anforderungsgerecht vor, kann der Prozessschritt nicht gemäß der Zielstellung ausgeführt werden. Entsprechend wird im Rahmen der interorganisationalen Prozessgestaltung beschrieben, wie Input- und Outputvariablen sowie zeitliche Abfolgen einzelner Prozesse im Gesamtkontext des vernetzten und synchronisierten Serienanlaufs optimal aufeinander abgestimmt werden können.

Um Prozesse zeitlich und inhaltlich aufeinander abzustimmen, bietet sich der Einsatz einer Prozessmodellierung an. Anhand dieser können Prozesse im Serienanlauf zunächst beschrieben werden, um mögliche Ineffizienzen aufzudecken und diese anhand relevanter Gestaltungsempfehlungen durch einen optimierten Soll-Prozess zu eliminieren. Je nach Zielverfolgung kann die Modellierung dabei anhand unterschiedlicher Methoden erfolgen.[712] Eine im Werkzeugbau praxisbewährte Methode stellt die Modellierungssprache aixperanto dar.[713]

Im Serienanlauf von Werkzeugen liegen vier wesentliche Schnittstellen bzw. Synchronisierungsrichtungen vor. Neben der internen Synchronisierung zwischen z. B. Messtechnik, Werkzeugentwicklung sowie mechanischer Fertigung und Montage werden Prozessinformationen projektübergreifend sowie mit externen Wertschöpfungspartnern und Kunden ausgetauscht. Abbildung 79 zeigt vereinfacht Informations- und Prozessabhängigkeiten innerhalb des Werkzeugbaus mit einer Schnittstelle zur Serienproduktion des Kunden anhand der Modellierungssprache aixperanto. Auf die Modellierung externer Wertschöpfungspartner wurde an dieser

---

[711] i. A. a. Schuh et al. (Geschäftsmodell-Innovation), 2017, S. 19

[712] Vgl. Kühn (Lebenszyklusorientierte Leistungssysteme), 2016, S. 160f.

[713] Ein entsprechendes Vorgehen zur Prozessmodellierung im Werkzeugbau kann anhand von Kuhlmann (Gestaltung von Geschäftsprozessen), 2011, S. 127ff. oder Hensen (Strategische Auslegung), 2017, S. 179ff. nachvollzogen werden.

Stelle zur Vereinfachung verzichtet. Die projektübergreifende Synchronisierung wird im Rahmen der digitalen Wissensplattform in Kapitel 5.2.1.2 detailliert betrachtet.

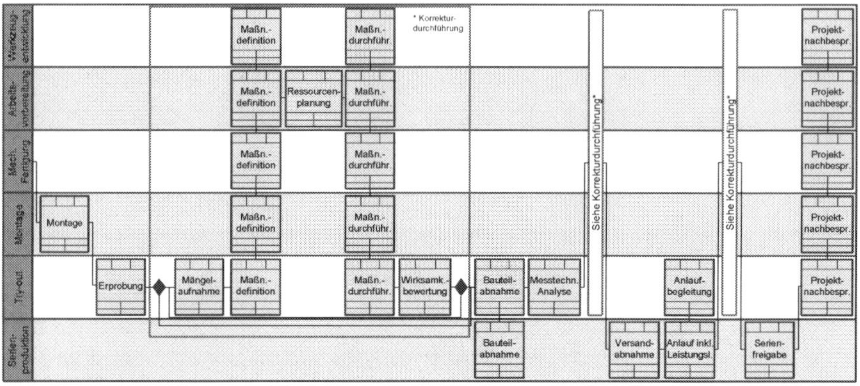

Abbildung 79: Vereinfachter Auftragsabwicklungsprozess im Serienanlauf von Werkzeugen

Zwischen den einzelnen Entitäten und Prozessschritten innerhalb des Werkzeugbaus sowie in der Schnittstelle zu externen Wertschöpfungspartnern und zum Kunden werden insbesondere Messberichte, Prüfprotokolle, Simulationsdaten, Konstruktionszeichnungen, Maschinenprogramme, Wirkflächendaten, Abweichungsdokumentationen und Rückmeldedaten übertragen. Durch den iterativen und interdisziplinären Charakter sind folgende Herausforderungen hinsichtlich zeitlicher und inhaltlicher Synchronisation weit verbreitet und sollten durch einen abgestimmten Auftragsabwicklungsprozess adressiert werden:

- Unzureichende Informationsbereitstellung entlang des Auftragsabwicklungsprozesses
- Unzureichender Abgleich von Revisionsständen
- Unzureichende Dokumentation von Änderungshistorie und daraus resultierende Intransparenz über durchgeführte Maßnahmen sowie entsprechende Ursachen
- Unzureichende Wissensrückführung in nachfolgende Projekte
- Unzureichende Rückführung von Korrekturmaßnahmen ins Konstruktionsmodell

Ineffizienzen der Auftragsabwicklung im Serienanlauf von Werkzeugen in den unterschiedlichen Synchronisierungsrichtungen können durch folgende Gestaltungsrichtlinien vermieden werden:

- Einführung von Quality Gates und Meilensteinen mit definierten Verantwortlichkeiten
- Reduktion von (funktionsübergreifenden) Schnittstellen
- Vermeidung planmäßiger Prozessiterationen
- Festlegung von Informationsstandards
- Eindeutige Definition von Prozessverantwortlichkeiten
- Definition von Regelkreisen

Zur Realisierung der Gestaltungsrichtlinien wird ein dreistufiges Vorgehen in Anlehnung an RITTSTIEG entwickelt.[714] Dieses umfasst die Festlegung übergeordneter Meilensteine und Verantwortlichkeiten, die Kapselung von Prozessschritten sowie abschließend die inhaltliche Standardisierung und zeitliche Synchronisierung von Schnittstellen. Während das übergeordnete Vorgehen für unterschiedliche Werkzeugtypen äquivalent abläuft, unterscheidet sich die konkrete Ausgestaltung von Meilensteinen und Prozessen je nach spezifischem Werkzeugtyp und den individuellen Unternehmensrandbedingungen. Die exemplarische Darstellung möglicher Meilensteine und Prozesse erfolgt anhand von Blechumformwerkzeugen.

Zunächst sind relevante *Meilensteine und Verantwortlichkeiten* für den vernetzten und synchronisierten Serienanlauf von Werkzeugen festzulegen. Hierfür kann der aufgenommene Auftragsabwicklungsprozess als Ausgangsbasis dienen. Meilensteine sollten anhand sinnvoller Reifegradstufen im Serienanlauf von Werkzeugen definiert werden und Anforderungen enthalten, die zur Erreichung eines Reifegrads erfüllt sein müssen. Die übergeordneten Meilensteine sind wiederum in unterschiedliche Phasen untergliedert. Die Phasen stellen übergeordnete Tätigkeiten dar, die im Rahmen der Meilensteine abgearbeitet werden müssen. Einzelne Meilensteine oder Phasen können im Rahmen der kurzfristigen Wertschöpfungsstrategie (vgl. Kapitel 5.1.1.4) als Wertschöpfungsmodule fremdvergeben werden. Abbildung 80 zeigt mögliche Meilensteine im vernetzten und synchronisierten Serienanlauf exemplarisch für Blechumformwerkzeuge.

Die in der Abbildung genannten Inhalte stellen Aktivitäten dar, die zur Erreichung des nachfolgenden Meilensteins vollständig abgeschlossen und erfüllt sein müssen. Als Übergabe von Montage zur Erstausprobe umfasst dies z. B. ein vollständig montiertes und funktionserprobtes Werkzeug, Checklisten, entsprechende Abnahmeprotokolle sowie Maßnahmenblätter zur Behebung aufgetretener Abweichungen. Der Meilenstein nach Ausprobe und Einarbeitung im Werkzeugbau beinhaltet ein vorabgenommenes Werkzeug samt entsprechender Dokumentation. Der Übergang von Ausprobe und Einarbeitung Serie in die finale Abnahme erfordert ein vollständig bemustertes Werkzeug und vom Kunden freigegebene Bauteile. Anschließend können letzte Tests erfolgen und das Werkzeug für die Serie freigegeben werden. Für die zeitliche und inhaltliche Überwachung von Meilensteinen ist jeweils eine spezifische Unternehmensfunktion zu definieren, die durch unterschiedliche Mitarbeiter ausgeführt werden kann.

Für das dargestellte Beispiel wird im Rahmen der Montage- und Funktionsausprobe die Grundfunktionalität des Werkzeugs geprüft. Dies umfasst z. B. das kollisionsfreie Zusammenfahren der beiden Werkzeughälften auf einer Presse. Gegebenenfalls auftretende Mängelpunkte sollten sowohl für die interne Dokumentation als auch die Dokumentation zum Kunden erfasst werden. Mängelpunkte werden anschließend iterativ verbessert, bis eine vollständige Erfüllung aller Anforderungen des Meilensteins vorliegt. Anschließend werden Erst- und Folgeausproben auf Anlagen des Werkzeugbaubetriebs durchgeführt. Diese umfassen für die einzelnen Werkzeugoperationen beispielsweise die unterschiedlichen Stufen des Tuschierens[715]

[714] Vgl. Rittstieg (Prozesssynchronisierung), 2012, S. 139ff.

[715] Es kann zwischen unterschiedlichen Stufen des Tuschierens – vom Abziehen der Blecheinlaufflächen über den Ausgleich von Flanschausdünnungen und -aufdickungen bis hin zum Angleich des Materialflusses an die

zum Abstimmen der Werkzeughälften und Angleich des Materialflusses an die Simulationsvorgabe. Weiterhin wird über die Durchführung von Ziehversuchen die Prozesssicherheit iterativ sichergestellt. Sobald diese gegeben ist, können Bauteile produziert, optisch oder taktil vermessen und hinsichtlich Erfüllung der Maßhaltigkeit bewertet werden. Äquivalent zur Montage- und Funktionsausprobe werden auch hier auftretende Mängel dokumentiert und sukzessive abgearbeitet. Sofern Maßhaltigkeit und Oberflächenqualität den Sollvorgaben entsprechen, kann die Werkzeugvorabnahme erfolgen. Nach erfolgreicher Vorabnahme kann das Werkzeug für den Versand und Einsatz auf der Serienpresse vorbereitet werden.

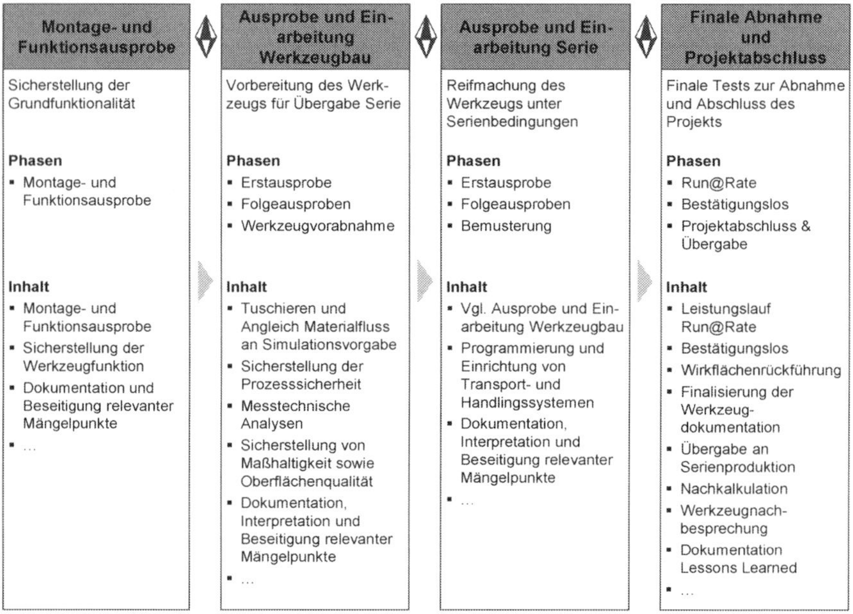

Abbildung 80: Beispielhafte Meilensteine, Phasen und Inhalte des Serienanlaufs für Blechumformwerkzeuge

Die Ausprobe und Einarbeitung in der Serie erfolgt analog zur Ausprobe und Einarbeitung im Werkzeugbau. In der Regel ist der Aufwand geringer, da ein Großteil der werkzeugseitigen Korrekturen bereits abgeschlossen ist. Zusätzlich muss in der Serie eine Programmierung und Inbetriebnahme möglicher Transport- und Handlingsysteme erfolgen, damit die Weitergabe von Bauteilen zwischen den Umformstufen entsprechend umgesetzt werden kann. Nachdem im Rahmen der Bemusterung alle Maße reproduzierbar eingehalten werden, die Oberflächenqualität den Sollvorgaben entspricht und die Weitergabe von Bauteilen störungsfrei funktioniert, finden die finale Abnahme und der Projektabschluss statt. Der sogenannte Leistungslauf soll insbesondere den Einfluss von Erwärmungseffekten im Serienbetrieb abbilden, um deren

Simulationsvorgabe des Engineerings – unterschieden werden, vgl. Birkert et al. (Herstellung komplexer Karosserieteile), 2013, S. 381ff.

Einfluss auf die Bauteilqualität beurteilen zu können. Nach erfolgreichem Leistungslauf sowie der Produktion eines Bestätigungsloses wird der Serienanlauf durch finale[716] Übergabe des Werkzeugs an die Serienproduktion abgeschlossen. Durch Wirkflächenrückführung wird der aktuelle konstruktive Stand in das CAD-Modell u. a. für die Anfertigung von Ersatzteilen zurückgeführt. Durch Übergabe der Gesamtdokumentation an den Kunden wird der Kundenauftrag geschlossen. Anhand der Durchführung einer Werkzeugnachbesprechung können Lessons Learned[717] dokumentiert und Wissen für zukünftige Anläufe generiert werden.

Anschließend bedarf es der *Kapselung der Prozessschritte*. Ziel der Kapselung von Prozessschritten ist es, Prozesse zur Reduktion von (funktionsübergreifenden) Schnittstellen möglichst „autark" im Hinblick auf relevante Informationen als auch bezogen auf eingesetzte Ressourcen ablaufen zu lassen. Dies kann zum einen durch Zusammenfassen oder Trennen von Tätigkeiten erfolgen, zum anderen durch z. B. eine Veränderung der Ressourcenzuordnung auf Basis einer Segmentierung oder das Vorhalten bestimmter Ressourcenkapazitäten für den Anlauf realisiert werden (vgl. intelligente Anlaufplanung in Kapitel 5.1.2.4). Nach Festlegung möglichst autarker Tätigkeiten sind innerhalb der Prozessschritte kurze Fehlerregelkreise vorzusehen. Durch Implementierung selbststeuernder Teams im Serienanlauf (vgl. dynamische Anlaufsteuerung in Kapitel 5.1.3.4) kann dies im Rahmen täglicher Abstimmungsrunden praktiziert werden. Zusätzlich sind prozessverantwortliche und prozessbeteiligte Rollen im Serienanlauf zu definieren. Dies schließt ebenfalls die Festlegung kundenseitiger Verantwortlichkeiten ein.

Nach Definition der Meilensteine und Kapselung der Prozessschritte muss die *inhaltliche Standardisierung und zeitliche Synchronisierung von Schnittstellen* vorgenommen werden, um Informationsverluste und Rückfragen zu vermeiden und Übergangzeiten zu reduzieren. Hierfür sollten insbesondere eingesetzte Dokumente sowie abbildende Systeme vereinheitlicht werden. Dazu bedarf es einer Abstimmung im Serienanlauf genutzter Dokumente und Systeme mit allen Nutzern, ob die entsprechenden Dokumente und Systeme in der vorliegenden Form alle relevanten Informationen beinhalten. Nach Möglichkeit sollte die Anzahl an genutzten Dokumenten in diesem Schritt reduziert und Medienbrüche durch die Zusammenführung von Systemen (oder die Einführung einer übergreifenden Integrationsebene, vgl. Kapitel 5.3.1.3) eliminiert werden. Im Rahmen der inhaltlichen Synchronisation sollte ebenfalls die Art der Fertigmeldung des Prozessschritts festgelegt werden sowie, ob es sich beim Übergang eines Prozessschritts um eine Bring- oder Holschuld handelt. Zuletzt bedarf es der zeitlichen Synchronisierung der gekapselten Prozessschritte und inhaltlich standardisierten Schnittstellen. Eine entsprechende Ausgestaltung wird im Rahmen der digitalen Änderungsworkflows im nachfolgenden Kapitel beschrieben.

[716] Je nach Form und Intensität der Anlaufbegleitung durch den Werkzeugbau erfolgt teilweise bereits eine vorläufige Übergabe des Werkzeugs nach erfolgreichem Abschluss der Werkzeugvorabnahme im Werkzeugbau.

[717] Lessons Learned ist ein Fachbegriff des Projektmanagements für die Generierung und Dokumentation von Erkenntnissen, neuem Wissen oder Erfahrungen, die während der Arbeit an einem Projekt entstehen.

5.1.2.3 Digitale Änderungsworkflows

Eine zentrale Herausforderung im Serienanlauf (von Werkzeugen) besteht in der Koordination und Bearbeitung von technischen Änderungen.[718] In einem interorganisationalen Kontext können diese sowohl kundenseitig durch z. B. Änderungen der Bauteilgeometrie als auch werkzeugbauseitig durch das Nichterfüllen von Produktspezifikationen hervorgerufen werden.[719] Die Bearbeitung technischer Änderungen wird neben aufeinander abgestimmten Prozessen und einer intelligenten Anlaufplanung vor allem durch eine hohe Informationstransparenz ermöglicht. Ziel des Gestaltungselements Digitale Änderungsworkflows ist es demnach, durch Automatisierung repetitiver Informationsflüsse die Informationstransparenz der Prozessbeteiligten zu erhöhen und Latenzzeiten zu reduzieren.

Nachfolgend werden zunächst die vier zentralen Elemente digitaler Änderungsworkflows im vernetzten und synchronisierten Serienanlauf von Werkzeugen beschrieben sowie der Ablauf schematisch dargestellt. Anschließend wird auf die informationstechnische Modellierung der Workflows eingegangen, die im weiteren Verlauf der Arbeit durch die hybride Integrationsebene (vgl. Kapitel 5.3.1.3) abgebildet werden.

Workflows repräsentieren einen formal beschriebenen und teilweise automatisierten Geschäftsprozess, der zeitliche, fachliche und ressourcenbezogene Spezifikationen enthält und Arbeitsabläufe automatisiert steuert. Insbesondere wiederkehrende Prozessabläufe lassen sich mithilfe von Workflows effizient abbilden. [720] Durch die automatisierte Steuerung von Abläufen schaffen Workflows einen schnellen und effizienten Informationsaustausch und damit einhergehend eine homogene Informationsgrundlage entlang des Auftragsabwicklungsprozesses. In der Literatur werden fünf Zielsetzungen von Workflows im Serienanlauf genannt:[721]

- Standardisierung der Änderungsprozesse
- Steigerung der Transparenz hinsichtlich Änderungsfortschritt und Prozessbeteiligter
- Sicherstellung einer einheitlichen und durchgängigen Datenbasis
- Reduktion der Durchlaufzeiten für Änderungen
- Reduktion des administrativen Aufwands bei der Durchführung einer Änderung

Um Änderungen im vernetzten und synchronisierten Serienanlauf von Werkzeugen abbilden zu können, besteht der digitale Änderungsworkflow aus vier zentralen Elementen, die sequenziell durchlaufen werden müssen. Zunächst muss der Workflow durch eine Änderungsanforderung initiiert werden. Diese kann sowohl internen als auch externen Ursprungs sein. Anschließend müssen auf Basis der Änderungsanforderung Maßnahmen definiert werden. Je nach Umfang der Änderung bedarf diese einer konstruktiven Anpassung oder kann durch manuelle Nacharbeiten im Rahmen der Maßnahmendurchführung durch Mitarbeiter des Serienanlaufs behoben werden. Abschließend wird die Wirksamkeit der Maßnahme geprüft. Der

---

[718] Vgl. Fitzek (Anlaufmanagement in Netzwerken), 2005, S. 181f.; Wildemann (Anlaufmanagement), 2006, S. 161ff.

[719] Vgl. Abele et al. (Lean Try-out), 2017, S. 191

[720] Vgl. Gadatsch (Geschäftsprozessmanagement), 2012, S. 41ff.

[721] Vgl. Fitzek (Anlaufmanagement in Netzwerken), 2005, S. 187

grobe Ablauf ist in Abbildung 81 dargestellt. Im Folgenden werden die einzelnen Elemente detailliert.

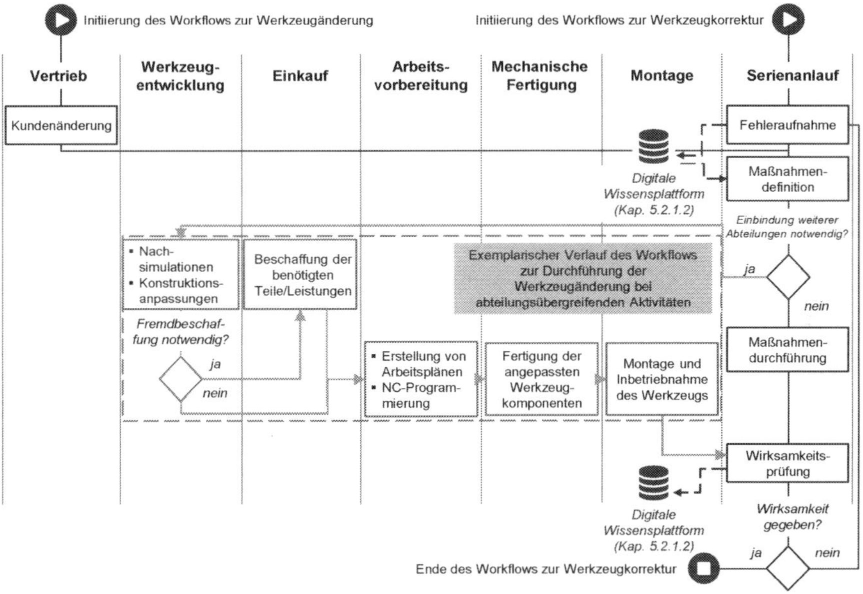

Abbildung 81: Schematischer digitaler Änderungsworkflow

Ein digitaler Änderungsworkflow kann im Rahmen der *Änderungsanforderung* aus zwei Gründen initiiert werden. Auf der einen Seite kann eine Initiierung des Workflows aufgrund einer technischen Änderung am Kundenprodukt notwendig sein. In diesem Fall wird der Workflow durch den Vertrieb gestartet, durch den die Änderung entgegengenommen und kalkuliert wird. Andererseits kann ein Änderungsworkflow durch eine Abweichung in der Funktionsweise des Werkzeugs oder die Nichterfüllung von Kundenspezifikationen am Bauteil notwendig sein. In diesem Fall würde der Änderungsworkflow über die Aufnahme eines Fehlers in der digitalen Wissensplattform (vgl. Kapitel 5.2.1.2) initiiert. Die Klassifizierung und Dokumentation einer Änderungsanforderung vereinfacht die nachfolgende systematische Bearbeitung.

Die Anlage einer Änderungsanforderung benachrichtigt das Anlaufteam (vgl. Kapitel 5.1.3.2) automatisiert, dass eine neue Änderungsanforderung im System hinterlegt wurde. Je nach Komplexität der Änderungsanforderung kann diese durch einen Mitarbeiter des Anlaufteams oder im Rahmen des regulären Scrum Meetings unter Zuhilfenahme weiterer Kompetenzträger bearbeitet werden. Ziel ist, auf Basis der Änderungsanforderung eine *Änderungsmaßnahme* zu definieren, die im weiteren Verlauf durch relevante Prozessbeteiligte bearbeitet wird. Dies kann sowohl systemunterstützt durch den Vergleich mit Vergangenheitsprojekten (vgl. digitale Wissensplattform Kapitel 5.2.1.2) oder erfahrungsbasiert erfolgen. Neben der Beschreibung der Maßnahme sind die am Änderungsworkflow beteiligten Abteilungen inkl. Abarbeitungsreihenfolge sowie ein Endtermin zu definieren. Kleinere Korrekturmaßnahmen wie beispielsweise das Polieren von Werkzeugwirkflächen können durch Mitarbeiter des Serienanlaufs durchgeführt werden. Schwerwiegendere Maßnahmen erfordern in der Regel die Einbeziehung weiterer Abteilungen. Weiterhin ist eine erste Abschätzung bzgl. des kapazitiven Umfangs der Änderung für die beteiligten Funktionen abzugeben.

Die beteiligten Abteilungen werden zur *Durchführung der Maßnahme* über die Änderungsanforderung sowie definierte Maßnahmen informiert, sodass die Maßnahme bereits in der Kapazitätsvorschau berücksichtigt werden kann. Entsprechende Kapazitäten sollten bereits durch die Grobplanung reserviert sein (vgl. intelligente Anlaufplanung Kap. 5.1.2.4). Reichen die reservierten Kapazitäten zur Abarbeitung der Maßnahme im definierten Zeitfenster nicht aus, können über das Projektmanagement kurzfristige Kapazitätsanpassungen (z. B. Aufbau von Überstunden) veranlasst werden. Sobald eine Maßnahme in der vorgelagerten Abteilung über den Änderungsworkflow fertiggemeldet wird, erhält die nachfolgende Abteilung eine Benachrichtigung sowie Zugang zu den aktuellen Daten (z. B. CAD- oder CAM-Daten).

Nach Durchlaufen aller Abteilungen und Abschluss der Korrekturmaßnahme erfolgt die *Wirksamkeitsprüfung*. Diese liegt in der Verantwortung des Anlaufteams, welches das Ergebnis der Maßnahmendurchführung sowie die Wirksamkeit zu dokumentieren hat. Hat die Maßnahme den geplanten Erfolg gebracht, kann der Workflow abgeschlossen werden. Sollte die Maßnahme nicht erfolgreich gewesen sein, muss der Änderungsworkflow durch Anlage einer neuen Maßnahme in einer neuen Iteration durchlaufen werden.

Der Zugriff auf den digitalen Änderungsworkflow erfolgt je nach Abteilung und Mitarbeiter mithilfe von mobilen Endgeräten (z. B. Tablets) oder wird stationär auf Desktop-PCs ausgeführt. Insbesondere Mitarbeiter, die keinem festen Arbeitsplatz zugeordnet sind und/oder umfangreiche außerbetriebliche Tätigkeiten (z. B. zur Anlaufunterstützung beim Kunden) wahrnehmen müssen, sollten mit mobilen Endgeräten ausgestattet werden.

Zur Bereitstellung notwendiger Informationen zur richtigen Zeit am richtigen Ort ist eine Modellierung der relevanten Datensätze und Informationsbeziehungen unerlässlich. Abbildung 82 zeigt die informationstechnische Erfassung für die Schnittstelle zwischen Serienanlauf und Werkzeugentwicklung beispielhaft anhand von Blechumformwerkzeugen. Äquivalent ist eine informationstechnische Modellierung aller Abteilungs- und Systemschnittstellen notwendig. Hierbei gilt es zu beachten, dass sich die Modellierung an den neugestalteten Prozessabläufen orientiert. Als weitere Rahmenbedingung sollten insbesondere Mitarbeiter mit der Modellierung betraut werden, welche neben dem notwendigen methodischen Wissen ebenfalls einen guten Überblick über das zu modellierende Gesamtsystem besitzen.

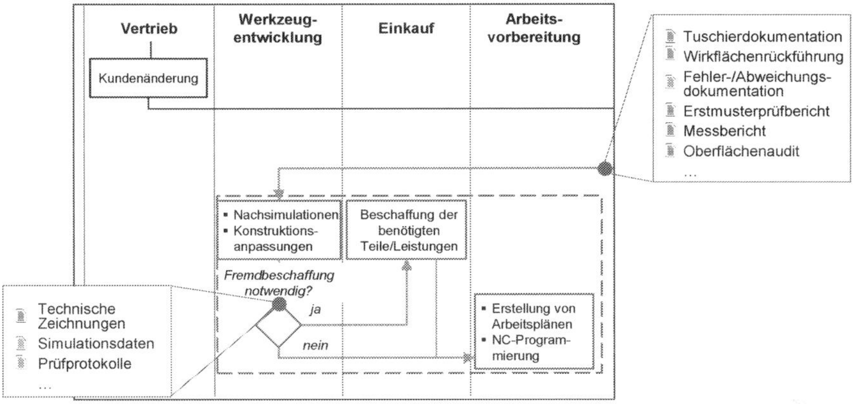

Abbildung 82: Beispielhafte Informationsmodellierung für Blechumformwerkzeuge (Auszug)

Zur informationstechnischen Abbildung der Änderungsworkflows stellt die hybride Integrationsebene einen zentralen Befähiger dar. Über diese werden Daten und Informationen aus den unterschiedlichen am Anlauf eingesetzten Systemen an nachgelagerte Systeme weitergegeben. Dies wird in Kapitel 5.3.1.3 detailliert.

5.1.2.4 Intelligente Anlaufplanung

Mit dem Gestaltungsaspekt Intelligente Anlaufplanung wird das Ziel verfolgt, neben der Steigerung der Validität der Planungsgrößen im Serienanlauf von Werkzeugen ebenfalls die Flexibilität der Ressourcenallokation zu erhöhen. Insbesondere die Prognosegenauigkeit von Anzahl und Umfang von Korrekturschleifen stellt in der industriellen Praxis eine Herausforderung dar (vgl. Kapitel 2.2.7). Aktuell erfolgt die Prognose zumeist erfahrungsbasiert, sodass bisher nur selten valide Vorhersagen zu notwendigen Bearbeitungsumfängen und -dauern getätigt werden können.[722] Eine zu geringe Planung von Kapazitäten für die Durchführung von Korrekturschleifen führt in der Regel zu einer Verzögerung der Auftragsabwicklung, eine zu umfangreiche Planung von Korrekturaufwänden führt hingegen durch Unterauslastung von Ressourcen zu mittelfristig höheren Stundensätzen.

Die im Folgenden beschriebene intelligente Anlaufplanung stellt einen datenbasierten Planungsansatz dar, der unter Verwendung statistischer Methoden eine optimierte Prognose anlaufrelevanter Planungsgrößen ermöglicht. Zunächst werden auf Basis von Verfahren zur Datenclusterung und -klassifizierung anlaufrelevante Planungsgrößen ermittelt. Diese dienen anschließend dazu, im Rahmen der Projektplanung, -terminierung und -steuerung eine abteilungsübergreifende Planung von notwendigen Ressourcen zur Werkzeugqualifizierung vorzunehmen. Die Planung erfolgt in Anlehnung an das im Werkzeugbau verbreitete 3-Ebenen-Modell, das die Planung in Grobplanung, Feinplanung und Steuerung unterteilt. In der

[722] Vgl. Abele et al. (Lean Try-out), 2017, S. 192; Boos et al. (Tooling in Germany), 2018, S. 29; Haasler (Hochtechnologie und Handarbeit), 2004, S. 7f.

Grobplanung werden zu Beginn eines Werkzeugprojekts Kapazitäten auf Basis von Erfahrungs- oder Vergangenheitswerten reserviert, indem die notwendigen Arbeits- und Fertigungsstunden entlang der Prozesskette kalkuliert werden. Ebenfalls werden (Meilenstein-)Termine des Werkzeugprojekts in der Grobplanung festgelegt. Im Rahmen der Feinplanung werden Arbeitspläne erstellt, anhand derer die auf Monats- und Technologieebene erstellte Grobplanung auf Wochen- und Maschinenebene detailliert wird. Durch die Auftragssteuerung erfolgt in der untersten Ebene die Priorisierung der einzelnen Aufträge an der jeweiligen Maschine.[723] Der Fokus der intelligenten Anlaufplanung liegt auf der Grobplanung, um die Ressourcenplanung anhand statistischer Verfahren zu optimieren. Feinplanung und Steuerung werden im Rahmen der dynamischen Anlaufsteuerung (vgl. Kapitel 5.1.3.4) weiter detailliert und in diesem Kapitel lediglich kurz skizziert.

Die Ermittlung der anlaufrelevanten Planungsgrößen erfolgt in vier Teilschritten (vgl. Abbildung 83), die unternehmensindividuell mindestens einmal zu durchlaufen sind. Insbesondere die Teilschritte zur Clusteranalyse (Schritt 2) und Klassifizierung (Schritt 3) sollten idealerweise in regelmäßigen Zeitabständen wiederholt werden. Dies ist dadurch begründet, dass durch fortlaufende Aktualisierung der Datenbasis die Prognosegenauigkeit kontinuierlich erhöht wird.

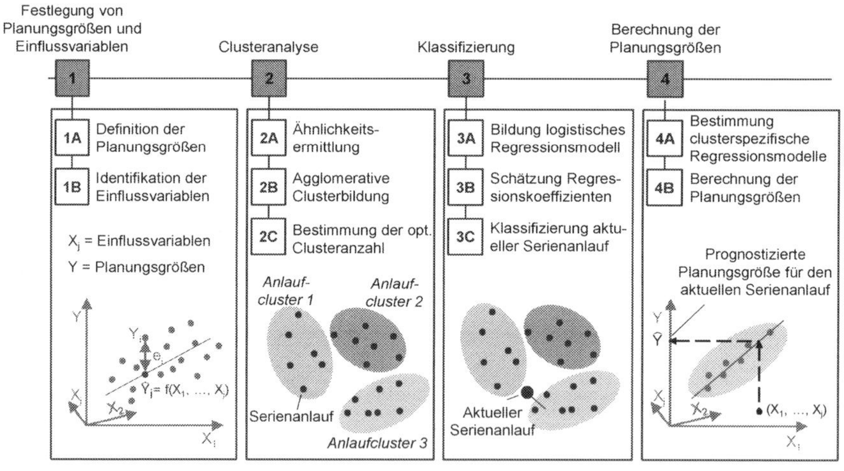

Abbildung 83: Vorgehen zur Ermittlung anlaufrelevanter Planungsgrößen

Im *ersten Schritt* müssen zunächst die Planungsgrößen festgelegt werden, die im weiteren Verlauf die Grundlage für die Kapazitätsplanung darstellen. In der Regel umfassen diese sowohl die Anzahl als auch die abteilungs- und ressourcenbezogenen Aufwände der Korrekturschleifen. Zusätzlich müssen Einflussvariablen definiert werden, welche charakteristische Eigenschaften der Werkzeuge abbilden und einen entsprechenden Einfluss auf Planungsgrößen aufweisen. Neben der erfahrungsbasierten Identifikation der Einflussvariablen können hierbei multivariate Regressionsanalysen genutzt werden, die den Zusammenhang multipler Einfluss-

[723] Vgl. Boos et al. (Planen im Werkzeugbau), 2015, S. 11ff.

und Planungsgrößen bestätigen oder widerlegen. Einflussvariablen reichen von der Komplexität des Kundenprodukts über das Produktmaterial bis hin zur gewählten Grobmethode.

Im Rahmen des *zweiten Schritts* werden anschließend anhand von Clusteranalysen in der Vergangenheit durchgeführte Serienanläufe zu Anlaufclustern zusammengefasst. Dies beinhaltet zunächst die Ähnlichkeitsermittlung auf Basis sogenannter Proximitätsmaße, welche die Ähnlichkeit bzw. Distanz zweier Serienanläufe hinsichtlich der Ausprägung von Einflussvariablen und Planungsgrößen vergleichen.[724] Durch Anwendung eines agglomerativen Clusteralgorithmus werden alle Serienanläufe schrittweise zu Anlaufclustern zusammengefasst.[725] Auf Grundlage einer Distanzmatrix wählt der Algorithmus diejenigen Serienanläufe für die Zusammenfassung zu einem Cluster aus, die im paarweisen Vergleich die geringste Distanz aufweisen. Die optimale Anzahl der Cluster kann durch das sogenannte Elbow-Kriterium heuristisch ermittelt werden. Dieses zeigt den Punkt an, ab dem bei steigender Clusteranzahl die Clusterheterogenität verhältnismäßig geringer abnimmt.[726] Dementsprechend stellt dieser Punkt einen guten Kompromiss aus Aussagefähigkeit der Cluster und deren Homogenität dar.

Die Klassifizierung und ähnlichkeitsbasierte Zuordnung eines in der Planung befindlichen Anlaufs zu einem der ermittelten Anlaufcluster eines Serienanlaufs kann im *dritten Schritt* anhand einer multinominalen logistischen Regression (MLR) erfolgen. Diese eignet sich im Gegensatz zu vergleichbaren Klassifizierungsverfahren wie z. B. der Diskriminanzanalyse in hohem Maße für die Klassifizierung von Serienanläufen, da sie binäre, nominale und metrische Variablen berücksichtigen kann. Während binäre Variablen vor allem für die Zuordnung zu Produktgruppen oder Werkzeugtypen benötigt werden, dienen die metrischen Variablen zur Berücksichtigung von z. B. Toleranzen oder Qualitätsanforderungen des Werkzeugs. Zudem zeichnet sich die logistische Regression durch eine hohe Robustheit gegenüber Ausreißern aus.[727]

Die hohe Robustheit gegenüber Ausreißern ist im *vierten Schritt* relevant, wenn auf Grundlage der identifizierten Clusterzuordnung relevante Planungsgrößen berechnet werden. Für die Prognose wird auf die Regressionsmodelle zurückgegriffen, die bereits in Schritt 1 zur Identifikation der wesentlichen Einflussvariablen genutzt wurden. Zunächst müssen die Regressionskoeffizienten der einzelnen Modelle jedoch neu berechnet werden, damit diese nicht die Datengesamtheit aller erfassten Serienanläufe abbilden, sondern lediglich die Daten des Anlaufclusters beinhalten, dem der zu planende Serienanlauf zugeordnet wurde. Auf Basis der Vergangenheitswerte der Planungsgrößen sowie der Einflussvariablen aller abgeschlossenen Serienanläufe in dem Anlaufcluster können die clusterindividuellen Regressionskoeffizienten bestimmt werden. Im Ergebnis liegt somit für jede anlaufrelevante Planungsgröße ein individuelles Regressionsmodell vor, das die Planungsgrößen innerhalb des Anlaufclusters mit einer hohen Regressionsgüte prognostizieren kann. Die berechneten Werte stellen anschließend die Planungsgröße für die Durchlaufterminierung und Kapazitätsplanung des Serienanlaufs dar.

---

[724] Vgl. Backhaus et al. (Multivariate Analysemethoden), 2018, S. 439f.

[725] Vgl. Everitt et al. (Cluster Analysis), 2011, S. 73

[726] Vgl. Backhaus et al. (Multivariate Analysemethoden), 2018, S. 476f.

[727] Vgl. Backhaus et al. (Multivariate Analysemethoden), 2018, S. 271

Nachdem die Planungsgrößen ermittelt wurden, erfolgt in einem *fünften Schritt* die Grobplanung der Ressourcen, um im Serienanlauf benötigte Kapazitäten für Korrekturmaßnahmen zu reservieren (vgl. Abbildung 84). Dies stellt die Basis dar, um benötigte Stunden anschließend im Rahmen der dynamischen Anlaufsteuerung abrufen zu können. Die Grobplanung besteht aus Kapazitätsplanung und Durchlaufterminierung, wobei beide Planungsaufgaben nicht getrennt voneinander ausgeführt werden können, sondern in einem iterativen Planungsprozess aufeinander abgestimmt werden müssen.[728] Anhand einer Rückwärtsterminierung erfolgt die zeitliche Planung ausgehend vom durch den Kunden festgelegten Start of Production (SOP). Dazu ist die Anzahl sowie die zeitliche Intensität der einzelnen Korrekturschleifen zu berücksichtigen und unter Einbeziehung von Übergangs- und möglichen Liegezeiten zwischen Abteilungen und Technologien so zu terminieren, dass ein fristgerechter Abschluss der Korrekturmaßnahmen zum SOP gewährleistet werden kann. Dies geschieht unter Berücksichtigung von Kapazitäts- und Belastungsprofilen von sowohl Abteilungen als auch notwendigen Fertigungstechnologien, die im ERP-/PPS-System abgebildet werden.[729]

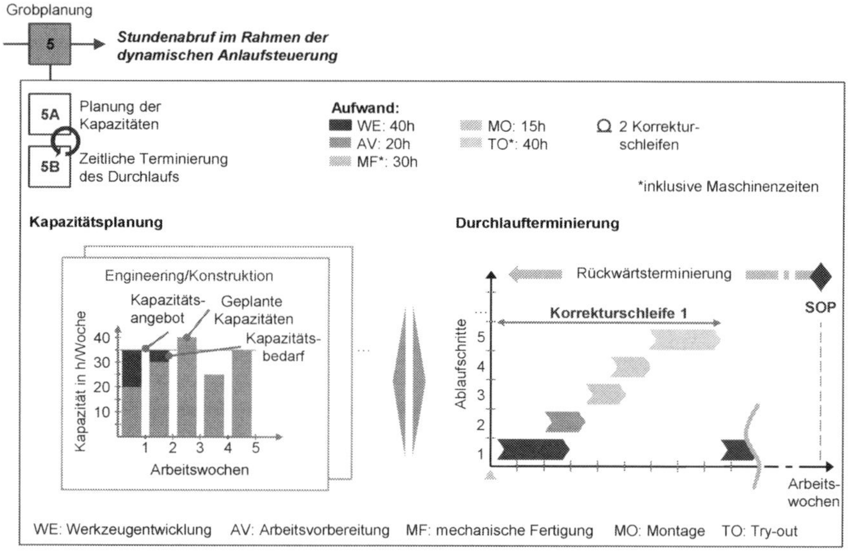

Abbildung 84: Beispielhafte Kapazitätsplanung und Durchlaufterminierung

Auf Basis freier Kapazitäten können benötigte Kapazitäten eingelastet werden, wodurch sich ebenfalls Start- und Endtermine für die Durchführung der einzelnen Korrekturschleifen ergeben. Unter Umständen folgt aus Kapazitätsplanung und Durchlaufterminierung, dass bestimmte Kapazitäten einer Abteilung oder einer Fertigungstechnologie zur Realisierung des kundenseitigen SOP unter Berücksichtigung des erwarteten Korrekturaufwands nicht ausrei-

[728] Vgl. Boos et al. (Planen im Werkzeugbau), 2015, S. 11

[729] Vgl. Schuh et al. (Aufgaben der PPS), 2012, S. 47ff.

chen. Zur Sicherung der zeitlichen Anlaufziele können in diesem Fall Maßnahmen zur Kapazitäts- oder Belastungsanpassung getroffen werden. Kapazitätsanpassungen können beispielsweise durch das Einplanen von Überstunden oder Sonderschichten realisiert werden. Alternativ besteht die Möglichkeit, Kapazitätsüberschreitungen durch eine gezielte Fremdvergabe von Wertschöpfungsumfängen an Wertschöpfungspartner zu kompensieren (vgl. kurzfristige Wertschöpfungsstrategie Kapitel 5.1.1.4).[730] Die Grobplanung ist abgeschlossen, wenn Kapazitätsplanung und Durchlaufterminierung derart aufeinander abgestimmt sind, dass der vom Kunden festgelegte Endtermin erreicht werden kann.

Um Durchlaufzeit und Flexibilität im Serienanlauf zu verbessern, kann eine Segmentierung von Anlaufressourcen durchgeführt werden. Dadurch stehen bestimmte Anlaufressourcen dediziert für den Serienanlauf zur Verfügung und können nicht für andere Aktivitäten eingeplant werden. Die Segmentierung kann je nach individuellen Unternehmensrandbedingungen virtuell oder physisch umgesetzt werden.[731] Im Falle einer virtuellen Segmentierung findet die Aufteilung vorhandener Kapazitäten durch eine dauerhafte Reservierung von Kapazitäten für den Serienanlauf statt. Im Rahmen der physischen Segmentierung werden hingegen dedizierte Ressourcen für den Serienanlauf z. B. im Rahmen eines Try-out Centers bereitgestellt, sodass der Serienanlauf über eigene Fertigungs- und Personalressourcen verfügt. Die verschiedenen Segmente können somit unabhängig voneinander agieren und hinsichtlich individueller Zielgrößen optimiert werden. Zu beachten ist dabei, dass die Segmentierungsentscheidung auf Basis der festgelegten, langfristigen Anlaufstrategie (vgl. Kapitel 5.1.1.3) vorgenommen werden sollte. Während Durchlaufzeit und Flexibilität durch die Segmentierung verbessert werden können, steigen durch eine häufig geringere Auslastung der Ressourcen die entsprechenden Anlaufkosten an.

Der Abruf geplanter Stunden im Rahmen von Feinplanung und Steuerung, die im Modell fließend ineinander übergehen, erfolgt bei Durchführung des Serienanlaufs. Im Rahmen der dynamischen Anlaufsteuerung wird vom Anlaufteam eine Korrekturmaßnahme definiert und notwendige Kapazitäten erfahrungsbasiert und unter Berücksichtigung ähnlicher Abweichungen der Vergangenheit abgeschätzt. Die im Rahmen der Grobplanung reservierten Kapazitäten für Qualifizierungsmaßnahmen werden durch die notwendigen Korrekturmaßnahmen abgerufen und durch das Anstoßen digitaler Workflows in den einzelnen Abteilungen eingelastet. Die Reihenfolgeplanung und Priorisierung der einzelnen Korrekturaktivitäten wird durch Abstimmung im Anlaufteam festgelegt. Die Fertigmeldung einer Korrekturmaßnahme speichert die benötigten Stunden im ERP-/PPS-System ab, sodass diese für die Prognose zukünftiger Planungsgrößen zur Verfügung stehen. Gleichzeitig wird durch Fertigmeldung der weitere Bearbeitungsworkflow initiiert. Eine Detaillierung der Inhalte erfolgt in Kapitel 5.1.3.4 im Rahmen der dynamischen Anlaufsteuerung.

---

[730] Vgl. Schuh et al. (Aufgaben der PPS), 2012, S. 49

[731] Vgl. Boos et al. (Fokussieren und Segmentieren im Werkzeugbau), 2019, S. 18

5.1.3 Adaptive Anlauforganisation

Aufgrund des interdisziplinären Charakters des Serienanlaufs ist dessen Erfolg mitunter maßgeblich von der Gestaltung der ausführenden Organisation abhängig.[732] Insbesondere die erstmalige Zusammenführung der am Produkt beteiligten Objekte und Disziplinen führt zu einer hohen organisationalen Komplexität.[733] Charakteristisch ist in diesem Zusammenhang, dass von Entscheidungsträgern getroffene Entscheidungen im Anlauf fast immer Auswirkungen auf die Verantwortungsbereiche anderer Entscheidungsträger haben.[734] Ein zentraler Erfolgsfaktor liegt dementsprechend darin, eine hohe Anzahl voneinander abhängiger Entscheidungsträger (auf Basis interdependenter Aktivitäten und Entscheidungen) durch eine zielgerichtete Gestaltung der Organisation bestmöglich miteinander zu vernetzen. Zusätzlich muss die Organisation neben einer hohen Effizienz bei der Neuwerkzeuganfertigung gleichzeitig über eine hohe Flexibilität im Serienanlauf verfügen. Die adaptive Anlauforganisation adressiert diese unterschiedlichen und teilweise ambivalenten Anforderungen, um Mitarbeiter bedarfsgerecht im Anlauf einsetzen zu können.

Nachfolgend werden zunächst relevante Grundlagen der Anlauforganisation beschrieben. Dazu wird auf die allgemeine Darstellung der Organisation in Kapitel 2.3.2.4 aufgebaut und diese um spezifische Aspekte des Serienanlaufs ergänzt. Anschließend wird als erstes Gestaltungselement die **duale Organisationsarchitektur** entwickelt, die den Widerspruch aus Effizienz in der „regulären" Neuwerkzeugherstellung und Flexibilität im Serienanlauf adressieren kann. Neben entsprechenden Strukturen sind dafür Rollen und Verantwortlichkeiten sogenannter Anlaufteams zu definieren. Auf Basis einer **kompetenzbasierten Anlaufkonfiguration** werden im Anlauf benötigte Kompetenzen durch die optimale kompetenz- und kapazitätsbasierte Kombination von Mitarbeitern realisiert. Neben festen Kernteams werden dazu projektübergreifende Springer bestimmt, die bei Bedarf flexibel eingesetzt werden können. Die **dynamische Anlaufsteuerung** umfasst Instrumente zur Koordination und effizienten Bearbeitung notwendiger Tätigkeiten im Serienanlauf. Regelmäßige Abstimmungen, die eigenverantwortliche Aufgabenverteilung und iterative Abarbeitung offener Mängelpunkte ermöglichen hohe Flexibilität und Ergebnisgüte.

5.1.3.1 Grundlagen

Die Organisation im Serienanlauf wird häufig als Anlauforganisation bezeichnet.[735] Aufgrund der hohen Entscheidungs- und Steuerungskomplexität des Serienanlaufs muss deren Gestaltung anhand des spezifischen Produkts und der unternehmerischen Rahmenbedingungen erfolgen.[736] Um die in Kapitel 2.3.2.4 beschriebene charakteristische Arbeitsteilung von Organisationen abzubilden, ist sie dafür in Aufbau- und Ablauforganisation unterteilt. Auf Basis der

[732] Vgl. Franzkoch; Gottschalk (Anlauforganisation), 2008, S. 55

[733] Vgl. Schuh et al. (Anlaufmanagement), 2005, S. 406; Franzkoch; Gottschalk (Anlauforganisation), 2008, S. 55

[734] Vgl. Gottschalk; Hoeschen (Produktionsmanagement im Anlauf), 2008, S. 181

[735] Vgl. Franzkoch; Gottschalk (Anlauforganisation), 2008, S. 55; Schmitt (Anlaufmanagement), 2015, S. 4f.

[736] Vgl. Bruns (Organisation Anlaufmanagement), 2010, S. 40ff.; Franzkoch; Gottschalk (Anlauforganisation), 2008, S. 56f.

Aufbauorganisation werden hierarchische Beziehungen durch Weisungsbefugnisse und Kommunikationswege definiert sowie Aufgaben den organisatorischen Einheiten zugeordnet. Durch die Ablauforganisation werden Arbeits- und Informationsprozesse innerhalb der Aufbauorganisation festgelegt.[737]

Bei der Gestaltung einer Aufbauorganisation im Serienanlauf kann zwischen Primär- und Sekundärorganisation unterschieden werden. Die Primärorganisation ist auf ein dauerhaftes Bestehen ausgelegt und kann funktionale oder divisionale Grundstrukturen annehmen. Die Arbeit einer Primärorganisation ist durch repetitive Tätigkeiten mit hohem Spezialisierungsgrad geprägt. Aufgaben, die außerhalb der vorgegebenen Strukturen von Primärorganisationen durchgeführt werden müssen, sind häufig durch Schnittstellenprobleme charakterisiert, da ein Informationsfluss außerhalb der hierarchischen Strukturen nicht vorgesehen ist. Zur Adressierung der Schnittstellenprobleme werden daher Sekundärorganisationen eingesetzt, die aufgrund eines Projektcharakters in der Regel zeitlich befristet sind. Sekundärorganisationen überlagern die Primärorganisationen z. B. in Form eines Matrixprinzips. Dabei wird die Leitungsfunktion eines Mitarbeiters von zwei voneinander unabhängigen, gleichberechtigten Dimensionen (z. B. Abteilung und Projekt) wahrgenommen. Die Matrixorganisation bildet die häufigste Organisationsform im Serienanlauf.[738]

Einen zentralen Erfolgsfaktor bei der Realisierung von Serienanläufen stellt die funktionsübergreifende Zusammenarbeit unterschiedlicher Akteure des Anlaufprozesses dar. Gerade in den Schnittstellen zwischen einzelnen Funktionen, Standorten und Unternehmen herrscht häufig große Intransparenz, die im Anlauf ein Hindernis darstellt. Der Grund hierfür liegt in einer unzureichenden Definition der Anlauforganisation und -struktur, räumlichen und kulturellen Unterschieden zwischen den Funktionsbereichen sowie Akzeptanzbarrieren zwischen einzelnen Funktionen. Um Kompetenz-, Ressourcen- und Kooperationskonflikte im Anlauf zu vermeiden, ist eine klar strukturierte Anlauforganisation mit fest verteilten Kompetenzen, Verantwortungen und definierten Schnittstellen erforderlich.[739]

In der konkreten Ausgestaltung bestehender Organisationsmodelle im Serienanlauf identifizieren WHEELWRIGHT & CLARK insgesamt vier Varianten (vgl. Abbildung 85).[740] Übergeordnet unterscheiden sie zwischen zwei Grundtypen, die jeweils zwei Varianten aufweisen. Beim ersten Grundtyp sind die Mitarbeiter fest einer Linienfunktion zugeordnet und übernehmen zusätzlich temporär Aufgaben im Anlauf. Als Varianten können Mitarbeiter entweder flexibel (1a) oder fest (1b) einem Anlaufteam zugeordnet werden. Während die Mitarbeiter bei fester Zuordnung vollständig von Linienaufgaben befreit werden, müssen bei flexibler Zuordnung weiterhin Aufgaben der Linie übernommen werden. Der Vorteil dieses Grundtyps besteht darin, dass Mitarbeiter im Rahmen des Anlaufs gewonnene Erkenntnisse nach Abschluss des Anlaufs in die

---

[737] Vgl. Franzkoch; Gottschalk (Anlauforganisation), 2008, S. 56

[738] Vgl. Bruns (Organisation Anlaufmanagement), 2010, S. 80

[739] Vgl. Franzkoch; Gottschalk (Anlauforganisation), 2008, S. 60

[740] Vgl. Fitzek (Anlaufmanagement in Netzwerken), 2005, S. 159ff.; Franzkoch; Gottschalk (Anlauforganisation), 2008, S. 58ff.

organisatorischen Einheiten einbringen können.[741] Der zweite Grundtyp ist durch eine feste Mitarbeiterzuordnung zu einem dedizierten Anlaufteam charakterisiert. Die Funktionseinheit kann dabei entweder alle Anläufe im Unternehmen übernehmen (2a) oder lediglich zielgerichtet methodische Unterstützung (2b) beim Anlauf leisten. Vorteil dieses Grundtyps ist, dass Mitarbeiter anlaufübergreifende Lerneffekte realisieren können, die beim vorherigen Grundtyp in der Regel weniger ausgeprägt sind.[742]

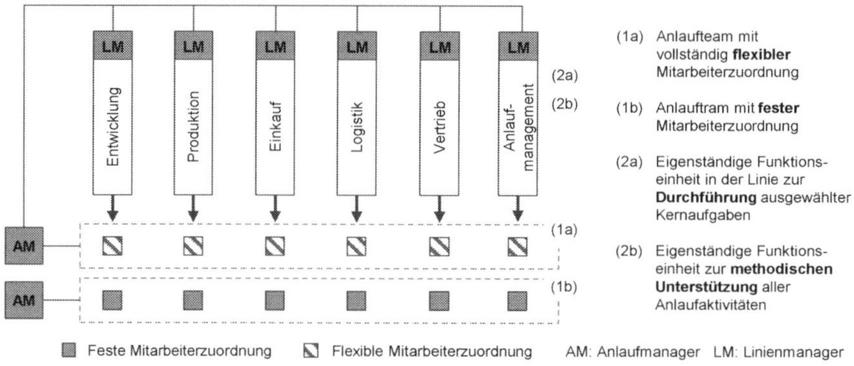

Abbildung 85: Grundtypen und Varianten von Anlauforganisationen[743]

Die Auswahl einer geeigneten Form für die Gestaltung der Anlauforganisation muss unternehmensspezifisch erfolgen. Grundsätzlich gilt es hierbei, die Vorteile einer effizienteren und effektiveren Anlaufphase mit dem Aufwand für dafür gegebenenfalls nötige zusätzliche Ressourcen abzuwägen.[744]

Nachfolgend wird auf die Auslegung einer adaptiven Organisation im vernetzten und synchronisierten Serienanlauf von Werkzeugen eingegangen. Dazu wird zunächst die duale Organisationsarchitektur als Grundgerüst und zentrale Voraussetzung dargestellt. Anschließend werden die kompetenzbasierte Anlaufkonfiguration und dynamische Anlaufsteuerung beschrieben.

5.1.3.2 Duale Organisationsarchitektur

Mit dem Gestaltungsaspekt Duale Organisationsarchitektur wird das Ziel verfolgt, die organisationalen Rahmenbedingungen für einen effizienten und gleichzeitig flexiblen Serienanlauf bereitzustellen. In der Literatur wird das Spannungsfeld aus Effizienz und Flexibilität als organisationale Ambidextrie bezeichnet.[745] Dies bedeutet, dass Unternehmen auf der einen Seite

[741] Vgl. Franzkoch; Gottschalk (Anlauforganisation), 2008, S. 58f.

[742] Vgl. Fitzek (Anlaufmanagement in Netzwerken), 2005, S. 161ff.

[743] i. A. a. Franzkoch; Gottschalk (Anlauforganisation), 2008, S. 58; Fitzek (Anlaufmanagement in Netzwerken), 2005, S. 159

[744] Vgl. Franzkoch; Gottschalk (Anlauforganisation), 2008, S. 59f.

[745] Vgl. Güttel et al. (Inkrementelle Revolution), 2016, S. 92f.

effiziente Strukturen aufweisen müssen, um das Tagesgeschäft bzw. repetitive Tätigkeiten unter geringem Ressourceneinsatz erfüllen zu können. Parallel bedarf es organisatorischer Freiräume, in denen Mitarbeiter kreative Lösungen entwickeln können. Die heute in der Regel hierarchische Unternehmensstruktur im Werkzeugbau kann diese Anforderung nur unzureichend adressieren.[746] Zwar eignet sich die hierarchische Struktur für eine effiziente Auftragsabwicklung innerhalb der einzelnen Abteilungen, eine abteilungsübergreifende, interdisziplinäre Arbeit in flexiblen Teams wird auf diese Weise allerdings deutlich erschwert.

Im Rahmen dieses Kapitels wird mit der dualen Organisationsarchitektur ein Konzept zur simultanen Realisierung von Effizienz und Flexibilität vorgestellt. Dazu wird zunächst die notwendige duale Struktur der Organisation dargestellt. Anschließend wird auf relevante Rollen und Verantwortlichkeiten projektspezifischer Anlaufteams eingegangen. Abschließend werden organisationale Befähiger wie flexible Arbeitszeitmodelle, definierte Freiheitsgrade und eine erhöhte Eigenverantwortung zur Implementierung der dualen Organisationsarchitektur beschrieben.

Zur Realisierung von organisationaler Flexibilität im vernetzten und synchronisierten Serienanlauf von Werkzeugen ohne gleichzeitige Einschränkung der Effizienz in der Bearbeitung von Standardtätigkeiten sollte die Organisation eine duale Architektur aufweisen. Tätigkeiten im Rahmen der Auftragsabwicklung von Neuwerkzeugen, die in einem stabilen und planbaren Umfeld erfolgen, sollten unter dem Primat der Effizienz durchgeführt werden. Hierfür eignet sich (weiterhin) eine hierarchisch geprägte Organisation mit klaren Prozessen und Regeln sowie einem hohen Maß an Arbeitsteilung. Im Gegensatz dazu sollte der Serienanlauf, der durch eine hohe Dynamik sowie unzureichende Planbarkeit hinsichtlich konkreter Arbeitsinhalte und Abfolge von Tätigkeiten gekennzeichnet ist, unter Priorisierung von Flexibilität und Effektivität abgebildet werden. Dazu bedarf es agiler und vernetzter Organisationseinheiten, adaptiver Prozesse und Prinzipien, eines geringeren Maßes an Arbeitsteilung sowie einem integrierten Denken und Handeln.

In Anlehnung an KOTTER[747] entsteht durch Kombination hierarchischer und vernetzter Strukturen die duale Organisationsarchitektur. Die hierarchische Struktur (Geschäftssystemebene) bleibt somit grundsätzlich erhalten, wird allerdings durch eine Netzwerkorganisation (Projektsystemebene) überlagert, die vor allem bei interdisziplinären Aufgabenstellungen wie dem Serienanlauf Anwendung findet. Grundgedanke ist, aus der Geschäftssystemebene heraus entsprechend den benötigten Kompetenzen temporäre Anlaufteams zu bilden, die für die operative Durchführung eines Serienanlaufs zusammenkommen. Die Zusammenstellung von Anlaufteams erfolgt unabhängig von der hierarchischen Stellung und der Zugehörigkeit zu einer Fachabteilung (vgl. kompetenzbasierte Anlaufkonfiguration Kapitel 5.1.3.3). Abbildung 86 zeigt die Kombination hierarchischer und vernetzter Strukturen. In Anlehnung an das Konzept

[746] Vgl. Boos et al. (Smart Tooling), 2016, S. 17

[747] Vgl. Kotter (Accelerate), 2014, S. 19ff.

Hypertext Organization[748] nach NONAKA[749] wird die duale Organisationsstruktur um eine Wissensbasisebene ergänzt, um Wissen systematisch in der Organisation aufzubauen und zu verteilen.

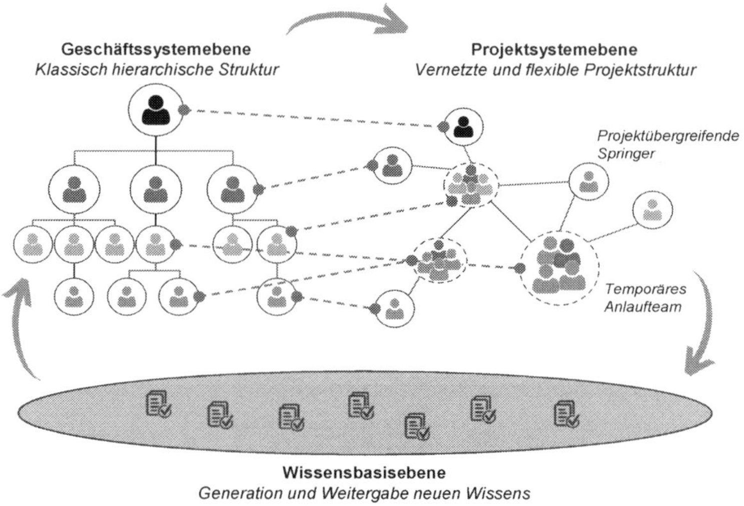

Abbildung 86: Duale Organisationsarchitektur im Werkzeugbau[750]

In der Wissensbasisebene wird das in der Geschäfts- oder in der Projektsystemebene generierte implizite Wissen durch organisatorische Routinen dokumentiert, wodurch die organisationale Wissensbasis (vgl. auch digitale Wissensplattform Kapitel 5.2.1.2) kontinuierlich erweitert wird. Die Entwicklung neuen Wissens erfolgt insbesondere durch Auswahl und Zuteilung von Mitarbeitern aus der Geschäftsfeldebene in die Projektsystemebene. Durch den kontinuierlichen Wechsel der Ebenen erfolgt ein zyklischer Durchlauf der Mitarbeiter durch die Organisation. Auf der Projektsystemebene wird neues Wissen generiert, das auf der Wissensbasisebene dokumentiert und in der Geschäftssystemebene angewendet wird.[751] So kann z. B. im Serienanlauf generiertes Wissen in zukünftigen Projekten berücksichtigt werden, um bestimmte Fehler (z. B. Rückfederung) nach Möglichkeit konstruktiv zu reduzieren oder gänzlich zu vermeiden. Wichtig ist, dass die Balance zwischen beiden Ebenen nicht vernachlässigt wird, da ansonsten ein kontinuierlicher Wissensaustausch zwischen Geschäfts- und Projektfeldebene nicht stattfinden kann.

[748] Die Hypertext Organization ist ein wissensorientiertes Organisationskonzept, anhand dessen die gezielte Vernetzung der Wissensträger im Unternehmen zur verbesserten Nutzung und Generierung von Know-how gestaltet werden kann.

[749] Vgl. Nonaka (Knowledge Creation), 1994, S. 32ff.

[750] Eigene Abbildung i. A. a. Nonaka (Knowledge Creation), 1994, S. 34; Boos et al. (Flexible Tooling Organization), 2017, S. 15

[751] Vgl. Nonaka (Knowledge Creation), 1994, S. 32f.

Das zur Durchführung des Serienanlaufs erforderliche Anlaufteam besteht aus unterschiedlichen Rollen, die jeweils kompetenz- und kapazitätsbasiert besetzt werden. Aufgrund des hohen Bedarfs an Interdisziplinarität und Selbstorganisation ist die Struktur eines Anlaufteams an die Scrum Methodik angelehnt. Der Ansatz entstammt der Softwareentwicklung und basiert auf der Anforderung, komplexe Aufgaben schnell, effizient und zielgerichtet in einem dynamischen Umfeld bewältigen zu können.[752] Dazu wird ein Projekt in kleinere Teilprojekte unterteilt, die durch ein interdisziplinäres Team in iterativen Zyklen (sogenannte Sprints) bearbeitet werden.

Äquivalent zur Scrum Methode besteht das Anlaufteam aus einem Product Owner, Fachexperten und einem Methodencoach. Im Falle von insbesondere kompetenzseitigen Engpässen wird das Anlaufteam durch projektübergreifende Springer unterstützt. Die einzelnen Rollen sind in Abbildung 87 dargestellt und werden nachfolgend erläutert.

	Product Owner	Fachexperten	Methodencoach	Projektübergreifende Springer
Relevante Aufgaben	▪ Inhaltliche, zeitliche und finanzielle Überwachung ▪ Interne und externe Kommunikation ▪ Prüfung von Anforderungen gemäß Lasten- und Pflichtenheft	▪ Identifikation von Abweichungen ▪ Eigenverantwortliche Abarbeitung Mängelpunkte ▪ Dokumentation des Serienanlaufs sowie generierten Wissens	▪ Vermittlung von Methodenwissen ▪ Sicherstellung der Vermeidung von Zielkonflikten (Aufgabenallokation)	▪ *Primär:* Kompetenzbasierte Unterstützung der Fachexperten ▪ *Optional:* Ausgleich kapazitätsbasierter Engpässe
Beteiligte Abteilungen	▪ Projektmanagement Werkzeugbau ▪ Projektleiter Serie	▪ Werkzeugentwicklung ▪ Arbeitsvorbereitung und Programmierung ▪ Mechanische Fertigung ▪ Montage & Try-out ▪ Qualitätsmanagement ▪ Fachexperten Kunde (optional)	▪ Projektmanagement Werkzeugbau	▪ Werkzeugentwicklung ▪ Arbeitsvorbereitung und Programmierung ▪ Mechanische Fertigung ▪ Montage & Try-out ▪ Qualitätsmanagement

Abbildung 87: Rollen und Aufgabenverteilung in Anlaufteams

Der *Product Owner* repräsentiert die Werkzeuganforderungen gemäß dem mit dem Kunden vereinbarten Pflichtenheft. Dazu wird die Rolle dual besetzt. Während des Home-Try-outs des Werkzeugs werden Kundenanforderungen durch das Projektmanagement des Werkzeugbaus repräsentiert. Anforderungen werden primär aus Lasten- und Pflichtenheft entnommen, können aber zusätzlich durch Abstimmung mit der Serienproduktion des Kunden erweitert werden. Nach Übergabe des Werkzeugs an die Serienproduktion geht die Rolle des Product Owners auf einen (Anlauf-)Projektleiter der Serienproduktion über.

Ein Team aus *Fachexperten* führt die notwendigen Prüfungen und Nacharbeiten am Werkzeug durch. Ihm obliegt die Verantwortung, ein Werkzeug bis zum Ende jedes Sprints dahingehend zu qualifizieren, dass es die definierten Anforderungen erfüllt. Die dafür notwendigen Aufgaben werden innerhalb des Teams eigenverantwortlich auf Basis vorhandener Kompetenzen und

[752] Vgl. Ganguly et al. (Agility in Corporate Enterprises), 2009, S. 411

Kapazitäten verteilt. Neben im Try-out verorteten Mitarbeitern können die Fachexperten ebenfalls Mitarbeiter aus der Werkzeugentwicklung, der Arbeitsvorbereitung, der mechanischen Fertigung, der Montage sowie dem Qualitätsmanagement umfassen. Im Falle einer durch den Werkzeugbau durchgeführten Anlaufunterstützung kann das Anlaufteam durch kundenseitige Fachexperten ergänzt werden.

Zusätzlich wird das Anlaufteam durch einen *Methodencoach* unterstützt, der das methodische Verständnis in Bezug auf Arbeitsmethoden, Rollen und Regeln vermittelt. Insbesondere hat dieser sicherzustellen, dass keine äußere Einflussnahme auf das Anlaufteam genommen wird und die Aufgabenallokation selbstorganisiert abläuft. Entsprechend dem Tätigkeitsprofil sollte diese Rolle von einem mit der Scrum Methodik vertrauten Mitarbeiter des Projektmanagements wahrgenommen werden.

Neben den genannten Rollen kann das Anlaufteam bei Bedarf durch *projektübergreifende Springer* ergänzt werden. Diese sollten primär kompetenzbasiert eingesetzt werden, um das Anlaufteam bei komplexen Fragestellungen zu unterstützen. Dementsprechend sollte es sich hierbei um erfahrene Mitarbeiter des Werkzeugbaus handeln, die über ein hohes Methoden-, Fach- und/oder Erfahrungswissen verfügen. Projektübergreifende Springer können optional kapazitätsbasiert eingesetzt werden, dies sollte aber durch eine intelligente Anlaufplanung (vgl. Kapitel 5.1.2.4) nach Möglichkeit vermieden werden, um eine Überlastung erfahrener Mitarbeiter zu vermeiden.

Neben der Definition relevanter Rollen bedarf es zur Umsetzung einer dualen Organisationsarchitektur drei wesentlicher organisationaler Befähiger. Flexible Arbeitszeitmodelle sichern die Mitarbeiterverfügbarkeit in kritischen Projektphasen und können durch kurzfristige Reaktionsfähigkeit zu einer Steigerung der Wettbewerbsfähigkeit des Unternehmens beitragen. Als mögliche Instrumente eignen sich im Serienanlauf von Werkzeugen z. B. Arbeitszeitkonten, Schichtarbeit, Gleitzeit, Vertrauensarbeitszeit oder Jobsharing. Weiterhin besteht die Notwendigkeit eines erhöhten Maßes an Eigenverantwortung zur Selbststeuerung der Anlaufteams. Anlaufteams sollen dadurch in die Lage versetzt werden, kurzfristig und eigenständig Entscheidungen zu treffen und die entsprechende Bearbeitung zu steuern. Zuletzt stellen definierte Freiheitsgerade einen wichtigen Aspekt dar. Zwar soll hierarchisches Denken innerhalb der Anlaufteams vermieden werden, dennoch werden gewisse „Spielregeln“ benötigt, die von den Mitarbeitern eingehalten werden müssen. Dies beinhaltet z. B. die Besetzung definierter Rollen sowie die ausgeglichene Verteilung von Aufgaben innerhalb der Anlaufteams.

5.1.3.3 Kompetenzbasierte Anlaufkonfiguration

Die kompetenzbasierte Anlaufkonfiguration baut auf den Grundlagen der dualen Organisationsarchitektur (vgl. Kapitel 5.1.3.2) auf und adressiert die hohen Wissensanforderungen im Serienanlauf durch korrekte Zuordnung entsprechender Fähigkeiten und Kompetenzen. Dadurch soll der Erkenntnis Rechnung getragen werden, dass der Anlauferfolg maßgeblich von der Auswahl der involvierten Mitarbeiter abhängt.[753] Durch Abgleich spezifischer Projekt-

[753] Smith (Quick Die Change), 2005, S. 47; Boos et al. (Tooling in Germany), 2018, S. 29

anforderungen und individueller Kompetenzen können potenziell geeignete Mitarbeiter identifiziert werden. Die Zuteilung der Mitarbeiter erfolgt anschließend unter Berücksichtigung der Planungsergebnisse der intelligenten Anlaufplanung (vgl. Kapitel 5.1.2.4). Insgesamt ergeben sich durch Anwendung der kompetenzbasierten Anlaufkonfiguration abteilungsübergreifend und interdisziplinär arbeitende Anlaufteams, die bei Bedarf durch projektübergreifende Springer ergänzt werden.

Die Beschreibung des Gestaltungsaspekts erfolgt anhand von zwei übergeordneten Phasen. Initial und projektübergreifend müssen Kompetenzbedarfe relevanter Werkzeugtypen ermittelt und quantifiziert werden. Zusätzlich erfolgt die Identifikation projektübergreifender Springer, die über Spezial- oder Engpasskompetenzen verfügen. Anschließend werden projektspezifisch benötigte Kompetenzen mit vorhandenen Mitarbeiterkompetenzen abgeglichen, sodass potenzielle Mitarbeiter des Anlaufteams ermittelt werden können. Durch Prüfung mitarbeiterspezifisch vorhandener Kapazitäten sowie Berücksichtigung weiterer strategischer Aspekte erfolgt abschließend die Zuteilung der Mitarbeiter zum Anlaufteam.

Zur Implementierung einer kompetenzbasierten Anlaufkonfiguration ist initial die Identifikation relevanter Kompetenzen für die unterschiedlichen Werkzeugtypen im Serienanlauf notwendig. Dazu wird auf die Ergebnisse der kurzfristigen Wertschöpfungsstrategie (vgl. Kapitel 5.1.1.4) aufgesetzt und diese weiter detailliert. Zur Identifikation konkreter Tätigkeiten kann auf Rückmeldedaten sowie Mitarbeiterinterviews zurückgegriffen werden. Während die Rückmeldedaten Tätigkeiten grob darstellen können, sollten Mitarbeiterinterviews genutzt werden, um daraus relevante Kompetenzen abzuleiten und diese hinsichtlich des notwendigen Kompetenzniveaus zu bewerten. Die Kompetenzanforderungen sollten für relevante Werkzeugtypen ermittelt und anhand des Beispiels von Blechumformwerkzeugen auf Produkt- und Operationsebene für einzelne Phasen des Serienanlaufs (vgl. Kapitel 5.1.2.2) aufgeschlüsselt werden. Dies ermöglicht neben der anforderungsbezogenen Zuteilung der Mitarbeiter auf einzelne Phasen ebenfalls die kompetenzbasierte Fremdvergabe einzelner Phasen im Rahmen der kurzfristigen Wertschöpfungsstrategie.

Abbildung 88 zeigt ermittelte Kompetenzanforderungen beispielhaft für unterschiedliche Werkzeugtypen und Phasen des Serienanlaufs von Blechumformwerkzeugen. Die Bewertung der Kompetenzen erfolgt anhand einer sechsstufigen Skala. In Anlehnung an die in Kapitel 5.3.2.2 (ganzheitliche Kompetenzerfassung) dargestellte Skala zur Kompetenzbewertung umfasst diese folgende Abstufungen:

- 0: Nicht notwendig
- 1: Grundkenntnisse
- 2: Grundkenntnisse mit Erfahrungswissen
- 3: Differenzierte Kenntnisse
- 4: Detail- und Funktionskenntnisse
- 5: Erfahrungsbegleitete und fachsystematische Vertiefungskenntnisse

Die einzelnen Kompetenzstufen bauen aufeinander auf und werden in Kapitel 5.3.2.3 konkretisiert. Unabhängig möglicher Ausprägungen sollte die Skala werkzeug- und kompetenzübergreifend standardisiert werden. Um die Mitarbeiterzuteilung anhand eines algorithmenbasierten Abgleichs von Kompetenzanforderungen und individuellen Mitarbeiterkompetenzen automatisieren zu können, sollten ermittelte Kompetenzen in einer Kompetenzdatenbank hinterlegt werden.

				Werkzeug-entwicklung			AV		Mech. Fertigung			Montage		Try-out			Softskills	
Werkzeug-typ	**Produkt**	**OP**	**Phase**	Methodenplanung	Simulation	...	CAM-Kenntnisse	...	Fräsen	Drahterodieren	...	Vormontage	...	Messtechnik	Korrekturstrategien und Umsetzung	...	Teamfähigkeit	...
Stufenwerkzeug	Kotflügel	20	Phase A	0	1	...	0	...	1	1	...	1	...	1	1	...	2	...
	Kotflügel	20	Phase B	0	2	...	2	...	3	4	...	3	...	4	5	...	4	...
	Kotflügel	20	...	...	...	...	...	...	...	...	...	...	...	...	...	...	...	...
Transfer-werkzeug	Trennwand	30	Phase A	1	3	...	3	...	3	4	...	3	...	1	2	...	2	...
	Trennwand	30	...	...	...	...	...	...	...	...	...	...	...	...	...	...	...	...
Folge-verbund-werkzeug	...	...	...	...	...	...	...	...	...	...	...	...	...	...	...	...	...	...
...	...	...	...	...	...	...	...	...	...	...	...	...	...	...	...	...	...	...

0: nicht notwendig 1: Grundkenntnisse 2: Grundkenntnisse mit Erfahrungswissen 3: Differenzierte Kenntnisse
4: Detail- und Funktionskenntnisse 5: Erfahrungsbegleitete und fachsystematische Vertiefungskenntnisse

Abbildung 88: Beispielhafte Kompetenzanforderungen unterschiedlicher Werkzeugtypen von Blechumformwerkzeugen

Die Identifikation projektübergreifender Springer erfolgt anhand von Engpasskompetenzen und Spezialwissen. Dazu werden identifizierte Kompetenzbedarfe hinsichtlich der unternehmensinternen Verfügbarkeit bewertet. Kompetenzen, die lediglich von einem geringen Mitarbeiterkreis in hoher Güte beherrscht werden, sollten über projektübergreifende Springer bereitgestellt werden. Diese Mitarbeiter werden entsprechend keinem Anlaufteam fest zugeordnet, um eine hohe Verfügbarkeit der Kompetenzen in parallelen Anlaufprojekten sicherzustellen und projektübergreifende Springer nicht zu überlasten. Ebenfalls sollten Mitarbeiter mit bestimmtem Spezialwissen als projektübergreifende Springer eingesetzt werden. Projektübergreifende Springer sollten dementsprechend lediglich temporär und bei konkretem Bedarf in die unterschiedlichen Anlaufteams eingebunden werden. Mittelfristiges Ziel sollte darüber hinaus sein, Engpasskompetenzen oder Spezialwissen im Rahmen der mitarbeiterspezifischen Qualifizierung (vgl. Kapitel 5.3.2.3) umfangreicher im Unternehmen verfügbar zu machen.

Abbildung 89 zeigt beispielhaft die Kompetenzniveaus unterschiedlicher Mitarbeiter. Hierbei gilt es zu beachten, dass je nach Breite des Werkzeugspektrums und sich dadurch unterscheidender technologischer Anforderungen für die einzelnen Werkzeugtypen eine weitere Detaillierung vorgenommen werden sollte. Dies betrifft insbesondere Unternehmen, die ein breites Spektrum unterschiedlicher Werkzeugtypen aufweisen, die sich wiederum hinsichtlich der technischen Anforderungen maßgeblich unterscheiden. Der Einfachhalt halber wurde an dieser Stelle auf eine entsprechende Detaillierung der werkzeugtypspezifischen Kompetenzen einzelner Mitarbeiter verzichtet.

	Werkzeugentwicklung			AV		Mech. Fertigung			Montage		Try-out			Softskills	
Mitarbeiter	Methodenplanung	Simulation	...	CAM-Kenntnisse	...	Fräsen	Drahterodieren	...	Montage	...	Messtechnik	Korrekturstrategien und Umsetzung	...	Teamfähigkeit	...
Mitarbeiter A	0	0	...	3	...	4	1	...	1	...	0	0	...	3	...
Mitarbeiter B	1	2	...	4	...	2	0	...	0	...	0	1	...	4	...
Mitarbeiter C	4	3	...	1	...	0	0	...	0	...	3	2	...	4	...
Mitarbeiter D	0	0	...	0	...	0	0	...	4	...	1	3	...	3	...
...	...	...	...	...	...	...	...	...	...	...	...	...	...	...	...

0: nicht vorhanden 1: Grundkenntnisse 2: Grundkenntnisse mit Erfahrungswissen 3: Differenzierte Kenntnisse
4: Detail- und Funktionskenntnisse 5: Erfahrungsbegleitete und fachsystematische Vertiefungskenntnisse

Abbildung 89: Beispielhafte Bewertung mitarbeiterspezifischer Kompetenzen

Nach Schaffung der relevanten Voraussetzungen kann die projektspezifische Zuteilung der Mitarbeiter erfolgen. Dies erfolgt anhand eines dreistufigen Vorgehens entlang unterschiedlicher Ebenen, wie in Abbildung 90 dargestellt ist. Zunächst erfolgt ein algorithmenbasierter Kompetenzabgleich zwischen werkzeugspezifischen Anforderungen und mitarbeiterspezifischen Kompetenzen mittels Kompetenzdatenbank. Dabei wird für die intern durchzuführenden Phasen geprüft, welche Mitarbeiter potenziell für die Bearbeitung notwendiger Tätigkeiten infrage kommen. Dazu werden alle Mitarbeiter identifiziert, die mindestens eine der relevanten Kompetenzen entsprechend der geforderten Ausprägung erfüllen. Sollte für eine Kompetenz keine Mindestdeckung durch potenzielle Mitarbeiter des Anlaufteams möglich sein, wird die unzureichend erfüllbare Kompetenzanforderung durch die Kompetenzdatenbank gemeldet. Neben der Einbindung externer Experten ist ebenfalls die kurzfristige Fremdvergabe einzelner Wertschöpfungsmodule oder kleinerer Wertschöpfungsumfänge (z. B. Fräsarbeiten oder Pressenkapazitäten) möglich.

In der nächsten Stufe erfolgt die Prüfung mitarbeiterspezifischer Kapazitäten. Auf der einen Seite ist hierbei zu berücksichtigen, in wie vielen Anlaufprojekten der Mitarbeiter bereits tätig ist und wie im Zeitverlauf die entsprechenden Kompetenzbedarfe prognostiziert sind. Auf der anderen Seite sollte die im System hinterlegte Urlaubsplanung in die Betrachtung einbezogen werden. Abschließend wird die Zuteilung der Mitarbeiter zu einem Anlaufprojekt vorgenommen. Hierbei sollten unterschiedliche Restriktionen berücksichtigt werden:

- Minimierung der Anzahl für den Anlauf notwendiger Mitarbeiter
- Anforderungsgerechte Besetzung notwendiger Kompetenzen
- Berücksichtigung individueller Kapazitätsauslastungen
- Beschränkung gleichzeitiger Anlaufprojekte
- Berücksichtigung projektübergreifender Springer
- Berücksichtigung übergreifender Zielstellungen

Zunächst bedarf es der Reduktion der am Anlauf beteiligten Mitarbeiter auf ein Mindestmaß, um Schnittstellen zu minimieren und die Steuerung des Anlaufteams zu vereinfachen. Weiterhin müssen die für das Anlaufprojekt erforderlichen Kompetenzen anforderungsgerecht besetzt werden, sodass zugeteilte Mitarbeiter die Kompetenzanforderungen nicht notwendigerweise signifikant überschreiten. Außerdem stellt die zuvor ermittelte Kapazitätsauslastung der Mitarbeiter eine Restriktion dar, sodass einzelne Mitarbeiter nicht übermäßig durch Anlaufprojekte belastet werden. Durch die zusätzliche Beschränkung der Zuordnung eines Mitarbeiters zu Anlaufteams kann erreicht werden, dass die Anzahl geistiger Rüstvorgänge die Fähigkeiten der Mitarbeiter nicht überschreitet. Ferner wird empfohlen, Spezial- oder Engpasskompetenzen sowie Kompetenzen mit geringem Ressourcenbedarf als projektübergreifende Springer zu realisieren.

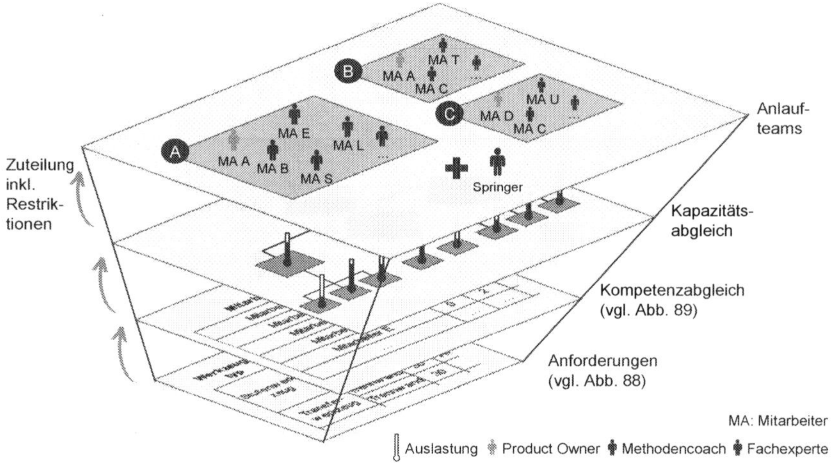

Abbildung 90: Projektspezifische Mitarbeiterzuordnung

Vor Zuteilung der Mitarbeiter bedarf es abschließend der Berücksichtigung übergreifender Zielstellungen aus lang- und kurzfristiger Anlaufstrategie (vgl. Kapitel 5.1.1.3 und 5.1.1.4) sowie der mitarbeiterspezifischen Qualifizierung (vgl. Kapitel 5.3.2.3). Wird das Ziel eines schnellen Serienanlaufs verfolgt, sollten tendenziell Mitarbeiter mit hohen Kompetenzniveaus einem Anlaufteam zugeordnet werden und über entsprechende Zeitkontingente verfügen. Stehen hingegen Kosten im Fokus, werden Zeitkontingente im Anlauf für eine hohe Auslastung der Mitarbeiter geringer dimensioniert. Zur Realisierung eines systematischen Wissensübertrags sollten erfahrene mit weniger erfahrenen Mitarbeitern innerhalb eines Anlaufteams kombiniert werden.

5.1.3.4 Dynamische Anlaufsteuerung

Die dynamische Anlaufsteuerung beschreibt einen Ansatz, wie die Bearbeitung notwendiger Korrekturmaßnahmen im Serienanlauf effektiv innerhalb der Anlaufteams verteilt und gesteuert werden kann. Dazu baut diese auf der Scrum Methodik sowie dem daraus abgeleiteten agilen Projektmanagement auf. Wie in Kapitel 5.1.3.2 bereits beschrieben, wird ein Projekt im

Rahmen der Scrum Methodik in kleinere Teilprojekte unterteilt, die in iterativen Zyklen (sogenannte Sprints) bearbeitet werden. Innerhalb der Teilprojekte werden Produktinkremente erarbeitet, die auf Basis täglicher Abstimmungen (Daily Scrum) hinsichtlich der Anforderungserfüllung untersucht werden. Durch das kurzzyklische und iterative Vorgehen innerhalb der Sprints wird eine hohe Anpassungsfähigkeit an sich verändernde Rahmenbedingungen sichergestellt.[754] Zur Abbildung informationstechnischer Beziehungen ist die dynamische Anlaufsteuerung eng mit den in Kapitel 5.1.2.3 beschriebenen digitalen Änderungsworkflows verknüpft. Die Bearbeitung erfolgt durch das in Kapitel 5.1.3.2 beschriebene und in Kapitel 5.1.3.3 zugeteilte Anlaufteam bestehend aus Product Owner, Fachexperten und einem Methodencoach.

Zur Beschreibung der dynamischen Anlaufsteuerung wird zunächst darauf eingegangen, wie im Anlauf notwendige Arbeiten anhand des Product und Sprint Backlogs definiert und festgehalten werden. Anschließend wird die operative Steuerung notwendiger Anlauftätigkeiten und Korrekturmaßnahmen durch Beschreibung von Sprint Planning, Daily Scrum und Sprint Reviews dargestellt. Abschließend erfolgt die Konzeption eines digitalen Qualifizierungsboards zur informationstechnischen Abbildung und Überwachung durchzuführender Tätigkeiten.

Der initial zu definierende *Product Backlog* umfasst alle anlaufrelevanten Werkzeugspezifika. Diese werden in Zusammenarbeit mit dem Kunden unter Zuhilfenahme des Lastenhefts festgelegt. Übergeordnet sind hierbei insbesondere Anforderungen an Funktionalität, Maßhaltigkeit und Prozesssicherheit von Relevanz. Für Sichtteile sind ebenfalls Anforderungen an die Bauteiloberfläche im Product Backlog festzuhalten. Das Ziel des Serienanlaufs liegt darin, sukzessive alle Anforderungen des Backlogs unter Serienproduktionsbedingungen zu erfüllen. Entsprechend dem in Kapitel 5.1.2.2 beschriebenen Ablauf kann der Serienanlauf von Blechumformwerkzeugen in vier übergeordnete Meilensteine unterteilt werden. Diese umfassen die Montage- und Funktionsausprobe, die Ausprobe und Einarbeitung im Werkzeugbau, die Ausprobe und Einarbeitung in der Serie des Kunden sowie die finale Abnahme und den Projektabschluss. Je nach gewünschtem Detaillierungsgrad bildet ein einzelner Sprint einen Meilenstein oder eine einzelne Phase (z. B. Erstausprobe, Folgeausproben und Werkzeugvorabnahme im Meilenstein Ausprobe und Einarbeitung Werkzeugbau) ab. Die erfolgreiche Bearbeitung einzelner Sprints erhöht sukzessive den Reifegrad des Werkzeugs. Abbildung 91 zeigt am Beispiel von Blechumformwerkzeugen den übergeordneten Product Backlog sowie die darauf basierenden Sprint Backlogs.

Die zu erfüllenden Werkzeuganforderungen jedes Sprints werden im *Sprint Backlog* festgehalten. Dieser leitet sich aus den übergeordneten Anforderungen des Product Backlogs ab. Im Einzelnen sind dabei individuelle Toleranz- und Prozesssicherheitsziele für jeden Sprint zu definieren. Zur Vereinfachung können Basisanforderungen festgelegt werden, die standardmäßig für einen Werkzeugtyp oder einen bestimmten Kunden zu erfüllen sind. Diese können um projektspezifische Anforderungen ergänzt werden, um Sprints flexibel ausgestalten zu können. Diesbezüglich ist es z. B. denkbar, dass die Toleranzanforderungen zum Übergang in die

[754] Vgl. Hohberger (Scrum), 2018, S. 120ff.

Serie für ein spezifisches Werkzeugprojekt bei 95% liegen, während bei einem anderen Projekt ein Toleranzziel von 85% mit dem Kunden vereinbart wird. Somit kann kunden- und werkzeugspezifisch auf Rahmenbedingungen (z. B. Auslastung oder werkzeugspezifisches Kompetenzlevel) der Serienproduktion des Kunden reagiert werden. Der jeweilige Sprint wird beendet, wenn der geforderte Werkzeugreifegrad vollumfänglich erfüllt wurde. Am Ende des letzten Sprints liegt entsprechend ein serienreifes und für die Produktion freigegebenes Werkzeug vor.

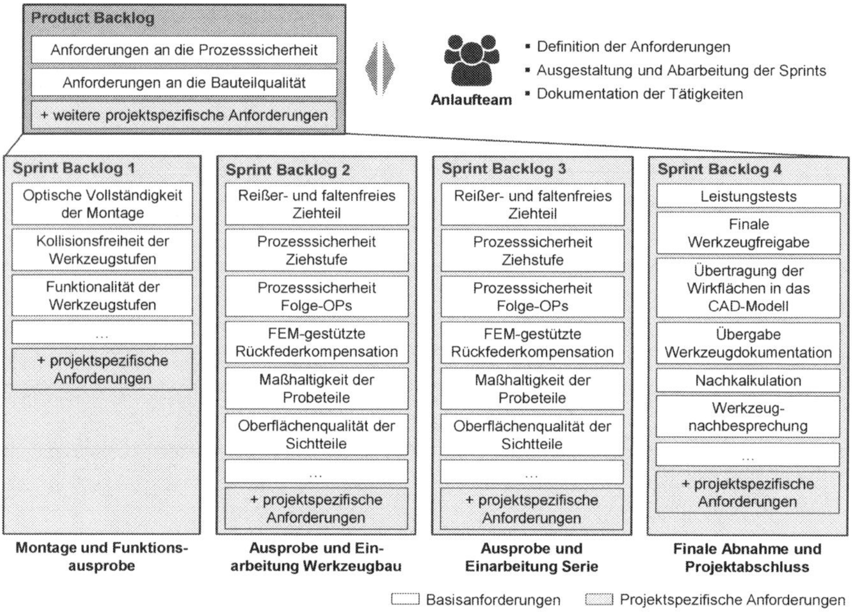

Abbildung 91: Beispielhafte Struktur von Product und Sprint Backlog für Blechumformwerkzeuge

Die einzelnen Sprints werden durch ein *Sprint Planning Meeting* initiiert. Unter Zuhilfenahme von z. B. Erfahrungswissen und terminlicher Vorgaben werden dabei neben den Basisanforderungen projektspezifische Anforderungen festgelegt. Zur Berücksichtigung kundenspezifischer Prioritäten kann es sinnvoll sein, den Kunden ebenfalls in das Sprint Planning Meeting einzubeziehen. Die im Sprint Backlog hinterlegten Anforderungen werden anschließend hinsichtlich des Aufwands bewertet. Dies kann anhand der in Kapitel 5.1.2.4 beschriebenen intelligenten Anlaufplanung erfolgen. Durch Berücksichtigung von Rückmeldedaten vergangener Projekte können anhand multivariater Analyseverfahren Aufwände des Sprints sowie die benötigten Ressourcen prognostiziert werden.

Die Abarbeitung der Sprints erfolgt in vorab definierten Iterationszyklen. Sprints mit kurzen Iterationen von z. B. 24 Stunden erhöhen die Flexibilität und verkürzen somit tendenziell die

Dauer des Anlaufs, führen gleichzeitig allerdings auch zu einem erhöhten Kommunikationsbedarf. Wichtig ist hierbei, feste Intervalle auf Basis realistischer Zyklen zu implementieren. Innerhalb eines Iterationszyklus finden ca. 15-minütige Abstimmungsrunden (*Daily Scrum*) unter Beteiligung der Fachexperten sowie des Methodencoachs statt. Neben der Darstellung des Status quo werden hierbei Prioritäten der einzelnen Anforderungen festgelegt, diese in relevante Arbeitsschritte aufgeschlüsselt und auf die Teammitglieder verteilt. Durch die Verknüpfung des Sprint Backlogs mit dem Gestaltungsaspekt der digitalen Änderungsworkflows wird für begonnene Tätigkeiten automatisch ein Workflow erzeugt und dieser entsprechend in der Datenquellenebene aufgezeichnet, sodass zukünftige Anlaufprojekte z. B. hinsichtlich Zeitvorgaben auf die intelligente Anlaufplanung zurückgreifen können. Abbildung 92 zeigt den Zusammenhang von Sprint Planning, Sprint Backlog, Daily Scrum sowie den Sprints zur kontinuierlichen Erhöhung des Werkzeugreifegrads.

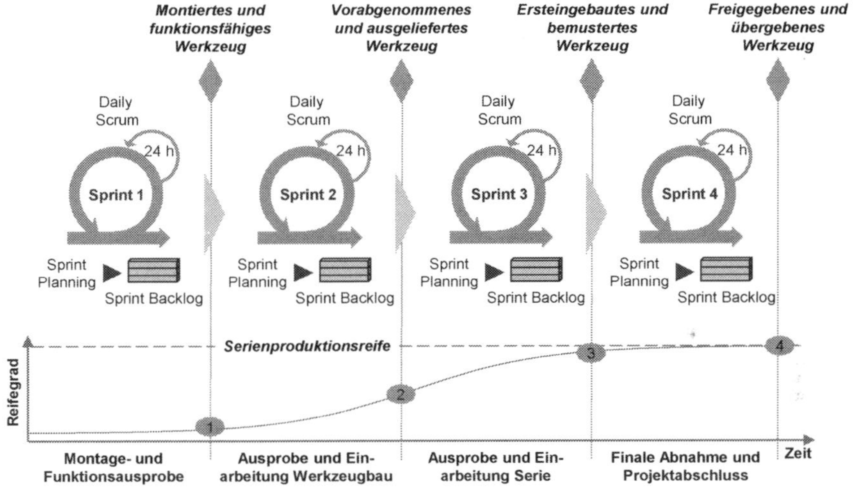

Abbildung 92: Beispielhafte Ausarbeitung der einzelnen Sprints für Blechumformwerkzeuge

Nach der erfolgreichen Bearbeitung aller Anforderungen des Sprint Backlogs wird das eingearbeitete Inkrement dem oder den Product Ownern präsentiert und im Rahmen des *Sprint Reviews* anhand definierter Anforderungen bewertet. Dieser Schritt dient somit als zentraler Synchronisierungspunkt zwischen Werkzeugbau und Serienproduktion. Neben einer Abstimmung des Projektfortschritts können in diesem Rahmen Anforderungen des nächsten Sprints definiert werden, die dann in das Sprint Planning Meeting einfließen. Neben dem fachlich determinierten Sprint Review wird ebenfalls eine *Sprint Retrospective* vollzogen. Dieses Vorgehen hat den Zweck, die Zusammenarbeit innerhalb des Anlaufsteams zu bewerten und mögliche Verbesserungsmaßnahmen für die folgenden Sprints abzuleiten.

Zur Unterstützung der echtzeitnahen Synchronisation von Aufgaben, Terminen und Informationen wird die dynamische Anlaufsteuerung durch ein digitales Qualifizierungsboard unterstützt. Dieses ist in Abbildung 93 dargestellt und aus den Kernelementen Product Backlog,

Sprint Backlog, Task-Board und Burn-Down-Chart aufgebaut. Sprint und Product Backlog können lediglich vom Product Owner modifiziert werden. Das Task-Board ist täglich durch die Fachexperten zu pflegen. Im Rahmen des Daily Scrum wählen diese zu bearbeitende Anforderungen aus dem Sprint Backlog aus und legen zur Erfüllung notwendige Aufgaben im Task Board an. Durch die Anlage eines Tasks wird automatisiert ein entsprechender Workflow initiiert, sodass Aufgaben ebenfalls im digitalen Änderungsworkflow hinterlegt sind. Das Burn-Down-Chart visualisiert den Gesamtfortschritt eines Sprints und aktualisiert sich basierend auf erstellten und abgeschlossenen Aktivitäten, die sich aus dem Sprint Backlog ableiten. Durch die digitale Abbildung des Anlauffortschritts liegt umfangreiche Transparenz über nächste Schritte und notwendige Maßnahmen vor.

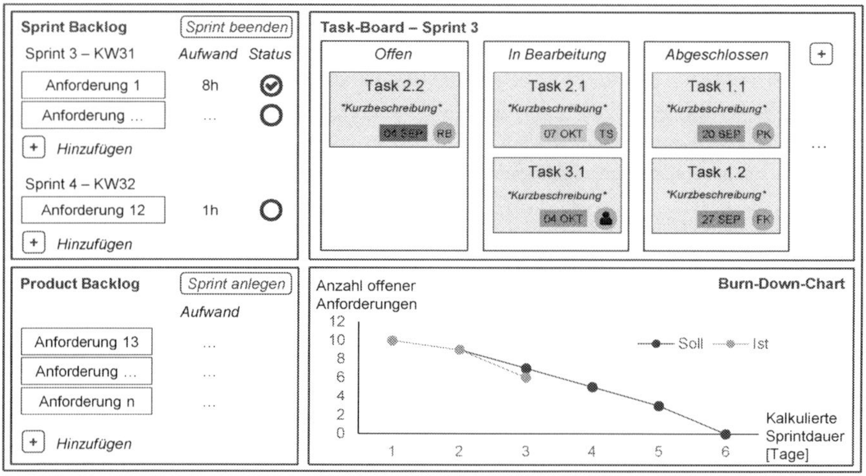

Abbildung 93: Digitales Qualifizierungsboard

Durch die Vernetzung mit der intelligenten Anlaufplanung und den digitalen Änderungsworkflows werden Daten echtzeitnah zwischen den unterschiedlichen Systemen zu einer größtmöglichen Transparenz und Flexibilität ausgetauscht. Über das Identity & Permission Management in der hybriden Integrationsebene (vgl. Kapitel 5.3.1.3) kann der kundenseitigen Serienproduktion ein (beschränkter) Zugriff auf das digitale Qualifizierungsboard eingerichtet werden, sodass der Fortschritt ebenfalls durch den Kunden nachvollzogen werden kann.

5.2 Verhaltenselement

Im Rahmen der vorhergehend beschriebenen Aktivitätselemente wurden Gestaltungsaspekte zur effizienten operativen Durchführung des vernetzten und synchronisierten Serienanlaufs von Werkzeugen beschrieben. Diese adressieren vor allem vorliegende Interdependenzen sowie den interdisziplinären Charakter des Serienanlaufs. Die bisher unzureichende Erfassung und Nutzung relevanten Anlaufwissens als dritte zentrale Herausforderung des Serienanlaufs von Werkzeugen wird nachfolgend durch das Verhaltenselement **Vernetztes Lernen** abgebildet. Dieses stellt einen übergeordneten Befähiger dar, um Lerneffekte durch die Nutzung von

Wissen zu generieren. Kurzfristig kann Wissen vor allem zur Ableitung von Korrekturmaßnahmen vorliegender Abweichungen genutzt werden. Langfristig ermöglicht eine systematische Rückführung in vorgelagerte Prozesse, potenzielle Abweichungen frühzeitig zu antizipieren und diesen bereits in der Werkzeugentwicklung konstruktiv entgegenzuwirken.

5.2.1 Vernetztes Lernen

Die Darstellungen in den Kapiteln 2.2.6 und 2.2.7 haben gezeigt, dass der Serienanlauf von Werkzeugen hochgradig erfahrungsbasiert und bisher kaum automatisierbar ist. Die erfahrungsbasierte Durchführung wird durch das sogenannte Trial-and-Error-Prinzip[755] ergänzt, sofern der durchführende Mitarbeiter über kein entsprechendes Erfahrungswissen verfügt oder auf eine entsprechende Dokumentation zurückgreifen kann.[756] Die bisher unzureichende Erfassung und Nutzung von Wissen kann dabei sowohl organisatorische als auch technologische Ursachen haben. Organisatorische Ursachen werden vor allem in mangelnder Zeit für Dokumentation und Einsatz von Wissen (81,8%), fehlenden Ansätzen und Methoden (36,4%) sowie nicht klar definierten Wissenszielen (36,4%) gesehen. Technologische Ursachen ergeben sich durch geringe Benutzerfreundlichkeit der Systeme (70%), inkonsistente Daten (40%) sowie die hohe Anzahl verwendeter IT-Systeme (40%).[757] Vor diesem Hintergrund ist Ziel des Gestaltungselements Vernetztes Lernen, Wissen abteilungs-, standort- und projektübergreifend zur Verfügung zu stellen. Dabei sind ein günstiges Aufwand- und Nutzenverhältnis sowie eine einfache Bedienbarkeit sicherzustellen, was u. a. durch einen hohen Digitalisierungsgrad ermöglicht wird.

Nachfolgend werden zunächst Grundlagen von Wissensmanagement sowie die Bedeutung von Lerneffekten erläutert. Anschließend erfolgt die Detaillierung der einzelnen Gestaltungsaspekte. Die **digitale Wissensplattform** umfasst die technischen Rahmenbedingungen, um die Durchführung des Serienanlaufs digital zu begleiten und systemseitig zu unterstützen. Neben der Erfassung beinhaltet dies die Systematisierung, Aufbereitung und anforderungsgerechte Bereitstellung von Wissen im Unternehmen. Zur Sicherstellung eines nachhaltigen Umsetzungserfolgs geht die Einführung der digitalen Wissensplattform mit der Implementierung einer **digitalen Wissenskultur** einher. Diese setzt sich aus notwendigen Verhaltensweisen der Mitarbeiter, einer intensiven Mitarbeiterbeteiligung bei der Gestaltung von Veränderungsprojekten sowie der Incentivierung bestimmter Tätigkeiten zur Begünstigung der Wissensentwicklung zusammen.

---

[755] Vorgehen, um die Lösung eines Problems zu finden, indem verschiedene Wege beschritten und Fehler und Fehlerquellen so nach und nach beseitigt werden.

[756] Vgl. Stippak (Navigationssystem für den effektiven Tryout), 2010, S. 42; Boos et al. (Tooling in Germany), 2018, S. 29

[757] Vgl. WBA (Prozess- und Ergebnisoptimierung im Try-out), 2018, Ergebnisse einer Studie mit n=12 teilnehmenden Unternehmen, Prozentangaben repräsentieren den Anteil der Unternehmen, die einer Barriere zustimmen.

5.2.1.1 Grundlagen

Nach PROBST ET AL. umfasst Wissen die Gesamtheit aller Kenntnisse und Fähigkeiten, die Individuen zur Lösung von Problemen verwenden. Diese können neben theoretischen Erkenntnissen auch als praktische Alltagsregeln und Handlungsanweisungen vorliegen.[758] Die Entstehung von Wissen kann anhand einer Pyramide beschrieben werden (vgl. Abbildung 94). Zeichen schaffen die Grundstruktur von Wissen, auf deren Basis mittels definierter Regeln (Syntax) Daten gebildet werden.[759] Die Aggregation von Daten sowie die systematische Abbildung eines Kontexts (Semantik) wandelt diese zu Informationen. Wissen als höchste Stufe der Pyramide entsteht erst durch die Vernetzung von Informationen, indem Kenntnis darüber erlangt wird, in welchem Zusammenhang die Informationen stehen (Pragmatik). Wissen umfasst dementsprechend neben Informationen über einen gewissen Zustand ebenfalls Kenntnisse über Ursache-Wirkbeziehungen innerhalb dieser Informationen.[760]

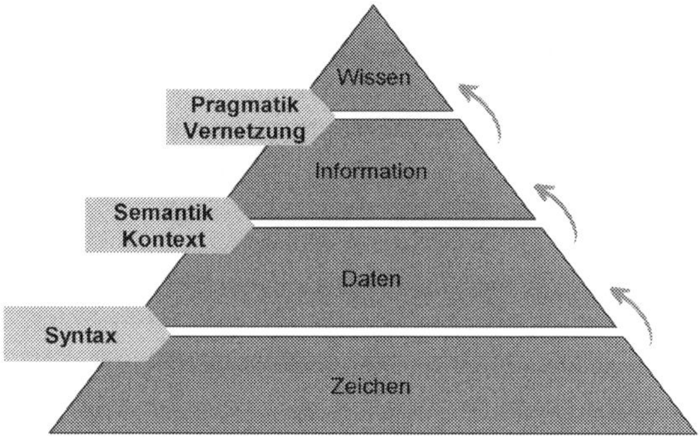

Abbildung 94: Hierarchie von Zeichen, Daten, Information und Wissen[761]

Bei der Weitergabe von Wissen wird zwischen implizitem und explizitem Wissen unterschieden. Implizites Wissen basiert in der Regel auf Erfahrungen und steht ausschließlich der betreffenden Person zur Verfügung. Eine Weitergabe erweist sich aufgrund einer unzureichenden Verbalisierbarkeit dieses Wissens als schwierig. Im Unterschied dazu umfasst explizites Wissen eindeutig kodiertes und deshalb mittels Zeichen kommunizierbares Wissen. Damit implizites Wissen von einer anderen Person genutzt werden kann, muss es zunächst expliziert, d. h. in eine mitteilbare Form gebracht werden. Diese Aufgabe kommt dem Wissensmanagement zu, das eine zielgerichtete Bereitstellung, Nutzung und Weiterentwicklung von Wissen sicherstellen soll.[762] Dazu wird im Rahmen des Wissensmanagements auf unterschiedliche Verfahren, Methoden, Instrumente und Werkzeuge zurückgegriffen, die einen systematischen Umgang mit Wissen in allen Bereichen des Unternehmens unterstützen.[763]

[758] Vgl. Probst et al. (Wissen managen), 2012, S. 23
[759] Vgl. Bodendorf (Daten- und Wissensmanagement), 2006, S. 1f.
[760] Vgl. Lehner (Wissensmanagement), 2009, S. 50
[761] i. A. a. Bodendorf (Daten- und Wissensmanagement), 2006, S. 1
[762] Vgl. Heinrich; Stelzer (Informationsmanagement), 2011, S. 286
[763] Vgl. Heisig (Integration Wissensmanagement), 2005, S. 18

Kern des Wissens eines Unternehmens stellt die organisationale Wissensbasis dar. Diese umfasst die Gesamtheit des impliziten und expliziten Wissens und Könnens innerhalb einer Organisation.[764] Sie entsteht aufgrund von Relationen und Verknüpfungsmustern zwischen den Wissensträgern. Veränderungen der organisationalen Wissensbasis werden als organisationales Lernen bezeichnet. Dieses umfasst jegliche, d. h. zufällig wie auch bewusst herbeigeführte Veränderungen der organisationalen Wissensbasis.[765] Als Ergebnis des organisationalen Lernens wird die organisationale Problemlösungs- und Handlungskompetenz erhöht.[766]

In der Produktion ist der Begriff Lernen häufig mit dem Begriff Lernkurve verknüpft. Lernkurven beschreiben eine Steigerung der Systemleistung bei wachsender Anzahl von Wiederholungen. Durch das wiederholte Ausführen gleicher Tätigkeiten ist neben einer Erhöhung der Ausbringungsmenge ebenfalls eine Steigerung der Qualität zu verzeichnen. Je steiler die Lernkurve ist, desto größer ist die Effizienz beim Lernen. Die Steigung hängt zum einen von individuellem Vorwissen, Fähigkeiten, Fertigkeiten und Talent ab, wird aber ebenfalls signifikant durch Lerndidaktik (Lern- und Lehrmethode) und Lernkontext beeinflusst.[767] Abbildung 95 zeigt schematisch die Realisierung von Lerneffekten im Kontext des Serienanlaufs von Werkzeugen. Daraus geht hervor, dass die Lernkurve durch die projektübergreifende Nutzung von Lerneffekten steiler ansteigt und der notwendige Werkzeugreifegrad somit in einer verkürzten Zeit erreicht werden kann.

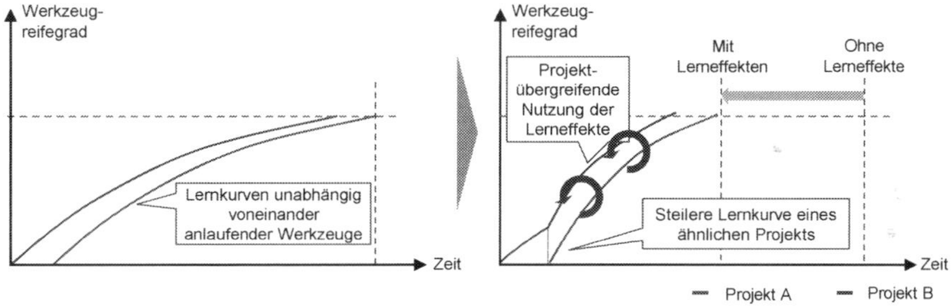

Abbildung 95: Verkürzung der Anlaufdauer durch Lerneffekte[768]

Zur Erzielung von Lerneffekten werden neben dem Einsatz traditioneller Wissensmanagementmethoden wie z. B. Coaching, Lessons Learned oder Präsenzschulungen vermehrt Konzepte des kollaborativen und verteilten Lernens eingesetzt. Diese als Collaborative Distributed Learning bezeichneten Ansätze finden bisher hauptsächlich Anwendung in Form von Lernplattformen im Bereich der Bildung.[769] Im industriellen Kontext ist das verteilte Lernen weniger

[764] Vgl. Lehner (Wissensmanagement), 2009, S. 56
[765] Vgl. Heinrich; Stelzer (Informationsmanagement), 2011, S. 285
[766] Vgl. Probst et al. (Wissen managen), 2012, S. 24
[767] Vgl. Jürging (Systemdynamische Analyse des Serienanlaufs), 2008, S. 39f.
[768] i. A. a. Schuh et al. (Serienanlauf von Werkzeugen), 2018, S. 798
[769] Vgl. Oliveira et al. (Collaborative Distributed Learning), 2011, S. 221ff.

verbreitet, wird aber z. B. in ähnlicher Form im Rahmen des Virtual Project Managements nach WATFA & TODD eingesetzt.[770]

Da Wissensmanagement im Serienanlauf von Werkzeugen aufgrund unzureichender Methoden und fehlender systemischer Unterstützung bislang eine Herausforderung darstellt, soll im Folgenden eine entsprechende Lösung zur Realisierung von Lerneffekten beschrieben werden. Dazu wird zunächst auf die digitale Wissensplattform eingegangen. Anschließend wird die einführungsbegleitende digitale Wissenskultur ausgestaltet.

5.2.1.2 Digitale Wissensplattform

Eine Lösung zur Adressierung der genannten Anforderungen stellt die digitale Wissensplattform dar. Als Plattform wird eine einheitliche Basis verstanden, welche die Strukturierung, Entwicklung und Anwendung von Unternehmensprozessen unterstützt.[771] Durch Zusammenführung unterschiedlicher Funktionen an einem virtuellen Ort ermöglichen digitale Plattformen einen gegenseitigen und transparenten Austausch von Informationen, die für einen effizienten und kollaborativen Auftragsabwicklungsprozess benötigt werden.[772] Schlüsselfaktoren für die erfolgreiche Implementierung einer digitalen Plattform stellen die Benutzerfreundlichkeit, die Integration in etablierte Prozesse sowie die Verknüpfung der Plattform mit bestehenden Systemen dar.[773]

Zur Darstellung der digitalen Wissensplattform im vernetzten und synchronisierten Serienanlauf von Werkzeugen im Rahmen dieses Kapitels wird zunächst auf die übergeordnete Systemarchitektur der Plattform bestehend aus Frontend, einer Datenverarbeitungsschicht sowie einem Backend eingegangen. Der Aufbau ermöglicht hohe Modularität bei gleichzeitiger Skalierbarkeit, wodurch unter anderem die schnelle Einbindung weiterer Systeme oder das Einbetten neuer Funktionalitäten abgebildet werden kann. Die einzelnen Elemente werden anschließend detailliert, sodass ein Verständnis der Funktionsweise vermittelt werden kann. Die Systemarchitektur der digitalen Wissensplattform ist in Abbildung 96 dargestellt.

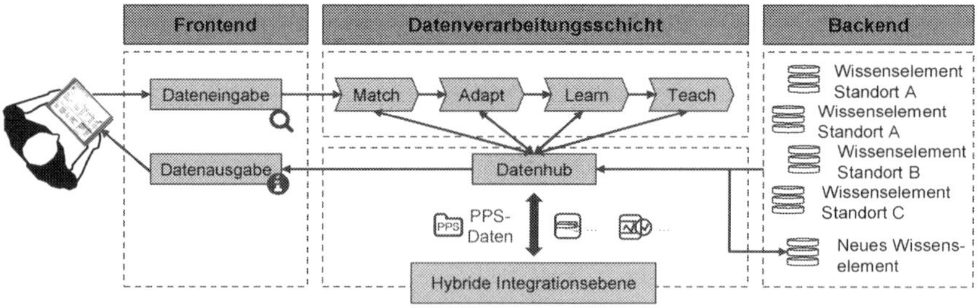

Abbildung 96: Systemarchitektur der digitalen Wissensplattform[774]

[770] Vgl. Watfa; Todd (Virtual Project Management), S. 58ff.

[771] Vgl. Knoll; Rinderle-Ma (Plattformen), 2015, S. 323

[772] Vgl. Ihlenburg (Interaktionsplattformen), 2012, S. 11f.

[773] Vgl. Schuh et al. (Serienanlauf von Werkzeugen), 2018, S. 798

[774] Eigene Abbildung i. A. a. Schuh et al. (Serienanlauf von Werkzeugen), 2018, S. 798

Das Frontend bildet die Interaktionsschnittstelle mit dem Anwender über sogenannte Human Machine Interfaces (HMI) und wird über Clienten in Form von PC-Terminals oder mobilen Endgeräten wie z. B. Tablets oder Smartphones realisiert. Die Datenverarbeitungsschicht stellt die notwendigen Tools zur Datenverarbeitung bereit und verbindet Front- und Backend. Sie ermöglicht durch den Einsatz von Algorithmen, äquivalente Abweichungen aus vergangenen Projekten zu identifizieren und dem Anwender entsprechende Korrekturvorschläge zu unterbreiten. Erfolgreiche Korrekturvorschläge (sogenannte Wissenselemente) werden ins Backend zurückgeschrieben, sodass die Lösungsgenauigkeit mit jeder Anwendung steigt. Im Backend liegen Wissenselemente vergangener Projekte, die projektspezifische Parameter, Abweichungen, Fehlerbilder sowie ergriffene Maßnahmen beinhalten. Über Schnittstellen zur hybriden Integrationsebene (vgl. Kapitel 5.3.1.3) werden die Daten mit anderen Systemen synchronisiert. Nachfolgend werden Backend, Datenverarbeitungsschicht und Frontend in der entsprechenden Reihenfolge detailliert.

Das **Backend** der Plattform stellt die relevanten Datenbanken zur Speicherung der im Anlauf aufgenommenen Daten sowie das erlangte Wissen über relevante Wirkzusammenhänge bereit. Zusätzlich werden im Backend Parameter vordefiniert, die für die Dokumentation des Werkzeuganlaufs relevant sind. Hierzu zählen unter anderem vordefinierte Fehlerkategorien und Fehlerbilder, die eine eindeutige Zuordnung einer Abweichung vom Soll-Zustand des Werkzeugs zulassen. Insgesamt kommen dem Backend somit vier zentrale Aufgaben zu:[775]

- Standort-, abteilungs- und projektübergreifende Datenspeicherung und -bereitstellung
- Sicherstellung der Betriebssicherheit
- Modulare Abbildung zur einfachen Erweiterbarkeit der Funktionalitäten
- Lokale Zwischenspeicherung von Informationen auf Endgeräten zur Abbildung möglicher Verbindungsabbrüche

Die **Datenverarbeitungsschicht** stellt die für die Datenanalyse notwendige Logik bereit. Ziel ist, aus Fehlerbildern Erkenntnisse zu generieren, die zur Ableitung der optimalen Korrekturmaßnahmen sowie der langfristigen Fehlervermeidung führen. Zur Realisierung dieser Anforderungen besteht die Datenverarbeitungsschicht aus den vier Funktionen Match, Adapt, Learn und Teach. Die vier Funktionen sind an die Grundidee des sogenannten Case-Based Reasonings angelehnt. Dieses ist dem Anwendungsfeld der künstlichen Intelligenz zuzuordnen und basiert auf der Annahme, dass zwei ähnliche Problemstellungen (Fälle) mit hoher Wahrscheinlichkeit ebenfalls ähnliche Lösungen aufweisen.[776] Auf Basis dieser Annahme kann in vergangenen (Anlauf-) Projekten gewonnenes Korrekturwissen helfen, eine vorliegende Abweichung zu korrigieren. Die Funktionsweise ist in Abbildung 97 dargestellt und wird nachfolgend beschrieben.

Nach erfolgter Aufnahme und Beschreibung eines Fehlers (1) über das Frontend sowie einer Prüfung auf Vollständigkeit der Dokumentation (2) kann dieser weiterverarbeitet werden. Die Funktion *Match* (3) beschreibt die Identifikation des im Unternehmen oder der Organisation

[775] Vgl. Schuh et al. (Serienanlauf von Werkzeugen), 2018, S. 799f.

[776] Vgl. Beißel (Ontologiegestütztes Case-Based Reasoning), 2011, S. 32f.

vorhandenen Wissens im Abgleich mit der vorliegenden Problemstellung. Ziel ist das Auffinden des für eine zu definierende Korrekturmaßnahme geeignetsten Falls.[777] In Bezug auf den Serienanlauf von Werkzeugen entspricht ein „neuer Fall" einem eindeutig dokumentierten Fehler, während „gelöste Fälle" durch Paarungen von Fehlern und Korrekturmaßnahmen beschrieben werden können. Diese Paarung wird im Folgenden als Wissenselement bezeichnet. Relevante Wissenselemente liegen vor, wenn der beschriebene Fehler potenziell wieder auftreten kann und die damit verknüpfte Korrekturmaßnahme reproduzierbar ist. Weiterhin muss die dokumentierte Kombination aus Fehler und Maßnahme hinsichtlich der Wirksamkeit bewertet worden sein, um wenig oder nicht erfolgreiche Maßnahmen mit einer geringen Relevanz bei der zukünftigen Lösungsfindung darstellen zu können. Der effiziente Einsatz der digitalen Wissensplattform bedarf einer ausreichend großen Fallzahl, weshalb sich ein projekt- und standortübergreifender Einsatz der Plattform als sinnvoll erweist. Zwar kann ab dem ersten hinterlegten Fall ein Nutzen generiert werden, jedoch nimmt dieser proportional zur hinterlegten Fallzahl zu. Insbesondere zu Beginn der Nutzung wird die hinterlegte Fallzahl bei vielen dokumentierten Abweichungen nicht ausreichen, eine fallspezifische Lösung anzubieten.

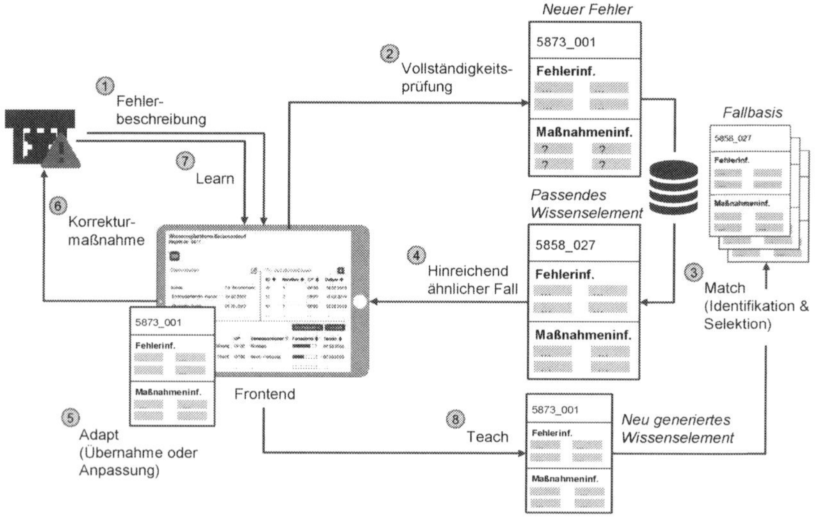

Abbildung 97: Funktionsweise der Datenverarbeitungsschicht[778]

Zur Vergrößerung der Fallbasis eignen sich strategische Partnerschaften verschiedener Unternehmen mit ähnlichem Produktspektrum. Hierfür sollten über die hybride Integrationsebene (vgl. Kapitel 5.3.1.3) entsprechende Zugriffs- und Leserechte definiert und Projektinformatio-

[777] Vgl. Pfuhl (Case-Based Reasoning), 2013, S. 12

[778] Für den vernetzten und synchronisierten Serienanlauf von Werkzeugen adaptiertes Konzept i. A. a. Bodendorf (Daten- und Wissensmanagement), 2006, S. 151; Beißel (Ontologiegestütztes Case-Based Reasoning), 2011, S. 34; Aamodt; Plaza (Case-Based Reasoning), 1994, S. 8

nen anonymisiert werden, um den Zugriff auf kritische Informationen durch die Partner zu vermeiden. Als aussagefähige Vergleichskriterien zur Identifikation von Wissenselementen können bspw. Details der Fehlerbeschreibung genutzt werden. Hierfür sollte äquivalent zur intelligenten Anlaufplanung (vgl. Kapitel 5.1.2.4) eine Untersuchung von Ursache-Wirkbeziehungen durchgeführt werden, um relevante Einflussgrößen zu identifizieren.

Nach Identifikation eines hinreichend ähnlichen Falls (4) in der Fallbasis liegt die Aufgabe der Funktion *Adapt* (5) darin, Lösungswissen eines selektierten Wissenselements auf eine vorliegende Problemstellung anzupassen und somit eine neue Lösung zu generieren. Zunächst müssen dafür die Unterschiede identifiziert werden, um zu prüfen, welche Aspekte des identifizierten Wissenselements auf die neue Problemstellung anwendbar sind. Im einfachsten Fall sind die ermittelten Unterschiede marginal oder können ignoriert werden, sodass das Lösungswissen kopiert werden kann.[779] Dies setzt eine umfangreiche Fallbasis voraus. In der Regel ist das Wissenselement jedoch nicht unmittelbar übertragbar, sodass es weiterentwickelt werden muss. Beim sogenannten Transformational Reuse werden Operatoren (Transformational Operators) eingesetzt, die vorschreiben, wie das Lösungswissen auf die neue Situation zu transformieren ist. Beim Derivational Reuse hingegen soll die im Lösungswissen implizit enthaltene Methodik bzw. Vorgehensweise expliziert und dem Anwender zur eigenständigen Lösungsfindung transparent gemacht werden.[780] Transformationsregeln können beispielsweise unter Betrachtung der Maßnahmen- und Fehlercharakteristiken formuliert werden. Hierzu können Ausprägungen eines zuvor dokumentierten Falles mit denen eines neuen Falles verglichen werden. Bei Rissbildung eines Blechteils wird beispielsweise nach einem übereinstimmenden Fehlerbild in früheren Projekten gesucht und die dokumentierte Korrekturmaßnahme für den aktuellen Fehler herangezogen. Vor Durchführung der Korrekturmaßnahme (6) muss der Mitarbeiter entscheiden, ob eine entsprechende Empfehlung zur Korrektur appliziert wird oder er sich für eine individuelle Korrektur entscheidet.

Nach Umsetzung einer Korrekturmaßnahme muss diese hinsichtlich der Wirksamkeit im Rahmen der Funktion *Learn* (7) bewertet werden. Hierfür eignen sich drei unterschiedliche Methoden. Neben dem qualifizierten Benutzer-Feedback kann die Lösungsbewertung ebenfalls im Rahmen der Werkzeugnachbesprechung oder durch automatisierte Bewertung vorgenommen werden. Das qualifizierte Benutzer-Feedback basiert auf den Erkenntnissen des Mitarbeiters bei Anwendung und anschließender Evaluierung entwickelter Korrekturmaßnahmen. Dementsprechend kann die Bewertung direkt nach umgesetzter und evaluierter Maßnahme vorgenommen werden. Im Rahmen der Werkzeugnachbesprechung[781] sollten bisher nicht erfolgte Bewertungen nachgepflegt sowie vorgenommene Bewertungen einer finalen Prüfung unterzogen werden. Neben der Prüfung der Inhalte auf Relevanz, Vollständigkeit, Verständlichkeit und Widerspruchsfreiheit erfolgt die finale Bewertung des Maßnahmenerfolgs. Eine automatisierte Wissensbewertung ist aktuell nur zum Teil möglich. Zur automatisierten Prüfung von z.

[779] Vgl. Pfuhl (Case-Based Reasoning), 2013, S. 14

[780] Vgl. Bodendorf (Daten- und Wissensmanagement), 2006, S. 149f.

[781] Abstimmungstermin nach Abschluss eines Werkzeugprojekts, bei dem im Kreis von relevanten Projektbeteiligten dessen Verlauf einer zeitlichen, wirtschaftlichen und technischen Bewertung unterzogen wird.

B. Widerspruchsfreiheit muss diese durch numerisch beschreibbare Ausprägungen formulierbar sein, um von einem Rechner interpretiert werden zu können. Mithilfe der sogenannten Fuzzy Logic kann die menschliche Sprache kodiert und in einen numerischen Wert über-führt werden.[782] Ebenfalls ist es denkbar, die Korrekturbewertung auf Basis einer algorithmenbasierten Analyse des Messberichts durchzuführen. Ein ähnliches Konzept wird bei ABELE ET AL. verfolgt.[783]

Nach Abschluss der Bewertung wird das Wissenselement durch die Funktion *Teach* (8) in die Fallbasis aufgenommen. Dies geschieht losgelöst vom Maßnahmenerfolg, da der Lernprozess von diesem unabhängig ist. Entsprechend geht es neben der Beschreibung und Übernahme der neuen Lösung in die Fallbasis ebenfalls darum, die im Verlauf vorgenommenen Veränderungen der ursprünglich vom System vorgeschlagenen Lösung zu dokumentieren und dabei gemachte Fehler festzuhalten.[784] So kann eine wenig erfolgreiche Maßnahme zukünftig als Information dienen, diese spezifische Maßnahme bei einem ähnlichen Fall nicht wieder zu ergreifen. Resultat ist ein neuer Fall in der Fallbasis, der für den Abgleich mit zukünftigen Fehlern zur Verfügung steht.

Das **Frontend** dient der übersichtlichen Darstellung von sowohl Nutzereingaben als auch der Datenausgabe von z. B. Korrekturvorschlägen. Abbildung 98 zeigt ein beispielhaftes User Interface der digitalen Wissensplattform für Blechumformwerkzeuge. Dieses beinhaltet drei zentrale Elemente. Im oberen linken Teil ist die Darstellung relevanter Projektstammdaten sowie die Möglichkeit deren Editierung vorgesehen. Im oberen rechten Teil können neue Try-out Iterationen operationsspezifisch (OP) angelegt werden. Zur Identifikation und Zuordnung entsprechender Abweichungen und Fehler wird jede Iteration mit einer eindeutigen Identifikationsnummer (ID) gekennzeichnet. Im unteren Bereich des Interfaces werden offene Maßnahmen aller Operationen dargestellt, die durch das Anlaufteam angelegt werden. Diese sind eindeutig mit einem Fehler verknüpft, sodass nach deren erfolgreicher Abarbeitung der Fehler im System als behoben markiert wird. Durch die Darstellung aller offenen Maßnahmen mit Verantwortlichkeiten, Fortschritt und Termin ist eine echtzeitnahe Überwachung des Maßnahmenstatus durch die Projektleitung möglich. Maßnahmen, bei denen eine Überschreitung der Bearbeitungszeit droht, können zudem durch entsprechende Farbgebung dargestellt sowie das Auslösen von Benachrichtigungen kenntlich gemacht werden.

Durch die Standardisierung verwendeter Begrifflichkeiten und die Einschränkung von Eingabemöglichkeiten über z. B. Drop-Down Menüs kann die Wissensdokumentation und -nutzung vereinheitlicht werden. Dazu ist vor allem die Definition eines einheitlichen Vokabulars notwendig. Obligatorische Eingabefelder sowie feste Eingabesequenzen mithilfe einer hierarchischen Eingabestruktur gewährleisten die Vollständigkeit der Eingaben. Durch den Einbau von Validitätsprüfungen wird die Qualität und Vollständigkeit der Datenbasis sichergestellt. Die dargestellten Standardisierungsmaßnahmen und Prüfsequenzen sind von hoher Wichtigkeit,

[782] Vgl. Bodendorf (Daten- und Wissensmanagement), 2006, S. 168f.

[783] Vgl. Abele et al. (Lean Try-out), 2017, S. 191ff.

[784] Vgl. Pfuhl (Case-Based Reasoning), 2013, S. 15; Bodendorf (Daten- und Wissensmanagement), 2006, S. 150f.

um dauerhaft eine datenbasierte Unterstützung bei der Ableitung wirksamer Korrekturmaßnahmen zu ermöglichen.

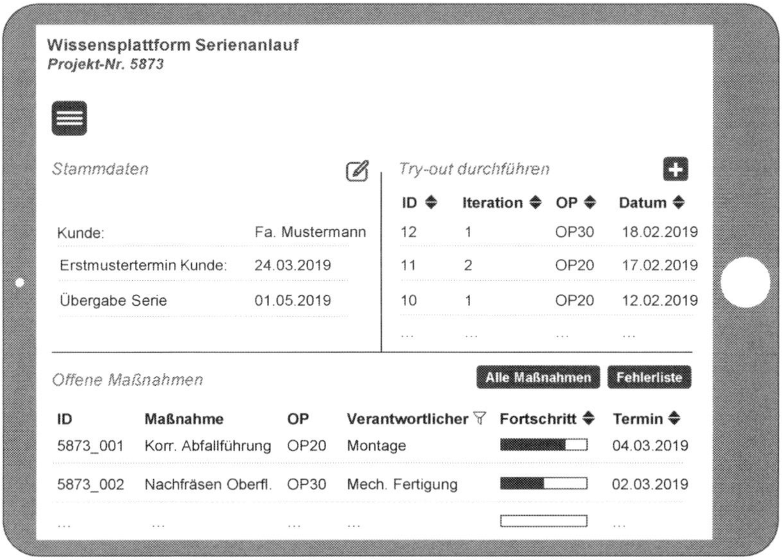

Abbildung 98: Beispielhaftes Frontend der digitalen Wissensplattform für Blechumformwerkzeuge

Wichtig ist eine enge Verknüpfung mit den in Kapitel 5.1.2.3 beschriebenen digitalen Änderungsworkflows sowie der damit verbundenen dynamischen Anlaufsteuerung (vgl. Kapitel 5.1.3.4). Korrekturmaßnahmen können sowohl in der digitalen Wissensplattform oder dem digitalen Qualifizierungsboard angelegt werden. Über die hybride Integrationsebene (vgl. Kapitel 5.3.1.3) wird eine Synchronisation der Datenstände sichergestellt. Zusätzlich wird durch Definition einer Korrekturmaßnahme der digitale Änderungsworkflow initiiert. Hierdurch ist es neben der Datendurchgängigkeit möglich, Fehler von der Entstehung bis zur Korrektur verfolgen und steuern zu können.

5.2.1.3 Digitale Wissenskultur

Der Mensch stellt als Wissensträger einen entscheidenden Erfolgsfaktor des Wissensmanagements dar. Forschungsseitig werden die Schwerpunkte daher auf Wissensteilung und Barrieren der Wissensteilung gesetzt, sobald der Mensch als Einflussfaktor in den Fokus des Wissensmanagements rückt.[785] Dies ist durch die Feststellung begründet, dass insbesondere ältere und erfahrene Mitarbeiter dem Thema Wissensmanagement eher kritisch gegenüber eingestellt sind, da sie ihren Status als alleiniger Wissensträger durch das Teilen von Wissen bedroht sehen.[786] Zur Adressierung dieser Herausforderung wird die digitale Wissenskultur

[785] Vgl. Heisig; Orth (Wissensmanagement), 2005, S. 48

[786] Vgl. Wilkesmann et al. (Wissensmanagement), 2003, S. 47f.

als wichtiger Teilaspekt der Unternehmenskultur formuliert. Diese umfasst gemeinsame Werte, Normen und Einstellungen, die Entscheidungen, Handlungen und Verhalten der Organisationsmitglieder in Bezug auf den Umgang mit Wissen prägen. Damit wird der Einfluss nicht formaler Organisationselemente auf das Verhalten der Organisationsmitglieder adressiert, welche letztendlich einen wesentlichen Einfluss auf die Leistungsfähigkeit des Unternehmens haben.[787]

Zur Ausgestaltung der digitalen Wissenskultur werden zunächst erfolgskritische Aspekte einer nachhaltigen Umsetzung von Wissensmanagement im Unternehmen dargestellt und beschrieben. Anschließend werden Faktoren vorgestellt, die zur nachhaltigen Verankerung organisationalen Lernens beitragen. In diesem Zusammenhang werden die Überwindung psychologischer Barrieren, die Einbindung von Mitarbeitern in die Entwicklung der digitalen Wissensplattform sowie Instrumente zur Incentivierung gewünschten Mitarbeiterverhaltens vertieft.

Unternehmenskulturen entstehen auf der Grundlage einzigartiger historischer Lern- bzw. Entwicklungsprozesse eines Unternehmens. Eine gezielte Veränderung der Unternehmenskultur erfordert ein umfangreiches Change Management.[788] Abbildung 99 zeigt erfolgskritische Aspekte des Wissensmanagements, die die Grundlage der digitalen Wissenskultur darstellen.

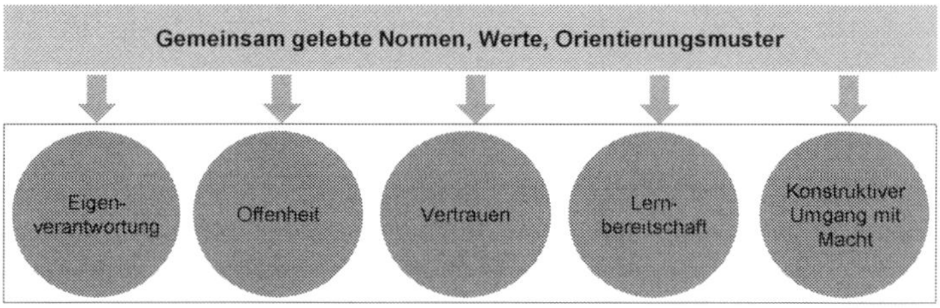

Abbildung 99: Erfolgskritische Aspekte des Wissensmanagements[789]

In Kapitel 5.1.3.2 wurde bereits der Aspekt *Eigenverantwortung* genannt. Dieser stellt im vernetzten und synchronisierten Serienanlauf von Werkzeugen einen wichtigen Faktor zum Erfolg dar und beschreibt die Bereitschaft eines Individuums, Konsequenzen seines Handelns zu tragen.[790] Die Eigenverantwortung ist von der intrinsischen Motivation einer Person abhängig und steht in Beziehung zur Lernbereitschaft und -fähigkeit.[791] Ein Mangel an Eigenverantwortung kann im Serienanlauf von Werkzeugen die grundsätzliche Handlungsfähigkeit des Individuums einschränken, da viele Entscheidungen situationsbedingt und auf Basis von Erfah-

[787] Vgl. Heisig; Orth (Wissensmanagement), 2005, S. 46

[788] Vgl. Heisig; Orth (Wissensmanagement), 2005, S. 46; Probst et al. (Wissen managen), 2012, S. 273 f.

[789] i. A. a. Armutat et al. (Einführung Wissensmanagement), 2002, S. 38

[790] Vgl. Armutat et al. (Einführung Wissensmanagement), 2002, S. 38; Bonack (Kennzahlen als Führungsinstrument), 2014, S. 53ff.

[791] Vgl. Heisig; Orth (Wissensmanagement), 2005, S. 47; Armutat et al. (Einführung Wissensmanagement), 2002, S. 38

rungswissen getroffen werden müssen. Die Befähigung der Mitarbeiter zur Entscheidungsfindung durch Bereitstellung digitaler Hilfsmittel (vgl. Kapitel 5.2.1.2) sowie das Einräumen von Entscheidungsfreiräumen sind somit im Rahmen der digitalen Wissenskultur anzustreben.

Offenheit zeigt sich in der Bereitschaft des Individuums, bestehendes Wissen zu hinterfragen, neues Wissen zu akquirieren und eigenes Wissen zu teilen.[792] Mangelnde Offenheit zeigt sich z. B. in opportunistischem Verhalten von Individuen, wenn Wissen in Erwartung eines persönlichen Vorteils bewusst zurückgehalten wird. Offenheit stellt somit insbesondere im Serienanlauf eine wichtige Eigenschaft dar, da der Einsatz von aktuellem Wissen und Erkenntnissen einen maßgeblichen Einfluss auf Qualität und Dauer der Anlaufaktivitäten hat. Offenheit gegenüber Neuem sollte vor allem durch Führungskräfte vorgelebt werden.

Die Akzeptanz von Urteilen und Handlungen anderer Individuen ohne intensives Hinterfragen und Prüfen offenbart *Vertrauen*.[793] Mangelndes Vertrauen kann Wissenstransfer- und Lernprozesse negativ beeinflussen und langfristig zu Frustration der Mitarbeiter führen. Neben dem Vertrauen auf Einschätzungen und Erfahrungen anderer Mitarbeiter ist Vertrauen in die Datenstände der digitalen Wissensplattform von hoher Wichtigkeit. Unvollständig gepflegte Datensätze können unter Umständen dazu führen, dass falsche Schlussfolgerungen getroffen werden. Somit ist die intensive Betreuung und Pflege der Plattform elementare Voraussetzung für deren nachhaltigen Einsatz und Erfolg.

Die *Lernbereitschaft* basiert auf der intrinsischen Motivation, sich mit neuen Themen oder Lösungen auseinanderzusetzen und damit zu lernen. Die Bereitschaft zu lernen kann entweder aus Neugier an neuen Themen oder aus einem wahrgenommenen Druck zur Weiterentwicklung der eigenen Fähigkeiten resultieren.[794] Im Fokus der Lernprozesse des vernetzten und synchronisierten Serienanlaufs von Werkzeugen sollte das Interesse an neuen Themen und Lösungen stehen. Zu vermeiden ist ein Wettbewerbsdruck unter Mitarbeitern, da dies tendenziell zur Zurückhaltung von Wissen führt. Durch den Einsatz technologieaffiner Mitarbeiter als sogenannte Early Adopter[795] sollten sukzessive auch Mitarbeiter von der Plattformnutzung überzeugt werden, die deren Einsatz skeptisch gegenüberstehen.

Ein *konstruktiver Umgang mit Macht* beschreibt das Erkennen und bewusste Einsetzen von inhärenten Machtmitteln eines Individuums.[796] Durch den Einsatz einer digitalen Wissensplattform wird eine umfangreiche Transparenz geschaffen. Abweichungen sollten analysiert und Rückschlüsse auf mögliche Ursachen gezogen werden, sodass diese korrigiert und zukünftig vermieden werden können. Dazu müssen Abweichungen offen angesprochen und thematisiert

[792] Vgl. Heisig; Orth (Wissensmanagement), 2005, S. 47; Armutat et al. (Einführung Wissensmanagement), 2002, S. 39

[793] Vgl. Heisig; Orth (Wissensmanagement), 2005, S. 47; Armutat et al. (Einführung Wissensmanagement), 2002, S. 39

[794] Vgl. Graf et al. (Agiles Lernen), 2017, S. 133; Armutat et al. (Einführung Wissensmanagement), 2002, S. 39f.

[795] Als Early Adopter werden Menschen bezeichnet, die zu den Ersten gehören, die neue Ideen übernehmen oder technische Entwicklungen bereits in einer frühen Phase erwerben.

[796] Vgl. Armutat et al. (Einführung Wissensmanagement), 2002, S. 40; Heisig; Orth (Wissensmanagement), 2005, S. 47

werden. Ursachen sollten allerdings nie einem spezifischen Mitarbeiter zugeordnet und dieser damit diffamiert werden.

Nachdem die erfolgskritischen Aspekte des Wissensmanagements als Grundlage der digitalen Wissenskultur dargestellt wurden, werden im Folgenden Faktoren zur erfolgreichen Gestaltung unternehmerischen Wandels beschrieben. Diese umfassen das Überwinden psychologischer Barrieren der Trägheit und Ablehnung, die aktive Beteiligung der Mitarbeiter am Wandel sowie die Würdigung erzielter Verbesserungen. Die Faktoren sind in Abbildung 100 dargestellt.

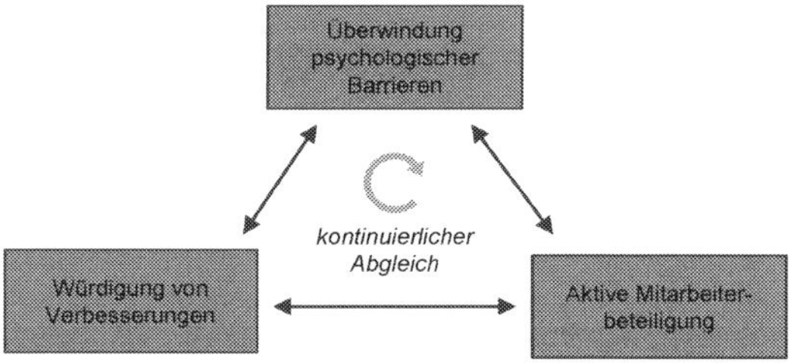

Abbildung 100: Faktoren zur erfolgreichen Gestaltung des Wandels

Psychologische Barrieren der Trägheit und Ablehnung können vor allem dadurch überwunden werden, dass die Gründe erklärt werden. Ziel ist die Schaffung eines gemeinsamen Verständnisses für die Notwendigkeit der Veränderung. Dies beinhaltet insbesondere die Überzeugung kritischer Haltungen und Einstellungen im Unternehmen.[797] Dazu sollte das Zielbild klar kommuniziert und bis auf die individuelle Ebene aufgeschlüsselt werden. Es ist Aufgabe der Führungskräfte, mit den Mitarbeitern zusammen Abteilungs- und Mitarbeiterziele individuell zu erarbeiten.

Weiterhin kann anhand einer *aktiven Mitarbeiterbeteiligung* eine deutlich höhere Akzeptanz für Veränderungsprozesse erzielt werden.[798] Ziel erfolgreicher Wandelprozesse sollte es dementsprechend sein, Mitarbeiter aktiv zur Partizipation zu ermutigen. Insbesondere was die konkrete Ausgestaltung der digitalen Wissensplattform anbetrifft, sollten Ideen und Anforderungen der Mitarbeiter berücksichtigt werden. Auf diese Weise kann diese bestmöglich hinsichtlich Funktionalität und Bedienbarkeit an die Bedürfnisse der Mitarbeiter angepasst werden. Abbildung 101 stellt einen sechsstufigen Prozess zur Einbeziehung der Mitarbeiter bei der Entwicklung und Umsetzung der digitalen Wissensplattform dar.

Durch workshop- oder interviewbasierte Erfassung des Status quo des Serienanlaufs von Werkzeugen leiten sich Defizite im Umgang mit der Ressource Wissen ab. Die festgestellten Defizite sollten Ausgangspunkt gemeinsamer Mitarbeiterworkshops zur Definition von Anforderungen (1) unter Einbeziehung unternehmensspezifischer Rahmenbedingungen darstellen. Anschließend erfolgt die Konzeptionierung (2) der digitalen Wissensplattform. Durch Festle-

---

[797] Vgl. Probst et al. (Wissen managen), 2012, S. 117ff.

[798] Vgl. Blessin; Wick (Führung), 2016, S. 142

gung relevanter Funktionalitäten sowie die Entwicklung von Mock-ups werden Funktionsumfang sowie das „Look & Feel" der digitalen Wissensplattform definiert. Hierbei sollte insbesondere der interdisziplinäre Charakter des Serienanlaufs berücksichtigt und Mitarbeiter unterschiedlicher Funktionen in die Konzeptionierung der digitalen Wissensplattform einbezogen werden. Nur so kann die anforderungsgerechte Abbildung betrieblicher Anlaufprozesse gewährleistet werden. Die Entwicklung (3) wird durch sukzessives Testen von Entwicklungsständen begleitet. Anschließend werden technologieaffine Mitarbeiter als Pilotanwender definiert und mit dem Testen & Verbessern (4) im Rahmen eines Piloten betraut. Die systematische Aufnahme und Bewertung von Anwenderfeedback im Serienanlauf von Werkzeugen ermöglicht im Rahmen der Optimierung (5), Fehler- und Funktionsanpassungen vorzunehmen. Erst nach Fertigstellung von Entwicklung und Optimierung der digitalen Wissensplattform sollte diese in größerem Umfang im Unternehmen umgesetzt (6) werden. Dazu bedarf es Schulungen sowie der Definition relevanter Verantwortlichkeiten für Pflege und Editierung von Daten. Während des gesamten Entwicklungsprojekts sollten die Mitarbeiter in regelmäßigen Abständen über den Entwicklungsfortschritt informiert werden.

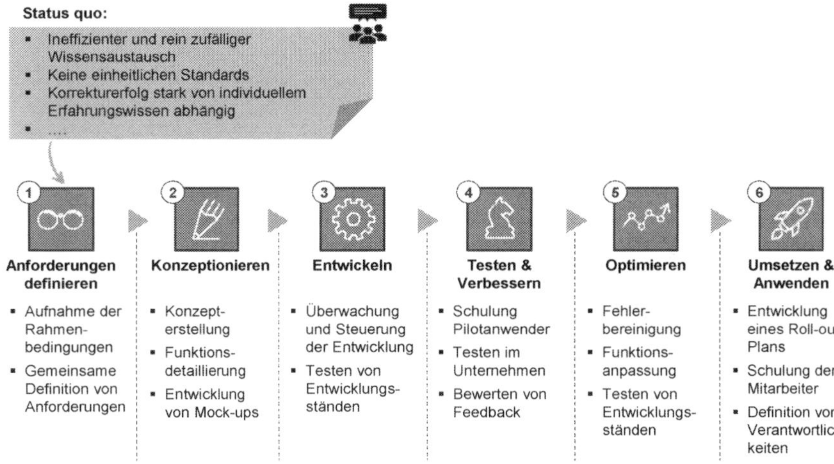

Abbildung 101: Einbeziehung der Mitarbeiter bei der Plattformeinführung

Als letzter Faktor zur erfolgreichen Gestaltung des Wandels sollten *Leistungen der Mitarbeiter aktiv gewürdigt werden*, um deren Motivation zu erhöhen.[799] Zur Steuerung der Motivation von Individuen auf organisationaler Ebene eignen sich Anreizsysteme, worunter das systematische und gezielte Belohnen für erwünschte Handlungen verstanden wird.[800] Ein Anreizsystem kann auf monetärer, materieller oder nomineller Basis realisiert werden. Insbesondere opportunistischem Verhalten von Mitarbeitern, welches sich z. B. im bewussten Zurückhalten von

[799] Vgl. Graf et al. (Agiles Lernen), 2017, S. 134f.

[800] Vgl. Semar (Anreizsysteme), 2004, S. 89ff.

Wissen äußert, kann durch den Einsatz geeigneter Anreizsysteme zur Wissensteilung begegnet werden.[801]

Aufgrund der Funktionsweise der digitalen Wissensplattform setzt diese den kontinuierlichen Aufbau und die stetige Aktualisierung der organisationalen Wissensbasis voraus. In diesem Zusammenhang ist es essenziell, dass Mitarbeiter bereit sind, implizites Wissen in Form von Korrekturmaßnahmen zur Verfügung zu stellen. Hierfür beschreibt SEIDEL wesentliche Gestaltungsempfehlungen:[802]

- Niedrige Wettbewerbsintensität
- Vermeidung komplexer und intransparenter Belohnungssysteme
- Einsatz sogenannter Wissenspromotoren

Insbesondere eine niedrige Wettbewerbsintensität zwischen den Mitarbeitern einer Organisation wird als wichtiger Faktor angeführt, um opportunistischem Verhalten entgegenzuwirken. Arbeitsplatzgarantien, die Berücksichtigung von Aufwänden für Informationstransfers als Opportunitätskosten sowie die möglichst einfache Gestaltung des Wissensaustauschs werden als Voraussetzungen angegeben. Ferner empfiehlt sich die Vermeidung von komplexen und intransparenten Belohnungssystemen, da andernfalls mit mangelnder Wirksamkeit oder sogar gegenteiligen Effekten zu rechnen ist. Das Anreizschema sollte zudem nicht zwischen Individuen differenzieren, offen kommuniziert werden und auf wenigen realistisch formulierten Handlungsfaktoren beruhen. Diese sollen klar formuliert sein und sich nicht widersprechen. Zusätzlich sollte auf sogenannte „Wissenspromotoren" zurückgegriffen werden.[803] Wissenspromotoren sind unternehmensintern für ihr Wissen und die Bereitschaft zur Wissensteilung ausgezeichnet und nehmen somit im Rahmen der digitalen Wissenskultur eine zentrale Stellung ein.

Nachfolgend wird ein beispielhaftes Anreizsystem beschrieben, welches die Bereitschaft der Mitarbeiter zur Dokumentation und Weitergabe von Wissen im vernetzten und synchronisierten Serienanlauf von Werkzeugen fördern soll. Während Standardaufgaben (z. B. Dokumentation von Wissen) konsequent eingefordert werden sollten, werden erwünschte Handlungen, die Mehrarbeit über Standardaufgaben hinaus darstellen oder den Erfolg einer Korrektur beinhalten, mit Punkten belohnt. Erwünschte Handlungen umfassen beispielsweise die Ableitung einer First-Time-Right[804] Korrekturmaßnahme, sodass Abweichungen durch den Rückgriff auf individuelles und/oder kollektives Wissen innerhalb einer Iteration behoben werden können. Ebenfalls kann die Dokumentation und Bereitstellung von Best-Practice-Ansätzen sowie die Ableitung werkzeugspezifischer Standards mit Punkten belohnt werden. Ein beispielhaftes Anreizsystem ist in Abbildung 102 dargestellt.

---

801 Vgl. Heisig; Orth (Wissensmanagement), 2005, S. 48

802 Vgl. Seidel (Wissensteilung), 2003, S. 154f.

803 Vgl. Seidel (Wissensteilung), 2003, S. 143ff.

804 First-Time-Right ist ein Konzeptbestandteil des Total-Quality-Managements. Auf den Serienanlauf angewendet ist die Forderung, Korrekturmaßnahmen so auszuwählen, dass Fehler und Ursache vollständig im ersten Versuch behoben werden.

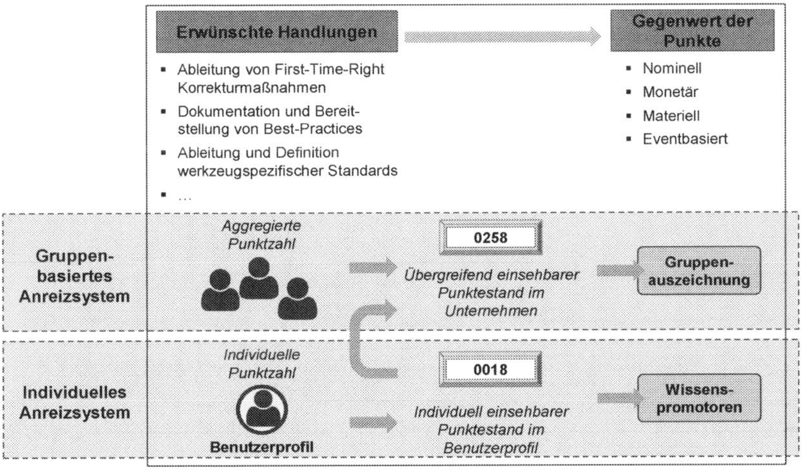

Abbildung 102: Anreizsystem zur Nutzung der digitalen Wissensplattform

Individuell oder als Team gesammelte Punkte werden in den jeweiligen Benutzerprofilen gespeichert und sind jederzeit für den Mitarbeiter einsehbar. Die Gesamtpunktzahl z. B. einer Abteilung sowie der individuelle Punktestand ist für alle Mitarbeiter einsehbar und sollte in gewissen Abständen thematisiert werden. Gesammelte Punkte können z. B. durch monetäre, nominelle, materielle oder eventbasierte Leistungen vergütet werden. Erfolgreiche Gruppen werden als Gruppe ausgezeichnet, individuelle Mitarbeiter erhalten den Status der sogenannten Wissenspromotoren.

Dem kontinuierlichen Wandel des Unternehmens entsprechend stellt die digitale Wissenskultur kein statisches Gebilde dar, sondern ist von den Mitarbeitern und für die Mitarbeiter zu gestalten. In beispielsweise jährlich stattfindenden Workshops sollte die digitale Wissenskultur kritisch hinsichtlich der Erfüllung unternehmensspezifischer Ziele hinterfragt werden. Sollten Anpassungen notwendig sein, können diese im Rahmen dieser Workshops erarbeitet werden.

5.3 Strukturelemente

Zuvor beschriebene Aktivitätselemente sowie das Verhaltenselement erfordern das Vorhandensein leistungsfähiger Strukturelemente. Diese umfassen eine digitale Infrastruktur sowie anforderungsgerechte Anlaufkompetenzen. Die digitale Infrastruktur beinhaltet notwendige Systeme zur Datenspeicherung, -verarbeitung und -bereitstellung. Anforderungsgerechte Anlaufkompetenzen sind notwendig, um Tätigkeiten im vernetzten und synchronisierten Serienanlauf von Werkzeugen effektiv und effizient durchführen zu können. Die Strukturelemente werden nachfolgend detailliert.

5.3.1 Digitale Infrastruktur

Eine digitale Infrastruktur ist als Gesamtheit von technischen Systemen zu verstehen, die das Erzeugen, Verarbeiten, Verbreiten und Abrufen digitaler Informationen sowie die digitale Vernetzung von Wertschöpfungsakteuren ermöglichen. Dazu sind diese mehrdimensional aufgebaut.[805] Neben einer horizontalen Vernetzung zwischen unterschiedlichen Wertschöpfungsprozessen oder -stufen muss die digitale Infrastruktur ebenfalls eine vertikale Vernetzung von der Feldebene bis in die Unternehmensleitebene abbilden können. Erfolgreiche Anwendungen zeigen, dass die Analyse großer Datenmengen helfen kann, Produkte und Dienstleistungen bedeutend oder sogar radikal zu verbessern.[806] Trotz der hohen Potenziale liegen im Werkzeugbau bisher in der Regel diverse proprietäre Systeme für unterschiedliche Anwendungen vor, die nicht oder nicht ausreichend miteinander vernetzt sind.[807] Ziel des Gestaltungselements ist es dementsprechend, das Konzept einer abgestimmten digitalen Infrastruktur darzustellen.

Zunächst werden relevante Grundlagen hinsichtlich Vernetzung und digitaler Schatten dargestellt. Anschließend wird der Gestaltungsaspekt **Multimodale Datenquellenebene** beschrieben. Durch die multimodale Datenquellenebene werden relevante Daten des Serienanlaufs aus sensorbasierten Werkzeugen und dazugehöriger Peripherie sowie Anwendungssoftwaresystemen ortsunabhängig bereitgestellt. Entsprechende anlaufrelevante Systeme und Überwachungsparameter werden in diesem Kontext aufgezeigt. Im Rahmen der **hybriden Integrationsebene** wird die Datenaggregation und -verknüpfung aus unterschiedlichen Systemen der Datenquellenebene vorgenommen. Insgesamt entsteht auf diese Weise der digitale Anlaufschatten eines Werkzeugs, auf den Verhaltens- und Aktivitätselemente zugreifen können.

5.3.1.1 Grundlagen

Das Ziel digitaler Infrastrukturen liegt im Management großer Datenmengen zur digitalen Abbildung von Produkten und Prozessen in Form eines digitalen Schattens. Der digitale Schatten stellt ein hinreichend genaues Abbild der Prozesse und Informationen eines Unternehmens dar. Dieses Abbild wird benötigt, um eine echtzeitfähige Auswertungsbasis aller relevanten Daten zu schaffen und hieraus letztendlich Handlungsempfehlungen abzuleiten.[808] Entsprechend bildet der digitale Schatten die Grundlage zur Realisierung von Potenzialen der kollaborativen Produktivität. Dies bedingt die Aufnahme, Speicherung, Analyse und Interpretation entsprechender Daten im Produktlebenszyklus.[809] Zur Erfüllung dieser Aufgabe besteht eine digitale Infrastruktur aus Hard- und Softwarekomponenten.[810]

Hardwarekomponenten umfassen Computer- und Kommunikationssysteme, die über Hardwareschnittstellen miteinander verbunden sind.[811] Aufgrund hoher Investitionskosten in lokale Computer- und Kommunikationssysteme sowie deren geringer Flexibilität hinsichtlich kurzfristiger Steigerung der Leistungsfähigkeit finden zunehmend Cloud-Lösungen Anwendung.

[805] Vgl. Begovic (Datenbasiertes Wissensmanagement), 2018, S. 39ff.

[806] Vgl. Schuh et al. (Internet of Production), 2017, S. 3

[807] Vgl. Boos et al. (Digital Vernetzen im Werkzeugbau), 2016, S. 10; Boos et al. (CAx-Prozessketten im Werkzeugbau), 2018, S. 10f.

[808] Vgl. Bauernhansl et al. (Standpunkt Industrie 4.0), 2016, S. 23; Schuh et al. (Digitaler Schatten), 2016, S. 745

[809] Vgl. Schuh et al. (Geschäftsmodell-Innovation), 2017, S. 10

[810] Vgl. Salmen (Vernetzter Shopfloor), 2016, S. 215

[811] Vgl. Salmen (Vernetzter Shopfloor), 2016, S. 214f.

Cloud-Lösungen stellen eine Dienstleistung dar, die Unternehmen Zugang zu komplexen Hochleistungsplattformen ermöglichen. Durch die Skalierbarkeit solcher Systeme wird dem Nutzer eine Lösung nach individuellen Bedürfnissen bereitgestellt.[812] Softwarekomponenten wie z. B. ERP- oder PPS-Systeme nutzen die Hardware, um anwendungsspezifische Funktionalitäten zu realisieren und Anwendungsoberflächen darzustellen.

Die Auslegung einer digitalen Infrastruktur zur Abbildung eines digitalen Schattens kann anhand des Migrationspfads zum digitalen Schatten erfolgen. Das neunstufige Verfahren ist in Abbildung 103 dargestellt. Die neun Schritte sind den vier übergeordneten Handlungsfeldern Datenstruktur und -modell (1), multimodale Datenaufnahme (2), multimodale Datenfusion (3) sowie Konsistenz- und Plausibilitätscheck (4) zugeordnet.[813] Die einzelnen Schritte sind sequenziell zu durchlaufen und werden im Folgenden beschrieben.

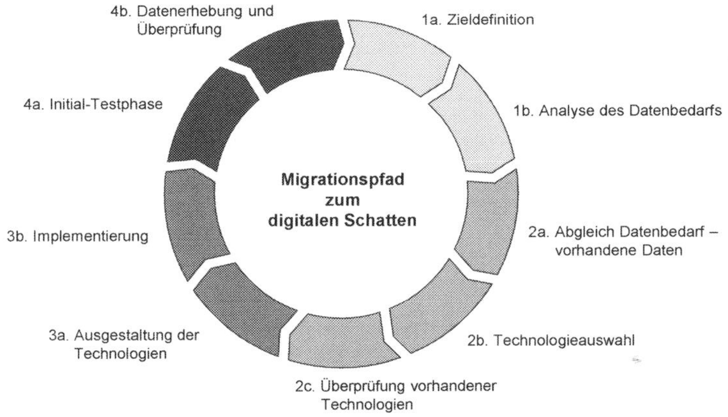

Abbildung 103: Migrationspfad zum digitalen Schatten[814]

Der ersten beiden Schritte umfassen die Zieldefinition (1a) sowie die darauf basierende Analyse des notwendigen Datenbedarfs (1b). Der ermittelte Datenbedarf wird im dritten Schritt mit bestehenden Daten abgeglichen (2a), wodurch ein entsprechendes Delta zwischen Soll- und Ist-Daten ermittelt werden kann. Für jeden definierten Datenpunkt ist zu entscheiden, über welche (Sensor-)Technologie (2b) die benötigten Daten aufgenommen werden können und welche Anforderungen hinsichtlich z. B. Granularität, Frequenz, Datenformat oder Schnittstellen bestehen. Die bereits vorhandenen Technologien (2c) sind anschließend hinsichtlich ihrer Eignung und der Eingliederung in ein konsistentes Gesamtkonzept zu überprüfen. In Schritt sechs wird die konkrete technologische Ausgestaltung (3a) vorgenommen, bevor das entwickelte Gesamtkonzept in Schritt sieben in die Implementierung (3b) überführt wird. Eine Prüfung der Datenqualität im Rahmen der Initial-Testphase (4a) gibt Auskunft, ob Daten korrekt

812 Vgl. Hurwitz et al. (Cognitive Computing), 2015, S. 110f.

813 Vgl. Bauernhansl et al. (Standpunkt Industrie 4.0), 2016, S. 29

814 i. A. a. Bauernhansl et al. (Standpunkt Industrie 4.0), 2016, S. 30

erfasst und gespeichert werden. Abschließend wird das Konzept in den Produktivbetrieb (4b) überführt.[815]

Die anschließende produktive Nutzung generierter Daten kann anhand unterschiedlicher Analyseverfahren erfolgen. Mittels der Analysen lassen sich innerhalb der Datensätze Muster erkennen, die Rückschlüsse hinsichtlich Wirkzusammenhängen und des Systemverhaltens ermöglichen. Dies lässt zum einen die Prognose von Zukunftszuständen zu, zum anderen können dadurch Handlungsempfehlungen datenbasiert abgeleitet werden. Im produktionstechnischen Kontext gelten folgende Analyseverfahren als besonders relevant:[816]

- Predictive Analytics zur Erkennung von Trends und Mustern durch Anwendung bedingter Wahrscheinlichkeiten
- Data Mining zum automatisierten Erkennen und Extrahieren von Mustern und Korrelationen in großen Datenbeständen
- Machine Learning zum selbstständigen Erwerb von Wissen durch Ansätze der künstlichen Intelligenz

Zur Generierung eines digitalen Anlaufschattens als Grundlage der genannten produktionstechnischen Analyseverfahren werden im Folgenden die Gestaltungsaspekte Multimodale Datenquellenebene und Hybride Integrationsebene beschrieben.

5.3.1.2 Multimodale Datenquellenebene

Zur Erzeugung des digitalen Schattens muss zunächst die Datengrundlage aus verschiedenen Datenquellen geschaffen werden, bevor diese Daten gefiltert, verdichtet und weiterverarbeitet werden können.[817] Als Datenquellen gelten in diesem Zusammenhang Systeme, die Daten entweder erzeugen oder speichern können. Aufgrund der Masse an Daten, die über unterschiedliche Datenquellen erzeugt werden können, stellt die Auswahl und Festlegung relevanter Datenquellen eine Herausforderung dar. Dazu werden relevante Datenquellen vorgestellt. Diese umfassen im Gestaltungsaspekt zum einen Anwendungssoftwaresysteme wie z. B. bestehende ERP- oder PPS-Systeme, zum anderen intelligente Werkzeug-Presse-Systeme[818], die mit entsprechender Sensorik ausgestattet sind.

Im Folgenden werden zunächst anlaufrelevante Anwendungssoftwaresysteme sowie entsprechende anlaufrelevante Daten beschrieben. Anschließend erfolgt die Darstellung spezifischer Prozessparameter aus intelligenten Werkzeug-Presse-Systemen. Aufgrund werkzeugtypspezifischer Unterschiede hinsichtlich relevanter Daten im Serienanlauf erfolgt diese anhand von Blechumformwerkzeugen. Abschließend wird auf die Umsetzung eingegangen.

Anwendungssoftwaresysteme sind Programme, die Funktionalitäten zur Unterstützung von betriebswirtschaftlichen, technischen und interdisziplinären Aufgaben bereitstellen.[819] Da im

---

[815] Vgl. Bauernhansl et al. (Standpunkt Industrie 4.0), 2016, S. 29ff.

[816] Vgl. Bauernhansl et al. (Standpunkt Industrie 4.0), 2016, S. 36

[817] Vgl. Bauernhansl et al. (Standpunkt Industrie 4.0), 2016, S. 23

[818] Dieser Ausdruck gilt beispielhaft für Blech- oder Massivumformwerkzeuge; Spritz- oder Druckgusswerkzeuge arbeiten in Verbindung mit einer Spritz- bzw. Druckgussmaschine.

[819] Vgl. Abts; Mülder (Grundkurs Wirtschaftsinformatik), 2017, S. 58

Serienanlauf je nach Umfang der Korrektur oder technischen Änderung die gesamte Prozesskette des Werkzeugbaus durchlaufen werden muss, werden Enterprise Resource Planning (ERP), Produktionsplanung und -steuerung (PPS), Betriebsdatenerfassung (BDE) sowie verschiedene CAx-Anwendungen wie Computer Aided Design (CAD), Computer Aided Manufacturing (CAM) und Computer Aided Quality (CAQ) benötigt (vgl. Kapitel 2.2.5.2). Für Blechumformwerkzeuge sollte zusätzlich die Finite-Elemente-Methode (FEM) für die Durchführung der simulationsgestützten Rückfederungskompensation zum Einsatz kommen.[820] Die genannten Systeme werden durch die in Kapitel 5.2.1.2 beschriebene digitale Wissensplattform ergänzt. Betriebswirtschaftliche Anwendungssoftware (z. B. Buchhaltungssysteme) wird im übergeordneten Betriebskontext benötigt, hat allerdings auf die wertschöpfungsseitige Gestaltung des Serienanlaufs keinen direkten Einfluss, weshalb sie im Folgenden nicht weiter thematisiert wird. Abbildung 104 zeigt die genannten Systeme inklusive anlaufrelevanter Daten am Beispiel von Blechumformwerkzeugen.

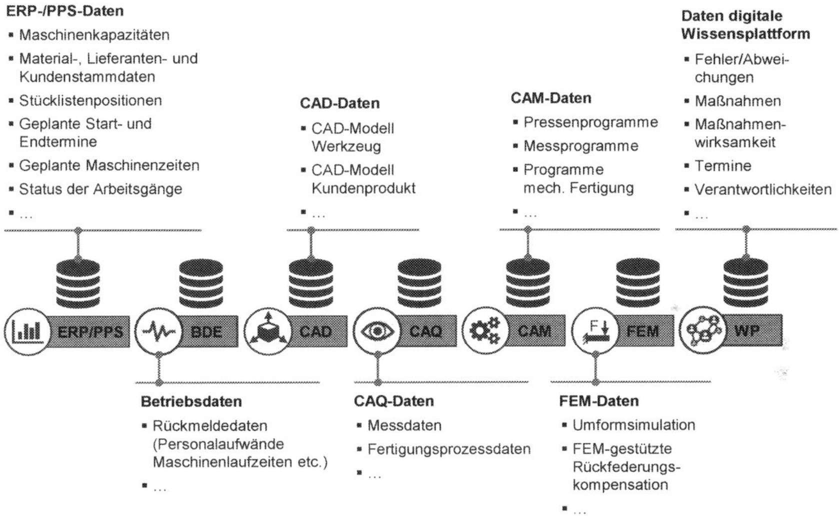

Abbildung 104: Relevante Anwendungssoftwaresysteme und Beispieldaten im Serienanlauf von Blechumformwerkzeugen

Für die zeitlich optimale Gestaltung des vernetzten und synchronisierten Serienanlaufs von Werkzeugen werden *PPS-Systeme* benötigt.[821] Heutzutage liegen diese Systeme häufig nicht mehr eigenständig vor, sondern sind Teil eines übergeordneten *ERP-Systems*. In ERP-Systemen vorliegende Daten können in Stamm- und Bewegungsdaten differenziert werden.[822] Während Stammdaten eine geringe Änderungshäufigkeit aufweisen, werden Bewegungsdaten

[820] Vgl. Birkert et al. (Herstellung komplexer Karosserieteile), 2013, S. 398; der Einsatz einer entsprechenden werkzeugtypspezifischen FEM-Software sollte bei anderen Werkzeugtypen äquivalent erfolgen.

[821] Vgl. Kampker et al. (Unternehmensstruktur), 2011, S. 180

[822] Vgl. Schuh et al. (Aufgaben der PPS), 2012, S. 72

kontinuierlich aktualisiert. Für den Serienanlauf von Werkzeugen werden als relevante Stammdaten z. B. Materialdaten, Ressourcenstammdaten sowie Kunden- und Lieferantenstammdaten benötigt. Bewegungsdaten werden für die zeitliche Abstimmung von Tätigkeiten im Serienanlauf genutzt. Neben der Kapazitätsplanung umfassen diese die Ablaufterminierung. Dadurch können Start- und Endtermine einzelner Aktivitäten unter Berücksichtigung von Personal- und Maschinenkapazitäten festgelegt werden. Durch einen Austausch entsprechender Daten mit dem Gestaltungselement Intelligente Anlaufplanung (vgl. Kapitel 5.1.2.4) kann eine robuste Planung von Aktivitäten und Ressourcen vorgenommen werden.

Zur Erhebung von Betriebsdaten werden *BDE-Systeme* eingesetzt. Betriebsdaten bilden tatsächliche Ressourcenbedarfe (Ist-Auftragsdaten) aus der Produktion ab und können somit für übergeordnete Systeme wie beispielsweise das eben beschriebene ERP-/PPS-System bereitgestellt werden.[823] Daten werden z. B. durch manuelle Rückmeldung an Eingabeterminals, digitale Änderungsworkflows (vgl. Kapitel 5.1.2.3), die dynamische Anlaufsteuerung (vgl. Kapitel 5.1.3.4) sowie durch Daten aus der Maschinensteuerung (MDE) von Fertigungsressourcen oder Pressen generiert. Die An- und Fertigmeldung von Korrekturprozessen hilft neben der zeitlichen Synchronisierung von Prozessschritten in laufenden Anlaufprojekten, die Planungsgrundlage zukünftiger Projekte durch die Nutzung von Vergangenheitsdaten zu verbessern.

CAx-Systeme umfassen neben den im Serienanlauf zur Umsetzung von konstruktiven Änderungen genutzten CAD- und CAM-Systemen ebenfalls CAQ-Systeme.[824] *CAD-Systeme* werden neben der dreidimensionalen Darstellung des Kundenprodukts und des Werkzeugs für Montage- und Demontagezwecke ebenfalls zur Anpassung der Werkzeugkonstruktion genutzt. Insbesondere umfangreiche Korrekturen bedingen in der Regel konstruktive Anpassungen am CAD-Modell. Durch Rückführung von realen Werkzeugflächen und -konturen ins CAD-Modell mittels optischer 3D-Messsysteme kann die Bereitstellung einer validen Datenbasis für FEM-gestützte Rückfederungskompensationen bzw. einer äquivalenten Optimierung anderer Werkzeugtypen erfolgen. Ebenfalls ermöglicht die Datenrückführung nach Abschluss des Serienanlaufs, der Serie passgenaue Ersatzteile zur Verfügung zu stellen. Mittels *CAM-System* werden neben Maschinenprogrammen ebenfalls Messprogramme erstellt.[825] *CAQ-Systeme* eignen sich zur Erfassung, Verwaltung und Analyse von Messberichten sowie der Erstellung von Prüfplänen auf Basis von CAD-Konstruktionsdaten.[826] Je nach Ausgestaltung der digitalen Wissensplattform können in CAQ-Systemen ebenfalls Korrekturmaßnahmen definiert sowie deren Wirksamkeit dokumentiert werden.

Bei Blechumformwerkzeugen dienen *FEM-Systeme* der Simulation des Umformvorgangs. Im Rahmen des Serienanlaufs können FEM-Systeme herangezogen werden, um eine FEM-gestützte Rückfederungskompensation durchzuführen. Bei dieser wird das Werkzeug ausgehend von den CAD-Daten durch eine Vielzahl von vernetzten finiten Elementen modelliert.

[823] Vgl. Schuh et al. (Aufgaben der PPS), 2012, S. 78f.

[824] Vgl. Boos et al. (CAx-Prozessketten im Werkzeugbau), 2018, S. 10f.

[825] Vgl. Boos et al. (CAx-Prozessketten im Werkzeugbau), 2018, S. 11

[826] Vgl. Kampker et al. (Unternehmensstruktur), 2011, S. 192

Durch das Aufbringen äußerer Lasten auf das Modell kann das Verformungsverhalten der Einzelkomponenten simuliert und die Rückfederung prognostiziert werden. Die erwartete Rückfederung dient als Ausgangspunkt, um entsprechende Werkzeuganpassungen zur Kompensation der Rückfederung abzuleiten und diese über erneute Simulationen zu validieren.[827]

Die *digitale Wissensplattform* stellt das letzte relevante Anwendungssoftwaresystem dar. Auf Basis der in Kapitel 5.2.1.2 aufgezeigten Funktionalitäten umfasst diese Checklisten, Protokolle, Abweichungs- und Nacharbeitsdokumentationen sowie Wirksamkeitsbewertungen. Entsprechend liegen in der digitalen Wissensplattform Daten hinsichtlich z. B. Fehlerkategorie, Fehlerbild, Verursacher, Korrekturmaßnahmen und deren Wirksamkeit, Korrekturaufwände sowie Termine und Verantwortlichkeiten vor.

Als Ergänzung der dargestellten Anwendungssoftwaresysteme werden nachfolgend relevante Parameter **intelligenter Werkzeug-Presse-Systeme** beschrieben. Eine temporäre oder dauerhafte Erfassung und Analyse dieser Parameter ermöglicht, das komplexe Systemverhalten von Werkzeug, Presse, Material und Bauteil digital abbilden zu können. Eine verbesserte Transparenz sowie ein gesteigertes Verständnis entsprechender Wirkzusammenhänge erlauben, zielgerichtete Korrekturmaßnahmen abzuleiten und somit Umfang und Dauer des Serienanlaufs zu verkürzen.[828]

Im Folgenden vorgestellte anlaufrelevante Parameter intelligenter Werkzeug-Presse-Systeme sollen eine Orientierungshilfe darstellen und sind dementsprechend als Basisparameter zu verstehen. Eine konkrete Auswahl relevanter Parameter für einen realen Anwendungsfall muss immer in Zusammenhang mit dem Werkzeugtyp, Charakteristika des spezifischen Bauteils, eines zu detektierenden Fehlers sowie der individuellen Ziele ausgewählt werden. Die durch Sensorik zu erfassenden Parameter können den Kategorien Werkzeug, Material, Presse und Produkt zugeordnet werden. Abbildung 105 zeigt die entsprechenden Kategorien sowie zugeordnete Parameter im Umformprozess.

Am *Werkzeug* stellt der Materialfluss eine wesentliche Messgröße zur Charakterisierung von Umformprozessen dar. Vom Umformprozess hängt maßgeblich ab, ob Reißer (Materialfluss unterhalb des optimalen Prozessfensters) oder Falten (Materialfluss oberhalb des optimalen Prozessfensters) am Bauteil entstehen.[829] Die sogenannte Blechhalterpressung wirkt im Umformprozess auf das Blechmaterial zwischen Stempel und Matrize und hat einen signifikanten Einfluss auf den Materialfluss. Durch die gezielte Anpassung der Blechhalterpressung kann der Materialfluss im Werkzeug optimiert werden.[830] Zusätzlich stellt die wiederholgenaue Blechposition des Materials eine zentrale Voraussetzung für die prozesssichere Herstellung hochqualitativer Bauteile dar.[831] Weiterhin kann durch Messung der Durchbiegung des Werk-

[827] Vgl. Roll (Simulation der Blechumformung), 2007, S. 9f.

[828] Vgl. Boos et al. (Intelligente Werkzeuge), 2018, S. 9f. und S. 35

[829] Vgl. Maier (Inline-Qualitätsprüfung), 2018, S. 21

[830] Vgl. Siegert (Tiefziehen), 2015, S. 123f.

[831] Vgl. Birkert et al. (Herstellung komplexer Karosserieteile), 2013, S. 390

zeugs auf der Presse eine möglicherweise ungleichmäßige Flächenpressung zwischen Werkzeug und Werkstück identifiziert werden.[832] Die Werkzeugtemperatur wird durch das tribologische System beeinflusst und hat in der Serienproduktion insbesondere Auswirkungen auf Wirtschaftlichkeit und Werkzeugverschleiß.[833] Zuletzt eignet sich die Schnittkraft zur Charakterisierung von Trennoperationen im Umformprozess.[834]

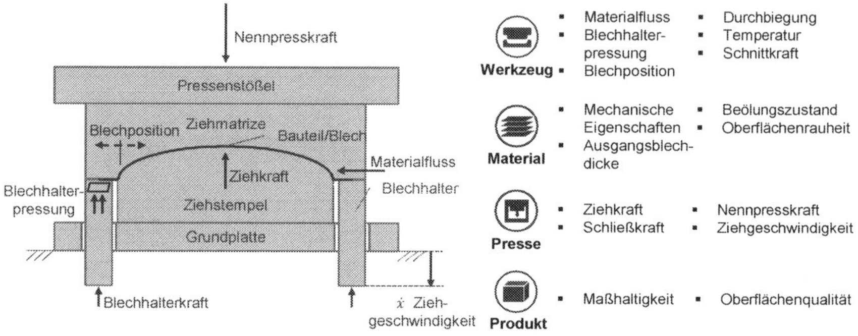

Abbildung 105: Relevante Parameter im Umformprozess

Neben den Werkzeugparametern hat das *Material* einen umfangreichen Einfluss auf das Umformergebnis. Die Materialparameter werden zunächst durch dessen mechanische Eigenschaften charakterisiert.[835] Als weitere Einflussgröße kann die Ausgangsblechdicke des Materials erfasst werden, die typischerweise fertigungsbedingten Schwankungen unterliegt.[836] Das im Werkzeug über die Messung der Temperatur erfasste tribologische Systemverhalten wird u. a. durch den Beölungszustand beeinflusst. Eine Erfassung der Beölung erlaubt somit, das tribologische Verhalten zu prognostizieren. Zudem hat die Oberflächenrauheit Einfluss auf das tribologische System und ist entscheidend für die Oberflächenqualität des hergestellten Produkts.[837]

Die relevanten *Pressenparameter* des Serienanlaufs werden durch die Ziehkraft, Schließkraft, Nennpresskraft und Ziehgeschwindigkeit abgebildet.[838] Je nach Wahl und Einstellung der Parameter wird das Werkstück nicht vollständig ausgeformt oder es kommt zu Rissen oder Falten am Bauteil. Die Kräfte können zum einen durch Sensorik erfasst werden, andererseits lassen sie sich in vielen Fällen direkt aus der Maschinensteuerung der Presse auslesen.[839]

---

[832] Vgl. Birkert et al. (Herstellung komplexer Karosserieteile), 2013, S. 382
[833] Vgl. Begovic (Datenbasiertes Wissensmanagement), 2018, S. 150
[834] Vgl. Boos et al. (Intelligente Werkzeuge), 2018, S. 14 und S. 20
[835] Vgl. Purr et al. (Stamping Plant 4.0), 2015, S. 24
[836] Vgl. Boos et al. (Intelligente Werkzeuge), 2018, S. 14; Purr et al. (Stamping Plant 4.0), 2015, S. 24
[837] Vgl. Drossel et al. (Cyber-physisches Presswerk), 2016, S. 461
[838] Vgl. Boos et al. (Intelligente Werkzeuge), 2018, S. 14
[839] Vgl. Purr et al. (Stamping Plant 4.0), 2015, S. 25; Drossel et al. (Cyber-physisches Presswerk), 2016, S. 461

Zuletzt kann eine Erfassung von Messgrößen des *Produkts* helfen, das Systemverhalten im Serienanlauf zu verstehen. In der Regel erfolgt die bauteilseitige Vermessung durch Mitarbeiter der Messtechnik in speziell dafür ausgelegten Messräumen. Vereinzelt wird ebenfalls eine Inline-Erfassung der Parameter durch optische Systeme vorgenommen. Da die Inline-Erfassung jedoch mit entsprechenden Kosten verbunden ist, wird diese in der Regel nur in der Serienproduktion eingesetzt. Produktseitig zu erfassen sind insbesondere Maßhaltigkeit und Oberflächenqualität.[840]

Zur Erfassung der dargestellten Parameter bedarf es entsprechender Sensoriklösungen. Grundsätzlich können Sensoren anhand der sechs Dimensionen statische Genauigkeit, dynamisches Verhalten, Messbereich, Überbelastbarkeit, Umwelteinflüsse sowie Zuverlässigkeit charakterisiert werden.[841] Die anforderungsgerechte Sensorikauswahl kann anhand eines siebenstufigen Auslegungsprozesses erfolgen. Dieser ist in BOOS ET AL.[842] beschrieben. Bei der Auswahl der Sensorik muss neben der Auswahl des korrekten Sensortyps sowie der entsprechenden Integration ins Werkzeug oder die Peripherie ebenfalls die Datenmenge berücksichtigt werden. Im Megahertzbereich arbeitende Köperschallsensoren generieren pro Stunde mehrere Gigabyte an Daten, die entsprechend gespeichert und verarbeitet werden müssen. Die Datenspeicherung kann entweder lokal oder cloudbasiert erfolgen, hierbei sind insbesondere Aspekte hinsichtlich Datenmenge, Sicherheit und Skalierbarkeit zu berücksichtigen.

Für die Erzeugung eines digitalen Schattens des vernetzten und synchronisierten Serienanlaufs von Werkzeugen müssen unternehmensseitig sowohl Anwendungssoftwaresysteme als auch intelligente Werkzeug-Pressen-Systeme berücksichtigt werden. Zur Identifikation und Auswahl relevanter Datenquellen müssen sechs Vorgehensstufen durchlaufen werden. Diese sind in Abbildung 106 dargestellt. Die Umsetzung der sechs Stufen bedarf eines übergreifenden Prozessverständnisses. Dieses kann durch Einbeziehung von IT-Mitarbeitern, Messtechnikern, Maschinenbedienern, Konstrukteuren sowie Data Scientists[843] erreicht werden.

Zunächst muss bei Anwendungssoftwaresystemen und intelligenten Werkzeug-Presse-Systemen der konkrete Anwendungsfall und das daraus resultierende Ziel definiert werden (I). Hierbei sollte mit Mitarbeitern im Rahmen von Workshops festgelegt werden, welche Erkenntnisse aus den unterschiedlichen Datenquellen generiert werden sollen bzw. können. Dies wird zum einen durch die beschriebenen Aktivitätselemente sowie das Verhaltenselement determiniert, kann aber durch weitere unternehmensspezifische Anforderungen erweitert werden. Bei intelligenten Werkzeug-Presse-Systemen gilt es, anlaufrelevante Fehler zu identifizieren und hinsichtlich der zeitlichen und finanziellen Auswirkungen zu bewerten. Insbesondere Fehler, die hohe direkte (z. B. Nacharbeitskosten) oder indirekte (z. B. Kosten für Anlagenstillstand, Kos-

[840] Vgl. Purr et al. (Stamping Plant 4.0), 2015, S. 25f. mit Verweis auf Birkert et al. (Herstellung komplexer Karosserieteile), 2013

[841] Boos et al. (Intelligente Werkzeuge), 2018, S. 16

[842] Boos et al. (Intelligente Werkzeuge), 2018, S. 18f.

[843] Data Scientists bedienen sich mathematischer Modelle und statistischer Methoden, um große Datenmengen systematisch auszuwerten und Wissen daraus zu generieren.

ten für Mengenverluste, Konventionalstrafen durch Produktionsausfälle) finanzielle Auswirkungen im Serienanlauf des Werkzeugs aufweisen (und damit in der Regel auch die zeitliche Komponente widerspiegeln), eignen sich potenziell für eine sensorbasierte Überwachung.

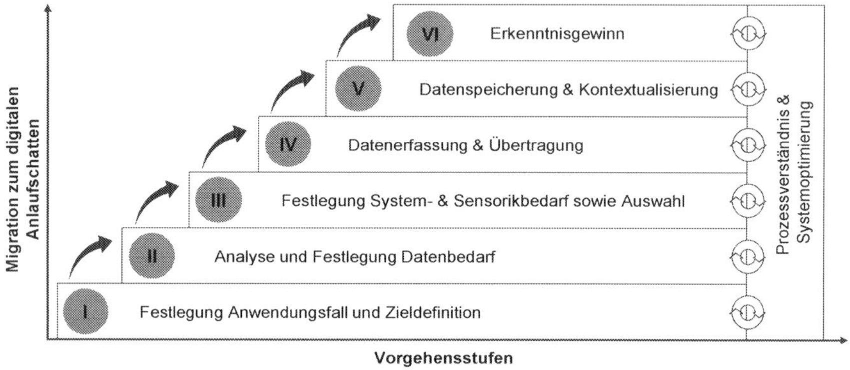

Abbildung 106: Vorgehen zur Umsetzung des digitalen Anlaufschattens

Aus dem festgelegten Anwendungsfall und einer entsprechend abgeleiteten Zielstellung ist der Datenbedarf zu ermitteln (II). Hinsichtlich der Anwendungssoftwaresysteme kann der Datenbedarf z. B. Planungs- und Rückmeldedaten vergangener Serienanläufe zur Abbildung der intelligenten Anlaufplanung umfassen. Bei intelligenten Werkzeug-Presse-Systemen muss festgelegt werden, anhand welcher Prozessparameter und physikalischer Größen ausgewählte Fehler detektiert werden können.

Im Rahmen des dritten Schritts ist zunächst der Datenbedarf mit den vorhandenen Daten abzugleichen. Aus dem daraus resultierenden Delta kann der System- und Sensorikbedarf abgeleitet werden (III). Sollten Planungs- oder Rückmeldedaten nicht ausreichend vorhanden sein, bedarf es z. B. der Implementierung von ERP-/PPS- oder BDE-Systemen. Sollten als relevant identifizierte Prozessparameter und physikalische Größen im Serienanlauf bisher sensortechnisch nicht erfasst werden, ist die Auswahl von Sensorik notwendig, die einen entsprechenden Parameter valide detektieren kann.

Die Datenerfassung und Übertragung (IV) betrifft hauptsächlich intelligente Werkzeug-Presse-Systeme. Dies ist der Tatsache geschuldet, dass Daten in der Regel initial lediglich lokal am Sensor vorliegen und zur Speicherung und Auswertung an einen zentralen Speicherort übertragen werden müssen. Diese Übertragung kann separat pro Sensor oder durch Kopplung der Sensorsignale über sogenannte IoT-Gateways erfolgen. Je nach Hersteller und Fabrikat verfügen diese über eine unterschiedliche Anzahl von Ein- und Ausgängen und unterstützten Sensortypen.

Anschließend müssen die übertragenen Daten gespeichert und kontextualisiert werden (V). Große Datenmengen sowie die Forderung nach kurzen Latenzzeiten können insbesondere über eine lokale Speicherung abgebildet werden. Sofern kleinere Datenmengen dezentral verfügbar gemacht werden sollen, eignen sich ebenfalls Cloud-Lösungen für die Speicherung.

Über die Kontextualisierung werden Daten auf einheitliche Datenformate und -strukturen transformiert. Eine Detaillierung der Kontextualisierung erfolgt im Rahmen der hybriden Integrationsebene (vgl. Kapitel 5.3.1.3).

Abschließend können Daten von sowohl Anwendungssoftwaresystemen als auch intelligenten Werkzeug-Presse-Systemen zur Generierung von Erkenntnissen (VI) in den Gestaltungselementen des vernetzten und synchronisierten Serienanlaufs von Werkzeugen genutzt werden. Die Datenbereitstellung erfolgt über die hybride Integrationsebene.

5.3.1.3 Hybride Integrationsebene

Systemketten im Werkzeugbau bestehen in der Regel aus unterschiedlichen proprietären Systemen, sodass ein Datenaustausch über Systemgrenzen hinaus nur selten möglich ist.[844] Dem Ziel der Generierung eines digitalen Anlaufschattens aus heterogenen Datenquellen (vgl. Kapitel 5.3.1.2) kann dementsprechend bisher nur unzureichend Rechnung getragen werden. An dieser Schwachstelle setzt die hybride Integrationsebene an. Dafür ist diese aus einer datenverarbeitenden Middleware sowie einem Data Warehouse zur Datenaggregation und -bereitstellung aufgebaut. Die Middleware ermöglicht die Integration von heterogenen Anwendungen und Daten aus verteilten Systemen über standardisierte Schnittstellen und Protokolle.[845] Sie bietet den Vorteil, die Anzahl zu programmierender und zu pflegender Schnittstellen gegenüber der bilateralen Schnittstellenprogrammierung zwischen Systemen zu reduzieren.[846] Das Data Warehouse stellt ein System zur aggregierten Speicherung und Verwaltung analyserelevanter Anlaufdaten unterschiedlicher proprietärer Systeme dar. Dazu ist das Datenbanksystem eines Data Warehouse zur Verarbeitung großer Datenmengen optimiert.[847]

Im Folgenden werden zunächst die Anforderungen an eine Middleware im Serienanlauf von Werkzeugen beschrieben. Anschließend werden deren Funktionsweise und Aufbau dargestellt. Danach wird auf das Data Warehouse als zentrale Datenbank anlaufrelevanter Daten eingegangen. Hierzu wird zunächst der Prozess der Datenverarbeitung thematisiert und abschließend die notwendige Datenbankstruktur dargestellt.

Die Middleware im vernetzten und synchronisierten Serienanlauf von Werkzeugen muss zwei zentrale Anforderungen erfüllen. Zum einen bedarf es zur Realisierung digitaler Workflows und Synchronisierung von Daten zwischen unterschiedlichen Systemen eines bidirektionalen Austauschs zwischen unterschiedlichen Anwendungssoftwaresystemen in der Datenquellenebene. Zum anderen werden zur Erzeugung eines digitalen und echtzeitnahen Anlaufschattens kontinuierlich anlaufrelevante Daten in ein Data Warehouse geladen, um diese für echtzeitnahe Analysen bereitzustellen. Eine direkte Extraktion und Echtzeitanalyse großer Datenmengen aus verteilten Anwendersystemen mittels einer Middleware ist technologisch bisher nicht möglich.

---

[844] Vgl. Boos et al. (Digital Vernetzen im Werkzeugbau), 2016, S. 10; Boos et al. (CAx-Prozessketten im Werkzeugbau), 2018, S. 10f.

[845] Vgl. Bengel (Verteilte Systeme), 2014, S. 16

[846] Vgl. Minguez (Manufacturing Service Bus), 2013, S. 271

[847] Vgl. Farkisch (Data-Warehouse-Systeme), 2011, S. 7

In Praxis und Literatur finden sich unterschiedliche Middleware-Systeme, die grundsätzlich für den Anwendungsfall Serienanlauf von Werkzeugen geeignet erscheinen. Als entsprechende Systeme sind z. B. der Enterprise Service Bus (ESB)[848], der Manufacturing Service Bus (MSB)[849] oder das Internet of Production (IoP)[850] zu nennen. Der Enterprise Service Bus beschreibt eine Netzwerkarchitektur, die die Integration verteilter Dienste in der Anwendungslandschaft eines Unternehmens ermöglicht und wurde 2002 durch die Firma Garnter geprägt.[851] Der Manufacturing Service Bus stellt eine Erweiterung des Enterprise Service Bus für die produzierende Industrie dar und wurde insbesondere zur Gewährleistung der Schnittstellenkompatibilität in Produktionsumgebungen entwickelt.[852] Das Internet of Production bildet ein Konzept, um entscheidungsrelevante Daten heterogener Systeme in adäquater Granularität zur Verbesserung der interdisziplinären Kollaboration bereitzustellen.[853] Während das Internet of Production bisher lediglich als Konzept vorliegt, finden sowohl der Enterprise Service Bus als auch der Manufacturing Service Bus bereits Anwendung im Unternehmenskontext. Aufgrund der spezifischen Eignung für die produzierende Industrie, der grundsätzlichen Realisierbarkeit der dargestellten Anforderungen sowie des hohen Detaillierungsgrads orientiert sich die Ausgestaltung der Middleware am Aufbau des Manufacturing Service Bus.

An die Middleware werden die in der multimodalen Datenquellenebene (vgl. Kapitel 5.3.1.2) beschriebenen Datenbanken und Systeme angeschlossen, sodass zur Informationsgenerierung in Aktivitätselementen, im Verhaltenselement sowie im Data Warehouse auf entsprechende Datenquellen zugegriffen werden kann. Zusätzlich kann ein bilateraler Informationsaustausch zwischen den Datenquellen realisiert werden. Zur Anbindung dieser Systeme verfügt die Middleware über Schnittstellen, die unterschiedliche Kommunikationsprotokolle unterstützen. Diese umfassen grundlegende Regeln und Standards für den Informationsaustausch zwischen zwei Systemen. Im Einzelnen beinhaltet dies den zeitlichen Ablauf der Datenübertragung, die Struktur der transferierten Daten sowie Regeln zum Verbindungsauf- und -abbau.[854] Abbildung 107 zeigt die für den vernetzten und synchronisierten Serienanlauf von Werkzeugen ausgelegte Middleware sowie die angebundenen Datenquellen.

Das *Frontend* bietet eine webbasierte Nutzeroberfläche, mit der Integrationsprozesse grafisch modelliert werden können.[855] Durch Nutzung des Frontends können Mitarbeiter des Werkzeugbaus neue Informationsflüsse in der Infrastruktur konfigurieren.

Mithilfe des *Identity & Permission Managements* werden Zugriffsrechte einzelner Systeme und Entitäten definiert.[856] Neben internen Prozessbeteiligten sollten ebenfalls externe Stakeholder

[848] Vgl. Chappell (Enterprise Service Bus), 2004, S. 1ff.

[849] Vgl. Minguez (Manufacturing Service Bus), 2013, S. 271ff.

[850] Vgl. Schuh et al. (Internet of Production), 2017, S. 4ff.

[851] Vgl. Breest (Introduction Enterprise Service Bus), 2006, S. 1f.

[852] Vgl. Schel et al. (Manufacturing Service Bus), 2018, S. 181; Minguez (Manufacturing Service Bus), 2013, S. 276

[853] Vgl. Schuh et al. (Internet of Production), 2017, S. 4f.

[854] Vgl. Abts; Mülder (Grundkurs Wirtschaftsinformatik), 2017, S. 93f.

[855] Vgl. Schel et al. (Manufacturing Service Bus), 2018, S. 182

[856] Vgl. Schel et al. (Manufacturing Service Bus), 2018, S. 182

eingebunden werden können. Insbesondere die Serienproduktion des Kunden sollte in Teilen auf digitale Änderungsworkflows (vgl. Kapitel 5.1.2.3), die dynamische Anlaufsteuerung (vgl. Kapitel 5.1.3.4) sowie die digitale Wissensplattform (vgl. Kapitel 5.2.1.2) zugreifen können. Zur Vermeidung eines Übertrags sensibler Informationen sollte der Zugriff auf für den Kunden relevante Informationen beschränkt werden.

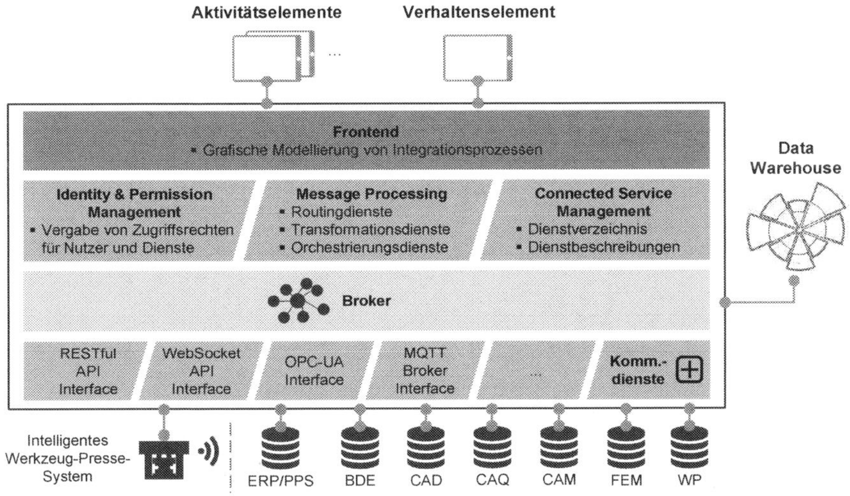

Abbildung 107: Beispielhafte Darstellung der Middleware sowie angebundener Datenquellen für Blechumformwerkzeuge[857]

Das Kernelement der Middleware stellt das *Message Processing* dar. Dieses führt alle notwendigen Integrationsprozesse durch, die den Datenaustausch zwischen den heterogenen Systemen ermöglichen. Dazu besteht das Message Processing aus drei unterschiedlichen Arten von Integrationsdiensten. Die Routingdienste identifizieren Empfänger eingehender Daten, sodass diese zielgerichtet weitergeleitet werden können. Mittels der Transformationsdienste werden Unterschiede in Datenformaten und Kommunikationsprotokollen zwischen Absender- und Empfängersystem überbrückt. Dies geschieht durch die Nutzung eines übergeordneten Datenmodells, in das Daten aus Absender- und Empfängersystem übergangsweise transformiert werden. Orchestrierungsdienste bieten die Möglichkeit, wiederkehrende Interaktionen zwischen den Systemen als Workflows zu implementieren.[858]

[857] Für den vernetzten und synchronisierten Serienanlauf von Werkzeugen adaptiertes Konzept i. A. a. Schel et al. (Manufacturing Service Bus), 2018, S. 182

[858] Vgl. Schel et al. (Manufacturing Service Bus), 2018, S. 183f.; Minguez (Manufacturing Service Bus), 2013, S. 277ff.

Das *Connected Service Management* dient der Einbindung und Konfiguration von Systemen und weiteren Datenbanken aus der Datenquellenebene.[859] Neben Festlegung der Transformationsregeln werden hier beispielsweise Einstellungen bzgl. Aktualisierungszeitpunkten festgelegt.

Anhand des *Brokers* wird die Kommunikation zwischen Dienstkonsument und Dienstanbieter gesteuert. Dieses ermöglicht die Vermeidung direkter Abhängigkeiten zwischen Datenkonsument und Datenquelle sowie die Reduzierung der Anzahl von Verbindungen.[860] Hierfür stehen unterschiedliche *Kommunikationsprotokolle* (z. B. OPC-UA oder MQTT) zur Verfügung. Voraussetzung ist ein einheitliches Datenformat des Brokers, in das Daten angeschlossener Systeme überführt werden müssen.

Die beschriebene Middleware ermöglicht neben der bidirektionalen Informationsübertragung zwischen unterschiedlichen Anwendersystemen ebenfalls die unidirektionale Speicherung anlaufrelevanter Daten in ein Data Warehouse. Der Datenverarbeitungsprozess zur Aggregation von Daten in ein Data Warehouse läuft klassischerweise anhand des dreistufigen Prozesses Extract, Transform, Load (ETL) ab. Im Rahmen der Datenextrahierung werden Daten aus relevanten Quellsystemen geladen, mittels der Funktion Transform auf die Datenstruktur des Data Warehouse transformiert und anschließend im Data Warehouse abgespeichert (Load).[861]

Über die Middleware ist definiert, wie Daten aus den unterschiedlichen Quellsystemen extrahiert werden. Die Frequenz der Extraktion kann direkt, periodisch, anfrage- oder ereignisgesteuert erfolgen.[862] Für den vernetzten und synchronisierten Serienanlauf von Werkzeugen eignen sich insbesondere direkte und ereignisgesteuerte Extraktionsmechanismen. Direkte Extraktionen sollten dann erfolgen, wenn sich Datenbestände in einem angeschlossenen System z. B. durch Anpassung des CAD-Modells oder die Planung im ERP/PPS-System verändern. Aufgrund großer Datenmengen sollte für Sensordaten aus dem intelligenten Werkzeug-Presse-System (bzw. äquivalenter Systeme anderer Werkzeugtypen) eine ereignisgesteuerte Extraktion vorgesehen werden. Auf diese Weise werden Sensordaten lediglich in bestimmten Intervallen bei z. B. Überschreiten einer bestimmten Anzahl an Datenpunkten in das Data Warehouse geschrieben, um die Geschwindigkeit des Gesamtsystems nicht durch permanente Lese- und Schreibzugriffe negativ zu beeinflussen. Die notwendige Transformation wird über das Datenmodell der Middleware realisiert.

Nach Abschluss der Extraktions- und Transformationsprozesse werden relevante Datensätze in die Cleansing Area des Data Warehouse geladen. Diese dient im Wesentlichen zur Filterung und Aufbereitung fehlerhafter oder unvollständiger Datensätze.[863] Nach Abschluss der Fehlerbereinigung erfolgt die Integration der bereinigten Daten in den Data Warehouse Core. Zur Realisierung kurzer Ladezyklen bietet sich das inkrementelle Laden an. Hierbei werden bestehende Datensätze im Core lediglich um neue Daten oder Änderungen ergänzt, sodass kein

[859] Vgl. Schel et al. (Manufacturing Service Bus), 2018, S. 182

[860] Minguez (Manufacturing Service Bus), 2013, S. 279

[861] Vgl. Farkisch (Data-Warehouse-Systeme), 2011, S. 8; Schnider et al. (Data Warehouse), 2016, S. 66

[862] Vgl. Farkisch (Data-Warehouse-Systeme), 2011, S. 61

[863] Vgl. Schnider et al. (Data Warehouse), 2016, S. 7

vollständiger Upload aller Daten aus den Quellsystemen notwendig ist.[864] Abbildung 108 visualisiert die Verknüpfung zwischen Middleware und der Datenspeicherung im Data Warehouse.

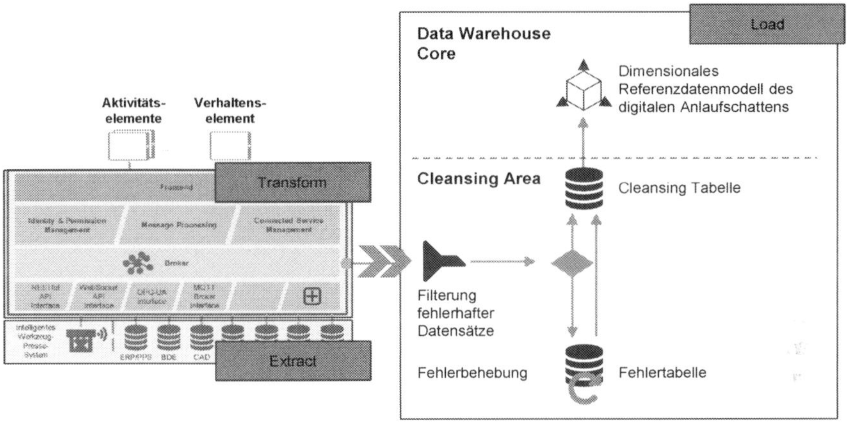

Abbildung 108: Extract, Transform, Load über die Middleware in das Data Warehouse

Die Strukturierung von Daten im Data Warehouse erfolgt in der Regel anhand dimensionaler Datenmodelle. Diese ordnen analyserelevante Daten in einem durch mehrere Dimensionen aufgespannten Raum an und eignen sich im hohen Maße für gezielte Abfragen und Analysen.[865] Die Dimensionen ermöglichen die Filterung und Gruppierung der Daten nach unterschiedlichen Kriterien. In der Regel verfügen die unterschiedlichen Dimensionen über eine Hierarchie der Dimensionselemente, sodass die Beschreibung und Auswertung auf unterschiedlichen Granularitäts- und Detaillierungsstufen möglich ist.[866]

Zur Strukturierung der Daten des digitalen Anlaufschattens anhand eines dimensionalen Datenmodells kann auf das sogenannte Star-Schema zurückgegriffen werden. Dies hat sich für die dimensionale Datenmodellierung von Data Warehouses bewährt und ermöglicht schnelle Datenabfragen.[867] Im Star-Schema werden analyserelevante Daten in Faktentabellen gespeichert, die jeweils mehrere Daten zu einer übergeordneten Kategorie zusammenfassen. Dimensionselemente beschreiben die einzelnen Hierarchiestufen einer Dimension und beinhalten zusätzlich einen Primärschlüssel (Surrogate Key), der jeden Dimensionseintrag eindeutig identifiziert. Faktentabellen nutzen die Surrogate Keys als Fremdschlüssel, um die gespeicherten Daten mit den Dimensionseinträgen zu verknüpfen. Auf diese Weise kann einem Datensatz beispielsweise eine Uhrzeit zugeordnet werden.[868]

---

[864] Vgl. Schnider et al. (Data Warehouse), 2016, S. 68

[865] Vgl. Farkisch (Data-Warehouse-Systeme), 2011, S. 12f.

[866] Vgl. Schnider et al. (Data Warehouse), 2016, S. 41

[867] Vgl. Schnider et al. (Data Warehouse), 2016, S. 40; Farkisch (Data-Warehouse-Systeme), 2011, S. 31

[868] Vgl. Schnider et al. (Data Warehouse), 2016, S. 39ff.

Ein beispielhaftes Datenmodell des digitalen Anlaufschattens besteht aus den Dimensionen Datum, Uhrzeit, Werkzeug, Serienanlauf und Ressource. Dieses ist in Abbildung 109 dargestellt. Mit steigendem Detaillierungsgrad und Umfang anlaufrelevanter Daten wird die Aussagekraft für auf den digitalen Schatten zugreifende Anwendungen erhöht.

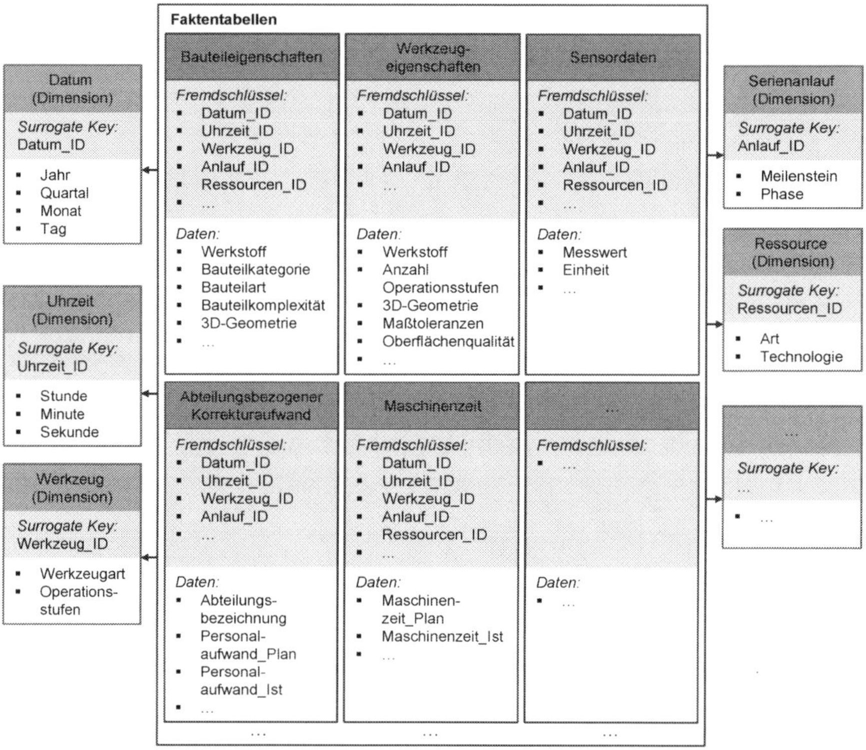

Abbildung 109: Beispielhafte Modellierung des digitalen Anlaufschattens für Blechumformwerkzeuge

Die Zeitdimension wird in Datum und Uhrzeit unterteilt. Die Trennung ist aus speichertechnischen Gründen sinnvoll, da die Anzahl der notwendigen Dimensionseinträge zur Speicherung von Zeiten erheblich reduziert werden kann. Die Dimension Werkzeug enthält einen Surrogate Key für jedes vom Kunden beauftragte Werkzeug. Die Hierarchie gliedert sich am Beispiel von Blechumformwerkzeugen in Werkzeugart (z. B. Stufensatz, Transferwerkzeug etc.) und Operationsstufen (z. B. Umform-, Nachform-, Beschnittstufe etc.), sodass Analysen z. B. auf Basis eines spezifischen Werkzeugprojekts oder der Bauform durchgeführt werden können. Mithilfe der Dimension Serienanlauf kann zwischen unterschiedlichen Meilensteinen und Phasen differenziert werden. Auf Basis der Ressourcendimension werden Daten den eingesetzten Anlaufressourcen zugeordnet, die neben Fertigungsressourcen ebenfalls Pressenressourcen umfassen.

Die analyserelevanten Daten werden beispielhaft in die Faktentabellen Bauteileigenschaften, Werkzeugeigenschaften, Sensordaten, abteilungsbezogener Korrekturaufwand und Maschinenzeit unterteilt. Die in einer Faktentabelle gespeicherten Bauteileigenschaften umfassen z. B. Angaben zu Bauteilkategorie sowie Werkstoff- und Geometriedaten. In der Tabelle Werkzeugeigenschaften werden neben grundlegenden Werkzeugcharakteristika wie Geometrie- und Werkstoffdaten ebenfalls Qualitätskriterien wie z. B. Maßtoleranzen sowie Anforderungen an die Oberflächenqualität hinterlegt.

Auf Basis des dargestellten digitalen Anlaufschattens ist es möglich, datenbasiert Anlaufstrategien abzuleiten, Prozesse auf Basis von Referenzdaten zu planen, Daten echtzeitnah zu synchronisieren sowie organisatorische Einheiten zielgerichtet zu steuern. Ebenfalls greift die digitale Wissensplattform für die Ableitung von Korrekturmaßnahmen auf den digitalen Anlaufschatten zu.

5.3.2 Anforderungsgerechte Anlaufkompetenzen

Wissen, Fähigkeiten und entsprechende Kompetenzen weisen einen hohen Stellenwert im Werkzeugbau auf. Dies wurde bereits im Gestaltungselement Vernetztes Lernen (vgl. Kapitel 5.2.1) dargestellt und basiert auf der Tatsache, dass repetitive Tätigkeiten aufgrund des Einzel- und Kleinseriencharakters lediglich einen geringen Anteil der täglichen Arbeit ausmachen. In der Folge lassen sich Lerneffekte vielfach nicht ohne Abstraktion übertragen. Insbesondere im Serienanlauf wird diese Herausforderung deutlich, da auftretende Fehlerbilder werkzeugspezifisch analysiert und Korrekturmaßnahmen individuell abgeleitet werden müssen. Aufgrund eines häufig breiten Spektrums an Kunden, Bauteilen, kundenspezifischen Werkzeugstandards, Materialien und eingesetzten Pressen ist diese Aufgabe hochkomplex und erfordert entsprechende Kompetenzen (vgl. Kapitel 2.2.6). Neben dem Einsatz digitaler Unterstützung hat daher die Kompetenzentwicklung für Organisation und Mitarbeiter eine große Bedeutung.[869]

Nachfolgend werden zunächst die Grundlagen der Kompetenzentwicklung dargestellt. Dazu werden die Ergebnisse aus Kapitel 2.3.2.3 aufgegriffen und detailliert. Anschließend wird der Gestaltungsaspekt **Ganzheitliche Kompetenzerfassung** ausgearbeitet, um Potenziale und Qualifizierungsbedarfe im Unternehmen identifizieren zu können. Im Rahmen dieser werden relevante Anlaufkompetenzen und entsprechende Methoden vorgestellt, um das Kompetenzniveau der Mitarbeiter im Unternehmen erfassen und bewerten zu können. Die **mitarbeiterspezifische Qualifizierung** baut auf den Ergebnissen der ganzheitlichen Kompetenzerfassung auf. Sowohl aus strategischer als auch individueller Perspektive werden Fähigkeiten der Mitarbeiter auf Basis eines Soll-Ist-Abgleichs durch spezifische Maßnahmen weiterentwickelt.

5.3.2.1 Grundlagen

Der Kompetenzbegriff wird in unterschiedlichen Kontexten verwendet und ist dementsprechend verschiedenartig definiert. Nach dem Verständnis von ERPENBECK & SAUTER kann Kompetenz als Fähigkeit beschrieben werden, Problemsituationen eigenständig und zielgerichtet

[869] Vgl. Schäfer (Betriebliche Kompetenzentwicklung), 2006, S. 41f.

zu bewältigen, ohne entsprechende Lösungswege oder das Resultat im Vorfeld zu kennen.[870] Da der Kompetenzbegriff häufig mit Qualifikationen, Kenntnissen sowie Fähigkeiten und Fertigkeiten gleichgesetzt wird, werden die Begriffe im Folgenden abgegrenzt.

Qualifikationen stellen die allgemeine und berufliche Ressourcenbasis für potenzielle Handlungen dar. Dazu umfassen sie Kenntnisse, Fähigkeiten und Fertigkeiten eines Individuums. Kenntnisse setzen sich aus explizitem und implizitem Wissen (vgl. Kapitel 5.2.1.1) zusammen. Fähigkeiten bilden die Grundlage für das Entwickeln von Fertigkeiten und basieren auf kognitiven, psychischen und physischen Aspekten. Fertigkeiten repräsentieren das erlernbare und anwendungsbereite Können der Mitarbeiter und werden von Fähigkeiten, erlernten Fertigkeiten und der Motivation beeinflusst.[871]

Die Kompetenz zur Durchführung einer Handlung ist übergeordnet zu den beschriebenen Begrifflichkeiten zu sehen. Sie beschreibt, wie ein Mitarbeiter in einer Arbeitssituation Kenntnisse, Fähigkeiten, Erfahrung und Verhaltensweisen zu kombinieren vermag. Die Qualifikation eines Mitarbeiters stellt hierfür die Grundlage dar. Abbildung 110 zeigt den Zusammenhang der dargestellten Begrifflichkeiten sowie Möglichkeiten, diese zu beeinflussen.

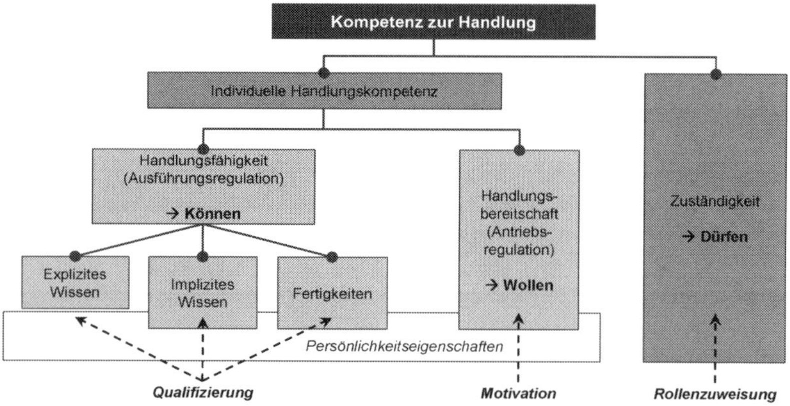

Abbildung 110: Elemente der Kompetenz sowie Möglichkeiten der Einflussnahme[872]

Die Entwicklung von Kompetenzen basiert auf langfristigen Lernprozessen und findet insbesondere im Rahmen des betrieblichen Arbeitsumfelds und der zugrundeliegenden Arbeitsprozesse statt. Der Kompetenzentwicklungsprozess kann in vier Phasen eingeteilt werden, die wiederum individuelle Anforderungen an die Gestaltung der Lernprozesse stellen. Die erste Phase Wissensaufbau dient der Aneignung des für die Problemlösung erforderlichen Wissens sowie entsprechender Methoden und Instrumente. Die zweite Phase Qualifikation umfasst die selbstorganisierte Vertiefung des zuvor aufgebauten Wissens durch gezielte Übung oder die Bearbeitung von Fallstudien. In der dritten Phase erfolgt ein Wissenstransfer in die Praxis

[870] Vgl. Erpenbeck; Sauter (So werden wir lernen!), 2013, S. 32

[871] Vgl. Unger; Spanner-Ulmer (Gestaltung des Produktionssystems), 2007, S. 118

[872] i. A. a. Unger; Spanner-Ulmer (Gestaltung des Produktionssystems), 2007, S. 119

durch Einsatz des Wissens in der realen Arbeitsumgebung. Die eigentliche Kompetenzentwicklung geschieht im Rahmen der letzten Phase durch umfangreiches Anwenden erworbenen Wissens im Rahmen der täglichen Arbeit, in Projekten oder im Netzwerk.[873]

Zur systematischen Evaluation der qualitativen und quantitativen Ausprägung einer Kompetenz eignet sich die Differenzierung unterschiedlicher Kompetenzniveaus zur anforderungsgerechten Einstellung und Einsetzung von Mitarbeitern. RAUNER beschreibt fünf Entwicklungsstufen, die unterschiedliche Kompetenzniveaus differenzieren. In der untersten Kompetenzstufe verfügt der Lernende als Anfänger über keinerlei Erfahrung. Durch Weiterbildung und Anwendung vermittelten Wissens erlangt der Lernende sukzessive Orientierungs- und Überblickswissen, Zusammenhangswissen, Detail- und Funktionswissen sowie erfahrungsgeleitetes und fachsystematisches Vertiefungswissen, wodurch er sich fortlaufend zum Experten weiterentwickelt.[874]

Auf Basis der Erläuterungen werden im Folgenden die ganzheitliche Kompetenzerfassung und die mitarbeiterspezifische Qualifikation zur systematischen Erfassung und Entwicklung von Kompetenzen im vernetzten und synchronisierten Serienanlauf von Werkzeugen beschrieben.

5.3.2.2 Ganzheitliche Kompetenzerfassung

Innovationsfähigkeit, Effektivität, Zielerreichung und Ertragskraft einer Organisation hängen maßgeblich von der Fähigkeit ab, vorhandene Kompetenzen und Fähigkeiten der Mitarbeiter zu nutzen, diese zielgerichtet weiterzuentwickeln sowie neue Kompetenzen systematisch aufzubauen. Insbesondere der digitale Wandel stellt in diesem Zusammenhang eine umfassende Herausforderung dar. Dieser bedingt zum einen die Entwicklung von neuen Kompetenzen, z. B. für eine Neuausrichtung von Führungsrollen und -aufgaben, zum anderen ermöglichen digitale Anwendungen neue, veränderte Formen des Lernens. Um als Organisation diese Transformation erfolgreich zu gestalten, bedarf es der Überprüfung und Anpassung des eigenen Kompetenzbestands, um das individuelle oder institutionelle Potenzial bestmöglich zu nutzen.[875] Das Gestaltungselement Ganzheitliche Kompetenzerfassung ermöglicht die systematische Erfassung und Evaluierung bestehender Kompetenzen im Unternehmen.

Im Rahmen dieses Kapitels werden dazu zunächst relevante Anlaufkompetenzen dargestellt und beschrieben. Anschließend werden unterschiedliche Möglichkeiten zur Erfassung und Bewertung entsprechender Kompetenzen vorgestellt. Abschließend wird auf die Darstellung anhand von Kompetenzprofilen eingegangen. Aufgrund werkzeugtypabhängiger Kompetenzbedarfe erfolgt die Darstellung fachlicher, methodischer und digitaler Kompetenzen anhand von Blechumformwerkzeugen.

Zur Abbildung organisationsseitig vorhandener Kompetenzen werden in der Praxis Kompetenzmodelle eingesetzt. Kompetenzmodelle stellen die gesamtheitliche Sammlung aller im Unternehmen geforderten und vorhandenen Kompetenzen dar und bilden somit die Basis zur

[873] Vgl. Erpenbeck; Sauter (Kompetenzentwicklung), 2015, S. 21ff.

[874] Vgl. Rauner (Kompetenzentwicklung), 2002, S. 117ff.

[875] Vgl. North et al. (Kompetenzmanagement in der Praxis), 2018, S. 1ff.

Ableitung aufgaben- und mitarbeiterspezifischer Kompetenzprofile.[876] Kompetenzprofile dienen einerseits der transparenten Darstellung individueller Kompetenzausprägungen, andererseits der Planung und Umsetzung weiterer Entwicklungsschritte.[877] Im Umkehrschluss dient ein Kompetenzmodell daher als Anforderungskatalog an Mitarbeiter, in welchem Kompetenzen messbar dokumentiert werden.[878]

Die Festlegung tätigkeits- oder rollenspezifischer Kompetenzprofile erfordert die Auswahl relevanter Kompetenzen aus dem unternehmensspezifischen Kompetenzmodell. Zur Beschreibung von Kompetenzprofilen hat sich die Festlegung von 12 bis 16 Kompetenzen bewährt, die entsprechend den Anforderungen des Tätigkeits- und Aufgabenbereichs ausgewählt werden. Aus Diskussionen im Rahmen des in Kapitel 2.2.7 beschriebenen Arbeitskreises zum Thema Prozess- und Ergebnisoptimierung im Try-out[879] sowie Erfahrungen des Autors lassen sich für den Serienanlauf von Werkzeugen insgesamt 16 Kompetenzen in den vier Kategorien fachliche, methodische, digitale und soziale Kompetenzen identifizieren. Diese sind generisch in Abbildung 111 dargestellt, können jedoch je nach Unternehmen, Werkzeugtyp und spezifischen Aufgabenbereichen variieren. Zu beachten ist, dass dies lediglich die Kompetenzen direkt an der Durchführung des Serienanlaufs beteiligter Mitarbeiter des Try-outs und der Messtechnik beinhaltet. Nicht eingeschlossen sind hierbei Kompetenzen anderer Abteilungen (z. B. Werkzeugentwicklung), die je nach Bedarf in die Durchführung des Serienanlaufs einbezogen werden.

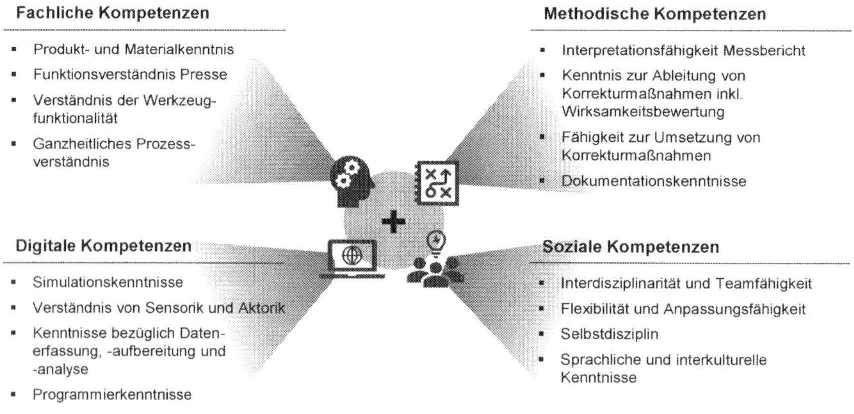

Abbildung 111: Beispielhafte Kompetenzen im Serienanlauf von Blechumformwerkzeugen

Die Durchführung des Serienanlaufs bedingt zunächst *fachliche Kompetenzen*. Diese umfassen Produkt- und Materialkenntnisse, ein grundsätzliches Funktionsverständnis von Pressen,

[876] Vgl. Sauter; Staudt (Kompetenzmessung), 2016, S. 4f.
[877] Vgl. North et al. (Kompetenzmanagement in der Praxis), 2018, S. 10
[878] Vgl. Sauter; Staudt (Kompetenzmanagement 2.0), 2016, S. 9
[879] Vgl. WBA (Prozess- und Ergebnisoptimierung im Try-out), 2018

ein Verständnis der Werkzeugfunktionalität sowie ein ganzheitliches Prozessverständnis. Produkt- und Materialkenntnisse werden benötigt, um das Kundenbauteil sowie materialseitige Herausforderungen in der Herstellung zu verstehen. Ein Funktionsverständnis der Presse befähigt den Mitarbeiter, Pressen zu rüsten und entsprechend den Simulationsvorgaben zu bedienen. Das Verständnis der Werkzeugfunktionalität stellt die Voraussetzung dar, um die technische Funktionsweise einzelner Werkzeugkomponenten in die Interpretation von Abweichungen einzubeziehen. Das auf den vorherigen Aspekten aufbauende ganzheitliche Prozessverständnis ermöglicht, Wirkzusammenhänge zwischen Werkzeug, Material und Presse zu begreifen und Fehlerbilder im Produktteil auf diese zurückführen zu können.

Methodische Kompetenzen umfassen die Fähigkeit zur Interpretation von Messberichten, Kenntnisse zur Ableitung von Korrekturstrategien und deren Wirksamkeitsbewertung, die Fähigkeit zur Umsetzung der Korrekturmaßnahmen sowie Kenntnisse zur Dokumentation von Abweichungen und Korrekturmaßnahmen. Die Interpretation des Messberichts auf Basis eines vermessenen Bauteils stellt den Ausgangspunkt für die Ableitung von Korrekturmaßnahmen dar. Im Rahmen der Ableitung von Korrekturmaßnahmen wird eruiert, in welcher Werkzeugoperation welche Anpassung erfolgen soll, um die Anforderungen an Maßhaltigkeit und Oberflächenqualität zu erfüllen. Durch die Wirksamkeitsprüfung abgeleiteter Maßnahmen wird sichergestellt, dass die durchgeführten Maßnahmen erfolgreich waren. Als ebenfalls wichtig stellt sich in diesem Zusammenhang die praktische Durchführung von Korrekturmaßnahmen dar. Zuletzt werden Kenntnisse zur Dokumentation von Abweichungen und Korrekturmaßnahmen zur sukzessiven Nutzung generierten Wissens benötigt.

Digitale Kompetenzen können in Simulationskenntnisse, Verständnis von Sensorik und Aktorik, Kenntnisse im Bereich Datenerfassung, -aufbereitung und -interpretation sowie Programmierkenntnisse unterteilt werden. Simulationskenntnisse umfassen die Interpretation von Simulationsdaten sowie den Abgleich des Umformergebnisses mit der Simulation. Auf diese Weise können Rückschlüsse über das Rückfederungsverhalten getroffen werden, was die Einarbeitung in der Regel verkürzt. Ins Werkzeug eingebrachte Zustandsüberwachung und automatisierte Justage unter Einsatz von Sensorik, Aktorik und Regelungstechnik (vgl. Kapitel 5.3.1.2) bedarf entsprechender Kenntnisse hinsichtlich deren Integration und technischen Funktionsweise. Aufgenommene Sensorikdaten müssen zur Identifikation innerer Vorgänge während der Einarbeitung erfasst, aufbereitet und interpretiert werden, was ebenfalls eine wichtige Kompetenz darstellt. Zuletzt bedarf es Kenntnissen im Bereich der Programmierung, um Pressen, Messtechnik, Handlingsysteme sowie die Regelung intelligenter Werkzeuge entsprechend programmieren zu können.

Soziale Kompetenzen umfassen Interdisziplinarität und Teamfähigkeit, Flexibilität und Anpassungsfähigkeit, Selbstdisziplin sowie sprachliche und interkulturelle Kompetenzen. Interdisziplinarität und Teamfähigkeit sind vor allem aufgrund der zahlreichen intra- und interorganisationalen Schnittstellen von Bedeutung. Mitarbeiter teils unterschiedlicher Unternehmen und Fachbereiche müssen effektiv miteinander kommunizieren und zusammenarbeiten können, um den Serienanlauf zielgerichtet durchführen zu können. Die Forderung nach Flexibilität und Anpassungsfähigkeit beruht auf der unzureichenden Planbarkeit von Anläufen hinsichtlich zeitlicher und fachlicher Aspekte. Mitarbeiter müssen sich in einem dynamischen Umfeld schnell auf unvorhersehbare Ereignisse einstellen können. Selbstdisziplin ist vor allem durch ein hohes notwendiges Maß an Selbstständigkeit, Selbstorganisation und Sorgfalt geprägt. Da die Effizienz und Qualität der Arbeit im Anlauf maßgeblichen Einfluss auf Dauer und Kosten des Anlaufs hat, sollten Fehler nach Möglichkeit vermieden werden. Zuletzt stellen sprachliche und interkulturelle Kompetenzen einen wichtigen Aspekt dar. Insbesondere durch internationale Kundenbeziehungen und die zunehmende Forderung nach Anlaufunterstützung durch den Werkzeugbau sind entsprechende Fähigkeiten von hoher Bedeutung.

Zur Darstellung des Status quo und Identifikation von Handlungsbedarfen sind die dargestellten Kompetenzen mitarbeiterspezifisch zu bewerten und anschließend auf das Gesamtunternehmen zu aggregieren. Zur Erfassung unterschiedlicher Kompetenzniveaus eignen sich je nach Kompetenz unterschiedliche Methoden, die sich in Bezug auf die zu messenden Merkmale sowie die Objektivität unterscheiden.

Fachkompetenzen lassen sich mithilfe von Interviews und theoretischen Tests erfassen. Zur Bewertung methodischer Kompetenzen eignen sich insbesondere Arbeitsproben. Die Evaluation der Aufgabenausführung erfolgt entweder durch den Vorgesetzten oder andere Mitarbeiter, die in Bezug auf die zu erfassende Kompetenz ein nachweislich hohes Kompetenzniveau aufweisen. Digitale Kompetenzen können mithilfe hybrider Theorie- und Praxistests sowie biografischer Methoden eruiert werden. Im Rahmen von Tests kann zum Beispiel eine entsprechende Pressen- oder SPS-Programmierung durch den Mitarbeiter vorgenommen und anschließend von einem Experten analysiert werden. Auf Basis biografischer Methoden werden Arbeitsergebnisse der Vergangenheit betrachtet und bewertet. Soziale Kompetenzen können durch analoge oder onlinegestützte Selbst- und Fremdeinschätzungen quantifiziert werden. Die Fremdeinschätzung erfolgt dabei über den entsprechenden Vorgesetzten. Darüber hinaus eignen sich Interviews und Persönlichkeitsverfahren.[880]

In Anlehnung an die in North et al. und Rauner sowie die in Kapitel 5.1.3.3 dargestellte Bewertung notwendiger Kompetenzen unterschiedlicher Werkzeugtypen eignet sich eine sechsstufige Skala zur Beschreibung unterschiedlicher Kompetenzniveaus.[881] Die Ausprägungen der Kompetenzen können für den vernetzten und synchronisierten Serienanlauf von Werkzeugen wie folgt differenziert werden:

- Nicht vorhanden
- Grundkenntnisse (Anfänger)
- Grundkenntnisse mit Erfahrungswissen (Fortgeschrittener Anfänger)
- Differenzierte Kenntnisse (Kompetenter Akteur)
- Detail- und Funktionskenntnisse (Gewandter Professioneller)
- Erfahrungsbegleitete und fachsystematische Vertiefungskenntnisse (Experte)

---

[880] Vgl. Sauter; Staudt (Kompetenzmessung), 2016, S. 11ff.

[881] i. A. a. North et al. (Kompetenzmanagement in der Praxis), 2018, S. 80ff.; Rauner (Kompetenzentwicklung), 2002, S. 114ff.

Anfänger verfügen über Grundkenntnisse mit geringer oder keiner Anwendungserfahrung. Sie sind in der Lage, vorgegebene Aufgaben in einer vertrauten Situation mit partieller Unterstützung oder guter Vorbereitung zu erfüllen. *Fortgeschrittene Anfänger* verfügen ebenfalls über notwendige Grundkenntnisse, konnten diese allerdings anhand der Durchführung eigener Arbeiten in einem Fachgebiet praktisch vertiefen. Entsprechend können etwas komplexere Aufgaben in einer vertrauten Situation selbstständig ausgeführt werden. *Kompetente Akteure* verfügen über differenzierte Kenntnisse und ein vielfältiges Erfahrungswissen, das als Grundlage dient, komplexe Aufgaben auch in neuen und nicht vertrauten Situationen zu erfüllen. *Gewandte Professionelle* verfügen über ein Detail- und Funktionswissen, was es ihnen ermöglicht, Erfahrungen aus unterschiedlichen Kontexten für die Lösung einer Aufgabenstellung einzusetzen. Somit können ebenfalls anspruchsvolle und komplexe Situationen in einem ungewohnten Umfeld gelöst werden. *Experten* verfügen über das breiteste Fach- und Erfahrungswissen, können hochkomplexe Aufgabenstellungen vollkommen selbstständig lösen und neue Lösungswege durch die Vernetzung unterschiedlicher Fachbereiche entwickeln.[882]

Zur Sicherstellung von Objektivität bei der Bewertung sollte jedes Kompetenzniveau unternehmensspezifisch für die dargestellten Kompetenzen mit einer entsprechenden Beschreibung versehen werden. Eine entsprechende Darstellung mitarbeiterspezifischer Kompetenzniveaus kann anhand sogenannter Kompetenzprofile (vgl. Abbildung 112) erfolgen.

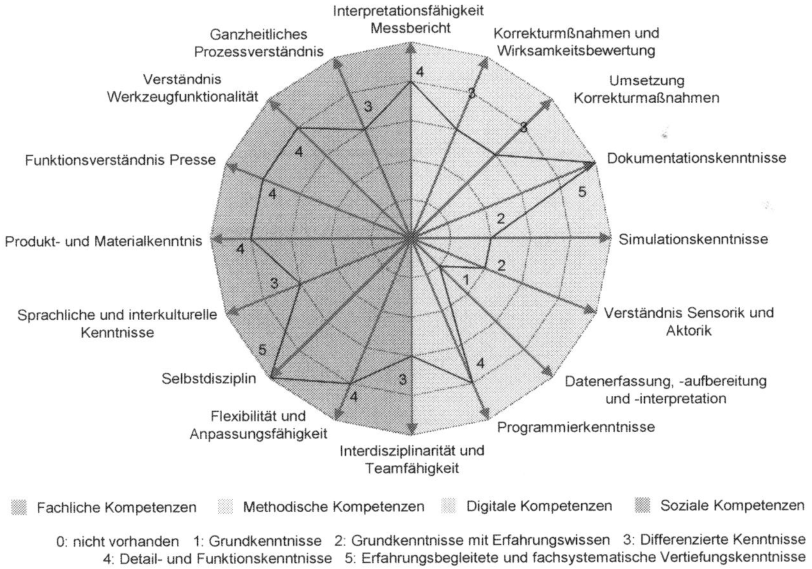

Abbildung 112: Beispielhaftes Kompetenzprofil für den Serienanlauf von Blechumformwerkzeugen

[882] Die einzelnen Kompetenzstufen wurden unter Berücksichtigung von North et al. (Kompetenzmanagement in der Praxis), 2018, S. 80ff. sowie Rauner (Kompetenzentwicklung), 2002, S. 114ff. definiert.

Den im äußeren Bereich der Abbildung dargestellten Kompetenzen werden anhand des Spinnennetzdiagramms Ausprägungen der Kompetenzen gegenübergestellt. Die Aggregation der Ergebnisse bezogen auf Tätigkeiten, Rollen, Abteilungen oder das Gesamtunternehmen ermöglicht, entsprechende Kompetenzlücken zu identifizieren. Ermittelte mitarbeiterspezifische Kompetenzprofile sollten in regelmäßigen Abständen aktualisiert werden.

5.3.2.3 Mitarbeiterspezifische Qualifizierung

Die betriebliche Weiterbildung erfolgt in der Regel in Form von klassischer, seminarbasierter Wissensvermittlung.[883] Diese Form der Weiterbildung zur antizipativen Anpassung der Beschäftigten an die Dynamik der Arbeitswelt hat sich in der Vergangenheit allerdings vielfach als unzureichend erwiesen. Grund hierfür ist, dass die klassische Weiterbildung dynamische Markt- und Technologieentwicklungen nur zeitversetzt abbilden kann.[884] Dementsprechend werden zukünftig vermehrt Qualifikationskonzepte benötigt, die die Kollaboration zwischen Mitarbeitern unterschiedlicher Kompetenzniveaus fokussieren.[885] Dieses Defizit wird im Rahmen des Gestaltungsaspekts Mitarbeiterspezifische Qualifizierung aufgegriffen. Es wird beschrieben, wie mitarbeiterspezifische Kompetenzen gezielt weiterentwickelt werden können. Hierbei beschränkt sich dieses Kapitel auf den Ausbau der Handlungsfähigkeit (vgl. Kapitel 5.3.2.1 bzw. Abbildung 110) durch individuelle Qualifizierungsmaßnahmen. Die Darstellung von Maßnahmen zur Verbesserung der Handlungsbereitschaft oder der Zuständigkeit sind nicht Teil des Kapitels und werden in den Kapiteln digitale Wissenskultur (vgl. Kapitel 5.2.1.3) sowie duale Organisationsarchitektur (vgl. Kapitel 5.1.3.2) beschrieben.

Im Folgenden wird zunächst ein Konzept vorgestellt, wie der notwendige Qualifikationsbedarf unter Berücksichtigung der Ergebnisse des vorherigen Kapitels ermittelt werden kann. Anschließend werden geeignete Methoden zur Qualifizierung im Anwendungskontext des vernetzten und synchronisierten Serienanlaufs von Werkzeugen dargelegt. Abschließend wird auf die Entwicklung mitarbeiterspezifischer Qualifizierungsroadmaps eingegangen.

Die initial notwendige Identifikation von Qualifizierungsbedarfen erfolgt durch die Analyse aktuell benötigter Kompetenzen sowie eine Abschätzung der zukünftigen marktseitigen und technologischen Entwicklung. Grundsätzlich ist feststellen, dass aufgrund marktseitiger und technologischer Veränderungen alle in Kapitel 5.3.2.2 identifizierten Kompetenzkategorien zukünftig an Bedeutung gewinnen werden, jedoch in unterschiedlicher Intensität.

Fachliche Kompetenzen werden insbesondere durch z. B. neue Materialien, neue Pressen- und komplexere Werkzeugtechnologien sukzessive erweitert werden müssen. Aufgrund der Forderung nach Beschleunigung des Serienanlaufs werden zudem *methodische Kompetenzen* einen wachsenden Stellenwert einnehmen. Ziel muss es sein, erworbenes Fachwissen in komplexen Arbeitsprozessen zielorientiert einzusetzen, um Abweichungen an Werkzeug und Bauteil bei einer reduzierten Anzahl an Korrekturschleifen zu beheben. Die Bedeutung *digitaler*

[883] Vgl. Erpenbeck; Sauter (Kompetenzentwicklung mit humanoiden Computern), 2015, S. 15

[884] Vgl. Schäfer (Betriebliche Kompetenzentwicklung), 2006, S. 27

[885] Vgl. Erpenbeck; Sauter (Kompetenzentwicklung mit humanoiden Computern), 2015, S. 16f.

Kompetenzen ist im Serienanlauf von Werkzeugen bisher vergleichsweise gering, insbesondere der Einsatz von Simulation, Sensorik, Aktorik und Regelungstechnik im Werkzeug weist aber hohes Potenzial zur Aufwandsreduktion auf. Entsprechend sollte ein Ausbau dieser Kompetenzen angestrebt werden. Folglich werden auch *soziale Kompetenzen* wichtiger werden. Dies ist insbesondere einer zunehmenden Anzahl beteiligter Fachdisziplinen, dynamischer Kundenanforderungen sowie der steigenden internationalen Vernetzung von Werkzeugbaubetrieben geschuldet.

Die benötigten mitarbeiterspezifischen Kompetenzen werden auf Basis des Tätigkeitsprofils und der spezifischen Rolle(n) im Unternehmen festgelegt. Aus den vorhandenen Kompetenzen des Mitarbeiters und den jeweiligen tätigkeits- oder rollenspezifischen Anforderungen lässt sich der individuelle Qualifikationsbedarf identifizieren. Dabei können sowohl eine Unterqualifikation, eine Übereinstimmung oder eine Überqualifikation vorliegen (vgl. Abbildung 113).

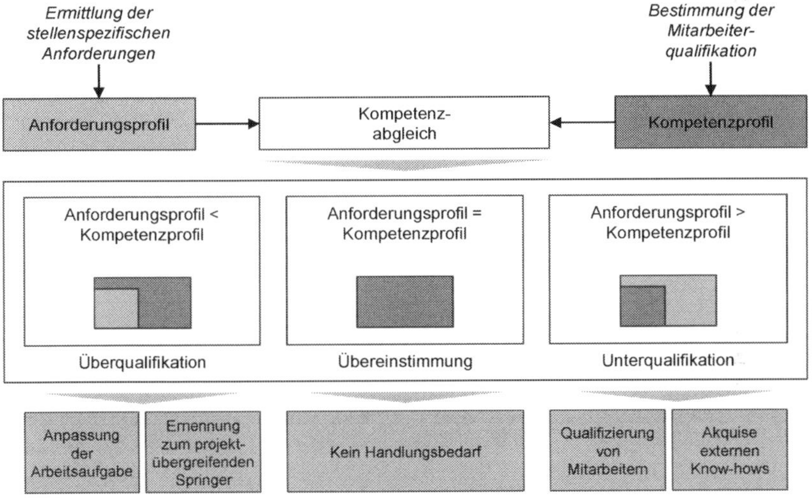

Abbildung 113: Vorgehen zur Bestimmung des Qualifikationsbedarfs[886]

Während bei einer Übereinstimmung von Anforderungs- und Kompetenzprofil kein Handlungsbedarf besteht, müssen Mitarbeiter bei Unterqualifikation gezielt qualifiziert oder externes Know-how erworben werden. Bei einer Überqualifikation ist hingegen eine Anpassung der Arbeitsaufgabe vorzunehmen und/oder der Mitarbeiter zu einem projektübergreifenden Springer zu ernennen (vgl. Kapitel 5.1.3.2). Insbesondere die Ernennung projektübergreifender Springer stellt ein wichtiges Instrumentarium zum zielgerichteten Einsatz und zur Flexibilisierung umfangreicher Fachexpertise dar und bietet zugleich umfangreiches Potenzial der Mitarbeitermotivation.

886 Für den vernetzten und synchronisierten Serienanlauf von Werkzeugen adaptiertes Konzept i. A. a. Unger; Spanner-Ulmer (Gestaltung des Produktionssystems), 2007, S. 120

Zum Aufbau von Kompetenzen stellt die sogenannte „70:20:10-Regel“ Unternehmen einen Verteilungsschlüssel zur Verfügung, wie Methoden der Qualifizierung optimal gewichtet werden können. Anhand empirischer Untersuchungen wurde ermittelt, dass ca. 70% des Lernens durch praktische Verrichtung, weitere 20% des Lernens durch Kommunikationsprozesse und die verbleibenden 10% auf Basis von Seminaren, Kursen oder Online-Trainings erfolgen. Entsprechend sollten sich Qualifizierungsmaßnahmen an den dargestellten Anteilen orientieren, um Lernen und Arbeiten besser aufeinander abzustimmen.[887]

Nach PITSCH & SCHIPPERS stehen für den Werkzeugbau insgesamt 40 Methoden zur betrieblichen Qualifikation zur Verfügung.[888] Für die Qualifikation von Personal im vernetzten und synchronisierten Serienanlauf von Werkzeugen weisen davon acht Methoden eine hohe Eignung auf.[889] Diese können drei Kategorien zugeordnet werden, die sich aus den dargestellten empirischen Untersuchungen ableiten:

- Arbeitsplatzbezogene Qualifizierung (A)
- Qualifizierung durch Kommunikationsprozesse (K)
- Formale Qualifizierung (S)

Entsprechend den spezifischen Methodeninhalten weisen die acht Methoden unterschiedliche Eignungsgrade zur Entwicklung anlaufspezifischer Kompetenzen auf. Abbildung 114 zeigt die evaluierte Eignung für fachliche, methodische und digitale Kompetenzen anhand der fünfstufigen LIKERT-Skala (vgl. Kapitel 3.1.1) am Beispiel von Blechumformwerkzeugen. Soziale Kompetenzen können unternehmensübergreifend durch Soft-Skills Seminare und Sprachkurse erworben werden und werden daher an dieser Stelle nicht in die Betrachtung miteinbezogen.

Arbeitsplatzbezogene Qualifizierung (A) kann durch Coaching, Teamarbeit oder Job Rotation erreicht werden. Das *Coaching* wird in der Regel durch sehr erfahrene Mitarbeiter im Unternehmen begleitet, die ihr Expertenwissen durch zielgerichtete Unterstützung und individuelle Betreuung an junge Mitarbeiter weitergeben. *Teamarbeit* erfolgt im Rahmen der personen- und domänenübergreifenden Zusammenarbeit unterschiedlicher Mitarbeiter. *Job Rotation* stellt einen systematischen Arbeitsplatzwechsel zur Vertiefung komplementärer Fachkenntnisse und Erfahrungen dar.

Die Qualifizierung durch Kommunikationsprozesse (K) kann durch Lessons Learned, das Teilen von Best Practices sowie den Einsatz von Wiki-Systemen oder Projektdatenbanken erzielt werden. Die Generierung von *Lessons Learned* erfolgt im Serienanlauf häufig im Rahmen der sogenannten Werkzeugnachbesprechung, wo Erfahrungen und Fehler eines Projekts im Projektteam zur Ableitung von Lerneffekten besprochen und dokumentiert werden.[890] *Best Prac-*

[887] Vgl. Krieger; Hofmann (Blended Learning), 2018, S. 15f.
[888] Vgl. Pitsch; Schippers (Wissensmanagement), 2013, S. 68ff.
[889] Vgl. Expertenmeinung im Rahmen des Arbeitskreises WBA (Prozess- und Ergebnisoptimierung im Try-out), 2018
[890] Vgl. Komorek et al. (Wissensrückführung), 2013, S. 81f.

tices repräsentieren erfolgreiche Methoden eines Mitarbeiters oder Teams, die auf andere Organisationseinheiten übertragen werden können. *Wiki-Systeme* stellen Informationsportale mit Informationen zu bestimmten Wissensgebieten dar, die allgemein zugänglich sind und von den Nutzern selbst erweitert und verändert werden können. *Projektdatenbanken* beinhalten projektspezifisches Wissen zur Dokumentation von Werkzeugprojekten im Hinblick auf z. B. Meilensteine, Termine, Kosten, Nacharbeiten und Verantwortlichkeiten. Die digitale Wissensplattform (vgl. Kapitel 5.2.1.2) stellt eine solche Projektdatenbank dar.

(A) = Arbeitsplatzbezogene Qualifizierung
(K) = Qualifizierung durch Kommunikationsprozesse
(S) = Formale Qualifizierung

		Coaching (A)	Teamarbeit (A)	Job Roation (A)	Lessons Learned (K)	Best-Practice (K)	Wiki-System (K)	Projektdatenbank (K)	Schulung (S)
Fachliche Kompetenzen	Produkt- und Materialkenntnis	◑	◔	◑	○	○	◕	◔	◕
	Funktionsverständnis Presse	◑	◔	◔	○	○	◔	○	●
	Verständnis Werkzeugfunktionalität	◕	◔	◔	○	○	◑	◔	◕
	Ganzheitliches Prozessverständnis	◕	◑	◕	◔	○	◑	◔	◑
Methodische Kompetenzen	Interpretationsfähigkeit Messbericht	◕	◔	◕	○	○	○	○	◑
	Festlegung Korrekturmaßnahme & Wirksamkeitsbewert.	●	◕	◔	◑	◔	◔	◑	◔
	Fähigkeit zur Umsetzung von Korrekturmaßnahmen	●	●	◔	◔	◔	◔	◕	◔
	Dokumentationskenntnisse	◑	◔	○	○	○	◑	◔	◕
Digitale Kompetenzen	Simulationskenntnisse	●	◑	◕	◔	◔	◔	○	◕
	Verständnis von Sensorik und Aktorik	◑	◔	◑	○	○	◔	○	●
	Kenntnisse bzgl. Datenerfassung, -analyse & -interpret.	◑	◔	◑	○	○	◔	○	●
	Programmierkenntnisse	◕	◔	◔	○	○	○	○	●

○ Keine Eignung ◔ Geringe Eignung ◑ Mittlere Eignung ◕ Hohe Eignung ● Sehr hohe Eignung

Abbildung 114: Bewertete Methoden zur Qualifizierung

Die formale Qualifizierung (S) beinhaltet *Schulungen* in Form klassischen Frontalunterrichts oder sogenannter E-Learnings. Beides umfasst angepasste Lehrinhalte, um Mitarbeiter in einem bestimmten Themengebiet meist theoretisch weiterzubilden. E-Learnings ist eine neuartige Form der Schulung und bezeichnet das Durchführen von Schulungen über Internet, Intranet oder mobile Anwendungen.[891]

Die Auswahl der geeigneten Methoden sollte anhand der individuellen Qualifizierungsbedarfe erfolgen und eine Mischung aus arbeitsplatzbezogener, kommunikationsorientierter und formaler Qualifizierung darstellen. Abbildung 115 zeigt auf Basis eines Soll-Ist-Kompetenzabgleichs die Auswahl geeigneter Qualifizierungsmethoden. Die Durchführung der Qualifizie-

[891] Vgl. Erpenbeck; Sauter (So werden wir lernen!), 2013, S. 80ff.

rungsmaßnahmen sollte sich an einer mit dem Mitarbeiter abgestimmten Roadmap orientieren. Hierbei ist es wichtig, eine gewisse Langfristigkeit der Maßnahmen zu gewährleisten, um den Mitarbeiter nicht punktuell zu überfordern und gleichzeitig eine entsprechende Entwicklungsperspektive aufzeigen zu können. In der dargestellten Abbildung wurde auf Grundlage des Abgleichs von Kompetenzen und Anforderungen das notwendige Kompetenzprofil definiert. Aus diesem ergibt sich, dass der Mitarbeiter entsprechende Maßnahmen in z. B. den Bereichen Simulationskenntnisse, Verständnis für Sensorik & Aktorik, Datenerfassung, -analyse und -interpretation sowie Fremdsprachenkenntnisse benötigt, um ihn auf das angestrebte Kompetenzniveau zu heben. Die Maßnahmen sind in einem Zeitraum von ca. 1,5 Jahren mit unterschiedlichen Lehrinhalten und -formaten vorzusehen. Die Evaluation der Zielerreichung sollte halbjährlich erfolgen.

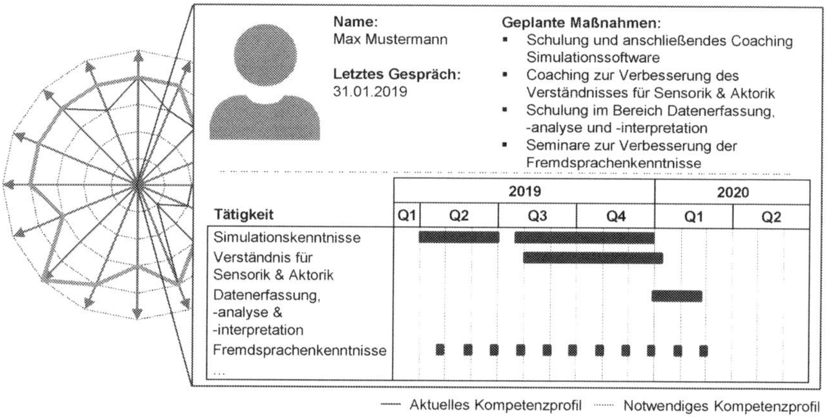

Abbildung 115: Kompetenzabgleich sowie individuell festgelegte Qualifizierungsmaßnahmen

5.4 Wechselwirkungen der Gestaltungselemente

Die sechs Gestaltungselemente zum vernetzten und synchronisierten Serienanlauf von Werkzeugen wurden in Kapitel 5.1, Kapitel 5.2 und Kapitel 5.3 detailliert. Durch die Beschreibung der einzelnen Elemente ergibt sich, dass diese nicht isoliert zu betrachten sind, sondern jeweils in Wechselwirkungen mit anderen Gestaltungselementen stehen. Darüber hinaus liegen Wechselwirkungen und Abhängigkeiten zwischen den Gestaltungselementen und weiteren Bereichen eines Werkzeugbaubetriebs sowie dessen Umwelt vor. Relevante Wechselwirkungen werden nachfolgend beschrieben.

Die **Aktivitätselemente** Datenbasierte Anlaufstrategie, Vernetzte Wertschöpfung und Adaptive Anlauforganisation bilden den Kern des Gestaltungsmodells. Sie beschreiben, wie Wertschöpfung im Zielbild des vernetzten und synchronisierten Serienanlaufs von Werkzeugen gestaltet werden sollte, um die operative Durchführung des Anlaufs zu optimieren und die Zielgrößen bestmöglich erfüllen zu können. Zur Gestaltung der *datenbasierten Anlaufstrategie* wurden ein anlaufspezifisches Zielsystem sowie langfristige Netzwerkstrategien und kurzfristige Wertschöpfungsstrategien vorgestellt. Durch die Vorgabe zentraler Rahmenbedingungen des Serienanlaufs hat die Anlaufstrategie Auswirkungen auf die Gestaltung sowohl der vernetzten Wertschöpfung als auch der adaptiven Anlauforganisation, da sich prozessuale und organisationale Strukturen an den Vorgaben der Anlaufstrategie orientieren. Die *vernetzte Wertschöpfung* sieht eine interorganisationale Prozessgestaltung, die Abbildung von Informationsflüssen anhand digitaler Änderungsworkflows sowie eine intelligente Anlaufplanung vor. Die interorganisationale Prozessgestaltung bedarf der prozess- und informationsseitigen Abstimmung im Anlauf eingebundener Entitäten, sodass auch übergeordnet Abhängigkeiten bestehen. Digitale Änderungsworkflows müssen entlang der definierten Prozesse durch abgestimmte Systeme und Schnittstellen umgesetzt werden. Entsprechend bestehen umfangreiche Abhängigkeiten mit der digitalen Infrastruktur, von der wiederum andere Gestaltungsaspekte abhängen. Auf die intelligente Anlaufplanung wird im Rahmen der kurzfristigen Wertschöpfungsstrategie zurückgegriffen, um Ressourcen und Kompetenzen im Wertschöpfungsnetzwerk optimal zu allokieren. Durch die *adaptive Anlauforganisation* werden anhand der dualen Organisationsarchitektur Rollen im Wertschöpfungsnetzwerk definiert, sodass umfangreiche Wechselwirkungen mit definierten Verantwortlichkeiten der interorganisationalen Prozessgestaltung vorliegen. Die kompetenzbasierte Anlaufkonfiguration weist unter Berücksichtigung unterschiedlicher Rahmenbedingungen Mitarbeiter einem interdisziplinären Anlaufteam zu, zusätzlich werden im Zuge der dynamischen Anlaufsteuerung entsprechende Aufgaben im Anlaufteam auf die Kompetenzträger verteilt. Dementsprechend bestehen weitere Wechselwirkungen mit der vernetzten Wertschöpfung, z. B. durch Rückgriff auf Daten der intelligenten Anlaufplanung zur Konfiguration der Anlaufteams sowie Initiierung und Rückmeldung von digitalen Änderungsworkflows durch die Organisation.

Das **Verhaltenselement** Vernetztes Lernen umschließt die Aktivitätselemente als übergeordneter Befähiger einer effizienten Auftragsabwicklung zur kurz-, mittel- und langfristigen Realisierung von projektübergreifenden Lerneffekten. Im Rahmen der Beschreibung der digitalen Wissensplattform wird die digitale Erfassung, Analyse und Verteilung von Wissen innerhalb der am Anlauf beteiligten Entitäten erläutert. Zusätzlich wird auf die Notwendigkeit einer digitalen Wissenskultur hingewiesen, um Mitarbeiter für die Nutzung der Plattform zu motivieren. Insgesamt bestehen somit starke Wechselwirkungen zwischen dem Verhaltenselement und den Aktivitätselementen. Um Anlaufprojekte hinsichtlich strategischer Aspekte sowie Prozess- und Organisationsgestaltung stetig zu verbessern, ist ein kontinuierlicher Rückgriff auf Daten der digitalen Wissensplattform notwendig.

Die **Strukturelemente** Digitale Infrastruktur und Anforderungsgerechte Anlaufkompetenzen bilden durch Bereitstellung infrastruktureller und humaner Ressourcen die Voraussetzungen des Gestaltungsmodells ab. Mithilfe der *digitalen Infrastruktur* werden im Anlauf generierte Daten aus Anwendungssoftwaresystemen und intelligenten Werkzeug-Presse-Systemen gespeichert und als digitaler Anlaufschatten verfügbar gemacht. Auf entsprechende Daten kann somit durch Aktivitätselemente und das Verhaltenselement zur Ableitung von Entscheidungen zugegriffen werden. Die *anforderungsgerechten Anlaufkompetenzen* ermöglichen die Identifikation anlaufrelevanter Kompetenzen im Unternehmen sowie deren Weiterentwicklung durch systematische Qualifizierung. Durch zielgerichtete Kombination der Kompetenzen werden Anlaufteams gebildet.

Über die beschriebenen inneren Wechselwirkungen des Gestaltungsmodells hinaus bestehen vielfältige Wechselwirkungen mit anderen Prozessen, Ressourcen und Entitäten innerhalb des Werkzeugbaubetriebs. So haben strategische, prozessuale, organisatorische sowie infrastrukturelle Aspekte zwangsläufig Auswirkungen auf andere Abteilungen wie z. B. Werkzeugentwicklung, mechanische Fertigung und Montage des Werkzeugbaus. Ebenfalls hat das Gestaltungsmodell Auswirkungen auf Kosten- und Ertragsstrukturen sowie deren Ausgestaltung im Rahmen ganzheitlicher Geschäftsmodelle.

Zuletzt wirkt sich das Gestaltungsmodell auf Schnittstellen außerhalb des Werkzeugbaubetriebs aus. Durch stärkere Vernetzung mit Wertschöpfungspartnern wird die interorganisationale Zusammenarbeit im Hinblick auf Informationsbereitstellung und Kapazitätsnivellierung zukünftig weiter zunehmen. Zusätzlich wird sich die Schnittstelle zur Serienproduktion des Kunden verändern. Durch vernetzte und synchronisierte Prozesse ist eine signifikante Erhöhung des Informationsaustausches in seiner Frequenz und Intensität zu erwarten.

6 Fallbeispiele und kritische Reflexion

In Kapitel 5 wurde das entwickelte Gestaltungsmodell mit seinen sechs Gestaltungselementen detailliert. In diesem Kapitel erfolgt die Verifizierung des Modells anhand von Fallbeispielen. Die Anwendung geschieht bei drei in Bezug auf den Betrachtungsbereich repräsentativen Unternehmen. Die Verifizierung adressiert somit die letzten beiden Phasen der angewandten Forschung nach ULRICH (vgl. Kapitel 1.4) und schließt dementsprechend den Forschungsprozess ab.

Die Fallbeispiele umfassen die GEDIA Gebrüder Dingerkus GmbH, die Werkzeugbau Laichingen-Gruppe sowie die Welser Profile GmbH. Anhand dieser drei Fallbeispiele wurde das Gestaltungsmodell in Bezug auf eine konkrete Ausgangssituation und Problemstellung angewendet. Durch die Eingrenzung des Betrachtungsbereichs konnte die Komplexität der Modellanwendung reduziert und damit die Detailtiefe bei der Ausgestaltung der einzelnen Gestaltungselemente erhöht werden.

Im Rahmen der Modellanwendung im internen Werkzeugbau der GEDIA Gebrüder Dingerkus GmbH wurde der Fokus auf die Gestaltungselemente Datenbasierte Anlaufstrategie, Vernetzte Wertschöpfung, Adaptive Anlauforganisation und Vernetztes Lernen gelegt. Das zweite Fallbeispiel der Werkzeugbau Laichingen-Gruppe als externer Werkzeugbaubetrieb appliziert die Gestaltungselemente Vernetzte Wertschöpfung, Adaptive Anlauforganisation, Anforderungsgerechte Anlaufkompetenzen und Digitale Infrastruktur. Anhand des dritten Fallbeispiels wurden im internen Werkzeugbau der Welser Profile GmbH die Gestaltungselemente Datenbasierte Anlaufstrategie, Vernetzte Wertschöpfung, Adaptive Anlauforganisation und Vernetztes Lernen validiert. Während alle drei Betriebe Blechumformwerkzeuge herstellen, unterscheiden sich diese in unterschiedlichen Ausprägungen hinsichtlich dem konkreten Werkzeugtyps sowie Branche, Größe, Werkstoff und Form des herzustellenden Produkts.

Alle Gestaltungsfelder werden somit mindestens einmal angewendet, um eine vollständige Validierung sicherzustellen. Ebenfalls weisen die Unternehmen heterogene Rahmenbedingungen (siehe Beschreibung der jeweiligen Ausgangssituation) auf, sodass eine Übertragbarkeit der Ergebnisse in einen breiten Anwendungskontext sichergestellt werden kann. In Abhängigkeit von der jeweils spezifischen Ausgangssituation sowie individueller Vorarbeiten wurden die in Kapitel 5 detaillierten Gestaltungselemente im Rahmen der Validierung vollständig oder in verkürzter Form angewendet.

6.1 Fallbeispiel 1: GEDIA Gebrüder Dingerkus GmbH

Die GEDIA Gebrüder Dingerkus GmbH[892] entwickelt und produziert Strukturbauteile und Karosseriebaugruppen für die Automobilindustrie. Mit insgesamt acht Produktionsstätten in Deutschland, China, Indien, Mexiko, Polen, Ungarn, USA und Spanien ist das Unternehmen international in nahezu allen wichtigen Märkten vertreten. Die weltweite Belegschaft umfasst über 4.200 Beschäftigte, am Hauptsitz in Attendorn arbeiten derzeit ca. 900 Mitarbeiter. Im

[892] Nachfolgend als GEDIA bezeichnet

Jahr 2017 erwirtschaftete GEDIA einen Umsatz von über 650 Mio. €.[893] Der interne Werkzeugbau versorgt die unternehmensinternen Presswerke mit Werkzeugen für die Serienproduktion von komplexen Strukturteilen.

Im Zuge seiner Tätigkeit als wissenschaftlicher Mitarbeiter am Werkzeugmaschinenlabor WZL der RWTH Aachen hat der Autor mehrere Konsortialprojekte gemeinsam mit dem GEDIA Werkzeugbau durchgeführt. Im Rahmen des bereits vorgestellten Projekts zum Thema „Prozess- und Ergebnisoptimierung im Try-out" wurden Konzepte zur wertschöpfungsseitigen Optimierung der Werkzeugqualifizierung erarbeitet. In diesem Zusammenhang konnten die Gestaltungsfelder dieser Dissertation verifiziert werden.

6.1.1 Ausgangssituation

Der Betrachtungs- und Anwendungsbereich des vorliegenden Fallbeispiels umfasst den internen Werkzeugbau sowie die für den Serienanlauf von Werkzeugen relevanten Abteilungen der Serienproduktion. Im internen Werkzeugbau von GEDIA entwickeln, konstruieren und fertigen mehr als 160 Mitarbeiter Werkzeuge und Vorrichtungen für die Großserienproduktion. Der GEDIA Werkzeugbau verfügt über eigene Standorte in Deutschland, China und Spanien. Das Werkzeugspektrum besteht hauptsächlich aus Blechverarbeitungswerkzeugen für Dick- und Dünnbleche.[894]

Im Rahmen des jährlich ausgerichteten Wettbewerbs „Excellence in Production" (EiP) wurde der GEDIA Werkzeugbau bereits mehrfach in der Kategorie „Interner Werkzeugbau mit über 50 Mitarbeitern" ausgezeichnet. Dies verdeutlicht dessen hohe Leistungsfähigkeit sowie den Stellenwert als Befähiger einer robusten, effizienten und flexiblen Serienproduktion. Neben der Erstellung von Neuwerkzeugen und deren Begleitung im Anlauf ist der GEDIA Werkzeugbau auch für Optimierungen, Instandhaltungen und Reparaturen an bestehenden Werkzeugen zuständig.[895] Die internen Kompetenzen und Kapazitäten werden durch ein Netzwerk aus international verteilten Werkzeug- und Komponentenlieferanten sowie Dienstleistern ergänzt.

Die Komplexität des Serienanlaufs von Werkzeugen hat sich bei GEDIA in den vergangenen Jahren sukzessive erhöht. Dies ist zum einen darauf zurückzuführen, dass durch Derivatisierung und verkürzte Produktlebenszyklen die Anzahl der Anläufe pro Zeitintervall signifikant zugenommen hat. Gleichzeitig ist der Aufwand des Serienanlaufs durch steigende Bauteilanforderungen in Bezug auf Geometrie, Festigkeit und Maßhaltigkeit kontinuierlich gewachsen. Beide Trends bedingen, dass die Effizienz der Serienanläufe im Hinblick auf Zeit- und Kostenverursachung zunehmen muss, um als Gesamtunternehmen im internationalen Wettbewerb konkurrenzfähig zu bleiben. Die Effizienz soll durch eine optimierte Wertschöpfungsgestaltung verbessert werden.

[893] Vgl. GEDIA Automotive Group (Zahlen & Fakten), 2019
[894] Vgl. GEDIA Automotive Group (Werkzeugbau), 2019
[895] Vgl. GEDIA Automotive Group (Werkzeugbau), 2019

6.1.2 Anwendung

Der Fokus der Anwendung liegt auf den Gestaltungselementen Datenbasierte Anlaufstrategie, Vernetzte Wertschöpfung, Adaptive Anlauforganisation sowie Vernetztes Lernen. Die Anwendung erfolgt durch Mitarbeiter des GEDIA Werkzeugbaus sowie für den Anlauf von Werkzeugen zuständige Mitarbeiter der Serienproduktion.

Die *datenbasierte Anlaufstrategie* wird bei GEDIA auf Basis langfristiger Investitionsentscheidungen sowie projektspezifisch verfolgter Ziele definiert. Zur langfristigen Ausrichtung des Serienanlaufs wird das Wertschöpfungsnetzwerk bestehend aus aktuell drei Werkzeugbaustandorten und acht Produktionswerken betrachtet. Die übergreifenden Unternehmensziele hinsichtlich Entwicklung von Märkten und Standorten werden bei der langfristigen strategischen Ausrichtung des Serienanlaufs einbezogen, um z. B. Investitionsentscheidungen hinsichtlich Pressenkapazitäten treffen zu können. Dadurch ist es möglich, notwendige Ressourcen im Unternehmensverbund anforderungsgerecht zu allokieren. Die projektspezifische Auswahl der am Serienanlauf beteiligten Standorte und Wertschöpfungspartner erfolgt auf Basis der Auslastung der anlaufspezifischen Ressourcen sowie der Distanz zur Serienproduktion. Ebenfalls werden Durchlaufzeiten der unterschiedlichen Werkzeugbaustandorte sowie die Termintreue berücksichtigt. Frühzeitig werden bei Überschreitung des internen Kapazitätsangebots Fremdvergabeumfänge bei externen Wertschöpfungspartnern (z. B. Pressenkapazitäten) reserviert. Durch die langfristige netzwerk- und ressourcentechnische Auslegung des Serienanlaufs sowie die kurzfristige Konfiguration des Wertschöpfungsnetzwerks sollen Zielvorgaben optimal erfüllt werden.

Die *vernetzte Wertschöpfung* wird durch eine enge Verzahnung mit externen Wertschöpfungspartnern zum Ausgleich fehlender interner Kapazitäten erreicht. Bei Projektstart werden dazu im Rahmen der Grobplanung Planzeiten für die unterschiedlichen Fertigungstechnologien ermittelt und ein entsprechender Bedarf für die Durchführung der Try-out Schleifen kalkuliert. Sofern die internen Kapazitäten nicht ausreichen, werden frühzeitig Leistungspakete an externe Wertschöpfungspartner vergeben. Die konkrete Spezifizierung der fremdvergebenen Komponenten und Arbeitsschritte erfolgt flexibel im Rahmen der Feinplanung des Leistungserstellungsprozesses. Aktuell wird ein neues Planungstool eingeführt, um die vorher größtenteils manuelle Kapazitätsplanung in Form von Excel Tabellen in ein dynamisches System zu überführen. Dies soll ermöglichen, während der Leistungserstellung flexibler auf kurzfristige Ereignisse wie kundenseitige Änderungswünsche oder notwendige Korrekturmaßnahmen reagieren zu können. Zur effizienten Durchführung des Serienanlaufs liegt ein standardisierter und mit den Wertschöpfungspartnern abgestimmter Prozessablauf vor, der durch einheitliche Checklisten, Regeltermine und definierte Verantwortlichkeiten charakterisiert ist. Mit der Serienproduktion werden vor Übergang des Werkzeugs Termine und Kapazitäten abgestimmt, sodass der Serienanlauf eine möglichst geringe Störwirkung auf die Serienproduktion hat. Mögliche Verzögerungen im internen Ablauf werden frühzeitig an die Serienproduktion kommuniziert, damit dort eine entspreche Anpassung der Planung erfolgen kann. Am Ende jeden Anlaufs findet eine gemeinsame Nachbesprechung statt, im Rahmen derer Verbesserungen in der Vernetzung und Synchronisierung beteiligter Entitäten abgestimmt werden.

Ein weiterer Baustein zur Optimierung des Serienanlaufs von Werkzeugen stellt die Flexibilisierung organisatorischer Strukturen im Sinne der *adaptiven Anlauforganisation* dar. In diesem Zusammenhang wurde sich bereits 2017 intensiv mit agilen Arbeitsweisen und einem entsprechenden Projektmanagement befasst. Auf Basis der Erkenntnisse tragen Teams heute eine hohe Eigenverantwortlichkeit hinsichtlich der zu erledigenden Aufgaben. Die Zuweisung und Abarbeitung von Aufgaben sowie der Austausch mit anderen Abteilungen erfolgt somit selbststeuernd. Zum Austausch von Informationen werden regelmäßige Shopfloor Meetings abgehalten, in denen aktuelle Problemstellungen besprochen und das weitere Vorgehen abgestimmt wird. Übergeordnetes Ziel ist, zukünftig vernetzter, kommunikativer, proaktiver, entscheidungsfähiger, interdisziplinärer und reaktionsschneller agieren zu können.

Das *vernetzte Lernen* wird aktuell mithilfe einer digitalen Wissensplattform umgesetzt. Dafür wird eine im Zuge des Projekts „Prozess- und Ergebnisoptimierung im Try-out" entwickelte Tablet-Applikation durch Mitarbeiter zur digitalen Abbildung des Try-outs pilotiert.[896] Durch frühzeitiges Einbinden der Mitarbeiter bei der Definition von Anforderungen sowie die kontinuierliche Einholung und Berücksichtigung von Feedback kann eine anforderungsgerechte Gestaltung der Applikation sowie entsprechender Prozesse gewährleistet werden. Zusätzlich zielt die frühe Einbindung der Mitarbeiter darauf ab, mögliche Vorbehalte der Mitarbeiter zu erkennen und durch Darstellung des individuellen und gesamtunternehmerischen Nutzens zu entkräften. Die Implementierung der Applikation soll den standortübergreifenden Austausch von Wissen forcieren, der bisher rudimentär und lediglich im Bedarfsfall stattfindet. Ebenfalls soll die Digitalisierung der Dokumentation ermöglichen, Wissen zielgerichtet in vorgelagerte Prozessschritte zurückzuführen und für zukünftige Projekte zur Verfügung zu stellen. Insbesondere in der Auslegung und Konstruktion von Werkzeugen soll im Serienanlauf generiertes Wissen genutzt werden, um aus Fehlern vergangener Projekte zur Reduktion der Korrekturschleifen zu lernen. Zusätzlich kann die Transparenz für die Projektleitung hinsichtlich offener Fehlerpunkte erhöht und Fehler systematisch für kommende Projekte ausgewertet werden. Eine Überführung in den Serienbetrieb wird aktuell vorbereitet.

6.1.3 Fazit

Der Fokus der Anwendung entwickelter Gestaltungselemente liegt im GEDIA Werkzeugbau auf der datenbasierten Anlaufstrategie, der vernetzten Wertschöpfung, der adaptiven Anlauforganisation sowie dem vernetzten Lernen. Durch die datenbasierte Anlaufstrategie können Ressourcen und Kompetenzen im GEDIA Produktionsnetzwerk langfristig optimal ausgelegt sowie kurzfristig anforderungsgerecht für die Erreichung anlaufspezifischer Ziele konfiguriert werden. Die zeitliche und inhaltliche Synchronisation von internen und externen Prozessen im Rahmen der vernetzten Wertschöpfung ermöglicht, Durchlaufzeiten zu verkürzen und die Flexibilität im Serienanlauf zu erhöhen. Zur Steigerung der Flexibilität trägt ebenfalls die adaptive Anlauforganisation bei, die sich im GEDIA Werkzeugbau durch eine umfangreiche Eigenver-

[896] Vgl. WBA (Prozess- und Ergebnisoptimierung im Try-out), 2018

antwortung und ein hohes Maß an Selbststeuerung auszeichnet. Mithilfe des vernetzen Lernens wird Wissen systematisch erfasst und vorgelagerten Prozessschritten zur kontinuierlichen Verbesserung zur Verfügung gestellt.

Weiteres Potenzial besteht hinsichtlich der Stärkung der datenbasierten Anlaufkompetenzen, um Mitarbeiter noch zielgerichteter auf die zusätzlichen Anforderungen eines zunehmend digital unterstützten Serienanlaufs von Werkzeugen vorzubereiten. Weiterhin bedarf es Investitionen in die digitale Infrastruktur, um Informationen zukünftig system- und domänenübergreifend anforderungsgerecht verfügbar zu machen. Der dadurch entstehende digitale Anlaufschatten ermöglicht es, Schwachstellen und Potenziale systematisch zu identifizieren und zukünftige Serienanläufe hinsichtlich der individuellen Zielsetzungen zu optimieren.

6.2 Fallbeispiel 2: Werkzeugbau Laichingen-Gruppe

Die Werkzeugbau Laichingen-Gruppe[897] entwickelt und produziert Hochleistungswerkzeuge für die Automobil- und Automobilzulieferindustrie. Neben dem Standort in Laichingen gehört seit 2007 ebenfalls ein Standort in Leipzig zum Unternehmen. 2011 wurde das Unternehmen durch die GESCO AG als Hauptgesellschafter übernommen, die aktuell alleiniger Anteilseigner ist. Das Unternehmen ist auf komplexe Großwerkzeuge im Bereich der Blechumformung spezialisiert. Hergestellt werden unterschiedliche Arten von Werkzeugen wie Stufensatz-, Transfer- oder Folgeverbundwerkzeuge. Die Werkzeuge sowie die dazugehörenden Mechanisierungskomponenten werden von Werkzeugbau Laichingen entwickelt, hergestellt und weltweit vertrieben.[898]

Neben dem physischen Produkt werden umfangreiche Dienstleistungen angeboten. Diese umfassen Machbarkeitsanalysen und Bauteiloptimierungen in den frühen Phasen der kundenseitigen Produktentwicklung, die Begleitung von Serienanläufen auf Kundenanlagen sowie den permanenten On-Site-Service in den Fertigungsstätten des Kunden. Ebenfalls können Serviceleistungen wie Werkzeugoptimierungen, Leistungstests oder Überarbeitungen an Werkzeugen Dritter abgebildet werden. Die beiden Standorte Laichingen und Leipzig beschäftigen aktuell ca. 170 Mitarbeiter, der Umsatz lag 2017 bei 21,2 Mio. Euro.[899]

Der Autor hat im Rahmen seiner Tätigkeit als wissenschaftlicher Mitarbeiter mehrere bilaterale Projekte mit Werkzeugbau Laichingen durchgeführt. In diesen Projekten wurde die Industrialisierung des Werkzeugbaus zur Steigerung der operativen Exzellenz ausgestaltet und umgesetzt. Zentrale Zielsetzungen des Projekts stellen die wertschöpfungseffiziente Gestaltung der Auftragsabwicklungsprozesse, die Verbesserung der Planung, die Optimierung des Lieferantenmanagements sowie die Verbesserung der organisationalen Transparenz zur Erschließung von Kosten- und Durchlaufzeitpotenzialen dar.

[897] Nachfolgend als Werkzeugbau Laichingen bezeichnet
[898] Vgl. GESCO AG (Geschäftsbericht 2017/2018), 2018, S. 92f.
[899] Vgl. GESCO AG (Geschäftsbericht 2017/2018), 2018, S. 92f.

6.2.1 Ausgangssituation

Der Betrachtungs- und Anwendungsbereich des vorliegenden Fallbeispiels umfasst den Werkzeugbau sowie die für den Serienanlauf von Werkzeugen relevanten Abteilungen der Kunden. Kunden sind hauptsächlich Konzerne der Automobilindustrie, zusätzlich werden einige Tier-1 Zulieferer mit Werkzeugen beliefert. Am Standort in Laichingen arbeiten ca. 110 Mitarbeiter im Dreischichtbetrieb, davon entfallen 27 Mitarbeiter auf Montage und Try-out, die als eine Abteilung fungieren.

Aufgrund der sich verändernden marktseitigen Rahmenbedingungen sieht sich Werkzeugbau Laichingen gezwungen, die Auftragsabwicklung hinsichtlich der Kenngrößen Durchlaufzeit und Kosten zu optimieren, um im internationalen Wettbewerb konkurrenzfähig zu bleiben. Insbesondere asiatische Betriebe konnten in den letzten Jahren aufgrund anhaltender Lohnkostenvorteile bei sukzessiver Steigerung der Technologiekompetenz umfangreich Marktanteile gewinnen. Gleichzeitig ist eine Steigerung der kundenseitigen Anforderungen sowie die Häufigkeit der kundenseitigen Änderungen zu beobachten. Dies macht sich im werkzeugbau- und kundenseitigen Try-out bemerkbar, der in der Regel mehrere Korrekturschleifen umfasst und sukzessive an zeit- und kostenseitiger Bedeutung zugenommen hat. Durch die Globalisierung muss sich Werkzeugbau Laichingen darüber hinaus verstärkt international aufstellen, um Kundenbedürfnisse weltweit erfüllen zu können. Dies stellt insbesondere im Hinblick auf die Anlaufbegleitung des Kunden eine Herausforderung dar.

6.2.2 Anwendung

Der Fokus der Anwendung liegt auf den Gestaltungselementen Vernetzte Wertschöpfung, Adaptive Anlauforganisation, Anforderungsgerechte Anlaufkompetenzen und Digitale Infrastruktur. Die Anwendung erfolgt durch Mitarbeiter von Werkzeugbau Laichingen sowie Mitarbeiter der kundenseitigen Serienproduktion.

Zur Realisierung einer *vernetzten Wertschöpfung* sowohl im eigenen Unternehmen als auch mit Zulieferern und Kunden wurden die Auftragsabwicklungsprozesse an den Standorten in Laichingen und Leipzig analysiert und hinsichtlich Medienbrüchen, Rückschleifen, Liegezeiten und Standardisierungspotenzialen untersucht. Insbesondere durch den iterativen und interdisziplinären Charakter des Serienanlaufs konnten durch Umgestaltung der Auftragsabwicklung auf standardisierte Meilensteine, definierte Verantwortlichkeiten sowie einheitliche Dokumente und Systeme umfangreiche Potenziale gehoben werden. Die definierten Meilensteine dienen im Rahmen der Projektplanung der Grobterminplanung, die anhand des vom Kunden gewünschten Liefertermins per Rückwärtsterminierung vorgenommen wird. Die Erreichung der Meilensteine im Projekt obliegt einem jeweiligen Meilensteinverantwortlichen, der die Zeit- und Budgeteinhaltung innerhalb seines Meilensteins überwacht und mögliche Abweichungen sowie darauf basierende Maßnahmen mit dem übergeordneten Projektmanagement abstimmt. Die im Zuge der Umgestaltung des Auftragsabwicklungsprozesses realisierte Abbildung relevanter Workflows ermöglicht, Informationsbedarfe entlang der Prozesskette optimal abzubilden und die Synchronisierung von Prozessinformationen zu beschleunigen. Auch die Standardisierung von Schnittstellen mit Wertschöpfungspartnern und der Serienproduktion des Kunden wurde im Rahmen des Projekts betrachtet. So werden Messvorgaben des Kunden auf einer Plattform bereitgestellt und durch Mitarbeiter des Werkzeugbaus abgerufen. Die frühzeitige Abstimmung von Muster- und Einarbeitungsterminen auf Kundenanlagen erlaubt es zudem, die Anlaufbegleitung hinsichtlich Zeit- und Kostenaufwand zu optimieren. Die parallele Einführung eines standortübergreifenden ERP-/PPS-Systems hilft, Kapazitäten flexibel zwischen den beiden Standorten Laichingen und Leipzig zur Realisierung kurzer Durchlaufzeiten auszugleichen. Ebenfalls soll durch die intensivere Nutzung von Vergangenheitsdaten die Planungsgrundlage von Korrekturschleifen im Serienanlauf signifikant verbessert werden. Zudem ermöglicht das bewusste Vorhalten von Kapazitäten für unplanbare Ereignisse, flexibler auf Störungen im Serienanlauf reagieren zu können. Die intensivere Einbindung externer Wertschöpfungspartner in den Bereichen Konstruktion und mechanische Fertigung erlaubt es zusätzlich, lang- und kurzfristige Kapazitätsschwankungen durch gezielte Fremdvergaben auszugleichen. Hierfür zeigt sich das Lieferantenmanagement verantwortlich, anhand dessen durch kontinuierliche Bewertung und Auditierung der Lieferantenbasis die Leistungsfähigkeit sukzessive erhöht werden kann.

Die *adaptive Anlauforganisation* ermöglicht eine engere Vernetzung der unterschiedlichen am Anlauf beteiligten Entitäten. Dafür wurden bei Werkzeugbau Laichingen tägliche Shopfloorrunden eingeführt. Gemeinsam mit den Mitarbeitern werden aktuelle Auftragsfortschritte diskutiert, um notwendige Maßnahmen frühzeitig einzuleiten. Fertigungsaufträge und Maßnahmen werden auf einem zentralen Steuerungsboard sowie gruppenspezifischen Auftragstafeln erfasst, sodass der aktuelle Abarbeitungsstatus transparent für alle Mitarbeiter ersichtlich ist. Die zielgerichtete Darstellung auftragsbezogener und auftragsneutraler Kennzahlen auf unterschiedlichen Unternehmensebenen hilft darüber hinaus, Transparenz über die Wirtschaftlichkeit und Termintreue von Werkzeugprojekten und einzelnen Prozessabläufen zu erlangen. Die Zusammenstellung von in den Serienanlauf eingebundenen Mitarbeitern erfolgt projektbezogen sowohl kompetenz- als auch kapazitätsbasiert. Dadurch sind entsprechende Teams anforderungsgerecht besetzt und Entscheidungen können in der Regel innerhalb des Teams kurzfristig getroffen werden. Einem Anlauf zugeordnete Mitarbeiter begleiten das Werkzeugprojekt ab Abschluss der Montage bis zur finalen Freigabe durch den Kunden. Durch die enge und abteilungsübergreifende Zusammenarbeit konnten insbesondere die Abstimmung sowie das Problemverständnis verbessert werden. Die Anlaufteams sind mit einer hohen Eigenverantwortlichkeit ausgestattet, wodurch der Abstimmungsaufwand mit Führungskräften reduziert und somit die Durchlaufzeit des Anlaufs insgesamt verkürzt werden konnte.

Die Adressierung der *anforderungsgerechten Anlaufkompetenzen* basiert auf regelmäßigen Analysen des Produkt- und Leistungsspektrums, die der Ableitung notwendiger Kompetenzen dienen. Analog dazu erfolgt die Aufnahme und Bewertung im Betrieb vorhandener Kompetenzen über die Durchführung von Mitarbeiterinterviews, die partiell um Tätigkeitsstrukturanalysen ergänzt werden. Durch die Gegenüberstellung von Anforderungen und vorhandener Kompetenzen können Ineffizienzen und Kompetenzlücken einzelner Abteilungen abgeleitet werden. Durch eine Analyse technologischer und marktseitiger Trends wird zudem eruiert, wie sich diese auf den zukünftigen Kompetenzbedarf auswirken könnten. Insbesondere im Bereich der digitalen Kompetenzen konnte in der Vergangenheit ein Handlungsbedarf aufgezeigt werden, der sukzessive durch interne und externe Schulungen adressiert wird. Die Einführung zyklischer Mitarbeitergespräche ermöglicht, individuelle Qualifizierungsmöglichkeiten zu diskutieren und zielgerichtete Qualifizierungsmaßnahmen abzuleiten. Qualifizierungsmaßnahmen werden in regelmäßigen Abständen bewertet und entsprechend den individuellen Bedarfen aktualisiert.

Die *digitale Infrastruktur* wird im Rahmen der Implementierung eines standortübergreifenden ERP- und Planungssystems angepasst. Neben der Standardisierung von Ordner- und Serverstrukturen sowie einem einheitlichen Revisionsmanagement werden eingesetzte Systeme zwischen den beiden Standorten synchronisiert. Die Digitalisierung, Vereinheitlichung und systemtechnische Abbildung analoger Dokumente ermöglicht die systematische Auswertung von Informationen. Der Informationsaustausch mit Lieferanten und Kunden erfolgt anhand gemeinsamer Datenportale, die allen Entitäten jeweils die aktuellsten Datenstände bereitstellen. Die Einführung vernetzter CAD-CAM-Programme erlaubt die ganzheitliche Abdeckung der CAx-Prozesskette. Hierdurch können Revisionsstände echtzeitnah ohne Informationsverluste verfügbar gemacht und so eine Datendurchgängigkeit zwischen den am Anlauf beteiligten Abteilungen sichergestellt werden. Die Konzeption und sukzessive Programmierung von Systemschnittstellen im Bereich von CAD, CAM, ERP und BDE stellt im Unternehmen die Grundlage dar, mittelfristig einen ganzheitlichen digitalen Anlaufschatten zur weiteren Optimierung des Serienanlaufs abbilden zu können.

6.2.3 Fazit

Die Realisierung eines vernetzten und synchronisierten Serienanlaufs beim Werkzeugbau Laichingen basiert auf einer vernetzten Wertschöpfung, einer adaptiven Anlauforganisation, anforderungsgerechten Anlaufkompetenzen sowie einer digitalen Infrastruktur. Durch die vernetzte Wertschöpfung kann der interne Prozessablauf durch standardisierte Prozesse und digitale Workflows medienbruchfrei und mit kurzen Latenzzeiten ablaufen. Die Vernetzung mit Lieferanten und Kunden ermöglicht, externe Entitäten anforderungsgerecht zur Nivellierung von Kapazitätsspitzen in die Leistungserstellung einzubeziehen. Die adaptive Gestaltung der Anlauforganisation hat neben einer verbesserten Flexibilität zusätzlich zu einem verstärkten Austausch von Wissen und Know-how innerhalb der Organisation geführt. Die Weiterentwicklung von Kompetenzen und der digitalen Infrastruktur ermöglicht, sich durch verbesserte Kompetenzniveaus der Mitarbeiter und eine intensivere Datennutzung hinsichtlich der Zielgrößen Zeit, Kosten und Qualität vom Wettbewerb zu differenzieren.

Weiteres Verbesserungspotenzial besteht in der langfristigen Auslegung des Serienanlaufs, insbesondere im Hinblick einer stärkeren Einbeziehung internationaler Partner mit kurzer Anbindung zur Serienproduktion des Kunden. Auf diese Weise könnte dem zunehmenden Bedarf international verteilter Serienanläufe Rechnung getragen werden. Die Einführung einer standortübergreifenden digitalen Wissensplattform würde darüber hinaus ermöglichen, Lerneffekte im Unternehmensverbund besser nutzbar machen zu können.

6.3 Fallbeispiel 3: Welser Profile GmbH

Die Welser Profile GmbH[900] ist ein Familienunternehmen mit Sitz in Österreich, das auf die Produktion von rollverformten Profilen spezialisiert ist. Das Unternehmen beliefert eine breite Spanne von Branchen – von der Bauindustrie über die Industrie-, Agrar- und Umwelttechnik bis hin zur Automobilindustrie. Verarbeitet werden Stahl, Edelstahl und Nichteisenmetalle in einer Stärke von 0,3 bis 8,2 mm bei einer Breite bis zu 800 mm. Neben den Stammwerken in Ybbsitz und Gresten betreibt das Unternehmen seit 2001 einen Produktionsstandort in Bönen (Deutschland), der seitdem kontinuierlich gewachsen ist. Heute ist Welser Profile einer der führenden Hersteller von Sonderprofilen und Sonderprofilrohren in Europa. 2018 wurde zur Erschließung neuer Märkte und Erweiterung der Produktionskapazitäten ein Spezialprofilehersteller mit Sitz in Valley City (USA) übernommen. An den vier Produktionsstandorten arbeiten aktuell mehr als 2.500 Mitarbeiter. Die interne Werkzeugtechnik an den Standorten Ybbsitz und Bönen versorgt diese mit Werkzeugen für die Serienproduktion.[901]

Der Autor hat im Rahmen seiner Tätigkeit als wissenschaftlicher Mitarbeiter ein bilaterales Projekt mit Welser Profile durchgeführt. Übergeordnetes Ziel des Projekts war die Ausarbeitung einer abgestimmten strategischen Ausrichtung der Werkzeugtechnik an den Standorten Gresten, Ybbsitz und Bönen. Neben der Festlegung der zukünftigen Entwicklung umfasste dies die verbesserte Synchronisierung der Wertschöpfungsprozesse zum internen Kapazitätsausgleich sowie der Erschließung von Lern- und Skaleneffekten im Netzwerk. Zusätzlich erfolgte im bereits vorgestellten Projekt zum Thema „Prozess- und Ergebnisoptimierung im Tryout“ die gemeinsame Ausarbeitung von Konzepten zur wertschöpfungsseitigen Optimierung des Serienanlaufs von Werkzeugen. In diesem Zusammenhang konnten die angewendeten Gestaltungsfelder dieser Dissertation verifiziert werden.

6.3.1 Ausgangssituation

Der Betrachtungs- und Anwendungsbereich des vorliegenden Fallbeispiels umfasst die interne Werkzeugtechnik an den Standorten Ybbsitz und Bönen sowie die für den Serienanlauf von Werkzeugen notwendigen Abteilungen der oben genannten Produktionsstandorte. Die Werkzeugtechnik fertigt Rollen- und Stanzwerkzeuge für die eigene Serienproduktion in Folgeverbund- und Stufensatzbauweise. Insgesamt sind an den beiden Standorten mehr als 240 Mitarbeiter im Werkzeugbau tätig. Neben der Werkzeugfertigung werden umfangreiche Dienstleistungen von der Bauteiloptimierung bis zur Begleitung des Serienanlaufs angeboten. Die internen Kompetenzen und Kapazitäten werden durch ein Netzwerk aus international verteilten Werkzeug- und Komponentenlieferanten sowie Dienstleistern ergänzt.

Die Werkzeugtechnik konnte sich in den vergangenen Jahren sukzessive weiterentwickeln. Im Rahmen des Wettbewerbs „Excellence in Production“ (EiP) wurde die Werkzeugtechnik im

[900] Nachfolgend als Welser Profile bezeichnet

[901] Welser Profile GmbH (Unternehmensdatenblatt), 2019, S. 1; Welser Profile GmbH (Unternehmensgeschichte), 2018, S. 1ff.

Jahr 2018 als einer von 14 Finalisten ausgezeichnet.[902] Dies verdeutlicht dessen hohe Leistungsfähigkeit sowie den Stellenwert als Befähiger einer robusten, effizienten und flexiblen Serienproduktion.

Als Zulieferer eines breiten Spektrums von Industrien wird Welser Profile und die interne Werkzeugtechnik intensiv von marktseitigen Entwicklungen beeinflusst. Durch die steigende Anzahl an Derivaten und verkürzte Entwicklungszyklen seiner Kunden muss das Unternehmen die eigene Wertschöpfung entsprechend den Herausforderungen optimieren. Als einen wichtigen Stellhebel hat Welser Profile diesbezüglich den Serienanlauf von Werkzeugen ausgemacht, der durch steigende Bauteilanforderungen, das wachsende Produktionsnetzwerk aus Werkzeugtechnik und Serienproduktion sowie die Forderung nach einer kurzen Time-to-Market stetig komplexer wird. Den dargestellten Herausforderungen im Serienanlauf von Werkzeugen wird durch eine optimierte wertschöpfungsseitige Gestaltung begegnet.

6.3.2 Anwendung

Der Fokus der Anwendung liegt auf den Gestaltungselementen Datenbasierte Anlaufstrategie, Vernetzte Wertschöpfung, Adaptive Anlauforganisation und Vernetztes Lernen. Die Anwendung der Gestaltungselemente erfolgt durch Mitarbeiter der internen Werkzeugtechnik sowie der angeschlossenen Serienproduktion.

Im Rahmen der *datenbasierten Anlaufstrategie* werden Ressourcen und Kompetenzen langfristig ausgelegt und kurzfristig entsprechend anlaufspezifischer Ziele konfiguriert. Die langfristige Auslegung des Serienanlaufs von Werkzeugen basiert auf einer standortübergreifenden Lead-Struktur, anhand derer die Werkzeugversorgung im Produktionsnetzwerk gesteuert wird. Die Lead-Struktur wurde im Jahr 2017 entwickelt und beruht auf standortspezifischen Kompetenzen sowie der Prozesseffizienz unterschiedlicher Werkzeug- und Auftragstypen. Anhand der Lead-Struktur werden Investitionsentscheidungen im Netzwerk abgestimmt, um eine optimale Ressourcenallokation auf die jeweiligen Standorte vornehmen zu können. In den letzten Jahren wurde an den Standorten in Fräs- und Erodierautomation investiert, um Durchlaufzeit und Kosten in der übergeordneten Werkzeugerstellung sowie im Serienanlauf verbessern zu können. Anhand der Lead-Struktur sowie darauf basierender Lead-Kompetenzfelder erfolgt ebenfalls ein kontinuierlicher Wissensaustausch, um Wissen im Netzwerk möglichst kontinuierlich aufzubauen und weiterzuentwickeln. Die kurzfristige wertschöpfungsseitige Planung des Serienanlaufs erfolgt im Rahmen der Grobplanung eines Werkzeugprojekts. Neben der Berücksichtigung der in der Lead-Struktur abgebildeten Kompetenzen werden zusätzlich die Parameter Kapazität, Wissensentwicklung und die zu erwartende Durchlaufzeit in die Planung einbezogen. Die im Netzwerk verfügbaren Kapazitäten sind über ein Planungssystem transparent einsehbar, wodurch die Terminierung und Ressourcenallokation des Serienanlaufs vereinfacht wird. Durch die Planungstransparenz kann ebenfalls frühzeitig eine Überschreitung des internen Kapazitätsangebots erkannt werden, um Fremdvergabeumfänge bei externen Wertschöpfungspartnern einzusteuern. Zur effizienten Anfertigung von Neuwerkzeugen sowie gleichzeitig flexiblen Durchführung von Serienanläufen und Reparaturaufträgen wurde eine

[902] Excellence in Production (Werkzeugbau des Jahres 2018), 2019

Segmentierung der Ressourcen durchgeführt. Im planbaren Segment (insb. Neuwerkzeuge) werden alle Aufträge mit einem Planungshorizont größer fünf Tage bearbeitet, im unplanbaren Segment (insb. kurzfristige Arbeiten für Serienanläufe sowie Reparaturen) Aufträge mit Planungshorizont kleiner fünf Tage. Dadurch können Neuwerkzeuge mit kurzer Durchlaufzeit bei hoher Effizienz erstellt sowie parallel Serienanläufe und Reparaturen mit hoher Flexibilität eingesteuert und bearbeitet werden.

Durch das Produktionsnetzwerk mit vier Produktions- und zwei Werkzeugtechnikstandorten weist die *vernetzte Wertschöpfung* bei Welser Profile einen hohen Stellenwert auf. Um die Kapazitäten im Netzwerk optimal zu allokieren, wurde in den vergangenen Jahren in ERP- und MES-Systeme investiert. Diese ermöglichen, im Rahmen der Grobplanung durch Rückgriff auf Vergangenheitsdaten Ressourcenbedarfe für den Serienanlauf je Fertigungstechnologie zu ermitteln. Sofern die internen Kapazitäten nicht ausreichen, werden frühzeitig Leistungspakete an externe Wertschöpfungspartner vergeben. Die Nutzung der ERP- und MES-Systeme erlaubt zudem, durch dynamische Anpassung der Planung flexibler als zuvor auf kurzfristige Änderungen reagieren zu können. Zur verbesserten zeitlichen und inhaltlichen Synchronisierung des Serienanlaufs liegt zudem ein standardisierter und mit Wertschöpfungspartnern abgestimmter Prozessablauf vor, der durch definierte Meilensteine, Checklisten, Übergabeprotokolle, Aufstellungszeichnungen, Regeltermine und Reportings gekennzeichnet ist. Um notwendige zeitliche und konstruktive Änderungen eines Werkzeugprojekts innerhalb des Produktionsnetzwerks abzustimmen, finden regelmäßige Telefon- und Videokonferenzen sowie Vor-Ort-Termine statt. Verzögerungen oder notwendige Beschleunigungen des Serienanlaufs können somit frühzeitig erkannt, kommuniziert und im betreffenden Personenkreis abgestimmt werden. Insbesondere bei kritischen Werkzeugen wird nach Abschluss des Serienanlaufs eine Werkzeugnachbesprechung durchgeführt, um Verbesserungspotenziale zu identifizieren und entsprechende Optimierungsmaßnahmen abzuleiten. Weiterhin wird die Durchführung des Serienanlaufs durch eine umfangreiche Datenbereitstellung von z. B. Simulations- oder Zeichnungsdaten informationstechnisch unterstützt. Entsprechende Daten und Dokumente können ortsunabhängig mit dem jeweils aktuellsten Datenstand auf Tablets abgerufen werden. Mittelfristiges Ziel ist die vollständige Digitalisierung des Serienanlaufs, um die Transparenz weiter zu erhöhen, die Durchlaufzeit zu verkürzen sowie die Effizienz insgesamt zu steigern.

Die *adaptive Anlauforganisation* ermöglicht bei Welser Profile eine bessere Vernetzung der am Anlauf beteiligten Entitäten und Standorte. Dazu werden Anlaufteams auf Basis der vorhandenen Fachkompetenz mit dem Ziel des abteilungsübergreifenden Austausches sowie dem Wissensübertrag auf junge Mitarbeiter projektspezifisch zusammengestellt. Einem Anlauf zugeordnete Mitarbeiter begleiten das Werkzeugprojekt ab Abschluss der Montage bis zur finalen Serienfreigabe. Zur Ableitung einer optimalen Korrekturstrategie werden zudem partiell weitere Experten integriert, um die Anzahl notwendiger Korrekturschleifen auf ein Minimum zu reduzieren. Durch halbjährliche Feedbackgespräche sowie jährliche Mitarbeitergespräche wird eine intensive Kommunikations- und Feedbackkultur im Unternehmen gepflegt. Die Etablierung täglicher Shopfloorrunden ermöglicht, den Auftragsfortschritt mit Mitarbeitern zu diskutieren und notwendige Maßnahmen wie z. B. Umpriorisierungen oder Terminverschiebungen frühzeitig einzuleiten. Fertigungsaufträge und Kennzahlen werden zur Steigerung der Transparenz (z. B. Projektfortschritt, Wirtschaftlichkeit und Effizienz) auf digitalen Anzeigetafeln auf dem Shopfloor visualisiert. Zur Sicherstellung kurzer Entscheidungswege ist die Organisation durch flache Hierarchien gekennzeichnet. Die Flexibilität der Mitarbeiter wurde zudem in den vergangenen Jahren anhand unterschiedlicher Maßnahmen kontinuierlich verbessert. So finden Teilaspekte des agilen Projektmanagements bereits heute Anwendung im Serienanlauf, um die interdisziplinäre Problemlösungskompetenz zu erhöhen und kurzfristig auf Korrekturen reagieren zu können. Selbstorganisation und Eigenverantwortung werden als zentrale Erfolgsfaktoren aktiv gefördert, um die Abarbeitung von Mängelpunkten im Serienanlauf hinsichtlich Zeit- und Kostenaspekten zu optimieren.

Das *vernetzte Lernen* wird durch die umfangreiche Nutzung digitaler Medien umgesetzt. Bereits seit einigen Jahren werden ein Wiki-System sowie eine elektronische Wissensdatenbank zur Speicherung erfolgskritischen Wissens genutzt. Erfolgskritisches Wissen sowie weitere Erkenntnisse werden unter anderem in der Werkzeugnachbesprechung gesammelt und diskutiert. An dieser sind neben Mitarbeitern der Fertigung ebenfalls Mitarbeiter von Konstruktion, Montage und Try-out beteiligt. Ergebnisse der Werkzeugnachbesprechung bilden u. a. die Basis für die Einführung von Konstruktionsstandards und Richtlinien, um Fehlerquellen bereits in der Werkzeugentwicklung durch entsprechende Vorgaben reduzieren zu können. Zur verbesserten Nutzung von im Anlauf generiertem Wissen ist zudem eine eigens entwickelte Tablet-Applikation im Einsatz. Anhand dieser können Abweichungen und Fehler im Serienanlauf dokumentiert und in vorgelagerte Prozessschritte zurückgeführt werden. Dazu verfügt die Applikation über eine nutzerfreundliche Oberfläche sowie vordefinierte Fehlerkategorien, um die Fehleraufnahme zu vereinfachen und zu standardisieren. Die Dokumentation des Fehlers anhand von Fotos stellt zudem ein abteilungsübergreifend einheitliches Fehlerverständnis sicher. Um möglichen Vorbehalten der Belegschaft hinsichtlich Digitalisierung proaktiv zu begegnen, wurde die Applikation unter umfangreicher Einbindung der Mitarbeiter entwickelt. Anhand von kontinuierlichen Tests konnte die Applikation zudem sukzessive optimiert und um neue Funktionen ergänzt werden.

6.3.3 Fazit

Zur Realisierung eines vernetzten und synchronisierten Serienanlaufs adressiert Welser Profile die Gestaltungsfelder Datenbasierte Anlaufstrategie, Vernetzte Wertschöpfung, Adaptive Anlauforganisation sowie Vernetztes Lernen. Die Anwendung der datenbasierten Anlaufstrategie ermöglicht es Welser Profile, Ressourcen und Kompetenzen anhand der entwickelten Lead-Struktur langfristig optimal im Produktionsnetzwerk zu allokieren und aufeinander abzustimmen. Kurzfristig und projektspezifisch kann die Wertschöpfung im Netzwerk anhand der Lead-Struktur sowie vorhandener Kapazitäten konfiguriert werden. Durch die vernetzte Wertschöpfung wird die Grundlage geschaffen, insbesondere den internen Prozessablauf hinsichtlich der Zielgrößen Zeit, Kosten und Qualität zu optimieren. Die externe Vernetzung mit Lieferanten erlaubt, Kapazitäten außerhalb des Unternehmens zur Nivellierung von Auslastungsspitzen in die Leistungserstellung einzubeziehen. Die adaptive Gestaltung der Anlauforganisation befähigt das Unternehmen, die hohen Kompetenz- und Flexibilitätsanforderungen des Serienanlaufs organisationsseitig abzubilden. Der umfangreiche Kompetenzbedarf wird im

Rahmen des vernetzten Lernens durch Einführung von Wiki-Systemen sowie einer digitalen Fehlerdokumentation kontinuierlich adressiert.

Weiteres Verbesserungspotenzial besteht in der zielgerichteten Investition in eine digitale Infrastruktur, um Informationen zukünftig vollständig system- und domänenübergreifend im Sinne des digitalen Anlaufschattens verfügbar zu machen. Durch verbessertes Verständnis von Wirkzusammenhängen können weitere Zeit- und Kostenpotenziale im Serienanlauf identifiziert und die Datengrundlage für die Planung von Anlaufprojekten weiter optimiert werden. Zusätzlich sollten die datenbasierten Anlaufkompetenzen gestärkt werden, um Mitarbeiter noch zielgerichteter auf die zusätzlichen Anforderungen eines zunehmend digital unterstützten Serienanlaufs von Werkzeugen vorzubereiten.

6.4 Kritische Reflexion

Die Beschreibung der Anwendung einzelner Gestaltungselemente in den drei Fallbeispielen der GEDIA Gebrüder Dingerkus GmbH, der Werkzeugbau Laichingen-Gruppe sowie der Welser Profile GmbH zeigt, dass die wertschöpfungsseitige Optimierung des Serienanlaufs von Werkzeugen in der Unternehmenspraxis funktioniert. Im Rahmen der Validierung wurden alle Gestaltungsfelder mindestens einmal angewendet und das Modell somit vollständig verifiziert. Durch die Anwendung der entwickelten Gestaltungsfelder unter heterogenen Rahmenbedingungen wird zudem die Übertragbarkeit der Ergebnisse in einen breiten Anwendungskontext sichergestellt. Dadurch wird eine Adressierung des in Kapitel 2.4 dargestellten Praxisdefizits ermöglicht.

Bei GEDIA werden im Wertschöpfungsnetzwerk abgestimmte Anlaufstrategien zur optimalen Erfüllung projektspezifischer Ziele genutzt. Darüber hinaus wurde eine mit Wertschöpfungspartnern vernetzte Auftragsabwicklung realisiert, sodass Informationen anforderungsgerecht in den am Anlauf beteiligten Prozessen bereitstehen. Die Wertschöpfung wird durch eine flexible Organisation mit hoher Eigenverantwortlichkeit abgebildet. Die aktuell in der Umsetzung befindliche digitale Wissensplattform soll darüber hinaus zukünftig vermehrt Lerneffekte insbesondere in den frühen Phasen der Werkzeugentwicklung ermöglichen, sodass die Anzahl und der Aufwand der Korrekturschleifen im Serienanlauf reduziert werden kann.

Die Werkzeugbau Laichingen-Gruppe realisiert ebenfalls eine mit Partnern vernetzte Wertschöpfung. Durch die adaptiv gestaltete Anlauforganisation besteht zudem eine hohe organisatorische Flexibilität, die durch die interdisziplinäre Zusammenarbeit ebenfalls zu einem stetigen Wissensaustausch aller am Serienanlauf beteiligter Entitäten führt. Die systematische Adressierung der digitalen Infrastruktur sowie der anforderungsgerechten Anlaufkompetenzen stellt zudem die notwendigen Voraussetzungen bereit.

Bei Welser Profile ist das Produktionsnetzwerk anhand einer sogenannten Lead-Struktur aufgebaut, die maßgeblich die Grundlage der langfristigen Auslegung des Serienanlaufs darstellt. Kurzfristig werden Serienanläufe auf Basis der Ressourcenauslastung sowie Zielen z. B. hinsichtlich der Wissensentwicklung konfiguriert. Die interne und externe Vernetzung der Wertschöpfung ermöglicht die zeitliche und inhaltliche Synchronisation von Informationen am Serienanlauf beteiligter Entitäten. Eine durch Eigenverantwortung und Selbststeuerung geprägte

Anlauforganisation stellt eine hohe Flexibilität sicher. Die Dokumentation und Nutzung anlaufrelevanten Wissens stellt die Grundlage kontinuierlichen Lernens dar.

Die praktische Anwendung des Gestaltungsmodells in drei unterschiedlichen Werkzeugbaubetrieben validiert die in Kapitel 3.1.2 dargestellten Anforderungen zur wertschöpfungsseitigen Gestaltung des vernetzten und synchronisierten Serienanlaufs von Werkzeugen. Die allgemeinen Anforderungen werden durch die praxisorientierte Formulierung der Gestaltungsfelder sowie die stringente Struktur des Gestaltungsmodells adressiert. Auf Basis der entwickelten Gestaltungselemente ist die Erläuterung konkreter Lösungen im Rahmen der dargestellten Fallbeispiele möglich. Durch die Anwendung der Gestaltungselemente in der industriellen Praxis wird zudem die Praktikabilität nachgewiesen.

Die werkzeugbauspezifischen Anforderungen werden dadurch erfüllt, dass alle drei Unternehmen Werkzeuge in Unikat- oder Kleinserienfertigung herstellen, in deren Rahmen keine oder nur sehr begrenzte Wiederholhäufigkeiten auftreten. Weiterhin handelt es sich bei den validierten Unternehmen um zwei interne sowie einen externen Werkzeugbau, die unter unterschiedlichen Rahmenbedingungen im Markt agieren. Zusätzlich weisen die Unternehmen unterschiedliche Betriebsgrößen auf und bedienen unterschiedliche Wertschöpfungsstufen. Während der GEDIA Werkzeugbau und die Werkzeugtechnik von Welser Profile eine Tier-1 Serienproduktion beliefern, werden die Werkzeuge von Werkzeugbau Laichingen hauptsächlich für Automobil-OEMs hergestellt. Zuletzt unterscheiden sich die Werkzeuge in der Ausführung. Während das Werkzeugspektrum im GEDIA Werkzeugbau primär Transferwerkzeuge für Strukturteile umfasst, werden bei Werkzeugbau Laichingen hauptsächlich Stufensätze für z. B. Front- und Heckklappen und bei Welser Profile rollverformte Profile für ein breites Anwendungsspektrum hergestellt.

Neben den allgemeinen und werkzeugbauspezifischen Anforderungen werden zuletzt die anlaufbezogenen Anforderungen erfüllt. Die Anwendung in der Praxis zeigt, dass eine abgestimmte Gestaltung von Anlaufstrategie, Prozess und Organisation in Verbindung mit einem übergeordneten Wissensmanagement zu Verbesserungen des Serienanlaufs von Werkzeugen führen kann. Gleichzeitig werden durch Anwendung in der Praxis Abhängigkeiten der einzelnen Gestaltungselemente deutlich. Dies wiederum bestätigt die Struktur des Gestaltungsmodells. Die Heterogenität der Fallbeispiele zeigt, dass die Umsetzung der Gestaltungselemente auf Basis der jeweiligen Rahmenbedingungen unternehmensspezifisch vorzunehmen ist.

Zusammengefasst haben die Fallbeispiele dargelegt, dass das Gestaltungsmodell für den vernetzten und synchronisierten Serienanlauf von Werkzeugen auch unter heterogenen Rahmenbedingungen erfolgreich angewendet werden kann. Die Unterschiede der Fallbeispiele im Hinblick auf Marktzugang, Werkzeugspektrum und Unternehmensgröße weisen die Anwendbarkeit des Modells auf die Branche Werkzeugbau mit Fokus auf Blechumformung nach. Wie in Kapitel 4.2.1 erläutert, ist das Gestaltungsmodell aufgrund deckungsgleicher Herausforderungen in seiner übergeordneten Struktur sowie der Detaillierung der Gestaltungselemente grundsätzlich für alle Werkzeugtypen anwendbar. Zur Abbildung der notwendigen Konkretheit wurde in einzelnen Gestaltungsaspekten partiell eine Detaillierung der Inhalte anhand von Blechumformwerkzeugen vorgenommen. Eine entsprechende Detaillierung der Inhalte für andere Werkzeugtypen ist nicht Teil der vorliegenden Arbeit und sollte im Rahmen nachfolgender Arbeiten vorgenommen werden.

Das Gestaltungsmodell wurde somit als ganzheitlicher Lösungsansatz für den vernetzten und synchronisierten Serienanlauf von Werkzeugen verifiziert. Damit wird die übergeordnete Zielsetzung dieser Arbeit erfüllt.

7 Zusammenfassung und Ausblick

Die produzierende Industrie trägt in Deutschland maßgeblich zur Bruttowertschöpfung bei und konnte in den vergangenen Jahren insbesondere im Premium- und Hochtechnologiesegment von der Globalisierung profitieren. Aktuell ist allerdings zu beobachten, dass Schwellenländer ihren technologischen Rückstand sukzessive verkürzen können. Der Wirtschaftsstandort Deutschland konkurriert somit zunehmend mit Ländern, die über signifikante Lohnkostenvorteile verfügen. Dies stellt Unternehmen vor die Herausforderung, innovative Produkte kosteneffizient produzieren zu müssen. Gleichzeitig verlangt der Markt ein steigendes Maß an Individualität, eine kürzere Time-to-Market sowie eine höhere Änderungsflexibilität im Produktentstehungsprozess.

Einen zentralen Befähiger zur Realisierung der marktseitigen Veränderungen stellt der Werkzeugbau dar. Dieser entwickelt und fertigt Werkzeuge, um Güter von der Entwicklung in die industrielle Serienproduktion zu überführen. Aufgrund hoher Kosten und teilweise langer Entwicklungs- und Herstellungszeiträume von Werkzeugen bestehen in diesem Wertschöpfungsschritt umfangreiche Optimierungspotenziale. Untersuchungen zeigen, dass Potenziale insbesondere im sogenannten Serienanlauf von Werkzeugen realisiert werden können. Dieser umfasst die Erprobung und Korrektur eines Werkzeugs auf Anlagen des Werkzeugbaubetriebs sowie der nachgelagerten Serienproduzenten und kann signifikante Zeit- und Kostenanteile der Werkzeugherstellung ausmachen. Dies ist darauf zurückzuführen, dass der Serienanlauf von Werkzeugen einen hochgradig interdisziplinären Prozess darstellt, der sowohl innerhalb des Werkzeugbaus als auch zum Kunden die Einbindung einer Vielzahl von Entitäten erfordert. Ebenso erschweren der hohe Grad an Erfahrungswissen sowie vorherrschende Interdependenzen oftmals eine effiziente Durchführung.

Um auch in Zukunft erfolgreich im internationalen Wettbewerb agieren zu können, bedarf es dementsprechend einer Optimierung des Serienanlaufs von Werkzeugen. Insbesondere die wertschöpfungsseitige Ausgestaltung des Serienanlaufs bietet auf Basis der identifizierten Herausforderungen hohes Potenzial, um Zeit- und Kostenvorteile zu realisieren. Neben der „klassischen“ Optimierung von Abläufen, der Reduktion von Schnittstellenverlusten sowie der systematischen Erfassung und Weitergabe von Wissen schafft der Einsatz neuer technologischer Befähiger im Kontext von Digitalisierung und Industrie 4.0 weitreichende Möglichkeiten. Durch die stärkere interne und externe Vernetzung der Wertschöpfung sowie intensivere Nutzung von Daten besteht die Chance, die steigende Komplexität der Unikatfertigung besser beherrschen und gleichzeitig Effizienzvorteile realisieren zu können.

Zur strukturierten und systematischen Gestaltung der Wertschöpfung des hochgradig interdisziplinären Serienanlaufs von Werkzeugen fehlt derzeit ein geeignetes Modell, welches die dargestellten Herausforderungen ganzheitlich adressiert. Bestehende Ansätze beschreiben lediglich Teilaspekte oder berücksichtigen die notwendigen Rahmenbedingungen nur in unzureichendem Maße. Daraus lässt sich die handlungsleitende Forschungsfrage dieser Arbeit formulieren. Diese soll klären, wie ein Modell zur Gestaltung des vernetzten und synchronisierten Serienanlaufs von Werkzeugen gestaltet sein muss. Die Vernetzung stellt dabei eine wichtige

Voraussetzung für den verlust- und latenzfreien Übergang von Daten und Informationen in einem interdisziplinären Umfeld dar. Die zeitliche und inhaltliche Synchronisierung soll bewirken, dass Informationen auf Basis der Vernetzung den entsprechenden Prozessen, Abteilungen oder Personen bedarfsgerecht und echtzeitnah bereitgestellt werden.

Zur Adressierung der Forschungsfrage wurde im Rahmen der vorliegenden Arbeit ein Modell zur Gestaltung des vernetzten und synchronisierten Serienanlaufs von Werkzeugen gemäß der Methodik der angewandten Forschung nach ULRICH entwickelt. Das Modell soll dem Anwender einen Leitfaden zur Gestaltung der vernetzten und synchronisierten Wertschöpfung im Serienanlauf von Werkzeugen bereitstellen. Dazu basiert es auf sechs Gestaltungselementen, die in Abbildung 116 dargestellt sind.

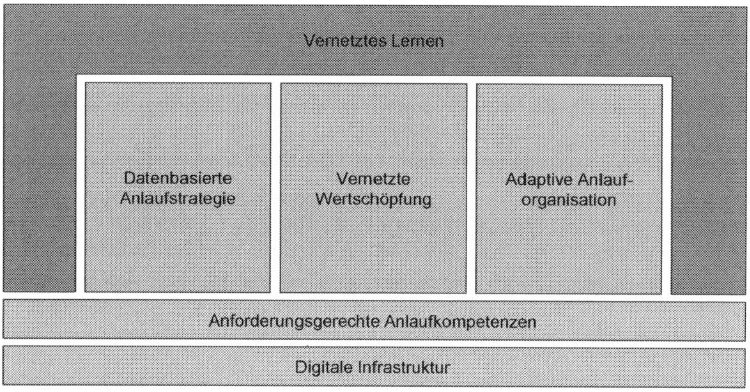

Abbildung 116: Gestaltungsmodell für den vernetzten und synchronisierten Serienanlauf von Werkzeugen

Kern des Gestaltungsmodells bilden die Aktivitätselemente Datenbasierte Anlaufstrategie, Vernetzte Wertschöpfung und Adaptive Anlauforganisation. Sie beschreiben, wie die operative Durchführung des Serienanlaufs von Werkzeugen durch die optimale Gestaltung der an der Wertschöpfung beteiligten Elemente realisiert werden kann. Im Rahmen der *datenbasierten Anlaufstrategie* wird zunächst festgelegt, wie das Wertschöpfungsnetzwerk auf Basis von Kundenanforderungen, marktseitigen Rahmenbedingungen sowie internen Zielsetzungen langfristig ausgestaltet wird. Kurzfristig können Wertschöpfungsumfänge auftragsspezifisch im Wertschöpfungsnetzwerk anhand projektspezifischer Rahmenbedingungen sowie der Verfügbarkeit interner Kapazitäten verteilt werden. Die *vernetzte Wertschöpfung* zeigt, wie Schnittstellenverluste reduziert, Prozesse zeitlich und inhaltlich aufeinander abgestimmt sowie die Planungsgenauigkeit im Serienanlauf verbessert werden können. Durch die *adaptive Anlauforganisation* werden organisatorische Rahmenbedingen festgelegt und eine kompetenz- und kapazitätsbasierte Zuteilung von Mitarbeitern auf Anlaufteams vorgenommen. Zusätzlich wird über die Anlauforganisation die notwendige Selbststeuerung der Anlaufteams realisiert, um kurze Entscheidungsprozesse und geringe Latenzzeiten zu ermöglichen.

Zur kontinuierlichen Verbesserung der Anlaufaktivitäten sind die Aktivitätselemente im übergeordneten Verhaltenselement *Vernetztes Lernen* eingefasst. Der Einsatz einer digitalen Wissensplattform ermöglicht, im Serienanlauf generiertes Wissen systematisch zu erfassen, zu analysieren und der Organisation anforderungsgerecht zur Optimierung zukünftiger Anläufe bereitzustellen. Die Umsetzung der digitalen Wissensplattform wird durch die Einführung einer digitalen Wissenskultur begleitet, um Mitarbeiter frühzeitig in Veränderungsprozesse zu integrieren und Vorbehalte hinsichtlich der Einführung einer intensiven Wissensdokumentation ausräumen zu können.

Voraussetzung für sowohl Aktivitäts- als auch Verhaltenselemente stellen Strukturelemente dar. Diese umfassen neben einer digitalen Infrastruktur anforderungsgerechte Anlaufkompetenzen. Die *digitale Infrastruktur* beschreibt neben (anlauf-)relevanten Datenquellen ebenfalls die zur Aggregation und Analyse von Daten notwendige Integrationsebene. Über diese werden Daten zwischen einzelnen Systemen bidirektional zur Realisierung einer Datendurchgängigkeit synchronisiert. Zusätzlich werden anlaufrelevante Daten in einem Data Warehouse gespeichert, um als digitaler Anlaufschatten für Entscheidungsprozesse echtzeitnah zur Verfügung zu stehen. Der sich durch Digitalisierung der Prozesse und das grundsätzlich hohe Maß an notwendigem Wissen ergebende Qualifizierungsbedarf wird durch *anforderungsgerechte Anlaufkompetenzen* abgebildet. Neben der ganzheitlichen Erfassung vorhandener Kompetenzen umfasst dieses Strukturelement ebenfalls die darauf aufbauende mitarbeiterspezifische Qualifizierung.

Die Verifizierung des Gestaltungsmodells wurde anhand von drei Fallbeispielen durchgeführt. Die kritische Reflexion der Fallbeispiele zeigt, dass das Gestaltungsmodell die definierten Anforderungen erfüllen und erfolgreich in der Praxis angewendet werden kann. Mit dem Gestaltungsmodell steht Unternehmen somit ein Lösungsansatz zur Verfügung, mit dem sie den vernetzten und synchronisierten Serienanlauf von Werkzeugen gestalten können. Die Gestaltung erfolgt dabei unter Berücksichtigung neuer technologischer Befähiger im Kontext von Digitalisierung und Industrie 4.0.

Der wissenschaftliche Beitrag der vorliegenden Arbeit besteht in der Entwicklung eines ganzheitlichen Lösungsansatzes zur Gestaltung der Wertschöpfung im vernetzten und synchronisierten Serienanlauf von Werkzeugen unter Berücksichtigung der sich aus dem Anwendungsfall ergebenden spezifischen Anforderungen. Unternehmen der Branche Werkzeugbau sind nun gefordert, das Gestaltungsmodell betriebsspezifisch und unter Berücksichtigung individueller Rahmenbedingungen umzusetzen. Gleichzeitig sollte das Thema aus insbesondere technologischer Sicht forschungsseitig weiterentwickelt werden. Potenziale ergeben sich diesbezüglich insbesondere durch den breiten Einsatz mit Sensorik ausgestatteter Werkzeuge, um innere Wirkvorgänge im Serienanlauf transparent machen und datenbasiert Korrekturmaßnahmen ableiten zu können. Weiterhin besteht großes Potenzial in der Verbesserung der Werkzeugsimulation, um z. B. Rückfederungseffekte bereits im Rahmen der Werkzeugentwicklung antizipieren und konstruktiv ausgleichen zu können. Hierdurch kann der Korrektur- und Nacharbeitsaufwand zukünftig weiter reduziert werden. Übergeordnet sollten die Ergebnisse dieser sowie nachfolgender Arbeiten zur Ausgestaltung neuer datenbasierter Dienstleistungen und entsprechender Geschäftsmodelle genutzt werden, um neben der wertschöpfungsseitigen

Verbesserung ebenfalls ertragsseitige Potenziale realisieren zu können. Zuletzt sollte die punktuelle Detaillierung einzelner Gestaltungsaspekte anhand von Blechumformwerkzeugen auf andere Werkzeugtypen übertragen werden.

8 Literaturverzeichnis

Aamodt, A.; Plaza, E. (Case-Based Reasoning):
Case-based reasoning. Foundational issues, methodological variations, and system approaches. In: AI Communications, Jg. 7, Nr. 1, 1994, S. 39–59

Abecker, A.; Hinkelmann, K.; Maus, H.; Müller, H.-J. (Geschäftsprozesse):
Integrationspotenziale für Geschäftsprozesse und Wissensmanagement. In: Abecker, A. (Hrsg.): Geschäftsprozessorientiertes Wissensmanagement. Effektive Wissensnutzung bei der Planung und Umsetzung von Geschäftsprozessen. Berlin: Springer, 2002, S. 1–22

Abele, E.; Elzenheimer, J.; Rüstig, A. (Anlaufmanagement in der Serienproduktion):
Anlaufmanagement in der Serienproduktion. Anlaufmanagement in der Serienproduktion. In: ZWF, Jg. 98, Nr. 4, 2003, S. 172–176

Abele, E.; Haddadian, K.; Baier, C.; Hähn, F.; Kuhn, C. (Lean Try-out):
Presswerkzeugbau: Lean Tryout. In: Bertram, T.; Corves, B.; Janschek, K. (Hrsg.): Fachtagung Mechatronik 2017. Dresden: Technische Universität, 2017, S. 191–197

Abts, D.; Mülder, W. (Grundkurs Wirtschaftsinformatik):
Grundkurs Wirtschaftsinformatik. Wiesbaden: Springer Fachmedien, 2017

Alcalde Rasch, A. (Instandhaltung):
Erfolgspotential Instandhaltung. Theoretische Untersuchung und Entwurf eines ganzheitlichen Instandhaltungsmanagements. Dissertation der Universität Duisburg. Berlin: Erich Schmidt, 2000

Angerbauer, C.; König, T. (Chinas Innovationsstrategie):
Von „Made in China“ zu „Invented in China“ – China auf dem Weg zur Industrie-Supermacht? In: Freimuth, J.; Schädler, M. (Hrsg.): Chinas Innovationsstrategie in der globalen Wissensökonomie. Unternehmen, Hochschulen und Regionen im Spannungsfeld von Politik und Autonomie. Wiesbaden: Springer, 2017, S. 45–60

Armutat, S.; Krause, H.; Linde, F.; Rump, J.; Striening, W.; Weidmann, R. (Einführung Wissensmanagement):
Wissensmanagement erfolgreich einführen. Strategien, Instrumente, Praxisbeispiele. 1. Aufl. Düsseldorf: Deutsche Gesellschaft für Personalführung, 2002

Backhaus, K.; Erichson, B.; Plinke, W.; Weiber, R. (Multivariate Analysemethoden):
Multivariate Analysemethoden. Berlin [u. a.]: Springer, 2018

Bandte, H. (Komplexität in Organisationen):
Komplexität in Organisationen. Wiesbaden: Deutscher Universitätsverlag, 2007

Barney, J. (Firm Resources):
Firm Resources and Sustained Competitive Advantage. In: Journal of Management, Jg. 17, Nr. 1, 1991, S. 99–120

Bauernhansl, T. (Vierte Industrielle Revolution):
Die Vierte Industrielle Revolution – Der Weg in ein wertschaffendes Produktionsparadigma. In: Vogel-Heuser, B.; Bauernhansl, T.; Hompel, M. ten (Hrsg.): Handbuch Industrie 4.0 Bd. 4: Allgemeine Grundlagen. 2. Aufl. Berlin: Springer Vieweg, 2017, S. 1–31

Bauernhansl, T.; Krüger, J.; Reinhart, G.; Schuh, G. (Standpunkt Industrie 4.0):
WGP-Standpunkt Industrie 4.0. Darmstadt: Wissenschaftliche Gesellschaft für Produktionstechnik, 2016

Baumgarten, H.; Risse, J. (Management des Produktentstehungsprozesses):
Logistikbasiertes Management des Produktentstehungsprozesses. In: Hossner, R. (Hrsg.): Jahrbuch der Logistik. Düsseldorf: Handelsblatt, 2001, S. 150–156

Becker, W. (Stabilitätspolitik):
Stabilitätspolitik für Unternehmen. Zukunftssicherung durch integrierte Kosten- und Leistungsführerschaft. Wiesbaden: Gabler, 1996

Becker, W.; Ulrich, P.; Botzkowski, T. (Grundlagen Industrie 4.0):
Grundlagen. In: Becker, W.; Ulrich, P.; Botzkowski, T. (Hrsg.): Industrie 4.0 im Mittelstand. Best Practices und Implikationen für KMU. Wiesbaden: Springer Gabler, 2017, S. 7–36

Begovic, A. (Datenbasiertes Wissensmanagement):
Datenbasiertes Wissensmanagement für Smart Services im Werkzeugbau. Dissertation der RWTH Aachen. 1. Aufl. Aachen: Apprimus, 2018

Beißel, S. (Ontologiegestütztes Case-Based Reasoning):
Ontologiegestütztes Case-Based Reasoning. Entwicklung und Beurteilung semantischer Ähnlichkeitsindikatoren für die Wiederverwendung natürlichsprachlich repräsentierten Projektwissens. Dissertation der Universität Duisburg-Essen. 1. Aufl. Wiesbaden: Gabler Verlag, 2011

Bellmann, K. (Wertschöpfungsmanagement als Kernkompetenz):
Wertschöpfungsmanagement als Kernkompetenz. In: Kaddatz, B. (Hrsg.): Unternehmensnetzwerke. Fragen der Forschung und Erfahrungen der Praxis. Bielefeld: Kleine Verlag, 2004, S. 24–30

Bengel, G. (Verteilte Systeme):
Grundkurs Verteilte Systeme. Grundlagen und Praxis des Client-Server und Distributed Computing. 4. Aufl. Wiesbaden: Springer Vieweg, 2014

Bertalanffy, L. von (System Theory):
General System Theory. New York: Georg Braziller, 1968

Bilsing, A. (Technologische Leistungsfähigkeit):
Kennzahlengestützte Bewertung der technologischen Leistungsfähigkeit der Fertigung im Werkzeug- und Formenbau. Aachen: Shaker, 2007

Binder, V. A.; Kantowsky, J. (Technologiepotenziale):
Technologiepotentiale. Neuausrichtung der Gestaltungsfelder des Strategischen Technologiemanagements. Gemeinschaftsdissertation der Universität St. Gallen. Wiesbaden: Springer Fachmedien, 1996

Binner, H. F. (Ganzheitliches Prozessmanagement):
Methoden-Baukasten für ganzheitliches Prozessmanagement. Wiesbaden: Springer Gabler, 2016

Birkert, A. R.; Haage, S.; Straub, M. (Herstellung komplexer Karosserieteile):
Umformtechnische Herstellung komplexer Karosserieteile. Auslegung von Ziehanlagen. Berlin [u. a.]: Springer Vieweg, 2013

Bischoff, R. (Anlaufmanagement.):
Anlaufmanagement. Schnittstelle zwischen Projekt und Serie. Konstanz: Hochschule Konstanz, 2007

Bleicher, K. (Organisation):
Organisation. Strategien - Strukturen - Kulturen. 2. Aufl. Wiesbaden: Gabler Verlag, 1991

Bleicher, K. (Integriertes Management):
Das Konzept Integriertes Management. Visionen - Missionen - Programme. 8. Aufl. Frankfurt am Main: Campus Verlag, 2011

Blessin, B.; Wick, A. (Führung):
Führen und führen lassen in der Praxis. Fallbeispiele. Konstanz: UTB, 2016

Bode, J. (Betriebliche Produktion):
Betriebliche Produktion von Information. Dissertation der Universität Köln. Wiesbaden: Springer Fachmedien, 1993

Bodendorf, F. (Daten- und Wissensmanagement):
Daten- und Wissensmanagement. 2. Aufl. Berlin [u. a.]: Springer-Verlag, 2006

Böge, A.; Böge, W. (Handbuch Maschinenbau):
Handbuch Maschinenbau. Grundlagen und Anwendungen der Maschinenbau-Technik. 23. Aufl. Wiesbaden: Springer Vieweg, 2017

Bonack, C. (Kennzahlen als Führungsinstrument):
Kennzahlen als Führungsinstrument. Erhöhung der Eigenverantwortung durch Führung mit Kennzahlen. Hamburg: disserta Verlag, 2014

Boos, F.; Jarmai, H. (Kernkompetenzen):
Kernkompetenzen - gesucht und gefunden. In: Harvard Business Manager, Jg. 16, Nr. 4, 1994, S. 19–27

Boos, W. (Modulare Werkzeuge):
Methodik zur Gestaltung und Bewertung von modularen Werkzeugen. Dissertation der RWTH Aachen. Aachen: Apprimus, 2008

Boos, W.; Arntz, K.; Johannsen, L.; Wollbrink, M.; Wilms, M.; Horstkotte, R. (Automatisieren im Werkzeugbau):
Erfolgreich Automatisieren im Werkzeugbau. 1. Aufl. Aachen: Fraunhofer-Institut für Produktionstechnologie IPT, 2017

Boos, W.; Arntz, K.; Prümmer, M.; Wollbrink, M.; Horstkotte, R.; Pothen, M.; Gerretz, V. (CAx-Prozessketten im Werkzeugbau):
Erfolgreich CAx-Prozessketten gestalten im Werkzeugbau. 1. Aufl. Aachen: Fraunhofer-Institut für Produktionstechnologie IPT, 2018

Boos, W.; Kelzenberg, C.; Lange, J. de; Goertz, D.; Ebbecke, C. (Fokussieren und Segmentieren im Werkzeugbau):
Erfolgreich Fokussieren und Segmentieren im Werkzeugbau. 1. Aufl. Aachen: WBA Aachener Werkzeugbau Akademie, 2019

Boos, W.; Kelzenberg, C.; Lange, J. de; **Schultes, T.; Busch, M. (Lieferanten managen im Werkzeugbau):**
Erfolgreich Lieferanten managen im Werkzeugbau. 1. Aufl. Aachen: WBA Aachener Werkzeugbau Akademie, 2018

Boos, W.; Kelzenberg, C.; Wiese, J.; Stracke, F.; Ebbecke, C.; Graberg, T.; Jakubowski, S.; Lapper, S. (Intelligente Werkzeuge):
Intelligente Werkzeuge und datenbasierte Geschäftsmodelle. 1. Aufl. Aachen: WBA Aachener Werkzeugbau Akademie, 2018

Boos, W.; Kuhlmann, K.; Komorek, Nicolas, Hensen, Tobias (Wertschöpfung im Betriebsmittelbau):
Beherrschung der Wertschöpfung im Betriebsmittelbau. In: Schuh, G.; Kampker, A.; Stich, V. (Hrsg.): 10. Aachener Management Tage. Navigation für Führungskräfte. Aachen: Apprimus, 2013, S. 123–134

Boos, W.; Kuhlmann, K.; Salmen, M.; Kenk, U.; Kuhlmann, T.; Helbig, J.; Stark, M. (Erfolgreich Finanzieren im Werkzeugbau):
Erfolgreich Finanzieren im Werkzeugbau. 1. Aufl. Aachen: WBA Aachener Werkzeugbau Akademie, 2016

Boos, W.; Pitsch, M.; Salmen, M.; Begovic, A.; Kuhlmann, T. (Planen im Werkzeugbau):
Erfolgreich Planen im Werkzeugbau. 1. Aufl. Aachen: Werkzeugmaschinenlabor WZL der RWTH Aachen, 2015

Boos, W.; Salmen, M.; Begovic, A.; Kelzenberg, C.; Stracke, F. (Smart Tooling):
Smart Tooling. 1. Aufl. Aachen: WBA Aachener Werkzeugbau Akademie, 2016

Boos, W.; Salmen, M.; Hensen, T.; Wiese, J.; Lange, J. de; **Goertz, D. (Digital Vernetzen im Werkzeugbau):**
Erfolgreich Digital Vernetzen auf dem Shopfloor im Werkzeugbau. 1. Aufl. Aachen: WBA Aachener Werkzeugbau Akademie, 2016

Boos, W.; Salmen, M.; Kelzenberg, C.; Johannsen, L.; Helbig, J.; Ebbecke, C. (Tooling in Germany):
Tooling in Germany 2018. 2. Aufl. Aachen: Werkzeugmaschinenlabor WZL der RWTH Aachen, 2018

Boos, W.; Salmen, M.; Kelzenberg, C.; Lange, J. de; **Stracke, F. (Agile Tool Development):**
Corporate Tooling. Agile Tool Development. 1. Aufl. Aachen: WBA Aachener Werkzeugbau Akademie GmbH, 2017

Boos, W.; Salmen, M.; Kelzenberg, C.; Stark, M.; Schultes, T.; Graberg, T. (World of Tooling):
World of Tooling. 2. Aufl. Aachen: WBA Aachener Werkzeugbau Akademie, 2018

Boos, W.; Salmen, M.; Stark, M.; Wiese, J.; Rittstieg, F.; Schultes, T.; Busch, M. (Flexible Tooling Organization):
Corporate Tooling. Flexible Tooling Organization. 1. Aufl. Aachen: WBA Aachener Werkzeugbau Akademie, 2017

Borowski, E. (Agile Produktionsanläufe):
Agiles Vorgehensmodell zum Management komplexer Produktionsanläufe mechatronischer Produkte in Unternehmen mit mittelständischen Strukturen. Düsseldorf: VDI Verlag, 2011

Braedel, M. (Optimierung des Werkzeugeinarbeitsprozesses):
Optimierung des Werkzeugeinarbeitsprozesses für Karosserieaußenhautbauteile. München: Hieronymus, 2009

Brankamp, K. (Werkzeug- und Betriebsmittelbau):
Wettbewerbsfaktor Werkzeug- und Betriebsmittelbau. Zürich: Verlag Industrielle Organisation, 1991

Breest, M. (Introduction Enterprise Service Bus):
An Introduction to the Enterprise Service Bus. Potsdam: Hasso-Plattner-Institute for IT System Enigneering, 2006

Bruns, H. (Organisation Anlaufmanagement):
Organisation des Anlaufmanagements. Essen: Vulkan-Verlag, 2010

Bruns, M. (Systemtechnik):
Systemtechnik. Ingenieurwissenschaftliche Methodik zur interdisziplinären Systementwicklung. Berlin [u. a.]: Springer, 1991

Bungard, W.; Hofmann, K. (Innovationsmanagement):
Innovationsmanagement in der Automobilindustrie. Mitarbeiterorientierte Gestaltung von Modellwechseln. Weinheim: Beltz, 1995

Camp, R. C. (Benchmarking):
Benchmarking. München [u. a.]: Hanser, 1994

Chandler, A. D. (Strategy and Structure):
Strategy and structure. Chapters in the History of the Industrial Enterprise. Cambridge: MIT Press, 1962

Chappell, D. A. (Enterprise Service Bus):
Enterprise Service Bus. 1. Aufl. Sebastopol: O'Reilly Media, 2004

Christensen, I.; Rymaszewska, A. (Lean Application to Manufacturing Ramp-Up):
Lean Application to Manufacturing Ramp-Up. A Conceptual Approach. In: Quality Management Journal, Jg. 23, Nr. 1, 2016, S. 45–54

Clark, K. B.; Fujimoto, T. (Product Development Performance):
Product Development Performance: Strategy, Organization, and Management in the World Auto Industry. Boston: Harvard Business School Press, 1991

Clark, K. B.; Fujimoto, T. (Automobilentwicklung):
Automobilentwicklung mit System. Strategie, Organisation und Management in Europa, Japan und USA. Frankfurt am Main [u. a.]: Campus Verlag, 1992

Dawes, J. (Point of Scale):
Point Scales. Do data characteristics change according to the number of scale points used? An experiment using 5-point, 7-point and 10-point scales. In: International Journal of Market Research, Jg. 50, Nr. 1, 2008, S. 61–77

Deutscher Bundestag (Verkürzung von Produktlebenszyklen):
Zur Diskussion um die Verkürzung von Produktlebenszyklen. Aktenzeichen: WD 5 - 3000 - 053/16, 2016

Deutsches Institut für Normung (DIN 8580: Fertigungsverfahren):
DIN 8580: Fertigungsverfahren - Begriffe, Einteilung. Berlin: Beuth, 2003

Deutskens, C. (Wertschöpfungskonfiguration):
Konfiguration der Wertschöpfung bei disruptiven Innovationen am Beispiel der Elektromobilität. Dissertation der RWTH Aachen. 1. Aufl. Aachen: Apprimus, 2014

Dietl, H.; Royer, S.; Stratmann, U. (Value Creation Architectures):
Value Creation Architectures and Competitive Advantage: Lessons from the European Automobile Industry. In: California Management Review, Jg. 51, Nr. 3, 2009, S. 24–48

Doege, E.; Behrens, B.-A. (Umformtechnik):
Handbuch Umformtechnik. Grundlagen, Technologien, Maschinen. 2. Aufl. Berlin [u. a.]: Springer, 2010

Dölle, J. E. (Lieferantenmanagement):
Lieferantenmanagement in der Automobilindustrie. Wiesbaden: Springer Fachmedien, 2013

Drossel, W.-G.; Ihlenfeldt, S.; Penter, L.; Zorn, W.; Hellmich, A.; Grüning, T. (Cyber-physisches Presswerk):
Das Presswerk auf dem Weg in das Cyber-physische Zeitalter. In: ZWF, Jg. 111, Nr. 7-8, 2016, S. 460–465

Dyckhoff, H.; Müser, M.; Renner, T. (Produktionstheorie des Serienanlaufs):
Ansätze einer Produktionstheorie des Serienanlaufs. Übersicht und ein Basismodell. In: Journal of Business Economics, Jg. 82, Nr. 12, 2012, S. 1427–1456

Echterhoff, B.; Gausemeier, J.; Koldewey, C.; Mittag, T.; Schneider, M.; Seif, H. (Geschäftsmodelle Industrie 4.0):
Geschäftsmodelle für die Industrie 4.0. In: Jung, H. H.; Kraft, P. (Hrsg.): Digital vernetzt. Transformation der Wertschöpfung. Szenarien, Optionen und Erfolgsmodelle für smarte Geschäftsmodelle, Produkte und Services. München: Carl Hanser, 2017, S. 35–56

Ender, T. (Personalbedarfe im Produktionsanlauf):
Prognose von Personalbedarfen im Produktionsanlauf unter Berücksichtigung dynamischer Planungsgrößen. Dissertation der Universität Karlsruhe. Aachen: Shaker, 2009

Enders, A. (Management Competence):
Management Competence. Resource-Based Management and Plant Performance. Heidelberg: Physica-Verlag HD, 2004

Erpenbeck, J.; Sauter, W. (So werden wir lernen!):
So werden wir lernen! Kompetenzentwicklung in einer Welt fühlender Computer, kluger Wolken und sinnsuchender Netze. Berlin [u. a.]: Springer, 2013

Erpenbeck, J.; Sauter, W. (Kompetenzentwicklung):
Kompetenzentwicklung. In: Erpenbeck, J.; Sauter, W. (Hrsg.): Wissen, Werte und Kompetenzen in der Mitarbeiterentwicklung. Ohne Gefühl geht in der Bildung gar nichts. Wiesbaden: Springer Gabler, 2015, S. 19–32

Erpenbeck, J.; Sauter, W. (Kompetenzentwicklung mit humanoiden Computern):
Kompetenzentwicklung mit humanoiden Computern. Die Revolution des Lernens via Cloud Computing und semantischen Netzen. Wiesbaden: Springer Fachmedien, 2015

Everitt, B.; Landau, S.; Leese, M.; Stahl, D. (Cluster Analysis):
Cluster analysis. 5. Aufl. Chichester: Sohn Wiley & Sons, 2011

Eversheim, W.; Klocke, F. (Werkzeugbau mit Zukunft):
Werkzeugbau mit Zukunft. Strategie und Technologie. Berlin [u. a.]: Springer, 1998

Excellence in Production (Werkzeugbau des Jahres 2018):
Werkzeugbau des Jahres 2018. Online verfügbar unter https://www.excellence-in-production.de/die-preisverleihung/#2018, Stand: 08.04.2020

Faaß, I. (Fertigung von Karosserieteilen):
Prozessregelung für die Fertigung von Karosserieteilen in Presswerken. München: Hieronymus, 2009

Farkisch, K. (Data-Warehouse-Systeme):
Data-Warehouse-Systeme kompakt. Aufbau, Architektur, Grundfunktionen. Berlin [u. a.]: Springer, 2011

Fayyad, U.; Piatetsky-Shapiro, G.; Smyth, P. (Data Mining):
From Data Mining to Knowledge Discovery in Databases. In: AI Magazine, Jg. 17, Nr. 3, 1996, S. 37–54

Federowski, R.; Pflanz, C. (Hochtechnologie und Handwerkskunst):
Zwischen Hochtechnologie und Handwerkskunst. Deutschlands High-End-Industrie auf Rekordkurs. München: Roland Berger, 2017

Finkeißen, A. (Prozesswertschöpfung):
Prozess-Wertschöpfung. Neukonzeption eines Modells zur nutzenorientierten Analyse und Bewertung. Dissertation der Universität Stuttgart. Heidelberg: Libri Books on Demand, 1999

Finken, T. (Projektmanagement):
Projektmanagement bei der Verwaltungsreform. Gestaltungsaspekte zur Einführung der Kosten- und Leistungsrechnung. Wiesbaden: Deutscher Universitätsverlag, 1999

Fitzek, D. (Anlaufmanagement in Netzwerken):
Anlaufmanagement in interorganisationalen Netzwerken. Eine empirische Analyse von Erfolgsdeterminanten in der Automobilindustrie. Dissertation der Universität St. Gallen. Bamberg: Difo-Druck, 2005

Frank, K.; Patrizi, M. (Marketing-Mix):
Nachhaltigkeitsaspekte im Marketing-Mix der Automobilindustrie. 1. Aufl. Lohmar [u. a.]: Josef Eul Verlag, 2014

Franzkoch, B.; Gottschalk, S. (Anlauforganisation):
Anlauforganisation. In: Schuh, G.; Stölzle, W.; Straube, F. (Hrsg.): Anlaufmanagement in der Automobilindustrie erfolgreich umsetzen. Ein Leitfaden für die Praxis. Berlin [u. a.]: Springer, 2008, S. 55–64

Frick, L. (Geschäftsmodelle im Werkzeugbau):
Erfolgreiche Geschäftsmodelle im Werkzeugbau. Dissertation der RWTH Aachen. Aachen: Shaker, 2006

Fricker, I. C. (Strategische Stringenz):
Strategische Stringenz im Werkzeug- und Formenbau. Dissertation der RWTH Aachen. Aachen: Shaker, 2005

Fritsche, R. (Verkürzung von Anlaufprozessen):
Bewertung und Verkürzung von Anlaufprozessen für Betriebsmittel. Dissertation der technischen Universität Berlin. Berlin: IPK, 1998

Fuchs, H. (Systemtheorie und Organisation):
Systemtheorie und Organisation. Dissertation der Universität zu Köln. Wiesbaden: Springer Fachmedien, 1973

Gadatsch, A. (Geschäftsprozessmanagement):
Grundkurs Geschäftsprozess-Management. Methoden und Werkzeuge für die IT-Praxis: Eine Einführung für Studenten und Praktiker. 7. Aufl. Wiesbaden: Springer Vieweg, 2012

Gaitanides, M.; Raster, M.; Rießelmann, D. (Prozessmanagement):
Die Synthese von Prozessmanagement und Kundenmanagement. In: Gaitanides, M.; Scholz, R.; Vrohlings, A.; Raster, M. (Hrsg.): Prozeßmanagement. Konzepte, Umsetzungen und Erfahrungen des Reengineering. München [u. a.]: Hanser, 1994, S. 207–224

Ganguly, A.; Nilchiani, R.; Farr, J. V. (Agility in Corporate Enterprises):
Evaluating agility in corporate enterprises. In: International Journal of Production Economics, Jg. 118, Nr. 2, 2009, S. 410–423

Gartzen, T. (Diskrete Migration):
Diskrete Migration als Anlaufstrategie für Montagesysteme. Dissertation der RWTH Aachen. 1. Aufl. Aachen: Apprimus, 2012

Gaus, F. (Geschäftsmodelllogik):
Methodik zur Überprüfung der Logik eines Geschäftsmodells im Werkzeugbau. Dissertation der RWTH Aachen. 1. Aufl. Aachen: Apprimus, 2010

Gaus, F.; Ziskoven, H. (Geschäftsmodelle für intelligente Werkzeuge):
Geschäftsmodelle für intelligente Werkzeuge. In: Schuh, G.; Schmitt, R. (Hrsg.): TecPro - Geschäftsmodelle für technologieunterstützte, produktionsnahe Dienstleistungen des Werkzeug- und Formenbaus. 1. Aufl. Aachen: Apprimus, 2010, S. 1–30

Gebeshuber, R. (Formen- und Werkzeugbau):
Der Formen- und Werkzeugbau im Wandel der Zeit. Entwicklung und Innovation. Saarbrücken: VDM Verlag Dr. Müller, 2008

GEDIA Automotive Group (Werkzeugbau):
Mehrfach ausgezeichneter Werkzeugbau. Online verfügbar unter https://www.gedia.com/de/kompetenzen/werkzeugbau/, Stand: 26.05.2019

GEDIA Automotive Group (Zahlen & Fakten):
Zahlen & Fakten. Online verfügbar unter https://www.gedia.com/de/unternehmen/ueberblick/, Stand: 26.05.2019

GESCO AG (Geschäftsbericht 2017/2018):
Geschäftsbericht 2017/2018. Wuppertal: GESCO AG, 2018

Giehler, F. (Planungsproduktivität):
Erhöhung der Planungsproduktivität am Beispiel der Auftragsabwicklung im Werkzeugbau. Dissertation der RWTH Aachen. 1. Aufl. Aachen: Apprimus, 2010

Gölzer, P. (Big Data in Industrie 4.0):
Big Data in Industrie 4.0 - Eine strukturierte Aufarbeitung von Anforderungen, Anwendungsfällen und deren Umsetzung. Dissertation der Universität Erlangen-Nürnberg. Erlangen: Universität Erlangen-Nürnberg, 2017

Gottschalk, S.; Hoeschen, A. (Produktionsmanagement im Anlauf):
Produktionsmanagement im Anlauf. In: Schuh, G.; Stölzle, W.; Straube, F. (Hrsg.): Anlaufmanagement in der Automobilindustrie erfolgreich umsetzen. Ein Leitfaden für die Praxis. Berlin [u. a.]: Springer, 2008, S. 177–185

Graf, N.; Gramß, D.; Edelkraut, F. (Agiles Lernen):
Agiles Lernen. Neue Rollen, Kompetenzen und Methoden im Unternehmenskontext. Freiburg [u. a.]: Haufe, 2017

Grant, R. M. (Competitive Advantage):
The Resource-Based Theory of Competitive Advantage. Implications for Strategy Formulation. In: California Management Review, Jg. 33, Nr. 3, 1991, S. 114–135

Grochla, E. (Systemtheorie und Organisationstheorie):
Systemtheorie und Organisationstheorie. In: Grochla, E. (Hrsg.): Organisationstheorie. 2. Teilband. Stuttgart: Poeschel, 1976, S. 554–566

Guba, E. G.; Lincoln, Y. S. (Qualitative Research):
Competing Paradigms in Qualitative Research. In: Denzin, N. K.; Lincoln, Y. S. (Hrsg.): Handbook of Qualitative Research. Thousand Oaks: Sage Publications, 1994, S. 105–117

Güldenberg, S. (Wissensmanagement):
Wissensmanagement und Wissenscontrolling in lernenden Organisationen. Ein systemtheoretischer Ansatz. Dissertation der Universität Wien. 2. Aufl. Wiesbaden: Deutscher Universitäts-Verlag, 1998

Gustmann, K.-H.; Rettschlag, G.; Wolff, H. P. (Produktionsanlauf):
Produktionsanlauf neuer Erzeugnisse und Anlagen. Produktionsanlauf neuer Erzeugnisse und Anlagen. 1. Aufl. Berlin: Verlag Die Wirtschaft, 1989

Gutenberg, E. (Betriebswirtschaftslehre):
Grundlagen der Betriebswirtschaftslehre. Band I: Die Produktion. 1. Aufl. Berlin [u. a.]: Springer, 1951

Güttel, W.; Gschwandtner, J.; Gschwandtner, A. (Inkrementelle Revolution):
Die inkrementelle Revolution: Industrie 4.0 bei technosert electronic. In: Güttel, W. H. (Hrsg.): Austrian Management Review. Mering: Rainer Hampp Verlag, 2016, S. 84–97

Haasis, H.-D. (Produktions- und Logistikmanagement):
Produktions- und Logistikmanagement. Planung und Gestaltung von Wertschöpfungsprozessen. Wiesbaden: Gabler, 2008

Haasler, B. (Hochtechnologie und Handarbeit):
Hochtechnologie und Handarbeit. Eine Studie zur Facharbeit im Werkzeugbau der Automobilindustrie. Bielefeld: Bertelsmann, 2004

Haberfellner, R.; Weck, O. L. de; **Fricke, E.; Vössner, S. (Systems Engineering):**
Systems Engineering. Grundlagen und Anwendung. 12. Aufl. Zürich: Orell Füssli, 2012

Hall, R. (Intangible Resources):
The Strategic Analysis of Intangible Resources. In: Strategic Management Journal, Jg. 13, Nr. 2, 1992, S. 135–144

Hall, R. (Competitive Advantage):
A Framework Linking Intangible Resources and Capabiliites to Sustainable Competitive Advantage. In: Strategic Management Journal, Jg. 14, Nr. 8, 1993, S. 607–618

Haller, A. (Wertschöpfungsrechnung):
Wertschöpfungsrechnung. Ein Instrument zur Steigerung der Aussagefähigkeit von Unternehmensabschlüssen im internationalen Kontext ; [Planung - Steuerung - Überwachung - Beratung]. Dissertation der Universität Regensburg. Stuttgart: Schäffer-Poeschel, 1997

Hannig, U. (Knowledge Management und Business Intelligence):
Knowledge Management + Business Intelligence = Decision Intelligence. In: Hannig, U. (Hrsg.): Knowledge Management und Business Intelligence. Berlin [u. a.]: Springer, 2002, S. 3–25

Hansmann, K.-W. (Industrielles Management):
Industrielles Management. 8. Aufl. München [u. a.]: Oldenbourg, 2006

Haupt, S. (Digitale Wertschöpfungsnetzwerke):
Digitale Wertschöpfungsnetzwerke und kooperative Strategien in der Lackindustrie. Dissertation der Universität St. Gallen. St. Gallen: Difo-Druck, 2003

Heeschen, D. (Fertigungstechnologien):
Kennzahlenbasierte Auswahl der Fertigungstechnologien und -ressourcen im industriellen Werkzeugbau. Dissertation der RWTH Aachen. 1. Aufl. Aachen: Apprimus, 2015

Heinrich, L. J.; Stelzer, D. (Informationsmanagement):
Informationsmanagement. Grundlagen, Aufgaben, Methoden. 10. Aufl. München: Oldenbourg, 2011

Heisig, P. (Integration Wissensmanagement):
Integration von Wissensmanagement in Geschäftsprozesse. Dissertation der technischen Universität Berlin. Berlin: PTZ, 2005

Heisig, P.; Orth, R. (Wissensmanagement):
Wissensmanagement Frameworks aus Forschung und Praxis. Eine inhaltliche Analyse. Berlin: EuReKi, 2005

Henfridsson, O.; Bygstad, B. (Digital Infrastructure Evolution):
The Generative Mechanisms of Digital Infrastructure Evolution. In: MIS Quarterly, Jg. 37, Nr. 3, 2013, S. 907–931

Hensen, T. (Strategische Auslegung):
Strategische Auslegung industrieller Werkzeugbaubetriebe. Dissertation der RWTH Aachen. 1. Aufl. Aachen: Apprimus, 2017

Herfurth, M. (Prozessorientierte Informationssysteme):
Entwicklung von prozessorientierten Informationssystemen für die industrielle Dienstleistungsbeschaffung. Dissertation des Karlsruher Institut für Technologie. Karlsruhe: KIT Scientific Publishing, 2014

Hermes, H.-J.; Schwarz, G. (Outsourcing):
Outsourcing. Chancen und Risiken, Erfolgsfaktoren, rechtssichere Umsetzung. 1. Aufl. München: Rudolf Haufe Verlag, 2005

Heuskel, D. (Neue Wachstumsstrategien):
Wettbewerb jenseits von Industriegrenzen. Aufbruch zu neuen Wachstumsstrategien. 1. Aufl. Frankfurt am Main: Campus Verlag, 1999

Hoffmann, F. (Aufbauorganisation):
Aufbauorganisation. In: Frese, E. (Hrsg.): Handwörterbuch der Organisation. 3. Aufl. Stuttgart: Poeschel, 1992, S. 208–221

Hoffmann, H.; Neugebauer, R.; Spur, G. (Umformen):
Handbuch Umformen. München: Hanser, 2012

Hohberger, P. (Scrum):
SCRUM – Die „neue" Art des Projektmanagement. In: Grote, S.; Goyk, R. (Hrsg.): Führungsinstrumente aus dem Silicon Valley. Berlin: Springer Gabler, 2018, S. 115–128

Holtfort, T. (Moderne Organisationen):
Intuition als effektive Ressource moderner Organisationen. Eine theoretische und empirische Analyse. Wiesbaden: Springer Gabler, 2013

Hub, H. (Aufbau- und Ablauforganisation):
Aufbauorganisation, Ablauforganisation. 1. Aufl. Wiesbaden: Springer Fachmedien, 1994

Hungenberg, H. (Strategisches Management):
Strategisches Management in Unternehmen. Ziele - Prozesse - Verfahren. 8. Aufl. Wiesbaden: Springer Gabler, 2014

Hurwitz, J.; Kaufman, M.; Bowles, A. (Cognitive Computing):
Cognitive Computing and Big Data Analytics. Indianapolis: John Wiley & Sons, 2015

Ihlenburg, D. (Interaktionsplattformen):
Interaktionsplattformen und Kundenintegration in Industriegütermärkten. 1. Aufl. Wiesbaden: Gabler Verlag, 2012

Johannaber, F.; Michaeli, W. (Handbuch Spritzgießen):
Handbuch Spritzgießen. 2. Aufl. München: Hanser, 2004

Jokovic, B.; Stockinger, C. (Kompetenzmanagement):
Kompetenzmanagement in der Arbeitswelt 4.0. In: Mittelstand-Digital Magazin, Nr. 5, 2016, S. 48–53

Jürging, J. (Systemdynamische Analyse des Serienanlaufs):
Systemdynamische Analyse des Serienanlaufs in der Automobilindustrie. Dissertation der Universität Mannheim. Hamburg: Dr. Kovač, 2008

Kagermann, H. (Industrie 4.0):
Umsetzungsempfehlungen für das Zukunftsprojekt Industrie 4.0. Abschlussbericht des Arbeitskreises Industrie 4.0. Frankfurt am Main: acatech, 2013

Kampker, A. (Kompetenzbasierte Geschäftsausweitung):
Kompetenzbasierte Geschäftsausweitung von produzierenden Unternehmen. Dissertation der RWTH Aachen. Aachen: Shaker, 2004

Kampker, A.; Schuh, G.; Schittny, B. (Unternehmensstruktur):
Unternehmensstruktur. In: Schuh, G.; Kampker, A. (Hrsg.): Strategie und Management produzierender Unternehmen. Handbuch Produktion und Management 1. 2. Aufl. Berlin [u. a.]: Springer, 2011, S. 133–229

Karas, J.; Rotter, E. (FAST 2025):
FAST 2025. Berlin [u.a.], 13.11.2012

Klocke, F. (Umformen):
Fertigungsverfahren 4. Umformen. 6. Aufl. Berlin [u. a.]: Springer Vieweg, 2017

Klocke, F.; Heinen, D.; Andrecht, D.; Arntz, K.; Vieten, H.; Zymla, C.; Dambon, O.; Schongen, F.; Bäcker, V.; Feldhaus, B. (Fertigung von Tiefziehwerkzeugen):
Ressourceneffiziente Fertigung von Tiefziehwerkzeugen. In: wt Werkstattstechnik online, Jg. 102, Nr. 6, 2012, S. 402–409

Klocke, F.; Schuh, G.; Zohm, F.; Fricker, I.; Sauer, A.; Wegehaupt, P. (Zukunftsstudie Werkzeug- und Formenbau):
Zukunftsstudie Werkzeug- und Formenbau. Aachen: Eigendruck WZL Aachen GmbH, 2005

Klotzbach, C. (Industrieller Werkzeugbau):
Gestaltungsmodell für den industriellen Werkzeugbau. Dissertation der RWTH Aachen. Aachen: Shaker, 2007

Knecht, F. (Positionierung in Wertschöpfungsnetzen):
Strategische Positionierung in Wertschöpfungsnetzen. Dissertation der Universität St. Gallen. St. Gallen: Universitätsverlag, 2003

Knoll, M.; Rinderle-Ma, S. (Plattformen):
Plattformen – Eine Einführung. In: HMD Praxis der Wirtschaftsinformatik, Jg. 52, Nr. 3, 2015, S. 322–336

Koch, V.; Kuge, S.; Geissbauer, R.; Schrauf, S. (Industrie 4.0):
Industrie 4.0. Chancen und Herausforderungen der vierten industriellen Revolution. München: PwC, 2014

Komorek, N.; Salmen, M.; Schippers, M. (Wissensrückführung):
Pilotprojekt: Wissensrückführung und systematische Fehleranalyse. In: Schuh, G.; Boos, W. (Hrsg.): Werkzeugbau Akademie - Forschungsbericht 2012/2013. Aachen: Apprimus, 2013, S. 75–83

Komorek, N. J. (Kollaborative Wertschöpfung):
Gestaltungsmodell für kollaborative Wertschöpfung im industriellen Werkzeugbau. Dissertation der RWTH Aachen. 1. Aufl. Aachen: Apprimus, 2014

Korge, A. (Erfolgsfaktoren in der Produktion):
Konzepte, Methoden, Erfolgsfaktoren in der Produktion. In: Spath, D.; Westkämper, E.; Bullinger, H.-J.; Warnecke, H.-J. (Hrsg.): Neue Entwicklungen in der Unternehmensorganisation. Berlin, Heidelberg: Springer Vieweg, 2017, S. 505–511

Kosiol, E. (Organisation der Unternehmung):
Organisation der Unternehmung. 2. Aufl. Wiesbaden: Springer Fachmedien, 1976

Kotter, J. P. (Accelerate):
Accelerate. Building Strategic Agility for a Faster-Moving World. Boston: Harvard Business Review Press, 2014

Kozielski, S. A. (Integratives Kennzahlensystem):
Integratives Kennzahlensystem für den Werkzeugbau. Disseration der RWTH Aachen. 1. Aufl. Aachen: Apprimus, 2010

Kraus, R. (Wertschöpfungsdesign):
Strategisches Wertschöpfungsdesign. Ein konzeptioneller Ansatz zur innovativen Gestaltung der Wertschöpfung. Dissertation der technischen Universität Berlin. 1. Aufl. Wiesbaden: Dt. Univ.-Verl., 2005

Kreis, R. (Handbuch der Betriebswirtschaftslehre):
Handbuch der Betriebswirtschaftslehre. München: Oldenbourg, 1993

Krieger, W.; Hofmann, S. (Blended Learning):
Blended Learning für die Unternehmensdigitalisierung. Qualifizieren Sie Führungskräfte zu Botschaftern des digitalen Wandels. Wiesbaden: Springer Gabler, 2018

Kromrey, H. (Empirische Sozialforschung):
Empirische Sozialforschung. Modelle und Methoden der standardisierten Datenerhebung und Datenauswertung. 10. Aufl. Wiesbaden: VS Verlag für Sozialwissenschaften, 2002

Krüger, W.; Homp, C. (Kernkompetenzmanagement):
Kernkompetenz-Management. Steigerung von Flexibilität und Schlagkraft im Wettbewerb. Wiesbaden: Gabler, 1997

Kubicek, H. (Forschungsdesign):
Heuristische Bezugsrahmen und heuristisch angelegte Forschungsdesigns als Elemente einer Konstruktionsstrategie empirischer Forschung. In: Köhler, R. (Hrsg.): Empirische und handlungstheoretische Forschungskonzeptionen in der Betriebswirtschaftslehre: Poeschel, 1977, S. 3–36

Kuhlmann, K. K. (Gestaltung von Geschäftsprozessen):
Methodik zur Gestaltung von Geschäftsprozessen im industriellen Werkzeugbau. Dissertation der RWTH Aachen. Aachen: Apprimus, 2011

Kuhlmann, T. B. (Corporate Tooling):
Corporate Tooling. Modularer Werkzeugbau als Befähiger internationaler Produktionsnetzwerke. Dissertation der RWTH Aachen. 1. Aufl. Aachen: Apprimus, 2017

Kuhn, A.; Wiendahl, H. P.; Eversheim, W.; Schuh, G. (Fast Ramp-Up):
Fast ramp up. Schneller Produktionsanlauf von Serienprodukten. Dortmund: Verlag Praxiswissen, 2002

Kuhn, T. S. (Wissenschaftliche Revolution):
Die Struktur wissenschaftlicher Revolutionen. 9. Aufl. Frankfurt am Main: Suhrkamp, 1988

Kühn, T. A. (Lebenszyklusorientierte Leistungssysteme):
Lebenszyklusorientierte Leistungssysteme im Werkzeugbau. Dissertation der RWTH Aachen. Aachen: Apprimus, 2016

Lado, A. A.; Boyd, N. G.; Wright, P. (Competitive Advantage):
A Competency-Based Model of Sustainable Competitive Advantage. Toward a Conceptual Integration. In: Journal of Management, Jg. 18, Nr. 1, 1992, S. 77–91

Laick, T. (Hochlaufmanagement):
Hochlaufmanagement. Sicherer Produktionshochlauf durch zielorientierte Gestaltung und Lenkung des Produktionsprozesssystems. Dissertation der Universität Kaiserslautern. Kaiserslautern: Lehrstuhl für Fertigungstechnik und Betriebsorganisation, 2003

Lanza, G.; Herm, M.; Ude, J. (Anlaufleistung in Wertschöpfungsnetzwerken):
Anlaufleistung in Wertschöpfungsnetzwerken. Konfiguration von Wertschöpfungsnetzwerken auf Basis von Qualitätsfähigkeiten im Produktionsanlauf. In: wt Werkstattstechnik online, Jg. 96, Nr. 4, 2006, S. 233–238

Lasi, H.; Fettke, P.; Kemper, H.-G.; Feld, T.; Hoffmann, M. (Industrie 4.0):
Industrie 4.0. In: Wirtschaftsinformatik, Jg. 56, Nr. 4, 2014, S. 261–264

Lehner, F. (Wissensmanagement):
Wissensmanagement. Grundlagen, Methoden und technische Unterstützung. 3. Aufl. München [u. a.]: Carl Hanser, 2009

Lehner, F.; Wildner, S.; Scholz, M. (Wirtschaftsinformatik):
Wirtschaftsinformatik. Eine Einführung. 2. Aufl. München [u. a.]: Carl Hanser, 2008

Leinweber, V. (Industrielle Wertschöpfung):
Zukunft der industriellen Wertschöpfung in Deutschland und Bayern. München: vbw, 2017

Letmanthe, P.; Rößler, M. (Learning for Production Ramp-ups):
Spillover Effects of Learning for Production Ramp-ups. In: Procedia CIRP, Jg. 51, 2016, S. 111–115

Liluashvili, Z. (Verschleißmechanismen und Standzeitoptimierung von Druckgießformen):
Verschleißmechanismen und Standzeitoptimierung von Druckgießformen. Dissertation der technischen Universität Braunschweig. Aachen: Shaker, 2009

Lisowski, R. (Das asiatische Jahrhundert):
Das asiatische Jahrhundert - dreht sich die Welt falsch? Berlin: LIT Verlag Dr. W. Hopf, 2019

Lockamy, A.; McCormack, K. (Business Process Orientation):
The Development of a Supply Chain Management Process Maturity Model Using the Concepts of Business Process Orientation. In: Supply Chain Management: An International Journal, Jg. 9, Nr. 4, 2004, S. 272–278

Luczak, H. (Arbeitswissenschaft):
Arbeitswissenschaft. 2. Aufl. Berlin [u. a.]: Springer, 1998

Ludewig, J. (Software Engineering):
Modelle im Software Engineering – eine Einführung und Kritik. Stuttgart: Institut für Informatik der Universität Stuttgart, 2002

Maier, S. J. (Inline-Qualitätsprüfung):
Inline-Qualitätsprüfung im Presswerk durch intelligente Nachfolgewerkzeuge. Dissertation der TU München. 1. Aufl. München: TUM University Press, 2018

Meise, V. (Organisationsgestaltung):
Ordnungsrahmen zur prozessorientierten Organisationsgestaltung. Modelle für das Management komplexer Reorganisationsprojekte. Dissertation der Universität Münster. Hamburg: Dr. Kovač, 2001

Menges, G.; Michaeli, W.; Mohren, P. (Spritzgiesswerkzeuge):
Spritzgiesswerkzeuge. Auslegung, Bau, Anwendung. 6. Aufl. München: Hanser, 2007

Mennig, G. (Kunststoffverarbeitung):
Werkzeuge für die Kunststoffverarbeitung. Bauarten, Herstellung, Betrieb. 4. Aufl. München [u. a.]: Hanser, 1995

Meyer, W. (Seriennahe Werkzeuge):
Beschleunigter Anlauf der Serienfertigung von Karosseriebauteilen durch frühzeitige Bereitstellung seriennaher Werkzeuge. Dissertation der Universität Magdeburg. Aachen: Shaker, 2008

Miller, T.; Pankofer, S. (Empowerment):
Empowerment konkret! Handlungsentwürfe und Reflexionen aus der psychosozialen Praxis. Stuttgart: Lucius und Lucius, 2000

Minguez, J. (Manufacturing Service Bus):
Der Manufacturing Service Bus. In: Westkämper, E.; Spath, D.; Constantinescu, C.; Lentes, J. (Hrsg.): Digitale Produktion. Berlin, Heidelberg: Springer Vieweg, 2013, S. 271–289

Möller, K. (Lebenszyklusorientierte Planung):
Lebenszyklusorientierte Planung und Kalkulation des Serienanlaufs. In: Zeitschrift für Planung, Jg. 13, Nr. 4, 2002, S. 431–457

Möller, K. (Role of Competences):
Role of Competences in Creating Customer Value: A Value-Creation Logic Approach. In: Industrial Marketing Management, Jg. 35, Nr. 8, 2006, S. 913–924

Müller-Stewens, G.; Fontin, M. (Innovation des Geschäftsmodells):
Die Innovation des Geschäftsmodells – Der unterschätzte vierte Weg. In: Frankfurter Allgemeine Zeitung, 28. Juli 2003, Nr. 172, S. 18

Müller-Stewens, G.; Lechner, C. (Strategisches Management):
Strategisches Management. Wie strategische Initiativen zum Wandel führen. 2. Aufl. Stuttgart: Schäffer-Poeschel, 2003

Müller-Stewens, G.; Lechner, C. (Strategisches Management):
Strategisches Management. Wie strategische Initiativen zum Wandel führen. 4. Aufl. Stuttgart: Schäffer-Poeschel, 2011

Nagel, J. (Risikoorientiertes Anlaufmanagement):
Risikoorientiertes Anlaufmanagement. Dissertation der TU Cottbus. 1. Aufl. Wiesbaden: Gabler, 2011

Nonaka, I. (Knowledge Creation):
A Dynamic Theory of Organizational Knowledge Creation. In: Organization Science, Jg. 5, Nr. 1, 1994, S. 14–37

North, K. (Wissensorientierte Unternehmensführung):
Wissensorientierte Unternehmensführung. Wertschöpfung durch Wissen. 5. Aufl. Wiesbaden: Gabler, 2011

North, K.; Reinhardt, K. (Kompetenzmanagement):
Kompetenzmanagement in der Praxis. Mitarbeiterkompetenzen systematisch identifizieren, nutzen und entwickeln. 1. Aufl. Wiesbaden: Gabler, 2005

North, K.; Reinhardt, K.; Sieber-Suter, B. (Kompetenzmanagement in der Praxis):
Kompetenzmanagement in der Praxis. Mitarbeiterkompetenzen systematisch identifizieren, nutzen und entwickeln. 3. Aufl. Wiesbaden: Springer Gabler, 2018

Oelsnitz, D. von der (Innovative Organisation):
Die innovative Organisation. Eine gestaltungsorientierte Einführung. 2. Aufl. Stuttgart: Kohlhammer, 2009

Oliveira, E. A.; Tedesco, P.; Chiu, Thun Pin T. F.; Aureliano, V. (Collaborative Distributed Learning):
Promoting personalized collaborative distributed learning through i-collaboration 3.0. In: Beigl, M.; Christiansen, H.; Roth-Berghofer, T. R.; Kofod-Petersen, A.; Coventry, K. R.; Schmidtke, H. R. (Hrsg.): Modeling and Using Context. 7th International and Interdisciplinary Conference CONTEXT 2011. Berlin [u. a.]: Springer, 2011, S. 221–225

Patzak, G. (Systemtechnik):
Systemtechnik - Planung komplexer innovativer Systeme. Grundlagen, Methoden, Techniken. Berlin [u. a.]: Springer, 1982

Peters, N.; Hofstetter, J. S. (Anlaufstrategien in Netzwerken):
Konzepte und Erfolgsfaktoren für Anlaufstrategien in Netzwerken der Automobilindustrie. In: Schuh, G.; Stölzle, W.; Straube, F. (Hrsg.): Anlaufmanagement in der Automobilindustrie erfolgreich umsetzen. Ein Leitfaden für die Praxis. Berlin [u. a.]: Springer, 2008, S. 9–29

Pfohl, H.-C.; Gareis, K. (Anlauflogistik):
Die Rolle der Logistik in der Anlaufphase. In: Zeitschrift für Betriebswirtschaft, Jg. 70, Nr. 11, 2000, S. 1189–1214

Pfuhl, M. (Case-Based Reasoning):
Case-Based Reasoning auf der Grundlage Relationaler Datenbanken. Eine Anwendung zur strukturierten Suche in Wirtschaftsnachrichten. Dissertation der Universität Marburg. Wiesbaden: Deutscher Universitätsverlag, 2013

Pichler, J. H.; Pleitner, H. J.; Schmidt, K.-H. (Management in KMU):
Management in KMU. Die Führung von Klein- und Mittelunternehmen. 3. Aufl. Bern [u. a.]: Haupt, 2000

Pitsch, M. (Kompetenzfeldbasierte Vernetzung):
Kompetenzfeldbasierte Vernetzung von Werkzeugbaustandorten. Dissertation der RWTH Aachen. 1. Aufl. Aachen: Apprimus, 2014

Pitsch, M.; Schippers, M. (Wissensmanagement):
Forschungsprojekt: Wissensmanagement. In: Schuh, G.; Boos, W. (Hrsg.): Werkzeugbau Akademie - Forschungsbericht 2012/2013. Aachen: Apprimus, 2013, S. 65–74

Popper, K. (Logik der Sozialwissenschaften):
Die Logik der Sozialwissenschaften. In: Wiesengrund-Adorno, T.; Dahrendorf, R.; Pilot, H.; Albert, H.; Habermas, J.; Popper, K. R. (Hrsg.): Der Positivismusstreit in der deutschen Soziologie. 4. Aufl. Neuwied: Luchterhand, 1975, S. 103–123

Porter, M. E. (Wettbewerbsvorteile):
Wettbewerbsvorteile. Spitzenleistungen erreichen und behaupten. 4. Aufl. Frankfurt am Main: Campus Verlag, 1996

Prahalad, C. K.; Hamel, G. (Core Competence):
The Core Competence of the Corporation. In: Harvard Business Review, Jg. 68, Nr. 3, 1990, S. 79–91

Probst, G.; Raub, S.; Romhardt, K. (Wissen managen):
Wissen managen. Wie Unternehmen ihre wertvollste Ressource optimal nutzen. 7. Aufl. Wiesbaden: Springer Gabler, 2012

Pümpin, C.; Amann, W. (Strategische Erfolgspositionen):
Strategische Erfolgspositionen. Kernkompetenzen aufbauen und umsetzen. Bern: Haupt, 2005

Purr, S.; Meinhardt, J.; Lipp, A.; Werner, A.; Ostermair, M.; Glück, B. (Stamping Plant 4.0):
Stamping Plant 4.0 – Basics for the Application of Data Mining Methods in Manufacturing Car Body Parts. In: Key Engineering Materials, Jg. 639, 2015, S. 21–30

Rauner, F. (Kompetenzentwicklung):
Berufliche Kompetenzentwicklung - vom Novizen zum Experten. In: Dehnbostel, P.; Elsholz, U.; Meister, J.; Meyer-Menk, J. (Hrsg.): Vernetzte Kompetenzentwicklung. Alternative Positionen zur Weiterbildung. Berlin: edition sigma, 2002, S. 111–132

Rebentisch, E.; Schuh, G.; Sinha, K.; Rudolf, S.; Riesener, M.; Mattern, C.; Stracke, F. (Organizational Complexity):
Measurement of Organizational Complexity in Product Development Projects. In: IEEE (Hrsg.): 2016 Portland International Conference on Management of Engineering and Technology (PICMET), 2016, S. 2445–2459

Riggers, B. (Value System Design):
Value System Design - Unternehmenswertsteigerung durch strategische Unternehmensnetzwerke. Dissertation der Universität St. Gallen. Bamberg: Difo-Druck, 1998

Risse, J. (Time-to-Market-Management):
Time-to-Market-Management in der Automobilindustrie. Ein Gestaltungsrahmen für ein logistikorientiertes Anlaufmanagement. Bern [u. a.]: Haupt, 2003

Rittstieg, M. (Prozesssynchronisierung):
Methodik zur Prozesssynchronisierung in der Auftragsabwicklung des industriellen Werkzeugbaus. 1. Aufl. Aachen: Apprimus, 2012

Roll, K. (Simulation der Blechumformung):
Simulation der Blechumformung – neue Anforderungen und Tendenzen. In: Dresdner Freundeskreis der Werkzeugmaschinen- und Steuerungstechnik (Hrsg.): 12. Dresdner Werkzeugmaschinen-Fachseminar. Dresden, 6. und 7. Dezember 2007, 2007, S. 6–20

Roll, K.; Lemke, T.; Wiegand, K. (Simulationsgestützte Kompensation):
Simulationsgestützte Kompensation der Rückfederung. 3. LS-DYNA Anwenderforum. Bamberg, 2004

Romberg, A.; Haas, M. (Anlaufmanager):
Der Anlaufmanager. Effizient arbeiten mit Führungssystem und Workflow. Stuttgart: LOG_X Verlag, 2005

Rösch, F.; Mayer, A.; Doch, S. A. (Änderungsmanagement im Anlauf):
Grundlagen des Änderungsmanagements im Anlauf. In: Schuh, G.; Stölzle, W.; Straube, F. (Hrsg.): Anlaufmanagement in der Automobilindustrie erfolgreich umsetzen. Ein Leitfaden für die Praxis. Berlin [u. a.]: Springer, 2008, S. 215–220

Rosemann, M.; Schwegmann, A.; Delfmann, P. (Prozessmodellierung):
Vorbereitung der Prozessmodellierung. In: Becker, J.; Kugeler, M.; Rosemann, M. (Hrsg.): Prozessmanagement. Ein Leitfaden zur prozessorientierten Organisationsgestaltung. 7. Aufl. Berlin [u. a.]: Springer Gabler, 2012, S. 47–111

Rosenstiel, L. v. (Rollen in Organisationen):
Rollen in Organisationen aus psychologischer Sicht. In: Rosenstiel, L. v.; Pieler, D.; Glas, P. (Hrsg.): Strategisches Kompetenzmanagement. Von der Strategie zur Kompetenzentwicklung in der Praxis. 1. Aufl. Wiesbaden: Gabler, 2004, S. 94–113

Roth, A. (Industrie 4.0):
Industrie 4.0 - Hype oder Revolution? In: Roth, A. (Hrsg.): Einführung und Umsetzung von Industrie 4.0. Grundlagen, Vorgehensmodell und Use Cases aus der Praxis. 1. Aufl. Berlin [u. a.]: Springer Gabler, 2016, S. 1–16

Rüegg-Stürm, J. (Integrierte Managementlehre):
Das neue St. Galler Management-Modell. Grundkategorien einer integrierten Managementlehre. 2. Aufl. Bern [u. a.]: Haupt, 2003

Saam, N. J. (Modellbildung):
Modellbildung. In: Kühl, S.; Strodtholz, P.; Taffertshofer, A. (Hrsg.): Handbuch Methoden der Organisationsforschung. Quantitative und Qualitative Methoden. 1. Aufl. Wiesbaden: VS Verlag für Sozialwissenschaften, 2009, S. 517–532

Salmen, M. (Vernetzter Shopfloor):
Gestaltungsmodell für den digital vernetzten Shopfloor im Werkzeugbau. Dissertation der RWTH Aachen. 1. Aufl. Aachen: Apprimus, 2016

Sauter, W.; Staudt, A.-K. (Kompetenzmessung):
Kompetenzmessung in der Praxis. Mitarbeiterpotenziale erfassen und analysieren. Wiesbaden: Springer Gabler, 2016

Sauter, W.; Staudt, F.-P. (Kompetenzmanagement 2.0):
Strategisches Kompetenzmanagement 2.0. Potenziale nutzen - Performance steigern. Wiesbaden: Springer Gabler, 2016

Schäfer, E. (Betriebliche Kompetenzentwicklung):
Betriebliche Kompetenzentwicklung. Einführung und Evaluation systematischer Kompetenzentwicklungskonzepte. Dissertation der Universität Kassel. Kassel: Kassel University Press, 2006

Schäfer, S. (Industrie 4.0):
Industrie 4.0 - Ein historischer Aus- und Rückblick. In: Schäfer, S.; Pinnow, C. (Hrsg.): Industrie 4.0. Grundlagen und Anwendungen. 1. Aufl. Berlin [u. a.]: Beuth Verlag, 2015, S. 1–9

Schanz, G. (Führungsforschung):
Wissenschaftstheoretische Grundfragen der Führungsforschung. In: Kieser, A.; Reber, G.; Wunderer, R. (Hrsg.): Handwörterbuch der Führung. Stuttgart: Poeschel, 1987, S. 2039–2047

Schawel, C.; Billing, F. (Morphologischer Kasten):
Morphologischer Kasten. In: Schawel, C. (Hrsg.): Top 100 Management Tools. Wiesbaden: Springer Fachmedien, 2011, S. 132–133

Scheimann, T. (Immer schneller neuer):
Produktlebenszyklen. Immer schneller neuer. In: Tagesspiegel, Jg. 2011, 10. April 2011. Online verfügbar unter https://www.tagesspiegel.de/wirtschaft/produktlebenszyklen-immer-schneller-neuer/4041756.html, Stand: 29.03.2020

Schel, D.; Henkel, C.; Stock, D.; Meyer, O.; Rauhöft, G.; Einberger, P.; Stöhr, M.; Daxer, M. A.; Seidelmann, J. (Manufacturing Service Bus):
Manufacturing Service Bus: An Implementation. In: Procedia CIRP, Jg. 67, 2018, S. 179–184

Scherer, P. (Gestaltung des Serienanlaufs):
Gestaltung des Serienanlaufs bei zentraler Entwicklung und dezentraler Produktion. In: Horváth, P.; Fleig, G. (Hrsg.): Integrationsmanagement für neue Produkte. Stuttgart: Schäffer-Poeschel, 1998, S. 89–103

Schittny, B. S. (Wertschöpfungstiefengestaltung):
Methodik zur Wertschöpfungstiefengestaltung im Werkzeugbau. Dissertation der RWTH Aachen. 1. Aufl. Aachen: Apprimus, 2015

Schleyer, C. (Kooperationsmanagement):
Erfolgreiches Kooperationsmanagement im Werkzeugbau. Dissertation der RWTH Aachen. Aachen: Shaker, 2006

Schmahls, T. (Effizienzsteigerung Produktionsanläufe):
Beitrag zur Effizienzsteigerung während Produktionsanläufen in der Automobilindustrie. Dissertation der TU Chemnitz. Chemnitz: IBF, 2001

Schmelzer, H. J.; Sesselmann, W. (Geschäftsprozessmanagement):
Geschäftsprozessmanagement in der Praxis. Kunden zufriedenstellen, Produktivität steigern, Wert erhöhen. 8. Aufl. München: Hanser, 2013

Schmitt, R. (Anlaufmanagement):
Anlaufmanagement - Begriffe und Definitionen. 1. Aufl. Aachen: Apprimus, 2015

Schmitt, R.; Schuh, G.; Gartzen, T.; Schmitt, S. (Interdisziplinäres Anlaufmanagement):
Das Aachener Modell zum interdisziplinären Anlaufmanagement. Entwicklung von Entscheidungsmodellen im Produktionsanlauf. In: wt Werkstattstechnik online, Jg. 100, Nr. 4, 2010, S. 317–322

Schneider, D. (Grundlagen der Betriebswirtschaftslehre):
Grundlagen der Betriebswirtschaftslehre. 1. Aufl. Norderstedt: Books on Demand, 2004

Schneider, M. (Strategiefestlegung Anlaufplanung):
Assistenzsystem zur Strategiefestlegung in der Anlaufplanung - dargestellt am Beispiel des Pumpen- und Kompressorenbaus. Dissertation der Universität Dortmund. Dortmund: Verlag Praxiswissen, 2006

Schnider, D.; Jordan, C.; Welker, P.; Wehner, J. (Data Warehouse):
Data Warehouse Blueprints. Business Intelligence in der Praxis. München: Hanser, 2016

Schötz, A. (Abmusterung von Spritzgießwerkzeugen):
Abmusterung von Spritzgießwerkzeugen. Strukturierte und analytische Vorgehensweise. 2. Aufl. München: Carl Hanser, 2016

Schreyögg, G. (Moderne Organisationsgestaltung):
Organisation. Grundlagen moderner Organisationsgestaltung. 5. Aufl. Wiesbaden: Gabler, 2008

Schuh, G. (Agiler Werkzeugbau):
Agiler Werkzeugbau als Entwicklungspartner und Produktionsoptimierer. 16. Internationales Kolloquium „Werkzeugbau mit Zukunft". Aachen, 27. Oktober 2016

Schuh, G.; Anderl, R.; Gausemeier, J.; Hompel, M. ten; **Wahlster, W. (Industrie 4.0 Maturity Index):**
Industrie 4.0 Maturity Index. Die digitale Transformation von Unternehmen gestalten. München: Herbert Utz Verlag, 2017

Schuh, G.; Boos, W.; Gaus, F.; Schittny, B. (Toolmaking for the Future):
Toolmaking for the Future. A Global Study of Today's Situation and Future Trends in the Tooling Industry. Aachen: WZL im Eigenverlag, 2009

Schuh, G.; Boos, W.; Kampker; Achim; Gartzen, U. (Strategie):
Strategie. In: Schuh, G.; Kampker, A. (Hrsg.): Strategie und Management produzierender Unternehmen. Handbuch Produktion und Management 1. 2. Aufl. Berlin [u. a.]: Springer, 2011, S. 63–132

Schuh, G.; Boos, W.; Kelzenberg, C.; Lange, J. d.; Stracke, F.; Helbig, J.; Boshof, J.; Ebbecke, C. (Industrie 4.0: Implement it!):
Industrie 4.0: Implement it! Ein Leitfaden zur erfolgreichen Implementierung von Industrie 4.0-Lösungen. Aachen: WZL im Eigenverlag, 2018

Schuh, G.; Boos, W.; Kuhlmann, K.; Rittstieg, M. (Operative Exzellenz):
Operative Exzellenz im Werkzeug- und Formenbau. 1. Aufl. Aachen: Apprimus, 2010

Schuh, G.; Brandenburg, U.; Cuber, S. (Aufgaben der PPS):
Aufgaben. In: Schuh, G.; Stich, V. (Hrsg.): Produktionsplanung und -steuerung 1. Grundlagen der PPS. 4. Aufl. Berlin [u. a.]: Springer Vieweg, 2012, S. 29–81

Schuh, G.; Friedli, T.; Kurr, M. A. (Kooperationsmanagement):
Kooperationsmanagement. Systematische Vorbereitung, gezielter Auf- und Ausbau, entscheidende Erfolgsfaktoren. München [u. a.]: Carl Hanser, 2005

Schuh, G.; Kampker, A.; Franzkoch, B. (Anlaufmanagement):
Anlaufmanagement. Kosten senken - Anlaufzeit verkürzen - Qualität sichern. In: wt Werkstattstechnik online, Jg. 95, Nr. 5, 2005, S. 405–409

Schuh, G.; Kampker, A.; Rittstieg, M. (Vernetzte Wertschöpfung):
Vernetzte Wertschöpfung und Kooperationsmanagement. In: Handbuch Produktion und Management. Berlin [u.a.]: Springer, 2011, S. 463–535

Schuh, G.; Kampker, A.; Stich, V.; Kuhlmann, K. (Prozessmanagement):
Prozessmanagement. In: Schuh, G.; Kampker, A. (Hrsg.): Strategie und Management produzierender Unternehmen. Handbuch Produktion und Management 1. 2. Aufl. Berlin [u. a.]: Springer, 2011, S. 327–382

Schuh, G.; Kelzenberg, C.; Wiese, J.; Stracke, F. (Serienanlauf von Werkzeugen):
Zeit- und kostenoptimierter Serienanlauf von Werkzeugen. Digitale Prozessunterstützung zur Reduktion des Aufwands und der Durchlaufzeit von Korrekturschleifen. In: wt Werkstattstechnik online, Jg. 108, 11/12, 2018, S. 796–801

Schuh, G.; Klotzbach, C.; Gaus, F. (Produzierender Dienstleister):
Werkzeugbau – vom Produzenten zum produzierenden Dienstleister. In: Zeitschrift für wirtschaftlichen Fabrikbetrieb, Jg. 102, Nr. 12, 2007, S. 808–813

Schuh, G.; Millarg, K.; Göransson, Å. (Virtuelle Fabrik):
Virtuelle Fabrik. Neue Marktchancen durch dynamische Netzwerke. München [u. a.]: Hanser, 1998

Schuh, G.; Pitsch, M.; Komorek, N.; Schippers, M.; Salmen, M. (Manufacturing Failure Costs):
Cutting Manufacturing Failure Costs in the Tool and Die Industry by Implementing a Knowledge Transfer System to Avoid and Correct Mistakes More Effectively. In: Procedia CIRP, Jg. 16, 2014, S. 80–85

Schuh, G.; Prote, J. P.; Dany, S. (Internet of Production):
Internet of Production. In: Schuh, G.; Brecher, C.; Klocke, F.; Schmitt, R. (Hrsg.): Engineering Valley - Internet of Production auf dem RWTH Aachen Campus. Festschrift für Univ.-Prof. em. Dr.-Ing. Dipl.-Wirt. Ing. Dr. h.c. mult. Walter Eversheim. 1. Aufl. Aachen: Apprimus, 2017, S. 3–11

Schuh, G.; Salmen, M.; Jussen, P.; Riesener, M.; Zeller, V.; Hensen, T.; Begovic, A.; Birkmeier, M.; Hocken, C.; Jordan, F.; Kantelberg, J.; Kelzenberg, C.; Kolz, D.; Maasem, C.; Siegers, J.; Stark, M.; Tönnes, C. (Geschäftsmodell-Innovation):
Geschäftsmodell-Innovation. In: Reinhart, G. (Hrsg.): Handbuch Industrie 4.0. Geschäftsmodelle, Prozesse, Technik. München: Hanser, 2017, S. 1–29

Schuh, G.; Stölzle, W.; Straube, F. (Grundlagen des Anlaufmanagements):
Grundlagen des Anlaufmanagements: Entwicklungen und Trends, Definitionen und Begriffe, Integriertes Anlaufmanagementmodell. In: Schuh, G.; Stölzle, W.; Straube, F. (Hrsg.): Anlaufmanagement in der Automobilindustrie erfolgreich umsetzen. Ein Leitfaden für die Praxis. Berlin [u. a.]: Springer, 2008, S. 1–6

Schuh, G.; Varnhagen, V. (Digitale Wertschöpfungsnetzwerke):
Fokus Automobilindustrie: Digitale Wertschöpfungsnetzwerke im Werkzeugbau. Aachen: Apprimus, 2013

Schuh, G.; Walendzik, P.; Luckert, M.; Birkmeier, M.; Weber, A.; Blum, M. (Digitaler Schatten):
Keine Industrie 4.0 ohne den Digitalen Schatten. In: ZWF, Jg. 111, Nr. 11, 2016, S. 745–748

Schuler GmbH (Umformtechnik):
Handbuch der Umformtechnik. Handbuch der Umformtechnik. Berlin [u. a.]: Springer, 1996

Schulze, R.; Opitz, A. (Lösungsprinzipien):
Allgemeine Lösungsprinzipien. In: Müller, E. (Hrsg.): High Performance Ramp-up. Gestaltungsstrategien für beschleunigte Serienanläufe (HIPER). Frankfurt am Main: VDMA Verlag, 2007, S. 7–19

Schulze, R.; Opitz, A. (Problemlage):
Problemlage. In: Müller, E. (Hrsg.): High Performance Ramp-up. Gestaltungsstrategien für beschleunigte Serienanläufe (HIPER). Frankfurt am Main: VDMA Verlag, 2007, S. 1–6

Schumann, J.; Meyer, U.; Ströbele, W. (Mikroökonomisches Theorie):
Grundzüge der mikroökonomischen Theorie. 9. Aufl. Berlin [u. a.]: Springer, 2011

Sedlacek, K.-D. (Strukturen der Selbstorganisation):
Emergenz. Strukturen der Selbstorganisation in Natur und Technik. Norderstedt: Books on Demand, 2010

Seidel, M. (Wissensteilung):
Die Bereitschaft zur Wissensteilung. Rahmenbedingungen für ein wissensorientiertes Management. Dissertation der Universität der Bundeswehr München. Wiesbaden: Deutscher Universitäts-Verlag, 2003

Seifert, H.; Steiner, M. (F+E: Schneller, schneller, schneller):
F+E: Schneller, schneller, schneller. In: Harvard Business Manager, Jg. 17, Nr. 2, 1995, S. 16–22

Semar, W. (Anreizsysteme):
Anreizsysteme im Wissensmanagement zur Unterstützung kooperativ verteilter Formen der Produktion und der Aneignung von Wissen. In: Geberl, S.; Weinmann, S.; Wiesner, D. F. (Hrsg.): Impulse aus der Wirtschaftsinformatik. Heidelberg: Physica-Verlag HD, 2004, S. 83–97

Siegert, K. (Grundlagen der Blechumformung):
Grundlagen der Blechumformung. In: Siegert, K. (Hrsg.): Blechumformung. Verfahren, Werkzeuge und Maschinen. Berlin [u. a.]: Springer Vieweg, 2015, S. 1–71

Siegert, K. (Tiefziehen):
Tiefziehen. In: Siegert, K. (Hrsg.): Blechumformung. Verfahren, Werkzeuge und Maschinen. Berlin [u. a.]: Springer Vieweg, 2015, S. 101–139

Smith, D. A. (Quick Die Change):
Quick Die Change. 2. Aufl. Dearborn: Society of Manufacturing Engineers, 2005

Spennemann, F. (Organisationsstrukturen im Werkzeugbau):
Gestaltung von Organisationsstrukturen im Werkzeugbau. Dissertation der RWTH Aachen. Aachen: Shaker, 2001

Spur, G. (Evolution der industriellen Produktion):
Evolution der industriellen Produktion. In: Spur, G. (Hrsg.): Optionen zukünftiger industrieller Produktionssysteme. Berlin: Akademie Verlag, 1997, S. 15–50

Stachowiak, H. (Modelltheorie):
Allgemeine Modelltheorie. Wien [u. a.]: Springer, 1973

Statistisches Bundesamt (Statistisches Jahrbuch):
Statistisches Jahrbuch. Deutschland und Internationales. 1. Aufl. Wiesbaden: Statistisches Bundesamt, 2018

Stich, C. (Produktionsplanung):
Produktionsplanung in der Automobilindustrie. Optimierung des Ressourceneinsatzes im Serienanlauf. Dissertation der Universität Köln. Köln: Kölner Wissenschaftsverlag, 2007

Stippak, M. (Navigationssystem für den effektiven Tryout):
Das Navigationssystem für den effektiven Tryout. In: Europäische Forschungsgesellschaft für Blechverarbeitung (Hrsg.). Hannover: EFB, 2010, S. 41–57

Terwiesch, C.; Bohn, R. E. (Production Ramp-Up):
Learning and Process Improvement during Production Ramp-up. In: International Journal of Production Economics, Jg. 70, Nr. 1, 2001, S. 1–19

Terwiesch, C.; Loch, C. H. (Engineering Change Orders):
Managing the Process of Engineering Change Orders: The Case of the Climate Control System in Automobile Development. In: Journal of Product Innovation Management, Jg. 16, Nr. 2, 1999, S. 160–172

Tomczak, T. (Forschungsmethoden):
Forschungsmethoden in der Marketingwissenschaft. Ein Plädoyer für den qualitativen Forschungsansatz. In: Marketing ZfP, Jg. 14, Nr. 2, 1992, S. 77–87

Tücks, G. (Ramp-Up Management):
Ramp-Up Management in der Automobilindustrie. Dissertation der RWTH Aachen. 1. Aufl. Aachen: Apprimus, 2010

Ulrich, H. (Unternehmungslehre):
Die Unternehmung als produktives soziales System. Grundlagen der allgemeinen Unternehmungslehre. Bern [u. a.]: Haupt, 1968

Ulrich, H. (Management):
Management. Bern [u. a.]: Haupt, 1984

Ulrich, P.; Hill, W. (Wissenschaftstheorie):
Wissenschaftstheoretische Grundlagen der Betriebswirtschaftslehre (Teil I). In: WiST Zeitschrift für Ausbildung und Hochschulkontakt, Jg. 5, Nr. 7, 1976, S. 304–309

Ulrich, S. (Störungen im Produktionsanlauf):
Umgang mit Störungen im Produktionsanlauf. Adaption von Methoden von Einsatzorganisationen auf den Produktionsanlauf. Dissertation der Universität der Bundeswehr München. 1. Aufl. Lohmar [u. a.]: Eul Verlag, 2016

Unger, U.; Spanner-Ulmer, B. (Gestaltung des Produktionssystems):
Strategien zur arbeitsorganisatorischen Gestaltung des Produktionssystems. In: Müller, E. (Hrsg.): High Performance Ramp-up. Gestaltungsstrategien für beschleunigte Serienanläufe (HIPER). Frankfurt am Main: VDMA Verlag, 2007, S. 114–145

Vahs, D. (Organisation):
Organisation. Ein Lehr- und Managementbuch. 9. Aufl. Stuttgart: Schäffer-Poeschel, 2015

VDI (VDI-Richtlinie 2815):
VDI-Richtlinie 2815. Begriffe für die Produktionsplanung und -steuerung. Dokument zurückgezogen, dennoch weiterhin benutzt und erhältlich. Düsseldorf: VDI, 1978

VDMA (Jahrespressekonferenz):
Konjunkturgrafiken zur Jahrespressekonferenz. Fachverband für Präzisionswerkzeuge. Frankfurt am Main, 15.01.2019

Wangenheim, S. v. (Integrationsbedarf im Serienanlauf):
Integrationsbedarf im Serienanlauf dargestellt am Beispiel der Automobilindustrie. In: Horváth, P.; Fleig, G. (Hrsg.): Integrationsmanagement für neue Produkte. Stuttgart: Schäffer-Poeschel, 1998, S. 57–86

Wangenheim, S. v. (Planung und Steuerung des Serienanlaufs):
Planung und Steuerung des Serienanlaufs. Dargestellt am Beispiel der Automobilindustrie. Dissertation der Universität Stuttgart. Frankfurt am Main [u. a.]: Peter Lang, 1998

Wardemann, T. (Modulare Organisationsstrukturen):
Rekursion in modularen Organisationsstrukturen von Unternehmen. Dissertation der TU München. 1. Aufl. Wiesbaden: Deutscher Universitäts-Verlag, 2013

Warnecke, H.-J.; Hüser, M. (Fraktale Fabrik):
Die Fraktale Fabrik. Revolution der Unternehmenskultur. Reinbek bei Hamburg: Rowohlt, 1996

Watfa, M.; Todd, C. (Virtual Project Management):
Implications of Virtual Project Management on Project Management Processes. In: 2016 Sixth International Conference on Innovative Computing Technology (INTECH), S. 58–62

WBA (Prozess- und Ergebnisoptimierung im Try-out):
WBA Projekt 2018: Prozess- und Ergebnisoptimierung im Try-out – Fokus Blechumformung. Industriearbeitskreis der WBA Aachener Werkzeugbauakademie GmbH mit n=16 Unternehmen. Aachen, 2018

Weber, H. K. (Wertschöpfungsrechnung):
Wertschöpfungsrechnung. Stuttgart: Poeschel, 1980

Welge, M. K.; Al-Laham, A. (Strategisches Management):
Strategisches Management. Grundlagen - Prozess - Implementierung. 4. Aufl. Wiesbaden: Gabler, 2003

Welge, M. K.; Al-Laham, A.; Eulerich, M. (Strategisches Management):
Strategisches Management. Grundlagen - Prozess - Implementierung. 7. Aufl. Wiesbaden: Springer Gabler, 2017

Welser Profile GmbH (Unternehmensgeschichte):
Unternehmensgeschichte, 2018

Welser Profile GmbH (Unternehmensdatenblatt):
Das Welser-Profil. Unternehmensdatenblatt, 2019

Wheelwright, S. C.; Clark, K. B. (Revolution der Produktentwicklung):
Revolution der Produktentwicklung. Spitzenleistungen in Schnelligkeit, Effizienz und Qualität durch dynamische Teams. 1. Aufl. Frankfurt am Main: Campus-Verlag, 1994

Wiendahl, H. P.; Hegenscheidt, M.; Winkler, H. (Anlaufrobuste Produktionssysteme):
Anlaufrobuste Produktionssysteme. In: wt Werkstattstechnik online, Jg. 92, 11/12, 2002, S. 650–655

Wildemann, H. (Anlaufmanagement):
Anlaufmanagement. Leitfaden zur Verkürzung der Hochlaufzeit und Optimierung der An- und Auslaufphase von Produkten. 4. Aufl. München: TCW Transfer-Centrum GmbH & Co. KG, 2006

Wildemann, H. (Leitfaden Anlaufmanagement):
Leitfaden Anlaufmanagement. Anlaufmanagement - Leitfaden zur Verkürzung der Hochlaufzeit und Optimierung der An- und Auslaufphase von Produkten. 14. Aufl. München: TCW, 2015

Wilkesmann, U.; Rascher, I.; Bönninghausen, M. (Wissensmanagement):
Wissensmanagement. Analyse und Handlungsempfehlungen. Düsseldorf: Hans-Böckler-Stiftung, 2003

Williamson, O. E. (Economics of Organization):
The Economics of Organization: The Transaction Cost Approach. In: American Journal of Sociology, Jg. 87, Nr. 3, 1981, S. 548–577

Winkler, H. (Wirkbeziehungen im Produktionsanlauf):
Modellierung vernetzter Wirkbeziehungen im Produktionsanlauf. Dissertation der Universität Hannover. Garbsen: PZH, 2007

Wirth, S.; Baumann, A. (Vernetzte Kompetenz):
Wertschöpfung durch vernetzte Kompetenz. Schlanke Kompetenzkooperation: Überlebensstrategie für kleine Produktions- und Dienstleistungsunternehmen. München: Huss-Verlag, 2001

Wöhe, G.; Döring, U. (Betriebswirtschaftslehre):
Einführung in die Allgemeine Betriebswirtschaftslehre. 23. Aufl. München: Franz Vahlen, 2008

Womack, J. P.; Jones, D. T. (Lean Thinking):
Lean Thinking. Ballast abwerfen, Unternehmensgewinn steigern. Frankfurt [u. a.]: Campus Verlag, 2003

Wunderer, R.; Jaritz, A. (Personalcontrolling):
Unternehmerisches Personalcontrolling. Evaluation der Wertschöpfung im Personalmanagement. 3. Aufl. München: Luchterhand, 2006

WZL/IPT (Datenbank Werkzeugbau):
Gemeinsame Datenbank des Werkzeugmaschinenlabors WZL der RWTH Aachen und des Fraunhofer-Instituts für Produktionstechnologie IPT mit 242 ausgewerteten Datensätzen der Jahre 2010-2018, Stand März 2019

Yamanouchi, T. (Breakthrough):
Breakthrough: The Development of the Canon Personal Copier. In: Long Range Planning, Jg. 22, Nr. 5, 1989, S. 11–21

Zahn, E.; Kapmeier, F. (Wirtschaftslexikon):
Wirtschafts-Lexikon. Band 10: Roh-, Hilfs- und Betriebsstoffe (Rechnungslegung) - Systemanalyse. Stuttgart: Schäffer-Poeschel, 2006

Ziskoven, H. (Getaktete Fertigung):
Methodik zur Gestaltung und Auftragseinplanung einer getakteten Fertigung im Werkzeugbau. Dissertation der RWTH Aachen. 1. Aufl. Aachen: Apprimus, 2013

Zohm, F. (Management von Diskontinuitäten):
Management von Diskontinuitäten. Das Beispiel der Mechatronik in der Automobilzulieferindustrie. Dissertation der RWTH Aachen. 1. Aufl. Wiesbaden: Deutscher Universitäts-Verlag, 2004

Zwicker, R. (Kostenfaktor oder Erfolgsgeheimnis):
Kostenfaktor oder Erfolgsgeheimnis? Der interne Werkzeugbau als Keimzelle des Unternehmenserfolgs. In: Plastverarbeiter, Jg. 8, Nr. 8, 2009, S. 12–14

Lebenslauf

Persönliche Daten

Name, Vorname:	Stracke, Felix Konstantin
Geburtsdatum:	25.11.1988
Geburtsort:	Hattingen
Staatsangehörigkeit:	Deutsch

Ausbildung

2014 – 2016	M.Sc. Wirtschaftsingenieurwesen Fachrichtung Maschinenbau, Vertiefung Produktionstechnik, RWTH Aachen
2015	Masterand Massachusetts Institute of Technology (MIT), USA
2009 – 2014	B.Sc. Wirtschaftsingenieurwesen Fachrichtung Maschinenbau, Vertiefung Produktionstechnik, RWTH Aachen
2008 – 2009	Grundwehrdienst
2005	Fraser Coast Anglican College, Australien
1999 – 2008	Abitur, Gymnasium im Schulzentrum Holthausen

Beruflicher Werdegang

Seit 2020	Abteilungsleiter Alternative Mobilität, Rheinmetall Automotive AG
2016 – 2019	Wissenschaftlicher Mitarbeiter, Abteilung Unternehmensentwicklung, Werkzeugmaschinenlabor WZL der RWTH Aachen
2016 – 2019	Berater, WBA Aachener Werkzeugbau Akademie GmbH
2011 – 2014	Studentischer Mitarbeiter, Abteilung Unternehmensentwicklung, Werkzeugmaschinenlabor WZL der RWTH Aachen
2009 – 2015	Diverse Praktika in Industrie- und Beratungsunternehmen

In der Reihe **Ergebnisse aus der Produktionstechnik** zuletzt erschienen:

Mohammadnejad, Menoush
Phase Field Simulation of Microstructure Evolutions in the Heat Affected Zone of a Spark-Eroded Workpiece
ISBN: 978-3-86359-946-1
Erscheinungsdatum: 11.03.2021

Storms, Thomas:
Laserunterstütztes Kragenziehen
ISBN: 978-3-86359-924-9
Erscheinungsdatum: 04.03.2021

Kostyszyn, Kevin:
Statistical Testing for Sufficient Control Chart Performances Based on Short Runs and Small Mixed Batches
ISBN: 978-3-86359-944-7
Erscheinungsdatum: 04.03.2021

Hüttemann, Guido:
Model-based A Priori Analysis of Lineless Mobile Assembly Systems
ISBN: 978-3-86359-943-0
Erscheinungsdatum: 19.02.2021

Brimmers, Jens:
Funktionsorientierte Auslegung topologischer Zahnflankenmodifikationen für Beveloidverzahnungen
ISBN: 978-3-86359-927-0
Erscheinungsdatum: 18.01.2021

Stracke, Felix:
Gestaltungsmodell für den vernetzten und synchronisierten Serienanlauf von Werkzeugen
ISBN: 978-3-86359-941-6
Erscheinungsdatum: 11.03.2021

Rüngeler, Markus
Analyse der Übertragbarkeit des Schrägverzahnungspulsens auf den Laufversuch
ISBN: 978-3-86359-935-5
Erscheinungsdatum: 04.03.2021

Ngo, Hao
Gestaltungsmodell für qualitätsorientierte Produktionsanläufe
ISBN: 978-3-86359-932-4
Erscheinungsdatum: 19.02.2021

Tönnes, Christian:
Datenbasierte Informationsmodelle zur explorativen Analyse von Anlagenkonfigurationen
ISBN: 978-3-86359-929-4
Erscheinungsdatum: 11.02.2021

Peng, Bingxiao:
Multiscale Modeling of Thermomechanical Loads in the Broaching of Direct Aged Inconel 718
ISBN: 978-3-86359-925-6
Erscheinungsdatum: 18.01.2021

Edition Wissenschaft
Apprimus

Bastuck, Thomas:
Skalierbarkeit von Rolle-zu-Rolle-UV-Nano-Imprint-Prozessen
ISBN: 978-3-86359-917-1
Erscheinungsdatum: 21.12.2020

Busam, Thomas:
Kontinuierliche Verbesserung mittels Prescriptive Analytics
ISBN: 978-3-86359-921-8
Erscheinungsdatum: 16.12.2020

Peters, Tido:
Untersuchungen zum diodenlaserbasierten in-situ Tapelegen als Produktions-technologie für einen großserienfähigen hybriden Leichtbau
ISBN: 978-3-86359-913-3
Erscheinungsdatum: 23.11.2020

Piel, Daniel:
Methode zur Beschreibung und Optimierung des Anregungsverhaltens von Planetengetrieben
ISBN: 978-3-86359-915-7
Erscheinungsdatum: 19.11.2020

Prümmer, Marcel:
Kennzahlenbasiertes Bewertungs-system der Leistungsfähigkeit verketteter Fertigungssysteme in der mechanischen Fertigung des Werkzeugbaus
ISBN: 978-3-86359-902-7
Erscheinungsdatum: 05.11.2020

de Lange, Johan:
Prozessmodell für den Werkzeugbau im iterativen Produktentwicklungsprozess
ISBN: 978-3-86359-898-3
Erscheinungsdatum: 12.10.2020

Kühn, Felix:
Auslegung der Makro- und Mikrogeometrie von Wälzfräserschneiden
ISBN: 978-3-86359-920-1
Erscheinungsdatum: 21.12.2020

Lienenlüke, Lars:
Modellbasierte planungsintegrierte und steuerungstechnische Störgrößenkompensation bei robotergestützten Bearbeitungsprozessen
ISBN: 978-3-86359-923-2
Erscheinungsdatum: 16.12.2020

Glöckner, Henrik:
Systemdynamische Modellierung des reaktiven Fehlermanagements in Produktionssystemen
ISBN: 978-3-86359-912-6
Erscheinungsdatum: 19.11.2020

Schlößer, Elmar Sebastian:
Auslegung prototypischer Produktinkremente im Kontext agiler Entwicklungsprojekte
ISBN: 978-3-86359-914-0
Erscheinungsdatum: 10.11.2020

Sauermann, Frederick:
Datenbasierte Prognose und Planung auftragsspezifischer Übergangszeiten
ISBN: 978-3-86359-911-9
Erscheinungsdatum: 05.11.2020

Voigtmann, Christoph:
Modellierung des Risikos thermischer Verletzungen bei minimalinvasiven Eingriffen an der lateralen Schädelbasis
ISBN: 978-3-86359-867-9
Erscheinungsdatum: 12.10.2020

Edition Wissenschaft
Apprimus